普 通 高 等 教 育 规 划 教 材

# 环境生态学

谷金锋　孙建腾　主编

ENVIRONMENTAL
ECOLOGY

化学工业出版社

·北京·

## 内 容 简 介

《环境生态学》为普通高等教育规划教材。全书共分 12 章。第 1 章主要介绍了环境问题的产生，环境生态学的形成和发展、研究内容和研究方法，环境生态学及其相关学科；第 2、3、4 章分别从生物、种群、群落、生态系统等基本研究单位进行分析，重点阐述了相关概念及其内部关系；第 5、6 章分别阐述了生态系统的服务功能及其受到的干扰和恢复；第 7、8 章介绍生态监测和生态影响评价；第 9 至 11 章主要针对不同环境的污染破坏进行分析并给出治理措施；第 12 章主要介绍"3S"技术及其在生态学中的应用。

《环境生态学》可作为环境工程、水利水电工程、农学、林学、水土保持工程、水文与水资源工程等专业本科教材，也可供以上专业的技术人员参考。

**图书在版编目（CIP）数据**

环境生态学/谷金锋，孙建腾主编. —北京：化学
工业出版社，2022.2（2022.10重印）
　ISBN 978-7-122-40308-7

　Ⅰ.①环⋯　Ⅱ.①谷⋯ ②孙⋯　Ⅲ.①环境生态学-
高等学校-教材　Ⅳ.①X171

中国版本图书馆 CIP 数据核字（2021）第 231770 号

---

责任编辑：傅四周　　　　　　　　　　文字编辑：郭丽芹　杨振美
责任校对：王　静　　　　　　　　　　装帧设计：韩　飞

---

出版发行：化学工业出版社（北京市东城区青年湖南街 13 号　邮政编码 100011）
印　　装：北京印刷集团有限责任公司
787mm×1092mm　1/16　印张 19　字数 462 千字　2022 年 10 月北京第 1 版第 2 次印刷

---

购书咨询：010-64518888　　　　　　　售后服务：010-64518899
网　　址：http://www.cip.com.cn
凡购买本书，如有缺损质量问题，本社销售中心负责调换。

---

定　　价：69.00 元

# 《环境生态学》编者名单

主　　编：

　　　　谷金锋（广东石油化工学院）

　　　　孙建腾（广东石油化工学院）

副 主 编：

　　　　王笑峰（黑龙江大学）

　　　　王　敏（黑龙江大学）

　　　　周文军（浙江大学）

　　　　牛晓君（华南理工大学）

编写人员（排名不分先后）：

　　　　金　灵（香港理工大学）

　　　　刘　涛（黑龙江大学）

　　　　肖　洋（黑龙江大学）

　　　　龚文峰（海南大学）

# 前 言

　　本书是普通高等教育规划教材，是编者结合多年的教学经验和工程实践，在广泛征求同行以及生态专家意见的基础上编写而成。本教材可供环境工程、水利水电工程、农学、林学、水土保持工程、水文与水资源工程等专业本科教学使用，也可供以上专业的技术人员参考。

　　全书共 12 章，介绍了环境生态学的基本概念、基本理论，系统介绍了生态系统的结构、功能、干扰与恢复；阐明了生态监测和生态影响评价的理论和方法；论述了水土环境污染及其生化处理方法；对农林生态工程的理论与实践进行了阐述；分析了工程建设对环境的影响并提供了治理与恢复技术；介绍了"3S"技术及其在生态学中的应用。为了满足课程思政教学的需要，书中提供了相对应的阅读材料。

　　本书第 1、4 章由王笑峰和谷金锋编写，第 2 章由孙建腾和周文军编写，第 3、5 章由谷金锋编写，第 6、8、11 章由王敏编写，第 7 章由孙建腾和金灵编写，第 9 章由孙建腾和刘涛编写，第 10 章由周文军和肖洋编写，第 12 章由牛晓君和龚文峰编写。全书由谷金锋统稿，孙建腾和王笑峰审阅了全书内容。

　　由于编者水平有限，书中难免存在疏漏，谨请广大读者批评指正。

编　者

2021 年 6 月

# 目 录

# 第 3 章　生物圈中的生命系统　　　　40

## 第 6 章　生态系统的干扰与恢复　　　115

## 第 7 章　生态监测　　　136

# 第 8 章　生态影响评价　　169

第 **12** 章　**"3S" 技术及其在生态学中的应用**　**265**

# 第 **1** 章　绪论

进入 21 世纪以来，随着全球人口激增和经济生产活动水平的不断提高，人类社会与生态环境间的矛盾也日益突出，以环境污染和生态破坏为主要特征的环境问题已经威胁到全人类的生存。人类通过对环境问题的认真思考，选择了正确的发展观——可持续发展观；通过对智慧、科技、管理、行为等多层面的整合，加大解决自身生存、经济发展和环境保护之间矛盾的力度，使人们对新世纪的未来充满了希望。但同时，资源利用（Resources Utilization）与环境保护（Environmental Protection）之间的矛盾仍然是目前世界各国实现可持续发展的主要制约因素，人类社会长期发展过程中积累的全球性环境问题，如资源枯竭、全球气候变化、自然生态系统功能退化以及突发性生态灾难等还在继续发展。因此，回顾人类社会发展与环境问题产生的过程，正确处理人类社会发展与环境的关系，仍是认识和解决 21世纪环境问题的基础和依据。这种态势无疑对环境科学、生态学以及与之相关的学科带来了新的挑战和机遇。

## 1.1　环境问题的产生与环境生态学的形成和发展

### 1.1.1　环境问题

环境问题，是指人类为其自身生存和发展，在利用和改造自然界的过程中，由对自然环境的破坏和污染所产生的危害人类生存的各种负反馈效应。按照引起环境问题的根源来划分，环境问题分两类：其一是由自然力引起的原生环境问题，称为第一类环境问题，主要指地震、洪涝、海啸、火山爆发等自然灾害问题。目前人类的技术水平和抵御能力还很薄弱，难以战胜这类环境问题。其二是由人类活动引起的次生环境问题，又称第二类环境问题。

第一类环境问题即自然灾害的形成，主要是自然力作用的结果，是不以人们的意志为转移的、无法避免的客观事实。但是，人为的作用可以加速或延缓灾害的发生，加大或减轻灾害的影响，虽然完全控制其影响尚不可能，但尽量预防、减缓灾害的发生则是力所能及的。

第二类环境问题又细分为生态破坏和环境污染两类。前者指的是不合理开发和利用自然资源，超出环境承载力，使生态环境质量恶化或自然资源枯竭的现象；后者指的是由于人口激增、城市化和工农业高速发展引起的有害物质对大气、水质、土壤和动物、植物的污染，并达到了致害的程度。严重的污染又称为环境破坏。环境污染和生态破坏同源但性质不一样，解决方法也不尽相同，是互相影响的两类环境问题。

## 1.1.2 环境问题的产生及发展

纵观地球的自然演变过程，人类在地球上的出现是改变地球自然演化过程的重大事件，环境问题随着人类社会的出现而产生，并随着人类社会的发展而发展。在人类历史发展的不同阶段，环境问题随着生产力的发展水平、对资源的利用强度、科学技术的进步以及人类对环境的态度等方面的变化而表现出不同的特征。

**(1) 原始文明阶段**

人类首先经历了几百万年的原始社会，这个阶段通常被称为原始文明或渔猎文明。在这个社会阶段，生产能力非常低下，人类靠采集植物性食物和渔猎动物性食物为生，人类的生活资料很少有自己创造的，人类基本受环境的主宰，依赖于环境，处于次要的和从属的地位。

在原始社会时期，大多数狩猎者和采集者都以小群聚（不超过 50 人）的方式生活。在热带的部落中，妇女采集提供的食物约为 50%～80%，这些部落为母系氏族社会，由女人统治；而在寒冷的近极地区，食物的来源主要是狩猎和捕鱼，这些地区的部落为父系氏族社会，男性占统治地位。这个时期的人类，虽然已经会用石头和动物骨头制作原始武器和工具，用以猎杀动物、砍切植物和裁缝兽皮制衣等，但总体而言他们对自然资源开发利用的能力非常弱；如果出现过度采集、捕猎导致某些动植物物种数量减少的情况，特定的自然环境满足不了人们的生活需要时，就通过迁徙来解决。这些受影响的物种一般依靠自然界自身固有的再生能力也完全可以自发调节、恢复。

对自然的开发、支配能力极其有限和生活的漂泊是原始社会的特征。人类把自然视为神秘的主宰，他们无力与各种自然灾害的肆虐，饥饿，疾病，以及野兽的侵扰、危害抗争。此时人与环境的关系是人类对自然的适应，人类对环境的影响往往是局部的、暂时的，大多数破坏并没有影响到自然系统的恢复能力和正常功能。

**(2) 农业文明阶段**

由原始社会（原始文明）进入农业社会（农业文明），这是人类社会发展过程中的又一次重大转折，也是"自然界人化过程"的进一步发展。这次社会形态的转变发生在距今约10000 年前。这种转化始于人类对野生动物、植物的驯化。随着采集和捕杀能力的提高，人类在处理捕获动物的方式上有了变化，对捕来的动物不是立即杀死，而是喂养、驯服它们，并让它们繁殖以供人类长期使用。人们还挑选一些野生植物栽种在居住区附近。这就是最早的牧业和农业。当然，这时的农业方式是"刀耕火种"的游移种植（Shifting Cultivation），还仅仅是能够养家糊口的生计农业（Subsistence Agriculture）。真正的农业产生于距今约7000年前，它是随着畜力和犁的发明而出现的。这意味着，土地的翻耕成为可能，作物的产量得以提高。随着生产力水平的提高，农业生产迅速发展，农业开始向草原区扩展，从而出现了人类文明中心的转移。显然，真正农业的发展与科学技术的进步是分不开的，农业社会的代表性成就是青铜器、铁器、陶瓷、文字、造纸及印刷术等。最早的文字出现在大约6000年前，即新石器时代，青铜器的发明和使用则出现在3000多年前。农业文明的发展对人类社会的进步带来了多方面的影响：首先是食物的供给增多且趋于稳定，进而使人口有了增长；土地的不断开垦，体现了人类对地球表层的改造和控制能力的增强；城镇的发展，促进了商品交流等贸易中心的形成和发展；最重要的是私有制的形成，使资源的争夺加剧。农业文明的这种发展，对环境也产生了较大的影响，特别是对植被的损害加重。农业社会出现了若干文明中心，城市人口集聚，对粮食、燃料和建筑材料的需求也随之大增；为满足这些需求，人类不得不砍伐森林，开垦更多的草原，生物的生存环境受到破坏或退化，甚至造成了某些物种的灭绝。许多文明中心也随着环境的破坏和资源的枯竭而走向衰落，如苏美尔文明、中美洲的玛雅文明、中亚丝绸之路沿线的古文明都是这样消亡的。农业社会与原始社会相比，从本质上说就是人类已由采集者和狩猎者那种"自然界中的人"进化为种植业的农民、养殖业的牧民和城市居民，成了有能力"与自然对抗的人"。所以，有的学者认为，农业文明是人类对生物圈的第一次重大冲击。从资源开发利用和环境影响的角度看，社会、经济和人口、资源及环境协调发展的问题从这时已经开始出现。当然，此时的环境问题主要是生态破坏问题。

**（3）工业文明阶段**

17世纪中叶，人类社会开始进入现代工业文明，这是人类社会发展历程中的最重大的文明进化之一。其主要标志是：小规模的手工业被大规模的机器生产所替代，以畜力、风能、水能为主的能源动力被以化石燃料为能源动力的机械所取代。这使生产力大大提高，对自然资源的开发利用和对环境的影响发生了转折性变化，所以被视为人类对生物圈的第二次重大冲击。

18世纪后半叶，蒸汽机得以广泛应用（人们常将这个时期称为蒸汽机时代或第一次产业革命），推动了炼铁业、机器制造业和采矿业的迅速兴起。这些变化，一方面使社会生产力得到空前发展；另一方面，使城市规模迅速扩大，各种资源需求量剧增，城市生态环境日趋恶化——大气、水源遭到污染，垃圾和其他废物堆积如山，而非城市区域环境退化，资源耗损，景观遭到破坏。工业污染是这一时期出现的新问题，使人类社会所面临的环境问题开启了生态破坏与环境污染并存的格局。但由于经济发展的不平衡性，从全球角度看，这种格局还是区域性的。

**（4）后工业文明阶段**

19世纪30年代，随着发电机的发明和电力的应用，人类社会又出现了一次重大进步（常被称为第二次产业革命）。电的使用实现了多种形式的能——热、机械运动、电、磁、光之间的相互转化，并使其能够在工业中加以利用。到19世纪70年代，电力作为新的能源逐步取代了蒸汽动力而占据了统治地位，这一变化的重要意义不仅是为工业提供了方便和廉价的新能源，更重要的是有力地推动了一系列新兴工业的诞生。各种通信技术的发明和产业化，促进了诸如雷达等高新技术的产生，并为20世纪科学技术突飞猛进的发展奠定了十分重要的基础。

　　20世纪爆发的两次世界大战，一方面给全世界人民带来了深重的灾难，另一方面又刺激了许多工业和科学技术的发展。电力、石油、化学工业及机器制造业等行业在世界经济中逐渐占据了主导地位。这些产业结构的突出特点就是生产过程需要大量的能源、资源，产品的消耗和使用，也需要大量的能源作为保证条件。尤其是崛起的有机化学工业，合成了大量自然界不存在的化学物质，使人类社会与自然环境间发生的大规模的物质交换出现了阻碍；许多化学合成物质自然界无法分解，大量的有毒有害物质又使自然界的分解能力遭到损害；加之对自然环境大规模的开发，严重破坏了生态系统乃至整个生物圈的结构及功能，降低了自然界对这些污染和干扰的净化和缓冲能力。因此，自20世纪30年代以来，许多震惊世界的环境公害"事件"不断发生，到20世纪60年代左右，世界各国的大气、水体、土壤、噪声及放射性等污染和生态环境破坏都达到了十分严重的程度。而且，有些全球性环境问题如气候变化、臭氧层空洞、酸雨及生物多样性锐减等对人类的生存构成的威胁也是从这个时期开始积累的。环境污染与生态破坏并存的格局也已由区域性扩展为全球性，这一严峻形势引起了世界各国人民的关注，"保护全球环境是全人类的共同责任"成为全人类的共识。如果说，罗马俱乐部的贡献之一是使世界对环境问题产生了"严肃忧虑"，联合国1972年在斯德哥尔摩召开的人类环境会议是人类社会正式应对严峻的全球环境问题的开始，1987年世界环境与发展委员会（WCED）向联合国大会提交的研究报告《我们共同的未来》标志着人类对环境与发展的认识在思想上有了重要飞跃的话，那么，1992年联合国在巴西里约热内卢召开的环境与发展大会则标志着人类对环境与发展的观念上升到了一个新阶段。

　　人类社会的整个发展历程和环境问题的形成及演变，可用图1-1和表1-1作简要的概括。在这个过程中，环境作为人类生存的必需资源被开发利用，人类社会要进步，科学技术要发展，这些都是无可非议的。

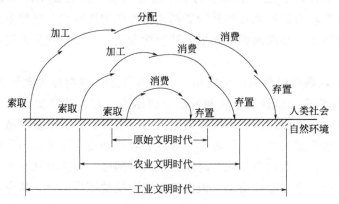

图1-1　人类社会的基本生存方式（叶文虎，2001）

表1-1　人类文明形式的特征

| 项目 | 原始文明 | 农业文明 | 工业文明 | 后工业文明 |
|---|---|---|---|---|
| 时段 | 公元前200万年—公元前1万年 | 公元前1万年—公元1700年 | 1700年—1930年 | 1930年至今 |
| 社会结构 | 个体/部落 | 乡村/民族 | 城市/国家 | 宇宙/全球 |
| 活动范围 | 孤立 | 区域 | 洲际/大区 | 全球 |

| 项目 | 原始文明 | 农业文明 | 工业文明 | 后工业文明 |
|------|----------|----------|----------|------------|
| 经济形式 | 个体延续 | 自给型 | 商品型 | 持续型 |
| 能源特征 | 火、人力 | 畜力 | 化石燃料 | 新能源 |
| 人地关系 | 依附自然 | 靠天吃饭 | 改天换地 | 人地和谐 |

关于如何认识环境问题或者说环境问题产生的根源是什么，目前有以下几种观点：

**（1）经济超速增长的结果**

这是罗马俱乐部专家们的看法，他们认为，人类社会今天面临的环境问题是经济呈指数增长的结果。据此，提出了关于增长极限和平衡发展的论点。诚然，经济发展与环境问题的产生密不可分，但绝不能笼统地说环境问题根源于经济发展，为了解决环境问题而停止经济的发展是不科学的。无论发达国家还是发展中国家，都不会以停止发展来降低生活水平或一直处于不发达的贫困状态的方式来解决环境问题。把解决环境问题与发展经济协调起来，才是最现实的。

**（2）人口快速增长的结果**

2020年，全世界人口已经超过了70亿，而且仍在持续增长。不容置疑，人口增长过快及其造成的各种压力和影响，是引发全球生态危机和环境恶化的主要原因之一。因此，控制人口过快增长是缓解环境压力的重要措施。但是，将人口增长引发环境问题的重要性换成唯一性也是不完全正确的，环境问题不是只靠控制人口的增长就可以自动解决的。

**（3）科学技术发展的结果**

此观点认为，科学技术的进步导致了如今环境问题的产生和发展，即人类享受的全部现代化文明生活，是因为科学技术的进步；而人类面临的全部环境问题和危机，同样也是因为科学技术的进步造成的。

应该承认，现代科学技术的进步，使人类社会进入了现代文明，创造了巨大财富，推动了社会进步。人类利用科技力量产生巨大创造力的同时，的确对自然环境造成了极大的干扰和破坏，许多环境公害的产生与科技的发展有关，这也是事实。但是，简单地把环境问题的产生归咎于科学技术的进步是片面的。它夸大了科技的负面效应，忽视了环境问题的解决靠的也是科学技术这一事实。这个观点的局限性可以归纳为三点：首先是以较狭隘的价值观为指导，将现代科学的合理性看作是"努力统治自然"，认为科学技术是沿着"反自然"的方向发展；其次是其科学观具有片面性，强调分析性思维，忽视事物之间的普遍联系；其三是忽视了科学技术发展的阶段性和不断进步的特征，只看到许多产业能源消耗高、对环境污染严重，而没有看到解决这些问题的措施也是科学技术。总之，对于环境问题而言，科学技术是"双刃剑"，人们需要用智慧和勤奋克服它的不完善性和局限性，使之既成为人类发展经济的重要手段，又能有效地服务于环境问题的解决。现在，许多绿色产业的兴起，低污染、低消耗工业和高新技术的兴起就是科学技术健康发展的标志。

上述关于环境问题产生根源的几种观点都有其正确性，但同时又都带有很大的片面性，对环境问题的产生和发展没有足够、全面的认识。实际上，所谓环境问题，是指人类为其自身生存和发展，在利用和改造自然界的过程中，破坏或污染自然环境所产生的危害人类生存的各种不利的反馈效应。究其原因，可分为两大类：一是不合理地开发和利用资源而对自然环境的破坏以及由此产生的各种生态效应，即通常所说的生态破坏问题；二是因工农业生产活动和人类生活所排放的废弃物造成的污染，即环境污染问题。在某些地区，环境问题可能以生态破坏或某一类污染问题为主，但在更多的地区却是两类问题并存。所以，环境问题是人类的"伴生"产物，是人类社会进步和发展过程的积累。简单地说，这种"伴生性"是由两方面原因决定的，一是人类的生存需要，二是环境自身功能。环境是人类生存的基本条件，是人类生存所需要的资源库。因此，分析环境问题产生的根源，不能离开这个基本前提。各种环境问题的出现和发展并不是人类的本意，它既有人类对客观规律认识不够的因素，也是"人是自然界主宰者"这种观念指导下违背自然规律的行为结果。21世纪人类社会面临的环境问题，无论从产生原因、发生过程、影响范围、作用对象、污染性质还是引起的后果来看都将更为复杂和严重，并具有全球化、累积化、深刻化等明显特点；其表现形式也会更多样化，除资源短缺、环境酸化、生物多样性锐减等已存在的问题外，全球气候变化、海洋荒漠化、贫水化及环境激素等一系列重大而影响深远的复杂环境问题仍在威胁着人类。因此，树立"人类也是自然界成员"的新观念，努力做到人与自然界的和谐，走可持续发展的道路才是人类正确和明智的选择。

## 1.1.3　环境生态学的概念

环境生态学（Environmental Ecology）是生态学的新分支，是伴随着环境问题的出现而产生和发展起来的综合性学科。与传统的经典生态学不同，它侧重于研究人类干扰下生态环境破坏所产生的影响及生态系统自身的一系列变化。例如，森林砍伐后，动物丧失了生存环境，鸟类减少，天敌的制约作用减弱，危害农作物的昆虫数量就相应增加。为防治害虫，农民不得不施用农药，农药的频繁使用既对环境造成污染，又降低农产品的质量，甚至损害人体健康。这是由一个干扰源诱发的"生态环境问题效应链"，这里既有生态破坏问题，也有环境污染问题，但生态系统是这个"效应链"各种问题转化和放大的载体。据此，环境生态学可定义为，研究人为干扰下，生态系统内在的变化机制、规律和对人类的反馈效应，寻求受损生态系统恢复、重建和保护对策的科学，即运用生态学的理论，阐明人与环境间相互作用的机制和效应以及解决环境问题的生态途径的科学。

## 1.1.4　环境生态学的形成与发展

环境生态学是生态学的应用学科之一。环境生态学不同于以研究生物与其生存环境之间相互关系为主的经典生态学，也不同于只研究污染物在生态系统中的行为规律和危害的污染生态学或以研究社会生态系统结构、功能、演化机制以及人的个体和组织与周围自然、社会环境相互作用的社会生态学。环境生态学解决的是环境污染和生态破坏这两类环境问题。

**（1）环境生态学的诞生**

环境生态学产生于20世纪60年代初。美国海洋生物学家蕾切尔·卡森（Rachel Carson，1962）潜心研究美国使用杀虫剂所产生的种种危害之后，发表了《寂静的春天》这一科普名著。该书的发表，是对人类与环境关系的传统行为和观念的理性反应。

《寂静的春天》一书虽是科普著作，基本素材也仅是杀虫剂大量使用造成的污染危害，但是，卡森的科学素养却使这本书成功地论述了生机勃勃的春天"寂静"的主要原因；以大量的事实指出了生态环境问题产生的根源；揭示了人类生产活动与春天"寂静"间的内在机制；阐述了人类同大气、海洋、河流、土壤及生物之间的密切关系；批评了"控制自然"这种妄自尊大的思想。她指出了问题的症结："不是敌人的活动使这个受害世界的生命无法复生，而是人们自己使自己受害。"她告诫人们："地球上生命的历史一直是生物与其周围环境相互作用的历史，只有人类出现后，生命才具有了改造其周围大自然的异常能力。在人对环境的所有袭击中，最令人震惊的，是空气、土地、河流以及大海受到各种致命化学物质的污染。这种污染是难以清除的，因为它们不仅进入了生命赖以生存的世界，而且进入了生物组织内。"她向世人呼吁：我们长期以来行驶的道路，容易被人误认为是一条可以高速前进的平坦、舒适的超级公路，但实际上，这条路的终点却潜伏着灾难，而另外的道路则为我们提供了保护地球的最后唯一的机会。虽然蕾切尔·卡森没有确切地告诉我们"另外的道路"究竟是什么样的，但作为环境保护的先行者，蕾切尔·卡森的思想在世界范围内较早地引发了人类对自身的传统行为和观念进行比较系统和深入的反思。《寂静的春天》可被称为环境生态学的启蒙之著和学科诞生的标志。

**（2）环境生态学发展的初期阶段**

20 世纪 70 年代，《增长的极限》的发表，是环境生态学发展的初期阶段的主要象征。1968 年，来自世界各国的几十位科学家、教育家、经济学家等学者会聚于罗马，成立了一个非正式的国际协会——罗马俱乐部。以麻省理工学院麦多斯（Dennis L. Meadows）为首的研究小组，受俱乐部的委托，针对长期流行于西方的高增长理论进行深刻反思，并于1972 年提交了俱乐部成立后的第一份研究报告——《增长的极限》。报告深刻阐明了环境的重要性以及资源与人口之间的基本联系，提出 21 世纪全球经济将会因为粮食短缺和环境破坏出现不可控制的衰退，因此，要避免因地球资源极限而导致世界崩溃的最好办法是限制增长，即零增长。这种观点后来被称为"悲观论"派的典型。很显然，这份研究报告的结论和观点有明显的缺陷，但是，这份报告在表达对人类前途的"严肃的忧虑"时，以全世界范围为空间尺度，以大量的数据和事实提醒世人，产业革命以来的经济增长模式所倡导的"人类征服自然"的观点，其后果是使人与自然处于尖锐的矛盾之中，并不断地受到自然的报复；这条传统工业化的道路，已经导致全球性的人口激增、资源短缺、环境污染和生态破坏，使人类社会面临严峻的挑战，实际上引导人类走上了一条不能持续发展的道路。报告对人类发展历程的理性思考，唤起了人类自身的环境意识，这些积极意义是毋庸置疑的。该报告还指出，人类社会的发展要与资源的提供能力相适应，要考虑环境问题等限制性因素的作用和人口增长压力等思想，为环境生态学的理论体系奠定了基础。

1972 年，联合国人类环境会议在斯德哥尔摩召开，来自世界 113 个国家和地区的代表参加了这次会议。这是人类第一次将环境问题纳入世界各国政府和国际政治的事务议程。大会通过的《联合国人类环境会议宣言》向全球呼吁：人类在决定世界各地的行动时，必须更加审慎地考虑它们对环境造成的巨大的、无法挽回的损失。联合国人类环境会议的意义在于，引起了各国政府共同对环境问题特别是对环境污染的反思、觉醒和关注，正式吹响了人类共同向环境问题挑战进军的号角。

《只有一个地球——对一个小小行星的关怀和维护》是受联合国人类环境会议秘书长委托，为这次大会提供的一份非正式报告。书中论述了环境污染问题，并把它与人口、资源、工艺技术、发展不平衡和世界范围的城市化困境等联系起来，作为一个整体来讨论。更为重要的是，该书的作者利用相当大的篇幅，系统地论述了"地球是一个整体"的学术思想，回顾了人类社会的发展历程与环境问题的关系，分析了现代繁荣的代价。该书的学术思想和观点丰富了环境生态学的理论，促进了环境生态学理论体系的完善和发展。

**(3) 环境生态学的全面发展阶段**

20 世纪 80 年代，作为一个分支学科的环境生态学有了突破性的进展。1987 年，B. 福尔德曼出版了第一本《环境生态学》教科书，其主要内容包括空气污染、有毒元素、酸化、森林衰减、油污染、淡水富营养化和杀虫剂等。书名的副标题为"污染和其他压力对生态系统结构和功能的影响"。该书的出版对环境生态学的发展起到了积极的推动作用。

同时，世界环境与发展委员会（WCED）于 1987 年向联合国提交了题为《我们共同的未来》的研究报告。报告分为"共同的问题""共同的挑战""共同的努力"三大部分，系统地研究了人类面临的重大经济、社会和环境问题，以"可持续发展"为基本纲领，从保护和发展环境资源、满足当代和后代的需要出发，提出了一系列政策目标和行动建议。报告把环境与发展这两个紧密相关的问题作为一个整体进行讨论，将人们从单纯考虑环境保护引导到把环境保护与人类发展切实结合起来，实现了人类有关环境与发展思想的重要飞跃。报告还明确指出了人类社会的可持续发展，只能以生态环境和资源的持久、稳定的支承能力为基础，而环境问题也只有在社会和经济的可持续发展中得到解决。尤其是具有创新意义的"可持续发展"理论的提出，促进了"循环经济"、工业生态园的兴起以及工业生态学、生态工程学和工程生态学等新兴学科的发展，使环境生态学的理论基础更加坚实，环境生态学由学科理论体系的完善和成熟阶段，发展到理论指导下的实际应用的新阶段。

除以上提到的国际会议及其会议报告对环境生态学的形成与发展起到的重要作用外，20 世纪 60 年代以来，许多学者从不同角度和不同的研究领域为环境生态学的形成与发展做出了积极贡献。林恩·怀特（Lynn White）的《我们生态危机的历史根源》，博尔丁（K. Boulding，1966）的《未来宇宙飞船的经济》等著作，所表达的一致的观点是，单靠技术并不能解决人口和环境污染问题，只有道德、经济和法律的协同才是有效的措施。尤其是 70 年代后，"受损生态系统的恢复""干扰与生态系统"等关于干扰和受损生态系统恢复与重建以及生态工程的几次国际研讨会，就受损生态系统的恢复与重建的理论和实践问题进行了广泛而深入的研讨，对环境生态学的形成和学科的完善起到了积极的推动作用。

## 1.2 环境生态学的研究内容与研究方法

### 1.2.1 环境生态学的研究内容

在生态科学的庞大体系中，环境生态学属于生态学与环境科学的交叉学科之一，也是综合性十分明显的新兴学科。根据学科的定义，除了涉及经典生态学的基本理论外，环境生态学的研究内容主要包括以下几方面：

**（1）人为干扰下生态系统内在变化机制和规律研究**

自然生态系统受到人为的外界干扰后，将会产生一系列的反应和变化。在这些变化过程中有哪些内在规律，干扰效应在系统内不同组分间是如何相互作用的，出现了哪些生态效应以及这些效应如何影响到人类，包括各种污染物在各类生态系统中的行为、变化规律和危害方式，等等，都属于环境生态学的研究内容。

**（2）生态系统受损程度及危害性的判断研究**

受损后的生态系统在结构和功能上有哪些退化特征，这些退化的生态学效应和性质是什么，危害性程度如何，等等，都需要作出准确和量化的评价。物理、化学、生态学和系统理论的方法是环境质量评价和预测所常用的四种最基本的手段，科学的评价应该是几种方法的结合，而生态学判断所需的大量信息就来自生态监测。实际上，生态监测就是利用生态系统中生物群落各组分对干扰效应的应答来分析环境变化的效应、程度和范围，包括人为干扰下生物的生理反应、种群动态和群落演替过程等。

**（3）各类生态系统的功能和保护措施的研究**

各类生态系统在生物圈中执行着不同的功能，被破坏后产生的生态效应亦不同。环境生态学就是要研究各类生态系统受损后的危害效应和方式，这些效应对区域生态环境和社会发展的影响，以及各类生态系统的保护对策，包括生物资源的保护和科学管理、受损生态系统的恢复和重建的措施等。

**（4）解决环境问题的生态学对策研究**

单纯依靠工程技术解决人类面临的环境问题，已被实践证明是行不通的，而采用生态学方法治理环境污染和解决生态破坏问题，尤其在区域环境的综合整治上已经初见成效，前景令人鼓舞。依据生态学的理论，结合环境问题的特点，采取适当的生态学对策并辅之以其他方法或工程技术来改善环境质量，恢复和重建受损的生态系统是环境生态学的研究内容之一，包括各种废物的处理和资源化的生态工程技术，还包括对生态系统实施科学的管理。

综上可以看出，维护生物圈的正常功能，改善人类生存环境，并使两者得到协调发展是环境生态学的根本目的；运用生态学理论，保护和合理利用自然资源，治理被污染和破坏的生态环境，恢复和重建受损的生态系统，实现保护环境与发展经济的协调，以满足人类生存发展需要，是环境生态学研究内容的核心。

## 1.2.2 环境生态学的研究方法

环境生态学是现代生态学的重要组成部分，也是环境科学的组成部分，理解人为干扰与生态系统内在的变化机制、规律之间的相互关系，是环境生态学研究的关键所在。因此，环境生态学的研究方法以解决实际环境问题的生态学研究方法为基础，同时发展出具有自身学科特色的研究手段。

**（1）调查统计分析**

调查统计是环境生态学的主要研究方法之一。濒危生物种群的数量变化、矿物资源现存量的变化、污染区域生物数量的变化、荒漠化发展趋势等问题的解决，往往都是首先通过调查统计获得第一手数据资料，然后再分析其变化规律，进而设计出解决方案。

调查统计分析有多种方法，如不定期普查、抽样调查、定点调查、问卷调查、航空调查、遥感调查、地理信息系统调查等。

### （2）科学实验

科学实验是环境生态学重要的研究方法。环境问题的解决要通过科学实验进行定量和定性的分析，研究其变化机制，再提出相应的生态措施。

科学实验分野外实验和室内实验，有的则是两者结合，依所研究的生物水平和环境问题而定。野外实验可建立定位实验站，主要针对生物种群、群落、生态系统和生物圈与环境的关系及生态过程展开研究；室内实验则主要是探索生物个体、细胞和分子与环境相互作用的机制和内在规律。

### （3）系统分析

系统分析是一种进行科学研究的策略，它以一种系统的、科学的方法找出生态系统内各组分之间的关系、各组分之间不同的影响力，这有助于决策者找到一种解决复杂问题的思路。通过系统分析可以建立一系列反映事物发展规律的系统模型，对系统进行模拟和预测，寻找最佳答案。

系统分析中应用最多的方法有多元统计学、多元分析方法、动态方程、多维几何、模糊数学理论、综合评判方法、神经网络理论等一系列相关的数学、物理研究方法。目前，应用比较广泛的系统分析模型有微分方程模型、矩阵模型、突变量模型以及对策论模型等。

### （4）历史资料分析

有一些环境问题涉及历史变迁，需要从历史资料分析中得到启示。例如，研究区域生态环境变迁及其影响因素、自然灾害的发展及其变化趋势、人均资源量的变化与发展、可持续发展思想的形成等问题，都需要查阅大量历史资料。历史资料包括文献资料、考古结果、孢粉分析资料、底层分析资料、年轮分析资料等。该方法对于阐述较大时间尺度的环境变化是十分重要的。

## 1.3　环境生态学及其相关学科

环境生态学与其他学科领域的交叉研究十分活跃，特别是生态学与环境科学。这两大类学科对环境生态学理论与方法体系的建立和发展具有重要意义。

## 1.3.1　生态学

### （1）生态学的定义

生态学这一概念最早由德国动物学家海克尔（Haeckel，1866）在其所著的《有机体普通形态学原理》一书中首次提出。他认为生态学是研究有机体与其周围环境（包括非生物环境和生物环境）相互关系的科学。生态学的理论基础是进化论物种起源的"自然选择"和"最适者生存"两项基本原则。

1895 年丹麦哥本哈根大学的瓦尔明（E. Warming）的《以植物生态地理为基础的植物分布学》（后改名为《植物生态学》）和 1898 年德国的辛柏尔（Schimper）的《以生理学为基础的植物地理分布》两本专著的问世，标志着生态学这门学科的正式诞生。

　　继海克尔之后，著名的美国生态学家奥德姆（Odum）1956 年将生态学重新定义为："生态学是研究生态系统结构和功能的科学。"1971 年，他编写的著名教材《生态学基础》就是以生态系统为中心构成教材体系的，这本教材对全世界许多大学的生态学教学和研究产生了很大的影响，他因此荣获了美国生态学的最高荣誉——泰勒生态学奖（1977 年）。我国著名生态学家马世骏先生对生态学的定义为：生态学是研究生命系统和环境系统相互关系的科学。实际上，生态学的不同定义能够反映出生态学不同发展阶段的研究重心。

**（2）生态学的研究对象**

　　生态学源于生物学，而生物是呈等级组织存在的，依次为：生物大分子—基因—细胞—个体—种群—群落—生态系统—景观—生物圈，因此，生态学的研究范围异常广泛，从分子到生物圈都是生态学的研究对象。同时，生态学涉及的环境也异常复杂，从无机环境（岩石圈、大气圈、水圈）、生物环境（植物、动物、微生物）到人与人类社会，以及由人类活动所导致的环境问题。

　　由于生态学研究对象的复杂性，它已发展成为一个庞大的学科体系。根据研究对象的分类学类群划分，可分为动物生态学、植物生态学、微生物生态学、陆地植物生态学、昆虫生态学以及各个主要物种的生态学；根据研究对象的组织水平可划分为分子生态学、个体生态学、种群生态学、群落生态学、生态系统生态学、景观生态学、全球生态学等；根据研究对象的生境类别可以划分为陆地生态学、海洋生态学、淡水生态学、岛屿生态学；按照研究性质，可划分为理论生态学和应用生态学。

　　生态学与生物科学其他分支学科如形态学、生理学、遗传学、分类学及生物地理学有着非常密切的关系。学习现代生态学不仅需要有这些方面的扎实知识，而且还需要掌握更多数学、化学、医学和经济学及社会学等学科的知识。可见，现代生态学已经是一门融自然科学和社会科学等多学科于一体、知识体系广博的综合性科学。

**（3）环境生态学与生态学的关系**

　　环境生态学是生态学学科体系的组成部分，是依据生态学理论和方法研究环境问题而产生的新兴分支学科。因此，在诸多相关学科中，环境生态学与生态学的联系最为紧密，生态学是环境生态学的理论基础。

　　环境生态学注重从整体和系统的角度，研究在人为干扰下生态系统结构和功能的变化规律，以及由此对人类产生的影响，并寻求受人类活动影响而受损的生态系统恢复、重建和保护的生态学对策。其任务的重点在于运用生态学的原理，阐明人类活动对环境的影响以及解决环境问题的生态学途径，保护、恢复和重建各类生态系统，以满足人类生存与发展的需要。

## 1.3.2　环境科学

　　环境科学是 20 世纪 50 年代后，由于环境问题的出现而诞生和发展起来的新兴学科，经过 10 多年奠基性工作的准备，到 70 年代初期便发展成一门研究领域广泛、内容丰富的独立学科。环境科学的发展异常迅速，可以说，它的产生既是社会的需要，也是 20 世纪 70 年代自然科学、技术科学、社会科学相互渗透并向广度和深度发展的一个重要标志。

**(1) 环境科学的研究内容**

环境科学是研究和指导人类在认识、利用和改造自然过程中，正确协调人与环境相互关系，寻求人类社会可持续发展途径与方法的科学，是由众多分支学科组成的学科体系的总称。从广义上说，它是研究人类周围大气、土地、水、能源、矿物资源、生物和辐射等各种环境因素及其与人类的关系，以及人类活动对这些环境要素影响的科学。从狭义上讲，它是研究由人类活动所引起的环境质量的变化以及如何保护和改进环境质量的科学。"可持续发展"理论的提出和不断完善，对环境科学产生了深刻影响，无论是对环境问题的认识，还是研究内容和学科任务等方面都有了许多新的发展。这些新发展集中体现在学科提倡的资源观、价值观和道德观上。它的资源观是整个环境都是资源，即环境中可以直接进入人类社会生产活动的要素是资源，而不能直接进入人类社会生产活动的要素也是资源，而且这些要素的结构方式及其表现于外部的状态还是资源，因为它们都能在不同程度上满足和服务于人类社会生存发展的需要。它提倡的价值观包含两层含义。一是环境具有价值，人类通过劳动可以提高其价值，也可以降低其价值，因为客体的价值是该客体对主体需要的满足关系；二是发展活动所创造的经济价值必须与其所产生的社会价值和环境价值相统一。它的道德观是提倡人与自然的和谐相处、协调发展、协同进化，也就是说人类应尊重自然的生存发展权，人对自然的索取也应该与对自然的给予保持一种动态的平衡。这种道德观否定对自然的征服和主宰，旨在改变以能"做大自然的主人"而自豪的错误的道德原则。

具体地说，环境科学的研究内容主要包括以下几方面：①人类与其生存环境的基本关系；②污染物在自然环境中的迁移、转化、循环和积累的过程及规律；③环境污染的危害；④环境质量的调查、评价和预测；⑤环境污染的控制与防治；⑥自然资源的保护与合理使用；⑦环境质量的监测、分析和预报；⑧环境规划；⑨环境管理。

环境科学的这些研究内容可概括为：研究人类社会经济行为引起的环境污染和生态破坏；研究环境系统在人类干扰（侧重于环境污染）影响下的变化规律；确定当前环境恶化的程度及其与人类社会经济活动的关系；寻求人类社会经济与环境协调持续发展的途径和方法，以争取人类社会与自然界的和谐。所有这些决定了环境科学的两个明显特征，即整体性和综合性。同时，也决定了环境科学是一门融自然科学、社会科学和技术科学于一体的交叉学科，而且在很多领域，与环境生态学的研究内容有交叉。

**(2) 环境科学的分支学科**

经过几十年的发展，环境科学已形成了一个由环境学、基础环境学和应用环境学三部分组成的较为完整的学科体系（图 1-2）。这三部分各自的主要任务是：

① 环境学是环境科学的核心和理论基础，它侧重于环境科学基本理论和方法论的研究；

② 基础环境学由环境科学中许多以基础理论研究为重点的分支学科组成，包括环境生态学、环境数学、环境物理学、环境化学、环境毒理学、环境地理学和环境地质学等；

③ 应用环境学由环境科学中以实践应用为主的许多分支学科组成，包括环境控制学、环境工程学、环境经济学、环境医学、环境管理学和环境法学等等。

环境学：环境科学的核心和理论基础

环境科学

基础环境学：环境社会学、环境数学、环境物理学、环境声学、环境化学、
辐射污染及其控制、热污染及其控制、环境生态学、环境地质学、
环境毒理学、环境地理学

应用环境学：环境控制学、环境工程学、环境系统工程、环境水利学、环境经济学、
环境医学、环境管理学、环境法学、环境工效学

图 1-2　环境科学的学科体系

**（3）环境生态学与环境科学的关系**

环境生态学是环境科学的分支学科之一。在环境科学研究中，人们提出使用生态学理论，这促使了环境生态学的产生，环境科学和生态学为环境生态学奠定了理论基础。

环境科学在研究人类环境质量、保护自然环境和改善受损环境的过程中，都是以生态学为基础的，并以生态系统平衡为原则和目标。环境生态学理论将丰富和发展环境科学。环境科学研究的是人与环境，生态学研究的是生物与环境。而环境生态学把二者研究范畴包含在内，研究人、生物与整个自然界之间的关系。环境生态学采纳了生态学、环境科学的理论和技术。因此，环境学家把环境生态学当作环境科学的一个分支学科，它隶属于基础环境学。

环境生态学一方面关注环境背景下生态系统自身发生、演化和发展的动态变化以及受扰后生态系统的治理与修复，另一方面致力于自然-社会-经济复合生态系统的规划、管理与调控研究。在环境科学体系中，环境生态学同环境监测与评价、环境工程、环境治理与修复以及环境规划与管理的关系尤为密切。环境化学、环境生物学和环境物理学是环境生态学中关于人为干扰效应及机制分析的基础和科学依据。而生态监测能反应监测结果的长期性和系统性，弥补物理和化学监测的不足，完善环境监测的内容和效果。环境生态学还可以环境工程、环境治理与修复和环境规划与管理提供理论依据，提高污染治理的生态效果，提高环境决策的科学性、提高环境保护的效益。

## 1.3.3　恢复生态学

20 世纪 90 年代中期开始，一门以研究受损生态系统恢复为主要内容的新学科——恢复生态学迅速兴起并得到快速发展。恢复生态学是研究生态系统退化原因、退化生态系统恢复与重建技术及方法、生态学过程与机制的科学。很显然，恢复生态学的研究内容与环境生态学有交叉，但又不是完全相同的学科重复。

首先，在学科的性质上，恢复生态学更侧重于恢复与重建技术的研究，应属于技术科学的范畴；而环境生态学则更侧重于基本理论的探讨，属于基础学科。其次是学科的研究内容方面，在受损生态系统恢复这一重叠领域，环境生态学注重研究受损后生态系统变化过程的机制和产生的生态效应，关注的是"逆向演替"的动态规律；恢复生态学则注重研究生态恢复的可能性与方法，更关注恢复与重建后生态系统"正向演替"的动态变化，以及加快这种演替的各种措施。最后，在研究方法上，恢复生态学对生态工程学的理论及技术的发展十分关注，而环境生态学更注重生态监测与评价，以及有关生态模拟研究方法和技术的发展。有关恢复生态学的知识将在后面章节中详细论述。总之，就两个独立的学科关系而言，环境生态学与恢复生态学是最紧密的。

### 1.3.4　生态经济学

生态经济学是生态学和经济学相互交叉、渗透、有机结合形成的新兴边缘学科，也是一门跨自然科学和社会科学的交叉学科。生态经济学是研究生态经济系统运行机制和系统各要素间相互作用规律的科学，它产生于 20 世纪 60 年代末期，之后得以迅速发展并显示出旺盛的生命力，得到了世界各国政府、社会团体、学术界和企业界的高度重视。近 20 多年来，由于生态学家与经济学家的积极合作，生态经济学发展迅速。其中特别值得注意的是，生态经济学根据生物物理学的理论，依据物理学中的能量定律，采用"能值"（Emergy）作为基准，把不同种类、不可比较的能量转换成同一标准的能值进行分析，在研究方法上，实现了生态系统各种服务功能价值评价中比较标准无法统一的突破。这对环境生态学的研究无疑是非常重要的。

经典生态学只限于研究生物与其生存环境的相互关系，几乎不涉及经济社会问题。20世纪 20 年代中期，美国科学家麦肯齐首先把植物生态学与动物生态学的概念运用到对人类群落和社会的研究中，主张经济分析不能不考虑生态学过程。但真正把经济社会问题结合生态学基本原理进行阐述的，还是美国海洋生物学家蕾切尔·卡森的《寂静的春天》这部著作，书中对美国大量使用杀虫剂所造成的生态环境问题作了符合生态学规律的描述，揭示了现代社会的生产活动对自然环境和人类自身影响的生态学过程。此后，生态学与社会经济问题密切结合，又有大批论述生态经济学的著作问世，促进了诸如污染经济学、环境经济学、资源经济学等新兴分支学科的产生。60 年代后期，美国经济学家肯尼斯·博尔丁在他所著的《一门科学——生态经济学》中正式提出了"生态经济学"的概念。作者对利用市场机制控制人口和调节消费品的分配、资源的合理利用、环境污染，以及用国民生产总值衡量人类福利的缺陷等作了有创见性的论述。继博尔丁的著作问世之后，论述生态经济问题的许多专著相继出现，其内容已远远超出了经典经济学和生态学的范围。

从生态经济学的发展过程中，可以看出它与环境生态学之间存在的关系。环境生态学的主要研究内容是人为干扰下受损生态系统的内在变化规律、变化机制和产生的生态效应，所以它首先需要界定生态系统受到损害的程度，评价其功能和结构的变化。从本质上看这属于生态资源的评价问题，是生态系统各种服务功能的维护与管理问题，这也是生态经济学研究的主要范畴。因此，除生态学和环境科学外，生态经济学与环境生态学的关系也是很密切的。

### 1.3.5　其他相关学科

除以上重点论述的几个相关学科外，环境生态学还与许多新兴的分支学科有着密切联系。其中，人类生态学、环境经济学和污染生态学的研究范畴，在很大程度上都与环境生态学有交叉。

从广义上讲，人类生态学是研究人与生物圈相互作用，人与环境、人与自然协调发展的科学。从狭义上讲，人类生态学主要以人类生态系统为研究对象。在人类已改变了大部分自然生态系统的今天，人类生态学所研究的主体和对象对于自然生态环境有着重要的影响，而这些正是环境生态学所要研究的"人为干扰问题"。

环境经济学主要研究环境与经济的相互作用关系、环境资源价值评估及其作用、环境管理的经济手段、环境保护与可持续发展和国际环境问题等内容。其中，环境资源价值评估和环境管理的经济手段等研究内容，对环境生态学所要研究的受损生态系统的判断、生态恢复等具有很强的互补性。

污染生态学是以生态系统理论为基础，用生物学、化学、数学分析等方法研究污染条件下生物与环境之间相互关系及其变化规律的科学，而研究生物受污染后的生活状态和受害程度、污染物在生态系统中的转移及富集和降解规律等内容，可为环境生态学分析受污染生态系统的变化过程和机制提供科学的依据。

总之，现代科学的发展及其相互渗透，已使各学科之间都有着直接或间接的联系，新兴的综合性交叉学科更是如此。可以形象地说，现代科学的各学科之间已构成了一张"科学之网"，每个学科都是这张网上的一个结节并与整张网的所有"学科节"紧密联系着，它们各自不断发展，推动着整体科学技术的不断进步。

## 思考题

1.概念解释：环境问题，环境生态学，生态学，环境科学，恢复生态学。

2.人类历史的发展目前经历了哪几个阶段？每个阶段有什么特征？

3.简述环境生态学的形成和发展。

4.简述环境生态学的研究内容。

5.环境生态学有哪些研究方法？并简要说明。

6.简述环境生态学与生态学的关系。

7.简述环境生态学与环境科学的关系。

8.简要说明环境生态学与生态文明的关系。

# 第 **2** 章　生物与环境

## 2.1　地球上的生物

### 2.1.1　生命的产生

地球上的生物，形体大小、外貌特征、生活习性千差万别，它们的踪迹几乎遍地皆是。那么，它们是在什么时间、什么地点，如何形成的呢？

现代科学已经证实，地球上的生物是由非生命物质产生和发展起来的。迄今为止，人类已知的最古老的生命物质是在非洲南部的斯威士兰的前寒武纪地层中发现的二百多个微生物化石，它们与原核藻类非常相似，生存年代距现在大约有 34 亿年。

根据科学的推算，地球从诞生到现在大约有 45 亿年的历史了。早期的地球是炽热的，组成它的一切化学元素都呈气体状态。当然，那个时候绝不会有生命存在。以后地球的温度不断下降，一些非生命物质在漫长的岁月里，经过极其复杂的化学过程，一步一步地演变成为最初的生命。这个过程，一般认为可分为四个阶段。

第一阶段，由无机物质生成简单的有机物质。根据推测，在地球形成的初期，地球表面的温度虽然降低了，但是内部的温度仍然很高，火山活动极其频繁。火山喷出的许多气体，形成了地球原始大气的一部分。一般认为，地球原始大气的主要成分有甲烷（$CH_4$）、氨（$NH_3$）、氢（$H_2$）、水蒸气（$H_2O$）、二氧化碳（$CO_2$）以及硫化氢（$H_2S$）、氰化氢（HCN）等。这些气体在自然界产生的宇宙射线、紫外线、闪电、局部高压、火山爆发等外界高能的作用下，自然组合成一些比较简单的有机物，如氨基酸、核苷酸、单糖、ATP（三磷酸腺苷）等。这些有机物通过雨水的作用，经过湖泊和河流，最后汇集在原始的海洋中。它们溶解在海水里，不断积累，使海水成为高温而富含有机物的溶液。这些有机物为生命的产生提供了必要的物质条件。

第二阶段，由简单的有机物质形成复杂的有机物质。所谓复杂的有机物质，是指蛋白质、核酸等一些高分子有机物。有些学者认为，在原始的海洋中，氨基酸、核苷酸等有机物，经过长期积累，互相作用，在适当的条件下，通过缩合或聚合作用而形成了原始的蛋白质和核酸。这种蛋白质和核酸的结构都比较原始，有序度比较低，功能也不够专一。经过若干亿年的不断进化，它们的结构才更加有序，功能才更加完善，乃至发展到今天我们认识的蛋白质和核酸。蛋白质和核酸是组成生命的必要的物质基础，蛋白质和核酸的出现，标志着化学演化过程一次重大的质变。

第三阶段，由复杂的有机物组成多分子体系。目前，大都认为原始的海洋是生命的摇篮。根据推测，在分子进化阶段，蛋白质、核酸、多糖、类脂等重要的高分子有机物，在原始海洋中越积越多，浓度越来越大，它们经过浓缩之后便分离出来，凝结成许多类似"团聚体"的多分子体系，并显示出某些生命现象，这种多分子体系就是原始生命的萌芽。

第四阶段，由多分子体系演变为原始的生命。上述的多分子体系漂浮在原始的海洋中，它们之间互相吸附，并在海水和空气的作用下形成最原始的界膜，从而把多分子体系包围起来，形成一个独立的体系。通过不断地进化和自然选择，这个独立体系的结构逐渐复杂化，并能从周围环境吸取养料，扩充改造自身，同时排出一些废物。最后，终于产生了生命的基本特征——新陈代谢和繁殖。于是，原始的生命诞生了。从此，生命的演化就从化学进化阶段进入了生物进化阶段。

## 2.1.2　生物的发展和进化

对于生物的发展和进化过程，人们通常都认为生物经过了由非细胞到细胞，由原核细胞到真核细胞，由单细胞到多细胞的复杂、曲折的进化道路。我们现在看到的高等动物和植物，它们的身体都是由许多细胞构成的。但是，原始的生命并没有细胞结构，它们是由非细胞→细胞→单细胞→多细胞，一步一步地逐渐发展、演变的。就像前面提到的"团聚体"，最初它们具有许多和细胞相似的特点，比如有一个双层的界膜，还能通过分裂进行繁殖。但是，当时地球上的大气缺乏氧气，所以，这些原始的非细胞形态的生命，是在厌氧的异养条件下生存的，它们自己不能制造食物，而是靠外界食物来源，后来经过长期的自然选择，其内部结构逐渐复杂化，并且产生了细胞膜。细胞膜的出现使原始生命有了相对稳定的内环境，能够与周围环境进行物质交换，也能进行繁殖和遗传，成为最原始的单细胞生物。这种原始的细胞，经过不断地进化，使遗传物质集中在细胞中央的一定区域，但并没有形成核膜把它包围起来，这种原始的生命，叫作原核生物。

据古生物学记载，推测原核生物出现在距今 31 亿年以前，后来大约又经过 17 亿～19 亿年，才由原核生物发展到真核生物。真核生物具有真正的细胞核，也就是说细胞核的外面有核膜包围起来。真核细胞的产生，是生物从简单到复杂的一个转折点，是生物进化史上一个重大的突破。有了真核细胞，必然引起生殖方式的改变，结果出现了有性生殖，为生物进化开辟了新的道路。

一般认为，多细胞的动物、植物具有共同的祖先，它们是由原始的单细胞生物分化而来的。原始的单细胞生物，如鞭毛类，一方面可以在水中游动，进行异养生活；另一方面因体内含有光合色素，又能进行自养生活。在长期演化过程中，原始的单细胞生物朝着两个方向发生分化：一是自养功能加强和运动功能退化，演化为单细胞绿藻类，由此再发展为多细胞的绿色植物；二是运动功能加强，自养功能退化，演化为单细胞原生动物，由此再发展成为多细胞动物。

## 2.1.3　地球上的生物种类

据估计地球上共生存着1400万个生物物种，只有175万个生物物种被记录在案。许多生物物种人类至今还未发现；有些物种虽被人类发现，但未能深入研究；还有许多生物物种甚至在被人类发现之前就灭绝了。如2.5亿年前，有70%的陆地生物物种和95%的海洋生物物种在二叠纪就灭绝了。因此，现在无法知道地球上所有生物物种的确切数目。而且物种在地球上的分布极不均匀，大部分物种分布在热带地区，如占地球面积7%的热带雨林中，生活着全世界50%以上的物种，因此，那里的生物多样性最为丰富。

地球上能看见的最多的生物是不起眼的昆虫，有600万～1000万个种，而人类迄今才确定了100多万种昆虫，且每年仅能认识约1万种昆虫。绝大多数的昆虫对人类是有益的或者是无害的，只有1%的昆虫是有害的，但是某些有害昆虫对人类的危害却远超过了凶禽猛兽，如蚊子、苍蝇等。

中国也是生物多样化的国家，生物种类相当丰富，高等植物和脊椎动物的物种数就占全球物种数的10%，仅高等植物就有3万多种。中国还有某些独特的生物种，如大熊猫、白鱀豚、扬子鳄、银杉树等物种仅见于中国。表2-1为世界生物种的已知种数与中国已知种数的比较。

表2-1　世界生物种的已知种数与中国已知种数的比较

| 生物类群 | 世界已知种数/种 | 世界估计总种数/种 | 已知种占比/% | 中国已知种数/种 | 中国占世界已知种数比例/% |
| --- | --- | --- | --- | --- | --- |
| 病毒 | 5000 | 130000 | 4 | 400 | 8.0 |
| 细菌 | 4760 | 40000 | 12 | 500 | 10.5 |
| 真菌 | 72000 | 1500000 | 5 | 8000 | 11.1 |
| 藻类 | 40000 | 60000 | 67 | 5000 | 12.5 |
| 苔藓植物 | 17000 | 25000 | 68 | 2200 | 12.9 |
| 裸子植物 | 750 | | | 240 | 32.0 |
| 被子植物 | 250000 | 270000 | 93 | 30000 | 12.0 |
| 原生动物 | 30800 | 100000 | 31 | | |
| 海绵动物 | 5000 | | | | |
| 腔肠动物 | 9000 | | | | |
| 线虫动物 | 15000 | 500000 | 3 | | |
| 甲壳动物 | 38000 | | | | |
| 昆虫 | 800000 | 6000000～10000000 | 8～13 | 51000 | 6.4 |

续表

| 生物类群 | 世界已知种数/种 | 世界估计总种数/种 | 已知种占比/% | 中国已知种数/种 | 中国占世界已知种数比例/% |
|---|---|---|---|---|---|
| 其他节肢动物/微小无脊椎动物 | 132 | 460 | | | |
| 软体动物 | 50000 | | | | |
| 棘皮动物 | 6100 | | | | |
| 两栖动物 | 4184 | | | 284 | 6.8 |
| 爬行动物 | 6380 | | | 376 | 5.9 |
| 鱼类 | 19000 | 21000 | 90 | 2804 | 14.8 |
| 鸟类 | 9198 | | 100 | 1244 | 13.5 |
| 哺乳动物 | 4170 | | 100 | 500 | 12.0 |

注：数据来自宋延龄，刘志恒等（1993）。

## 2.1.4　生物在地球中的作用

地球形成于大约 45 亿年前，而生物是在地球产生后的十几亿年才出现的。同时，构成地球物质的生物总量，与岩石和水相比少得多。因此有人认为，在地壳的发展变化过程中，主要是物理风化和化学风化起主导作用，而生物在整个地球生活中所起的作用是微不足道的。后来的科学研究证实，这种看法是错误的。

现在普遍认为，生物在地球化学过程中的作用绝不能低估。它的影响是巨大的、多方面的，归纳起来，主要有以下几方面：

首先，生物参与化学元素迁移。化学元素在地表土壤、沉积岩、大气圈和水圈中的迁移，多半是由生物直接参加，或者在有生物影响的环境中完成。比如，绿色植物在进行光合作用合成有机物时，从大气中吸收化学元素，也从地壳和水圈中吸收化学元素，这样，就使许多元素离开了原来的位置，进入生物体内，并改变了它们原来的存在形式。活的生物体一般带着这些化学元素一起迁移；生物体死后，其残体被微生物分解变成矿物质，它们又以无机物的形式还原到环境中去，因而使这些元素在地理环境中得到重新分布。

其次，生物改变大气圈、水圈的组成。现在地球上的大气，在某种意义上说，是由于生物体的活动所形成的。今天的大气主要由氮和氧组成，另外还有少量的氩、二氧化碳等。可是三十多亿年以前的原始大气的主要成分并不是氮和氧，而是二氧化碳、甲烷、氢和氨等。自从地球上有了绿色植物，由于植物的光合作用释放出氧气，大气中的氧才逐渐多起来，现代大气含氧量高达 20.8%。植物在光合作用中，还要从大气中吸收二氧化碳，从而使得原始大气中的二氧化碳逐渐变少。大气中的氮是由微生物，特别是细菌分解各种氮化物而释放出来的。正是由于生物体不断地作用，现在大气中的氮和氧才成了主要的成分。地球上地表水和地下水的化学成分，在很大程度上也受生物体的生命活动所制约。比如，生物有机体在新陈代谢过程中，从水中吸收某些元素和化合物，而析出另一些元素和化合物，这势必会改变水圈的物质组成。

再次，生物参与岩石的风化和土壤的形成。生物在其生命活动过程中，尤其是在分解各种有机物时，产生二氧化碳、有机酸和无机酸，这些酸类腐蚀岩石，使岩石进一步风化。风化了的岩石形成黏土，此时，只有生物参与进去，才能形成真正的土壤。生物有机体是土壤有机组分的来源，生物因素是促进土壤发生发展的最活跃的因素。植物决定土壤的生物吸收性能，而真菌和细菌支配着矿物质和有机质的分解和转化，也就是说，支配着风化作用和腐殖质的形成。

此外，生物还参与岩石和非金属矿物的建造。许多岩石是由生物形成的。例如，硅藻土、石灰岩、泥炭、煤、油页岩等，它们是由生物有机残体及生物活动产物所形成的。还有某些铁矿、硫矿、锰矿、磷矿等，多是由微生物的富集，死后沉积而形成的。磷矿床不少是由沉积了的很厚的鸟粪层形成的。

## 2.1.5 生物圈

生物圈是地球上最大的生态系统，指地球上的全部生命和一切适合于生物栖息的空间。这个术语最早由奥地利地质学家休斯（Suess）在1875年提出，他把生物圈理解为"在地球表面生物与生物周围的一切环境所组成的总体"，也就是说生物圈是地球表面上由生命物质所构成的圈层。苏联学者 B. N. 维尔纳斯基对生物圈进行了深入的研究，并提出了生物圈的完整概念，他认为生物圈是进行着生命过程的地球表面外壳，指的是地球上有生命的那一部分，它的范围包括整个水圈、岩石圈的上部（主要是沉积层组成的部分）和大气圈的下部（主要是对流层以下，平均高度10km），因此，生物圈是地球上所有的生物（包括人类在内）和其生存环境的复合体。

那么，生物圈的范围究竟有多大呢？总的来说，从地球表面向上23km的高空和向下11km的海底，都属于生物圈的范围。也就是说，包围地球表面34km厚的这个圈层，都是生物活动的场所。但是，在不同的空间内，生物种类的多少、密度的大小、活动能力的强弱是很不相同的。

生物最活跃的部分，是在地面以上（包括土壤层），水面以下各100m的范围内。从这里向上或向下，生物的种类、数量逐渐减少，活动能力也大大减弱。距地表9000m以上或水面11000m以下，生物就更少了。比如绿色植物分布的最高界限是在喜马拉雅山海拔6200m的地方，再向上可能有少数蜘蛛类的动物生存，兀鹰可以沿喜马拉雅山在8300m的高度盘旋。至于9000m以上，大约至23000m的高空，仅存在少量休眠状态的生物，如细菌和真菌的孢子等。

总之，生物圈是一个范围广袤、成分多样、结构精巧、关系复杂的物质体系。生物圈内各圈层之间的关系相当密切，十分复杂。它们相互渗透，相互作用，相互依存，共同发展。从无生命的气、水、土三者来看，气和水无孔不入，到处渗透，形成了一个气中有水、水中有气、水中有土、土中有气和水的适宜生物生存的外在环境。它们为地球上所有的生物提供了繁衍生息、争奇斗胜的大舞台。生物依靠它们周围的环境生存和发展，在发展过程中又不断地改造着自己周围的环境。

人类也生活在这个生物圈之中，并利用这里的资源。目前，生物圈已经没有一个地方不受人类影响。这里有建设性的、合理的利用和改造；也有不合理的盲目的开发，造成不良的后果。人类为了永远生活下去，就应该积极保护和发展生物圈中对人类有益的资源，改造对人类不利的条件，使其为人类创造更多的财富，提供更适宜的环境。

## 2.2　环境的概念、类型及环境因子

### 2.2.1　环境的概念

环境（Environment）是指某一特定生物体或生物群体以外的空间，以及直接或间接影响该生物体或生物群体生存的一切事物的总和。环境总是针对某一特定主体或中心而言的，是一个相对的概念，离开了这个主体或中心也就无所谓环境，因此环境只具有相对的意义。在生物科学中，环境是指生物的栖息地，以及直接或间接影响生物生存和发展的各种因素。在环境科学中，人类是主体，环境是指围绕着人群的空间以及其中可以直接或间接影响人类生活和发展的各种因素的总体。此外，在世界各国的一些环境保护法规中，还常常把环境中应当保护的要素或对象界定为环境。如《中华人民共和国环境保护法》所称环境，是指影响人类生存和发展的各种天然的和经过人工改造的自然因素的总体，包括大气、水、海洋、土地、矿藏、森林、草原、野生生物、自然遗迹、人文遗迹、自然保护区、风景名胜区、城市和乡村等。这是一种工作定义，目的在于明确法律的适用对象和范围，保证法律准确实施。

由于环境是对应于特定主体而言的，特定主体有巨细之分，因此环境也有大小之别，大到整个宇宙，小至基本粒子。例如，对太阳系中的地球而言，整个太阳系就是地球生存和运动的环境；对栖息于地球表面的动植物而言，整个地球表面就是它们生存和发展的环境；对某个具体生物群落来讲，环境是指其所在地段上影响该群落发生发展的全部无机因素（光、热、水、土壤、大气、地形等）和有机因素（动物、植物、微生物及人类）的总和。总之，环境这个概念既是具体的，又是相对的。讨论环境时，要包含着特定的主体；离开了主体的环境是没有内容的，同时也是毫无意义的。主体的不同或不明确，往往是造成对环境分类及环境因素分类不同的一个重要原因。

### 2.2.2　环境的类型

环境是一个非常复杂的体系，至今尚未形成统一的分类系统。一般可按环境的主体、性质、要素或介质类型、范围等进行分类。

① 按环境的主体分，目前有两种体系。一种是以人为主体，其他的生命物质和非生命物质都被视为环境要素，这类环境称为人类环境，在环境科学中，多数学者都采用这种分类方法；另一种是以生物为主体，生物体以外的所有自然条件称为环境，这一般是生态学上所采用的分类方法。

② 按环境的性质可将环境分成自然环境、半自然环境（被人类破坏后的自然环境）和社会环境三类。

③ 按环境的介质类型，可将环境分为大气环境、水环境、土壤环境和社会环境四类。

④ 按环境的范围大小可将环境分为宇宙环境（或称星际环境）、地球环境、区域环境、

微环境和内环境。

a. 宇宙环境（Space Environment）指大气层以外的宇宙空间。它是在人类活动进入大气层以外的空间（如地球邻近天体）的过程中提出的新概念，也有人称之为空间环境。宇宙环境由广阔的空间和存在于其中的各种天体及弥漫物质组成，它对地球环境产生了深刻的影响。太阳辐射是地球的主要光源和热源，为地球生物有机体带来了生机，推动了生物圈这个庞大生态系统的正常运转，因而，它是地球上一切能量的源泉。太阳辐射能的变化影响着地球环境，例如，太阳黑子出现的数量同地球上的降雨量有明显的相关关系。月球和太阳对地球的引力作用使地球产生潮汐现象，并可引起风暴、海啸等自然灾害。

b. 地球环境（Global Environment）指大气圈中的对流层、水圈、土壤圈、岩石圈和生物圈，又称为全球环境，也有人称之为地理环境（Geographical Environment）。地球环境与人类及生物的关系尤为密切，其中生物圈中的生物把地球上各个圈层密切地联系在一起，并推动各种物质循环和能量转换。

c. 区域环境（Regional Environment）指占有某一特定地域空间的自然环境。它是由地球表面不同地区的 5 个自然圈层相互配合而形成的。不同地区形成各不相同的区域环境特点，分布着不同的生物群落。

d. 微环境（Microenvironment）指区域环境中，由于某一个（或几个）圈层的细微变化而产生的环境差异所形成的小环境。例如，生物群落的镶嵌性就是微环境作用的结果。

e. 内环境（Internal Environment）指生物体内组织或细胞间的环境。其对生物体的生长和繁育具有直接的影响，例如在叶片内部，直接和叶肉细胞接触的气腔、气室、通气系统，都是形成内环境的场所。内环境对植物有直接的影响，且不能为外环境所代替。

### 2.2.3 环境因子

环境因子指构成环境的各个因素，它包括生物有机体以外所有的环境要素。美国生态学家 R. F. Daubenmire（1947）将环境因子分为 3 大类（即气候类、土壤类和生物类）7 个项目（土壤、水分、温度、光照、大气、火和生物因子）。Gill（1975）将非生物的环境因子分为 3 个层次：第一层，植物生长所必需的环境因子（例如，温度、光照、水分等）；第二层，不以植被是否存在而发生的对植物有影响的环境因子（例如，风暴、火山爆发、洪涝等）；第三层，存在与发生受植被影响，反过来又直接或间接影响植被的环境因子（例如，放牧、火烧等）。

## 2.3 生态因子及其作用的特征

### 2.3.1 生态因子的概念

生态因子（Ecological Factor）是指环境中对生物生长、发育、生殖、行为和分布有直接或间接影响的环境要素。如温度、湿度、食物、氧气、二氧化碳和其他相关生物等。所有生态因子构成生物的生态环境（Ecological Environment）。具体的生物个体和群体的栖息地的生态环境称为生境（Habitat）。

生态因子是针对具体的生物物种而言的，生物物种不同，对其起作用的生态因子就可能不同。例如空气中的氮气，对非固氮植物来说，只是环境因子而不是生态因子，但对固氮植物来说，就是生态因子。

## 2.3.2 生态因子的类型

根据生态因子的性质，将生态因子分为五类：

① 气候因子（Climatic Factor）：包括温度、湿度、光、降水、风、气压和雷电等。

② 土壤因子（Edaphic Factor）：包括土壤结构、土壤有机和无机成分的理化性质及土壤生物等。

③ 地形因子（Topographic Factor）：包括各种地面特征，如坡度、坡向、海拔高度等。

④ 生物因子（Biotic Factor）：包括同种或异种生物之间的各种相互关系，如种群内部的社会结构、领域、社会等级等，以及竞争、捕食、寄生、互惠共生等。

⑤ 人为因子（Anthropogenic Factor）：主要指人类的活动对生物和环境的各种作用。随着人类生产能力的提高，人类活动对各种生物的影响和对环境的改变作用越来越大，因此，人类对环境的作用是其他生物所不可比拟的，有必要将人为因子划分为独立的一类。

生态因子也可简单地分为生物因子和非生物因子（Abiotic Factor）两类。这里的生物因子包括上述的生物因子和人为因子，而非生物因子则包括上述的气候因子、土壤因子和地形因子。

## 2.3.3 生态因子作用的一般特征

生态因子的划分是人为的，其目的只是为了研究或叙述的方便。实际上，在环境中，各种生态因子的作用并不是独立的，而是相互联系并共同对生物产生影响的。因此，在进行生态因子分析时，不能只片面地注意到某一生态因子，而忽略了其他因子；另外，各种生态因子也存在着相互补偿或增强作用的影响，生态因子在影响生物的生存和生活的同时，生物体也在改变生态因子的状况。

**（1）综合作用**

环境中各种生态因子不是孤立存在的，而是彼此联系、互相促进、互相制约，任何一个单因子的变化，必将引起其他因子不同程度的变化。生态因子所发生的作用虽然有直接和间接作用、主要和次要作用、重要和不重要作用之分，但它们在一定条件下又可以互相转化。如光和温度的关系密不可分，温度的高低不仅影响空气的温度和湿度，同时也会影响土壤的温度、湿度。这是由于生物对某一个极限因子的耐受度，会因其他因子的改变而变化，所以生态因子对生物的作用不是单一的而是综合的。如温度是一、二年生植物春化阶段中起决定性作用的因子，但是也只能在适度的湿度和良好的通气条件下才能发挥作用，如果空气不足、湿度不适，萌发的种子仍不能通过春化阶段；鸟卵在孵化时期，在诸多因子中，一定的温度对胚胎发育起决定性作用，但在胚胎破壳过程中，充足的氧又特别重要，因为鸟胚的呼吸已由胚胎呼吸转变为肺呼吸。

**（2）主导因子作用**

在诸多环境因子中，有一个生态因子对生物起决定性作用，称为主导因子。主导因子发生变化会引起其他因子发生变化。如以土壤为主导因子，可将植物分成多种生态类型，有喜钙植物、嫌钙植物、盐生植物、沙生植物；以生物为主导因子，可将动物按照食性分为草食动物、肉食动物、食腐动物、杂食动物等。

**（3）直接作用和间接作用**

区分生态因子的直接作用和间接作用对研究生物的生长、发育、繁殖及分布很重要。环境中的地形因子，其起伏、坡向、坡度、海拔高度及经纬度等对生物的作用不是直接的，但它们能影响光照、温度、雨水等因子，因而对生物起间接的作用，这些地方的光、温度、水则对生物生长、分布以及类型起直接作用。如四川二郎山的东坡湿润多雨，分布的是常绿阔叶林，而西坡空气干热缺水，只能分布耐旱的灌草丛。对于生物因子而言，寄生、共生关系是直接作用，如菟丝子、桑寄生、槲寄生等都是寄生植物，能从寄主植物上直接吸取营养，这种寄生植物对寄主植物起直接作用。

**（4）因子作用的阶段性**

生物生长发育不同阶段对环境因子的需求不同，因此因子对生物的作用也具阶段性，这种阶段性是由生态环境的规律性变化所造成的。如光照长短在植物的春化阶段并不起作用，但在光周期阶段则是很重要的。有些鱼类不是终生都定居在某一环境中，而是根据其生活史的各个不同阶段，对生存条件有不同要求，如鱼类的洄游。大马哈鱼生活在海洋中，生殖季节就成群结队洄游到淡水河流中产卵，而鳗鲡则在淡水中生活，洄游到海洋中去生殖。

**（5）生态因子的不可替代性和补偿作用**

环境中各种生态因子对生物的作用虽然不尽相同，但都各具其重要性，尤其是作为主导作用的因子，如果缺少便会影响生物的正常生长发育，甚至生病或死亡。所以从总体上说生态因子是不能被替代的，但是局部能补偿。如在一定条件下，多个生态因子的综合作用过程中，某一因子在量上的不足，可以由其他因子来补偿，同样可以获得相似的生态效应。以植物进行光合作用为例，如果光照不足，可以增加二氧化碳的量来补足；在钙元素缺乏的情况下，软体动物能利用环境中的锶元素来补偿壳中钙的不足。生态因子的补偿作用只能在一定范围内作部分补偿，而不能以一个因子代替另一个因子，且因子之间的补偿作用也不是经常存在的。

**（6）生态因子的其他作用方式**

① 拮抗作用。拮抗作用是各个因子在一起联合作用时，一种因子能抑制或影响另一种因子起作用。以生物因子微生物为例，青霉菌产生的青霉素能抑制革兰氏阳性菌和部分革兰氏阴性菌；在酸菜、泡菜和青饲料制作过程中，由于乳酸菌的旺盛繁殖，产生大量乳酸，使环境变酸而抑制腐败细菌的生长。两种或多种化合物共同作用于生物体时，由于化合物间产生的拮抗作用，可使其毒性低于各化合物毒性之总和，如有机汞和硒在金枪鱼体内共存时，可抑制甲基汞的毒性。

拮抗作用可分为功能拮抗、化学拮抗、分布拮抗、受体拮抗等。

② 协同、叠加和增强作用。这几种作用主要是非生物因子中的化合物对生物的毒性作用。

协同作用：两种或多种化合物共同作用时的毒性等于或超过各化合物单独作用时的毒性总和。当某些化合物使机体对另一种化合物的吸收减少、排泄延缓、降解受阻或产生毒性更大的代谢物时，都可产生协同作用，如稻瘟净与马拉硫磷、铜和锌离子等。

叠加作用：两种或多种化合物共同作用时的毒性为各化合物单独作用时毒性的总和。一般化学结构相近、性质相似的化合物，或作用于同一器官、系统的化合物，或毒性作用机理相似的化合物共同作用时，生物效应往往出现叠加作用，如稻瘟净与乐果、氢化氰与丙烯腈等。

增强作用：当一种化合物对某器官、系统并无毒性作用，但与另一种化合物共同作用时，使后者毒性增强。如异丙醇对肝脏无毒性作用，但与四氯化碳同时使用时，使四氯化碳对肝脏的毒性增强。

③ 净化作用。净化作用是利用物理、化学和生物的方法消除水、气、土中的污染物，使其符合技术或卫生要求。净化可分为物理净化、化学净化和生物净化三类。

物理净化作用有稀释、扩散、淋洗、挥发、沉降等。如大气中的烟尘可以通过气流扩散、降水淋洗和重力沉降等作用而得到净化。物理净化作用的强弱与环境的温度、风速、降雨量等物理条件有密切关系，也取决于污染物本身的物理性质，如密度、形态、黏度等。

化学净化作用有氧化还原、化合和分解、吸附、凝聚、交换、络合等。如水中铅、锌、镉、汞等重金属离子与硫离子化合，生成难溶的硫化物而沉淀。影响化学净化的环境因素有酸碱度、温度、化学组成，以及污染物本身的形态和化学性质等。

生物净化作用有生物的吸收、降解作用等，这些作用使污染物的浓度和毒性降低或消失。如绿色植物能吸收二氧化碳，放出氧气；微生物氧化分解污染物，生成各种无机物如 $NH_4^+$、$PO_4^{3-}$、$CO_2$ 等，可以被藻类用作养料，并利用太阳光作能源合成自身的细胞，同时释放大量氧气供需氧生物利用；树林和草地对大气中的二氧化硫、氮氧化物、氯、氟等有毒气体和尘埃有一定的阻挡、捕集、吸收作用，植物越稠密，净化作用越强。净化作用因植物种类不同有很大差异，并和环境各因素状况有密切关系。藻类同化作用能增加水中的氧气，净化污水，清除水中的厌氧细菌，还能分解石灰岩，促进大气中的碳循环。所以城市种植行道树、铺草种花对环境保护是非常重要的。

## 2.4 生态因子作用的规律

### 2.4.1 限制因子

在诸多生态因子中，使生物的耐受性接近或达到极限时，生物的生长发育、生殖、活动以及分布等直接受到限制甚至死亡的因子称为限制因子（Limiting Factor）。如温度升高到上限时会导致许多动物死亡，温度成了动物生存的限制因子；氧对陆地动物来说很少有限制作用，但对水生生物，尤其是水生动物来说如果缺少就会死亡；光是植物进行光合作用的主要因素，但如果没有水、二氧化碳和一定温度，碳水化合物不能合成，反之只有水、二氧化碳和一定温度而没有光，植物也不能进行光合作用，所以植物光合作用中的几个因子在不同情况下，任何一个因子都可以成为限制因子。

## 2.4.2 Liebig 最小因子定律

最小因子定律最早是由德国的农业化学家利比希（Liebig）提出的。1840 年利比希在研究植物产量时发现，每一种植物都需要一定种类和一定数量的营养元素；在植物生长所必需

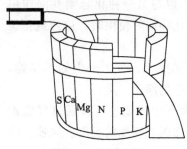

图 2-1　木桶原理

的元素中，供给量最少（与需要量相比差值最大）的元素决定着植物的产量。也就是说，植物的生长取决于那些处于最少量状态的营养元素，这就是著名的利比希"最小因子定律"。这与系统论中的"木桶原理"（见图 2-1）含义一致，即一个由多块木板拼成的水桶，当其中一块木板较短时，不管其他木板多高，水桶装水量总是受最短木板制约。

最小因子定律最初只用于研究营养物质对植物生存、生长、发育和繁殖的影响，后来人们发现该法则对温度、光照等多种生态因子同样适用。最小因子定律只有在严格稳定的条件下才能应用。如果在一个生态系统中，物质和能量的输入输出不是处于平衡状态，那么植物对于各种营养元素的需求就会不断发生变化，在这种情况下，最小因子定律不适用。

## 2.4.3 Shelford 耐性定律和生态幅

耐性定律是美国生态学家谢尔福德（V. E. Shelford）在最小因子定律的基础上于 1913 年提出的。他在研究中发现，生物的生存不仅受生态因子最低量的限制，而且还受生态因子最高量的限制。也就是说，生物对环境的耐受性有上限和下限之分，二者之间的幅度称为耐性限度，如图 2-2 所示。耐性定律把最低量因子和最高量因子相提并论，把任何接近或超过耐受下限或耐受上限的因子都称作限制因子。

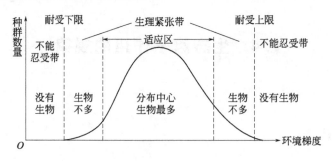

图 2-2　耐性定律图示（李振基等，2014）

对同一生态因子，不同种类的植物有不同的耐受极限。如原产热带的花卉一般在 18℃左右才开始生长，而原产温带的花卉在 10℃左右就能开始生长；原生动物一般能忍受高温

50℃左右，形成孢囊时忍受性更高。家蝇（*Musca domestica*）在 44.6℃左右出现热瘫痪，到 45～48℃ 就开始死亡；玉米生长发育所需的温度最低不能低于 9.4℃，最高不超过 46.1℃，耐性限度为 9.4～46.1℃。每个物种对生态因子适应范围的大小称为该物种的生态幅。物种的生态幅和分布区是物种长期适应环境的结果，这种适应是建立在"与环境协同进化"这一基本原理之上的，并以遗传的形式最终保存下来。物种对某一生态因子的耐受性是相对稳定的，但在一定范围内，物种对生态因子的耐受性可以随环境的变化而变化，并具有一定的调节适应能力，甚至能够逐渐适应极端环境。

耐受范围有宽有窄且有界。一般而言，如果一种生物对所有生态因子的耐受范围都是广的，那么这种生物的分布也一定很广，即为广生态幅物种，反之则为狭生态幅物种（见图 2-3）。如根据植物对各种生态因子适应幅度的差异，可将其分为很多类型。就温度而言，有的植物能耐受很广的温度范围，称为广温性植物；有的只能耐受较窄的温度范围，称为狭温性植物。同样，以光照划分可分为广光性植物和狭光性植物，以湿度划分可分为广湿性植物和狭湿性植物，以耐盐性划分可分为广盐性植物和狭盐性植物，等等。

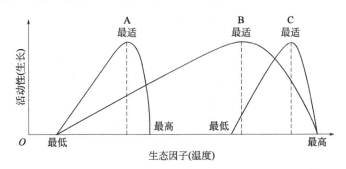

图 2-3　狭温性与广温性生物的生态幅（李博，2000）
A—冷狭温；B—广温；C—暖狭温

在 Shelford 以后，许多学者在这方面进行了研究，并对耐性定律作了发展，概括如下：

① 生物的耐性限度会因发育时期、季节、环境条件的不同而变化。当一个物种生长旺盛时，会提高对一些因子的耐性限度；相反，当遇到不利因子影响它的生长发育时，也会降低对其他因子的耐性限度。

② 自然界耐性限度的实际范围几乎都比潜在范围狭窄。加拿大生态学家 E. J. Fry 于 1947 年总结了这一现象，认为实际耐性限度之所以比潜在活动范围狭窄，可能是由于两个原因：a. 在不利因素影响下，生物对基础率的生理调节所付出的代价提高了；b. 生态环境中的辅助因子降低了代谢强度的上限或下限水平。

③ 生物的耐性限度是可以改变的，因为生物对环境的缓慢变化有一定的调整适应能力，甚至能逐渐适应极端环境。例如，高山上的雪莲（*Saussurea involucrata*），温泉中的细菌，等等。但这种适应性是以减弱对其他环境因子的适应能力为代价的，一些狭生态幅生物，对范围狭窄的极端环境条件具有极强的适应能力，但却丧失了在其他环境下生存的能力。相反，广生态幅的生物对某一极端环境的适应能力则甚低。

④ 影响生物的各因子之间，存在明显的相互关联。例如，生物对湿度的耐性限度与温度有密切联系，美国生态学家 E. P. Pianka 指出，一种生物在什么湿度下适合度（Fitness）最大主要取决于温度，同样在温度梯度上的最适点则取决于湿度。把湿度与温度条件结合在一起则可看出，当湿度与温度很低或很高时，该种生物的耐性限度都比较窄，而在中湿与中

温相结合的条件下，耐性限度达到最高。

### 2.4.4 生物内稳态及耐性限度的调整

**（1）内稳态（Homeostasis）**

内稳态即生物控制体内环境使其保持相对稳定的机制。它能减少生物对外界条件的依赖性，从而大大提高生物对外界环境的适应能力。内稳态是通过生理过程或行为的调整而实现的。恒温动物通过控制体内产热过程以调节体温，变温动物靠减少散热或利用环境热源使身体增温。如哺乳动物具有许多种温度调节机制以维持恒定体温，当环境温度从 20℃到 40℃范围内变化时，它们能维持体温在 37℃左右，因此它们能生活在外界温度范围很大的环境内，地理分布范围较广；爬行动物维持体温依赖于行为调节和几种原始的生理调节方式，稳定性较差，对温度耐受范围较窄，地理分布范围也受到限制；植物虽然不能移动，但部分器官也有类似行为，如向日葵的花随太阳转动方向，合欢的叶子昼挺夜合等。

维持体内环境稳定是生物扩大耐性限度的一种重要机制，但内稳态机制不能完全摆脱环境的限制，它只能扩大自己的生态幅与适应范围，成为一个广适种（Eurytopic Species）。有人根据生物体内状态对外界环境变化的反应，区分出内稳态生物（Homeostatic Organisms）与非内稳态生物（Non-homeostatic Organisms），它们之间的基本区别是控制其耐性限度的机制不同。非内稳态生物的耐性限度仅取决于体内酶系统在什么生态因子范围内起作用；而对内稳态生物而言，其耐性范围除取决于体内酶系统的性质外，还依赖于内稳态机制发挥作用的大小。

**（2）耐性限度的驯化**

除内稳态机制可调整生物的耐性限度外，还可通过人为驯化的方法改变生物的耐性范围（图 2-4）。如果一个物种长期生活在最适生存范围的一侧，将逐渐导致该种耐性限度的改变，适宜生存范围的上下限会发生移动，并形成一个新的最适点，这一驯化过程是通过酶系统的调整而实现的。因为酶只能在特定的环境范围内起作用，并决定着生物的代谢速率与耐性限度，所以驯化过程是生物体内酶系统的改变过程。例如，把同一种金鱼长期饲养在两种不同温度下（24℃和 37.5℃）（图 2-5），它们对温度的耐性限度与生态幅最终将发生明显改变。植物也有类似情况，例如，南方果树的北移、北方作物的南移和野生植物的栽培化都要经过一个驯化过程。一般来讲，驯化需要很长的时间，但在实验条件下诱发的生理补偿机制可在短时间内完成。对于一些小动物，最短 24 小时即可完成驯化过程。

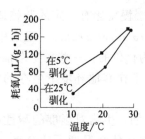

图 2-4　豹蛙在某一特定温度下的
耗氧量（仿 Hainsworth，1983）

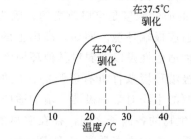

图 2-5　金鱼在两种不同温度下驯化后所形成的
对温度的两种耐受限度（仿 Putman 等，1984）

## 2.4.5　指示生物

生物在与环境相互作用、协同进化的过程中，每个物种都留下了深刻的环境烙印，因此，常用生物作为指示者，反映环境的某些特征。例如，各地农民常根据物候确定农时，"枣芽发，种棉花""杏花开，快种麦"就是华北平原广泛流传的农谚。民间还利用动物行为预报天气变化。例如，燕子低空飞翔预示雨将来临，蜻蜓高飞预示天晴。此外，水文地质工作者常利用指示植物寻找地下水。例如，我国北方草原区，凡有芨芨草（*Achnatherum splendens*）成片生长的地段，都有浅层地下水分布。地矿工作者利用指示生物找矿，如安徽的海州香薷（*Elsholtzia splendens*）是著名的铜矿指示植物，湖南会同的野韭则指示金矿；还有人利用厌氧微生物寻找地下天然气。在环境保护上，常利用地衣等敏感生物指示大气污染状况等。

综上，生物的指示作用是普遍存在的，但指示生物决不能滥用，因为每个物种的指示作用都是相对的，仅在一定的时空范围内起作用，而在另一时空条件下将失去指示意义。例如上面谈到的海州香薷，在安徽海州指示铜矿的存在，而在辽宁、河北等地则成为路边杂草，失去指示意义。同是铜矿，在海州的指示植物是香薷，在四川西部的指示植物则是头状蓼（*Polygonum alatum*），而在辽宁的指示植物是丝石竹（*Gypsophila pacifica*）。

## 2.5　主要生态因子的生态作用及生物的适应

## 2.5.1　光因子的生态作用及生物的适应

光是地球上所有生物得以生存和繁衍的最基本的能量源泉，地球上生物生活所必需的全部能量，都直接或间接地来源于太阳光。生态系统内部的平衡状态是建立在能量基础上的，绿色植物的光合系统是太阳能以化学能的形式进入生态系统的唯一通路，也是食物链的起点。光本身又是一个十分复杂的环境因子，太阳辐射的质量、强度及其周期性变化对生物的生长发育和地理分布都产生着深刻的影响，而生物本身对这些变化的光因子也有着极其多样的反应。

**（1）光质的生态作用与生物的适应**

光是由波长范围很广的电磁波组成的，主要波长范围是 150～4000nm，波长不同，显示出的性质也不同。其中人眼可见光的波长在 380～760nm 之间，可见光谱中根据波长的不同又可分为红、橙、黄、绿、青、蓝、紫七种颜色的光。波长小于 380nm 的是紫外线（又称紫外光），波长大于 760nm 的是红外线，红外线和紫外线都是不可见光。在全部太阳辐射中，红外线约占 50%～60%，紫外线约占 1%，其余的都是可见光部分。

植物的生长发育是在日光的全光谱照射下进行的。不同光质对植物的光合作用、色素形成、向光性、形态建成的诱导等影响是不同的。光合作用的光谱范围只是可见光区，其中波长在 590～760nm 之间的红橙光主要被叶绿素吸收，对叶绿素的形成有促进作用；波长在 380～490nm 之间的蓝紫光也能被叶绿素和类胡萝卜素吸收，这部分辐射称为生理有效辐射。绿光则很少被吸收利用，称为生理无效辐射。植物一般只能将其中的一小部分生理辐射能转化为化学能，并贮存有机物里，一般的光能利用率多在 1%～5% 左右，由于环境条件和植物种类的不同，植物实际的光能利用率多在 0.5%～3.0%。实验表明，红光有利于糖的合成，蓝光有利于蛋白质的合成。

可见光对动物生殖、体色变化、迁徙、毛羽更换、生长、发育等都有影响。将一种蛱蝶分别养在光照和黑暗的环境下，生长在光照环境中的蛱蝶体色变淡；而生长在黑暗环境中的蛱蝶，身体呈暗色。其幼虫和蛹在光照与黑暗的环境中，体色也有成虫类似的变化。

不可见光对生物的影响也是多方面的。如昆虫对紫外线有趋光反应，而草履虫则表现为避光反应。紫外线对生物和人有杀伤和致癌作用。波长 360nm 即开始有杀菌作用；240～340nm 的辐射可使细菌、真菌、线虫的卵和病毒等停止活动；200～300nm 的辐射杀菌力强，能杀灭空气中、水面和各种物体表面的微生物。这对于抑制自然界的传染病病原体是极为重要的。当紫外线穿越大气层时，波长短于 290nm 的部分被臭氧层中的臭氧吸收，只有波长在 290～380nm 之间的紫外线才能到达地球表面。在高山和高原地区，紫外线的作用比较强烈，生活在高山上的动物体色较暗，植物的茎叶富含花青素，这是短波光较多的缘故，也是其避免紫外线伤害的一种保护性适应。生长在高山的植物茎秆粗短、叶面缩小、绒毛发达也是短波光较多所致。

**（2）光强的生态作用与生物的适应**

光强是指单位面积上的光通量大小，与生物生长有着密切关系，是决定植物光合作用速度的最大环境因素。

光强对动植物的生长发育有重要的作用。光能促进细胞的增大和分化，影响细胞的分裂和生长，生物体积的增长、质量的增加都与光照强度有密切关系。光还能促进植物组织器官的分化，制约着器官的生长发育速度，使植物各组织器官发育保持正常比例。植物叶肉细胞中的叶绿体必须在一定的光强条件下才能形成，在黑暗条件下会产生特殊的黄化形态：株小、节间小、叶子不发达等。黄化现象是光与形态建成的各种关系中极端的典型例子，黄化是植物对黑暗的特殊适应。平常所吃的豆芽、韭黄、蒜黄等就是黄化的具体表现。光对花的发育影响很大，在植物完成光周期诱导和花芽开始分化的基础上，光照时间越长，强度越大，形成有机物质越多，越有利于花的发育。光强有利于果实的成熟，对果实的品质也有良好作用。

鸡蛋、蛙卵、鲑鱼卵等在有光照的条件下孵化得快，发育也快；而贻贝和生活在海洋深处的浮游生物则在黑暗条件下生长较快。实验表明，蚜虫在连续有光照的情况下，产生的都为无翅个体；在连续无光照的条件下，产生的也都是无翅个体；但在光照和黑暗交替的条件下，则产生较多的有翅个体。光照还有利于动物的骨骼健壮、毛发润泽等。

在一定的光照强度范围内，植物光合产物随着光照强度的增加而增加，但是当光照达到一定强度时，光合产物不再随着光照强度的增加而增加，这个光的临界点就称为光饱和点（见图 2-6）。当光照强度降低时，光合速率也随着降低；当植物通过光合作用制造的有机物质与呼吸消耗物质相平衡时的光照强度称为光补偿点。当植物处于光补偿点时，不能积累干物质，因此光补偿点的高低，可以作为判断植物在低光照强度下能否健壮成长的标志，也就是说可以作为植物耐阴程度的一个指标。

根据对光照的适应性，植物可分为阳生植物（Helio-phyte）、阴生植物（Skiophyte）和耐阴植物（Shade-enduring Plant）三类。阳生植物对光的需求比较迫切，适应于在强光照地区生活，这类植物光补偿点的位置较高，光合速率和代谢速率都较高，常见种类有蒲公英、蓟、杨、柳、桦、槐、松、杉和栓皮栎等。阴生植物对光的需要远较阳生植物低，适应于弱光照地区生活，这类植物的光补偿点的位置较低，其光合速率和呼吸速率都比较低。阴生植物多生长在潮湿背阴的地方或密林内，常见种类有

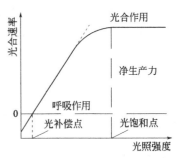

图2-6　光合速率与光照强度的关系

山酢浆草、连钱草、观音座莲、铁杉、紫果云杉和红豆杉等。很多药用植物如人参、三七、半夏和细辛等也属于阴生植物。耐阴植物对光照具有较广的适应能力，对光的需要介于以上两类植物之间。了解植物对光照强度的生态类型，在植物的合理栽培、间作套种、引种驯化以及造林营林等方面都是非常重要的。

**（3）光周期现象与生物的适应**

由于地球的自转和公转所造成的太阳高度角的变化，使能量输入成为一种周期性变化，从而使地球上的自然现象都具有周期性。在不同地区和不同的季节里，一天中的昼夜长短是有规律变化着的。北半球的夏季，通常是昼长夜短，冬季则昼短夜长，形成了光照长短的周期性变化。昼夜交替中日照的长短对生物生长发育的影响，称为光周期现象（Photoperiodism）。

1920年加纳（Garner）和阿拉德（Allard）提出了植物开花的光周期现象，认为对植物开花起决定作用的生态因子是随季节变化的日照长度。按光周期反应可将植物分为以下类型：

长日照植物：只有光照长度大于一定时间才能开花的植物，若缩短光照时间就不开花结实。一般原产于温带或寒温带的植物属于此类，如萝卜、菠菜、小麦、凤仙花、牛蒡、除虫菊、紫罗兰、金光菊、满天星、罂粟、飞燕草等。人工延长光照时间可促使这些植物提前开花。

短日照植物：只有光照长度小于一定时间才能开花，若延长光照时间则不能开花结实。一般原产于热带、亚热带的植物属于此类，如玉米、高粱、水稻、棉花、牵牛、苍耳、一品红、大波斯菊、金鱼草等。人工缩短光照时间可促其开花。

中日照植物：昼夜长度接近相等时才开花的植物，如甘蔗只有在12.5小时的光照下才开花，光照时间大于或小于此时间对开花都有影响，少数产于热带地区的植物属于此类型。

日中性植物：这类植物开花不受光照长度的影响，在长短不同的光照长度下都能正常开花结实，如蒲公英、四季豆、黄瓜、番茄等。大多数植物属于此类。

将植物区分成长日照植物、短日照植物等不同类型，需要一个光照时间的界限，但这个界限不易划分，大多数植物的界限一般为12～14小时，这一界限被称为临界日长或临界光周期，用来区别长日照植物和短日照植物。由于植物感光性的差异，所以在进行植物引种时，就要考虑植物的原产地与引种地在光照时间上的对应关系，然后再结合考虑植物对热量的需求，才能保证引种的成功。

动物的光周期现象以鸟类最为明显，很多鸟类的迁徙都是由日照长短的变化所引起。由

于日照长短的变化是地球上最严格和最稳定的周期变化，所以是生物节律最可靠的信号系统。鸟类在不同年份迁离某地和到达某地的时间都不会相差几日，如此严格的迁飞节律是任何其他因素（如温度的变化、食物的缺乏等）都不能解释的，因为这些因素各年相差很大。同样，各种鸟类每年开始生殖的时间也是由日照长度的变化决定的。温带鸟类的生殖腺一般在冬季时最小，处于非生殖状态。随着春季的到来，生殖腺开始发育，随着日照长度的增加，生殖腺的发育越来越快，直到产卵时生殖腺才达到最大。生殖期过后，生殖腺便开始萎缩，直到下一年春季才再次发育。鸟类生殖腺的这种年周期发育是与日照长度的周期变化完全吻合的。在鸟类生殖期间人为改变光周期可以控制鸟类的产卵量，人类采取在夜晚给予人工光照提高母鸡产蛋量的历史已有 200 多年了。

日照长度的变化对哺乳动物的生殖和换毛也具有十分明显的影响。很多野生哺乳动物（特别是生活在高纬度地区的种类）都是随着春天日照长度的逐渐增加而开始生殖的，如雪貂、野兔和刺猬等，这些种类可称为长日照动物；还有一些哺乳动物总是随着秋天短日照的到来而进入生殖期，如绵羊、山羊和鹿，这些种类属于短日照动物，它们在秋季交配刚好能使它们的幼崽在春天条件最有利时出生，随着日照长度的逐渐增加，它们的生殖活动也渐趋终止。实验表明，雪兔换白毛也完全是对秋季日照长度逐渐缩短的一种生理反应。

## 2.5.2 温度因子的生态作用及生物的适应

温度是一种无时无刻不在起作用的重要生态因子，任何生物都生活在具有一定温度的外界环境中，并受温度变化的影响。地球表面的温度总是在不断变化的：在空间上它随纬度、海拔高度、生态系统的垂直高度的变化而变化；在时间上它有一年的四季变化和一天的昼夜变化。温度的这些变化都能给生物带来多方面的深刻影响。

### (1) 温度对生物生长、发育的影响

生物生命活动中的每一个生理生化过程都有酶系统的参与。然而，每一种酶发挥催化作用都有最低温度、最适温度和最高温度，相应形成生物生长的温度"三基点"。在适温范围内，生物生长发育良好，一旦超过生物的耐受能力，酶的活性就将受到制约，相应的生理生化过程将受限、停滞，甚至引起生物死亡。例如，高温将使蛋白质凝固，酶系统失活；低温将引起细胞膜系统渗透性改变、脱水，蛋白质沉淀以及其他不可逆转的化学变化。

不同生物的"三基点"是不一样的。例如，水稻种子发芽的最适温度是 25～35℃，最低温度是 8℃，45℃ 中止活动，46.5℃ 就要死亡；雪球藻（*Sphaerella nivalis*）和雪衣藻（*Chlamydomans nivalis*）只能在冰点温度范围内生长发育；而生长在温泉中的生物可以耐受 100℃ 的高温。一般地说，生长在低纬度的生物高温阈值偏高，而生长在高纬度的生物低温阈值偏低。在适温范围，提高温度可促进生物的生长和发育。例如，鳕鱼（*Gadus callarias*）在 3℃ 时胚胎发育需要 23 天，8℃ 时需要 13 天，14℃ 时仅需要 8.5 天；在多年生木本植物茎的横断面上大多可以看到明显的年轮，这就是植物生长快慢与温度高低关系的真实写照，同样，动物的鳞片、耳石等，也有这样的"记录"。

生物必须在温度达到一定界限以上时，才能开始生长和发育，这一界限称为生物学零度（Biological Zero Point），它因生物种类不同而异。在生物学零度以上，温度的升高可加速生物的发育。温度与生物发育的最普遍规律是有效积温。法国学者 Reaumur 在 1735 年从变温

动物的生长发育过程中总结出有效积温法则，当今，这个法则在植物生态学和作物栽培中已经得到相当普遍的应用。

$$K=N(T-T_0)$$

式中，$K$ 为该生物所需的有效积温，常数；$T$ 为当地该时期的平均温度，℃；$T_0$ 为该生物生长活动所需最低临界温度（生物学零度），℃；$N$ 为时间，d。

当温度低于一定的数值时，生物便会因低温而受害。低温对植物的伤害主要是冷害（0℃以上的低温）和冻害（0℃以下的低温）两种。温度超过生物适宜温区的上限后也会对生物产生有害作用，温度越高对生物的伤害作用越大。温度对动物的影响与植物不完全相同，根据动物与温度的关系可将动物分为两种热能代谢类型：一种是变温动物，又常称为冷血动物；一种是恒温动物，又常称为温血动物。

温度还能引起周围环境其他生态因子，如湿度、降水、风、氧等因素的改变，从而对生物产生间接的影响。此外，温度还经常与光和湿度联合起作用，共同影响生物的各种功能。

**（2）生物对极端温度的适应**

长期生活在低温环境中的生物通过自然选择，在形态、生理和行为方面表现出很多明显的适应。

在形态方面，北极和高山植物的芽和叶片常受到油脂类物质的保护，芽具鳞片，植物体表面生有蜡粉和密毛，植物矮小并常成匍匐状、垫状或莲座状等，这种形态有利于保持较高的温度，减轻严寒造成的影响；生活在高纬度地区的恒温动物，其身体往往比生活在低纬度地区的同类个体大，因为个体大的动物，其单位体重散热相对较少，这就是贝格曼律（Bergman's rule）。另外，恒温动物身体的突出部分如四肢、尾巴和外耳等在低温环境中有变小变短的趋势，这也是减少散热的一种形态适应，这一适应常被称为阿伦律（Allen's rule）。例如北极狐（*Alopex lagopus*）的外耳明显短于温带的赤狐（*Vulpes vulpes*），赤狐的外耳又明显短于热带的非洲大耳狐（*Fennecus zerda*）（见图2-7）。恒温动物的另一形态适应是在寒冷地区和寒冷季节增加毛或羽毛的数量和质量或增加皮下脂肪的厚度，从而提高身体的隔热性能。

北极狐　　　　　　赤狐　　　　　　非洲大耳狐

图2-7　不同温度带几种狐的形态（引自 P. Dreux，1974）

在生理方面，生活在低温环境中的植物常通过减少细胞中的水分和增加细胞中的糖类、脂肪和色素等物质来降低植物的冰点，增加抗寒能力。例如，鹿蹄草（*Pyrola calliantha*）就是通过在叶细胞中大量贮存戊糖、黏液等物质来降低冰点的，这可使其结冰温度下降到－31℃。动物则靠增加体内产热量来增强御寒能力和保持恒定的体温。但寒带动物由于有隔热性能良好的毛皮，往往能使其在少增加（如雷鸟和红狐）甚至不增加（如北极狐）代谢产热的情况下，就能保持恒定的体温。

在行为上，动物可通过减少活动量、休眠或迁移来适应，如许多动物进行高度迁移，冬天从山上迁到谷地，以避开大雪、低温及食物不足的不利环境。

生物对高温环境的适应也表现在形态、生理和行为3个方面。过热时，昆虫能夏眠，动物夏季脱毛、皮下脂肪变薄，有助于散热。炎热环境中的动物比寒冷环境中的动物，身体突出的部分更长，而皮毛较薄。在太热的环境中，动物会迁移到水里或阴凉处。有些植物体生有密绒毛和鳞片，能过滤一部分阳光；或体表呈浅色、叶片发亮，可反射一部分阳光；或叶缘向光排列，减少对光的吸收；或通过树干厚厚的木栓层，起到绝热和保护作用。植物对高温的生理适应是通过蒸腾散热或降低细胞含水量，增加糖、盐的浓度，以减缓代谢速率和增加原生质的抗凝结力。

### （3）温度与生物的地理分布

决定某种生物分布区的因子，绝不仅是温度因子，但它是重要的因子。温度制约着生物的生长发育，而每个地区又都生长繁衍着适应于该地区气候特点的生物。这里所讨论的温度因子包括节律性变温和绝对温度，它们是综合起作用的。年平均温度，最冷月、最热月平均温度值是影响分布的重要指标。日平均温度累计值的高低是限制生物分布的重要因素，有效总积温就是根据生物有效临界温度天数的平均温度累计出来的。当然，极端温度（最高温度、最低温度）是限制生物分布的最重要条件。例如：苹果和某些品种的梨不能在热带地区栽培，就是由于高温的限制；相反，橡胶、椰子、可可等只能在热带分布，它是受低温的限制。动物也不例外，大象不会分布到寒冷地方，而北极熊也不会分布到热带地区。

一般地说，温暖地区生物种类多；反之，寒冷地区生物的种类较少。例如：我国两栖类动物，广西有57种，福建有41种，浙江40种，江苏有21种，山东、河北各有9种，内蒙古只有8种。爬行动物也有类似的情况，广东、广西分别有121种和110种，海南有104种，福建有101种，浙江有78种，江苏有47种，山东、河北都不到20种，内蒙古只有6种。

植物的情况也不例外，我国高等植物有3万多种，巴西有4万多种，而俄罗斯国土总面积位于世界第一，但是由于温度低，它的植物种类较少。

## 2.5.3 水因子的生态作用及生物的适应

生物起源于水体环境中，水是生命存在的先决条件，也是维持生命活动的必需因子。水分条件直接影响生物的生长发育、地理分布等。水分因子还通过影响其他环境因子而对生物产生间接作用，如大气中水汽能吸收长波辐射，维持地球表面温度不致剧烈变化；通过降水、蒸发蒸腾、凝结、径流等过程构成的水循环，对地表的能量平衡产生重要影响，气候、土壤等其他环境因子也会因此而变化。植被还对水分因子有着重要的反作用，这在生态环境保护与建设中必须加以重视。

### （1）水因子的生态作用

水是构成生命物质原生质的组成部分，参加体内一系列的新陈代谢反应。植物体内含水量约占体重的60%~80%，而动物体含水量比植物体更高，水生生物含水量比陆生生物高，如水母含水量可高达 95%，软体动物为 80%～92%，鱼类为 80%～85%，鸟类和兽类为 70%～75%。另外生物不同发育阶段及不同生长季节含水量和需水量也不同。水也是多种物质的溶剂，如土壤中很多矿质要先溶于水后，才能被植物吸收和转化；有的营养物质如水溶性维生素只有溶于水后，才能被机体吸收。水能维持细胞和组织的紧张度（膨胀），使各器官保持饱满状态，使机体保持一定形态；水也是植物光合作用制造有机体的原料。此外，水的密度、比热容及电导率等特性都有利于水生生物的生活。水对生物的作用因水的形态（固体、液体、气体）、水的含量（指大气湿度和土壤湿度）及持续时间（包括降水、水淹、干旱的持续日期）的不同而异。

水对动植物的生长、发育、繁殖、分布等许多方面有重要影响。对植物来说，水量对植物生长也有一个需水量的最高、最适和最低三个基点。低于最低点，植物因缺水而萎蔫、生长停止；超过最高点，植物缺氧、窒息、烂根；只有处于最适范围内，才能维持植物的水分平衡。所以干旱和水涝时间过长形成灾害时，植物的新陈代谢受到破坏就会死亡，故在农业上采取合理灌溉、排水等措施，调节作物与水分的关系，才能保证优质高产。水分对动物的生长发育也有重要影响。水对动物比食物更重要，动物没有食物时的生存时间要比缺水时的时间长；人如长期缺乏食物，一般会出现体重降低的现象，但如果身体水分流失 10%，生命活动就严重失调，水分流失 20%时就会死亡。可见水对人类和动物的重要性。

水对动植物的分布也有影响。降水在地球上的分布是极不均匀的，从全球角度来说，以拉丁美洲最多，欧亚次之，非洲最少。地球上水分分布的差异，使得不同地区具有不同的植被类型。如我国从东南至西北，可以分为三个不等雨量区，因而植被类型也分为三个区，即湿润森林区、干旱草原区及荒漠区。动物分布也受水分条件的影响，如绵羊喜冷怕热、喜燥怕湿，多分布在我国西部地区；水牛则喜温喜湿，多分布在南方温暖多雨的地区；马和牛分布较多的地区在温带森林草原区；而骆驼和山羊则多分布在西部干旱荒漠草原。

水分有效性还是陆地生态系统净生产力的主要决定因素。干燥气候中，净初级生产力随年降水量的增加几乎呈直线上升；较湿润的气候条件下，净初级生产力增加幅度较小。

**（2）植物对水因子的适应**

植物生存环境中的水分状况，反映了植物对水分的适应。按植物对环境中水分的需求量和依赖程度，可将植物划分为水生植物和陆生植物。

水生植物是指适应于完全或部分沉于水中生活的植物。水体环境的主要特点为：弱光、缺氧、密度大、黏性强、温度变化平缓，以及含有各种溶解的无机盐类。与此相适应，水生植物的主要特点为：发达的通气组织（输送氧气）、机械组织不发达或退化（保持弹性以适应水的流动）、水中叶片薄且多分裂成带状或线状（增加吸收面）。根据对水深的适应性不同，可分为漂浮植物（Floating Plant）、浮叶植物（Floating-leaved Plant）、沉水植物（Submerged Plant）和挺水植物（Emergent Plant）。

漂浮植物的叶全部漂浮在水面，根悬垂于水中，不与土壤发生直接的关系，它们无固定的生长地点，随风浪、水流漂泊，如浮萍、凤眼莲、满江红等；浮叶植物的叶浮在水面上，根系扎在土壤里，如荷花、睡莲等；沉水植物除了它们的花序伸出水面外，全部植物体都沉没于水中，固定直立生活，如苦草、黑藻等；挺水植物的根系固定在水底泥土中，整个植物体分别处于土壤、水体和空气三种不同的环境中，茎叶的下半部沉没于水中，上半部露出在空气中，这是水生植物界最复杂的一类，典型代表是芦苇、水葱和香蒲等。

陆生植物是指适应在陆地上生长的植物。根据对陆地生境中水分的需求，又分为湿生、中生和旱生植物。

湿生植物是指在潮湿环境中生长，不能忍受较长时间的水分不足，即抗旱能力最弱的陆生植物；中生植物是适应于中等水分条件的陆生植物，其根系和输导组织比湿生植物发达，但缺乏旱生植物对水分不足的特殊适应；旱生植物是适应于干旱地区的植物，在形态上、生理上有多种适应干旱环境的特征，因此能长期忍受干旱。在形态上，旱生植物利用发达的根系增加水分的吸收量。例如，沙漠中的骆驼刺地上部分只有几厘米，而根系深达 15 米，范围达数百平方米；某些植物缩小叶面积以减少水分损失，如仙人掌科的许多植物的叶片呈针状或鳞片状等；有的旱生植物还具有发达的贮水组织，如南美的瓶子树、西非的猴面包树，可贮水 4 吨以上，以适应干旱的环境。生理上，旱生植物细胞原生质的渗透压特别高，以使得植物根系能够从干旱的环境中吸收水分。

**（3）动物对水因子的适应**

动物按栖息地同样可以分水生和陆生两大类。水生动物的媒质是水，而陆生动物的媒质是大气。因此，它们的主要适应特征也有所不同。

通常认为水生动物生活在水的包围之中，似乎不存在缺水问题，其实不然。水是很好的溶剂，不同类型的水溶解有不同种类和数量的盐类。水生动物体表通常具有渗透压，所以也存在渗透压调节和水分平衡的问题。不同类群的水生动物，有着各自不同的适应能力和调节机制。水生动物的分布、种群形成和数量变动都与水体中含盐量的情况和动态特点密切相关。渗透压调节可以限制体表对盐类和水的通透性，通过逆浓度梯度主动地吸收或排出盐分和水分，改变所排出的尿和粪便的浓度和体积。

体液浓度随着环境渗透浓度的改变而改变的动物称为变渗动物；而体液浓度保持恒定，不随环境改变而改变的动物称为恒渗动物。各种动物调整自身渗透压的精确程度是很不相同的。生活在海洋的低渗动物，如鲱鱼、鲑鱼等，由于体内的渗透浓度与海水相差很大，因此体内的水将大量向体外渗透。如要保持体内水分平衡，低渗动物就必须从食物、代谢过程或通过饮水来摄取大量的水分。与此同时，动物还必须有发达的排泄器官，以便把饮水中的大量溶质排泄出去。在低渗动物中，排泄盐的组织是多种多样的。硬骨鱼类如甲壳动物体内的盐是通过鳃排泄出去的，而软骨鱼类则是通过直肠腺排出的。这些排盐组织细胞膜上有钾离子和钠离子泵，因此可以主动地把钾和钠通过细胞膜排出体外。美洲鳗鲡在生活过程中要从淡水迁入海水，尽管外部环境的渗透浓度发生极大的变化，但它的血液渗透浓度却仍能保持稳定，它对低渗调节的控制是独特的。当美洲鳗鲡接触海水时，由于吞食海水并从海水中摄取钠而使血液的渗透浓度增加，接着便出现细胞脱水现象，肾上腺皮质增加皮质甾醇的分泌量。这种激素有两个重要作用，一是能分泌氯化物的细胞将盐从鳃内迁移到鳃的表面，另一个作用是在这些细胞膜上形成大量的钠钾泵，几天之内钠泵排盐机制便可形成，并能把从海水中摄取的钠排出体外，这样就实现了美洲鳗鲡血液浓度的低渗调节。

陆生动物必须保持体内的水分平衡才能在陆地环境中生存。陆生动物吸收水分主要有三种方法。第一为直接饮用水，大部分动物靠这种方式获取水分；第二为皮肤吸水，两栖类动物如青蛙、蟾蜍等可在潮湿的环境中用皮肤直接吸收水分；第三为从代谢中获得水分，昆虫可从食物分解后的代谢水中获得水分，哺乳类中的一些动物如生活在沙漠中的小袋鼠，也是由食物分解取得水分。研究表明每 100 克脂肪可以产生 110 克的代谢水，而 100 克糖可产生 55 克代谢水。陆生动物失水的主要途径也有三种，第一为体表蒸发失水，第二为呼吸失水，第三为排泄失水。陆生动物的水分平衡适应包括形态适应、生理适应、行为适应等方面。

① 形态适应。不论是低等的无脊椎动物还是高等的脊椎动物，它们分别以不同的形态结构来适应环境湿度，保持生物体的水分平衡。生活在干热环境中的动物在形态上有一种趋势，即体形变小，附肢变长，小动物如蝗虫等均有很长的脚，这样可以将身体抬高，不致和灼热的沙土接触；生活在高山干旱环境中的烟管螺可以产生膜以封闭壳口来适应低湿条件；两栖类动物体表分泌黏液以保持湿润；爬行动物具有很厚的角质层，鸟类具有羽毛和尾脂腺，哺乳动物有皮脂腺和毛，都能防止体内水分过分蒸发，以保持体内水分平衡。

② 生理适应。许多动物在干旱的情况下具有生理上的适应特点。如"沙漠之舟"骆驼是哺乳动物中较能耐受缺水的物种之一，可以在 17 天不饮水的情况下继续活动，而此时其身体脱水的程度可达体重的 27%，因为它不仅具有贮水的胃，驼峰中还储藏有丰富的脂肪，在消耗过程中产生大量的水分，血液中具有特殊的脂肪和蛋白质，不易脱水；沙漠中的兔子，也可忍耐相当于体重 50% 的失水而不致死。另外，鸟类、哺乳类中减少呼吸失水的途径是将肺内呼出的水蒸气，在扩大的鼻道内通过冷凝而回收；鼻道温度低于肺表面温度，来自肺的湿热汽遇冷后就会凝结在鼻窦内表面并被回收；这样就可以最大限度地减少呼吸失水。如生活在荒漠中的鼠类就采用这种方法来减少水分散失。

③ 行为适应。沙漠地区夏季昼夜地表温度相差很大，因此地面和地下的相对湿度和蒸发力相差也很大。一般沙漠动物（如昆虫、爬行类、啮齿类等）白天躲在洞内，夜里出来活动，更格卢鼠能将洞口封住，这表现为动物的行为适应。另外，一些动物白天躲藏在潮湿的地方或水中，以避开干燥的空气，而在夜里出来活动。

### 2.5.4　土壤因子的生态作用及生物的适应

#### (1) 土壤因子的生态作用

对生物来说，环境因子中光、温度、大气水分、空气等组合成气候因子，而土壤也是一个复合环境因子，由土壤水分、土壤养分、土壤空气及温度等单项环境因子组成。土壤和以土壤为基质的动植物种群紧密地联系在一起，构成一个有机的整体，具备一个完整的生态系统的特征，因此又称为土壤生态系统。

土壤是陆地生态系统的重要组成部分。它是陆生生物生活的基质，为动物提供居住和活动场所，对植物的生长起到固定作用。不同的土壤中生活着不同的生物，包括细菌、真菌、放线菌等微生物，以及藻类、原生动物、轮虫、线虫、环虫、软体动物和节肢动物等动植物。例如，穴居动物难以在石质和冻土地区安居。土壤中湿度较大，冬季温度较高，环境较稳定，是动物躲避热、冷、风、蒸发、阳光和干燥，以及躲避天敌的隐蔽所。昆虫等许多动物在土壤中休眠或度过不利的环境条件。植物根系深入土壤中，对植物地上部分起着固定支撑作用。如生长在石质山地的树木，根系可扎到岩隙 20m 深处以下，抗风能力强。然而，深层土壤中生长的林木，当土壤积水又遭遇大风时，甚至比浅层石质土上生长的林木更易倒伏。

土壤由固体（无机物和有机物）、液体（土壤水分或溶液）和气体（土壤空气）组成。自然状态下，土壤中水分和空气的比重经常变动，约各占一半时最适宜植物生长。土壤能吸收和贮存水分，保证植物生长的需要。土壤（如粗糙的砾质土）保水能力差，则无植被生长，或只有稀疏的耐旱植物。土壤水分过多，则土壤孔隙中空气少，会造成根系缺氧，对植物生长也会不利。一般排水良好且生长季内保持湿润的土壤，植被生长茂盛，生产力较高。

土壤也是生物营养物质直接或间接的重要来源。陆生植物所需要的氮、磷等营养物质，主要来自土壤，包括土壤溶液、有机物分解物和矿石风化物等。如树木每年吸收的大部分养分，主要是氮和磷，来自土壤和森林死地被物。植物根系具有趋肥性，肥沃土壤中根的生长更快，往往有大量根系；在贫瘠土壤中，植物根系往往不够发达，细根多且分布浅。

土壤的理化性质直接影响陆生生物的结构、生存、繁殖和分布。土壤肥力是指其满足生物对水、肥、气、热需求的能力，是初级生产力的决定因素之一。土壤质地和结构是土壤最重要的物理性质。土壤质地是指土壤中石砾、沙、粉沙、黏粒等矿质颗粒的相对含量。质地越细，表面积越大，保持养分多，潜在肥力也高。土壤结构是指土壤颗粒的排列状况，如团粒状、柱状、块状等。团粒结构使土壤水分、空气和养分关系协调，可改善土壤理化性质，是土壤肥力的基础，因此是最好的土壤结构形态。土壤化学成分影响植物成分，从而间接地影响动物营养。如土壤含钠低的地区，植物体可能缺钠，以此类植物为食的动物会出现缺钠症状，它们以舔食矿渣的办法弥补钠的不足。能舔食的盐量多少是限制动物种群数量的重要因素，动物也会迁徙很远去寻找盐类舔食。土壤的酸碱度，即 pH 值影响土壤的理化性质和微生物活动，进而影响土壤肥力和植物生长。如酸性强的土壤中，许多养分被雨水淋失；pH 值小于 6，固氮菌活性降低，pH 值大于 8，硝化作用受抑制，使有效氮减少。

**（2）植物对土壤因子的适应**

植物对于长期生活的土壤会产生一定的适应特性，因此，形成了各种以土壤为主导因子的植物生态类型。例如，根据植物对土壤酸度的反应，可以把植物划分为酸性土植物、中性土植物、碱性土植物；根据植物对土壤中钙质盐类（如钙盐）的反应，可把植物划分为钙质土植物和嫌钙植物；根据植物对土壤含盐量的反应，可划分为盐土植物和碱土植物；根据植物与风沙基质的关系，可将沙生植物划分为抗风蚀沙埋、耐沙割、抗日灼、耐干旱、耐贫瘠等一系列生态类型。

1. 概念解释：生物圈，环境，生态因子，拮抗作用，限制因子，生态幅，内稳态，光周期现象，生物学零度，湿生植物，中生植物，旱生植物。
2. 生命是怎样产生的？
3. 简述生物在地球中的作用。
4. 简述环境的类型。

5.简述生态因子的类型。

6.简述生态因子作用的一般特征。

7.说明 Liebig 最小因子定律和 Shelford 耐性定律的主要内容。

8.简述光因子的生态作用及生物的适应。

9.举例说明生物是如何适应极端温度的。

10.动物是如何实现水分平衡的？

11.简述土壤因子和水因子的生态作用和生物适应。

# 第 **3** 章　生物圈中的生命系统

## 3.1　生命系统的层次

生命的种类多样，不同生命形式的生物所处的环境不同。只有进行生命活动的层次性分析和相应环境条件的层次性分析，才能真正认识生物生命活动的本质。生命系统具有层次性，生态学的研究也相应地划分成若干层次。生态学可划分为三个层次，即宏观生态学（Macroecology）、微生态学（Microecology）和分子生态学（Molecular Ecology）。宏观生态学是研究个体和群体与环境关系的生态学；微生态学是研究单细胞与环境关系的生态学；分子生态学是研究生物活性分子特别是核酸分子与分子环境关系的生态学。生物学研究对象的组织层次如图 3-1 所示。

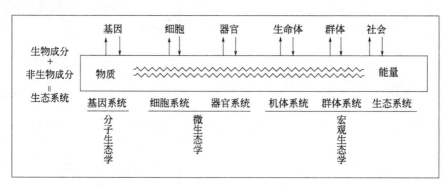

图 3-1　生物学研究对象的组织层次（仿盛连喜，2020）

**（1）分子**

物质可分为有机物质和无机物质，有生命活动的和无生命活动的物质。物质由分子、原子、电子等基本粒子和夸克组成，这是指物质的层次。而生态学研究的分子，必然同生命活动有联系。生态学中的研究对象——分子（Molecule）是指生物活性分子。在生命体内，不论有机、无机分子，还是大、小分子，只要是生命体组成成分，在生命活动中起着一定作用的分子，就是生物活性分子。它包括 DNA、蛋白酶类、RNA、激素等。有些分子生态学家认为 $H_2O$、$Ca^{2+}$ 等也是与生命活动有关的生命活性分子，这就扩大了分子生态学的研究领域。分子生态学是新诞生的一门生态学分支学科，它是研究生物活性分子特别是核酸分子与其分子环境关系的生态学。主要研究内容在于阐明生命体和相关细胞的各种生物活性分子及其分子环境与网络相互作用的生理平衡态和病理失调态的分子机制，从而提出促进生理平衡和防止与治疗病理失调的措施及方法。

**（2）基因**

基因（Gene）是所有生物表现生命活动的根本结构，也是所有生物用来维持其种属遗传性的关键。一切生物的所有遗传信息都存在于这种组成基因或基因组的核苷酸序列即核酸中。自 1944 年报告肺炎球菌变异同 DNA 有关及 1953 年提出 DNA 双螺旋结构以来，科学家又提出了基因表达和蛋白质合成的中心法则。中心法则的运行包括 DNA（基因组）的复制（生命的存在和种群的延续所系）、其他多种 RNA 的转录（遗传性表达的关键步骤）和蛋白质的翻译合成（决定生物的形态构架和生命活动的生理功能）。它是生命活动的基本规律和生物种类的构型基础，是当前条件下生物圈所有生物种系生命活动规律的共同分子机制。基因隶属于分子生态学的研究范畴。在基因层次上研究的是生命体的基因结构组成。人类基因组计划，就是为了绘制人类基因图谱，从分子水平上理解机体器官，以操纵分子结构，服务于人类。

**（3）细胞**

细胞（Cell）是构成生物体的基本单位。有机体除了少数类型（病毒等）外，都是由细胞构成的。单细胞有机体的个体就是一个细胞，一切生命活动都是由这个细胞来承担；多细胞有机体由许多形态和功能不同的细胞组成。在整体中，各个细胞有分工，各自行使特定的功能，同时，细胞间又存在着结构和功能上的密切关系，它们相互依存，彼此协作，共同保证整个有机体正常生命活动的进行。克隆技术是指用高等动物的体细胞借代母体克隆成个体，新个体具有和亲代完全相同的生理学上的特征。这一技术可以用于医疗目的。利用此技术可以培育治疗疾病所需的人体组织和器官，用于解决目前疾病治疗中的问题，如移植器官的缺乏。

**（4）组织**

细胞的分化导致生物体中形成多种类型的细胞，细胞分化导致了组织的形成。人们把在个体发育中，具有相同来源的（即由同一个或同一群分生细胞生长、分化而来的）同一类型或不同类型的细胞群组成的结构和功能单位，称为组织（Tissue）。组织是具有功能分工的细胞的集合体，不同的相互联系的组织构成了器官。高等生物的个体是由各种组织和器官组成的。

**（5）个体**

一般情况下，生物以个体的形式存在。有生命的个体具有新陈代谢、自我复制繁殖、生长发育、遗传变异、感应性和适应性等生命现象。生物个体对于生存的基本需要是摄取食物获得能量、占据一定空间和繁殖后代。生物的种类繁多，形形色色，千姿百态。

个体（Individual）是种群的基本组成单位。正是生物种的多样性才构成了全球生态系统的稳定，然而目前物种正面临严重的危机，由于人类的影响，世界上的物种每天都在减少，而且速度越来越快。物种是人类的基因宝库，我们应该积极研究物种的生活习性，如珍贵的野生动植物等。研究有效的保护方法，最大限度地保留这些珍贵的动植物，维持生物圈的稳定。

**（6）种群**

种群（Population）是指在一定空间中同种个体的组合。种群是由相同的个体组成的，具有共同的基因库，是物种生存的前提。自然界中任何物种的个体都不可能单一地生存，生物个体必然在某一时期与同种其他种类的许多个体联系成一个相互依赖、相互制约的群体才能生存。不同的种群相互有机组合，复合成了群落。

种群生态学研究种群的数量、分布以及种群与其栖息环境中的非生物因素和其他生物种群（例如，捕食者与猎物、寄生物和宿主等）的相互作用。种群生态学的核心内容是种群动态研究，即种群数量在时间和空间上的变动规律及其变动原因（调节机制）。

**（7）生物群落**

种群是个体的集合体，而群落是种群的集合体。一个自然群落是在一定空间内生活在一起的各种动物、植物和微生物种群的集合体。许多种群集合在一起，彼此相互作用，具有独特的成分、结构和功能。一片树林、一片草原、一片荒漠，都可以看作一个群落。群落内的各种生物由于彼此间的相互影响、紧密联系和对环境的共同反应，从而使群落构成一个具有内在联系和共同规律的有机整体。没有一种生物能够脱离开周围环境（包括生物环境和非生物环境）而孤立地生存，每一种生物都是复杂的生物群落的一个组成部分。

生物群落（Biotic Community）可以从植物群落、动物群落和微生物群落这三个不同的角度来研究。大多数植物是绿色植物，是群落或生态系统营养结构中的生产者；动物以消费者的身份出现在更高的营养级上，各个营养级相互作用，组成了复杂的食物网；微生物是分解者，在物质循环中扮演了重要的角色。有效的群落生态学的研究应是动物、植物和微生物群落的有机结合。

**（8）生态系统**

生态系统（Ecosystem）是生态学中最重要的概念，也是自然界最重要的功能单位。生态系统可用一个简单的公式概括为：生态系统＝生物群落＋非生物环境。生物群落不是孤立存在的，总是和环境密切地相互作用。非生物环境中的能量和物质参与到生物群落内部的循环中，又返回环境，这种能量流动和物质循环的现象是生态系统的典型行为。

生态系统的概念是由英国生态学家 A. G. 坦斯利于 1935 年首次提出的，主要强调一定地域中各种生物相互之间、它们与环境之间功能上的统一性。生态系统主要是功能上的单位，而不是生物学中分类学的单位。

地球上大部分自然生态系统有维持稳定、持久、物种间协调共存等特点，这是长期进化的结果。在自然生态系统中寻找这些建立持续性的机制，是研究生态系统规律的主要目的。

为了缓解人类与环境日益紧张的关系，解决现代人类社会的环境污染、人口增长与自然资源的合理利用问题，都有赖于对生态系统的结构和功能、生态系统的稳定性及其对干扰的忍受和恢复能力的研究。

## 3.2 生物种群的特征及动态

### 3.2.1 种群的概念

在自然界里，任何生物的单个个体都难以单独生存下去，在一定空间内必须以一定数量结合成群体。这不仅能更好地适应环境条件的变化，也是种族繁衍所必需的。

种群（Population）是在一定时空中同种个体的组合。也就是说种群是在特定的时间和一定的空间中生活和繁殖的同种个体所组成的群体。种群的边界是任意的，往往由生态学家根据所研究的内容或对象确定，按分布区、地块、山头或某一空间范围来确定，如在分布区范围内的某一树木种群、海岛上的某一种动物种群、一片山林的某一鸟类种群、一株树木上的某一昆虫种群，甚至某一饲养场饲养的黄牛也可以看成一个种群，栽植的树林可看作一个种群，鱼缸中养殖的金鱼也可当作一个种群。种群内部的个体可以自由交配、繁衍后代，从而与其他地区的种群在形态和生态特征上彼此存在一定的差异。

种群虽然是由同种个体组成的，但种群内个体不是孤立的，也不等于个体的简单相加，而是通过种内关系组成一个有机的统一整体。种群个体相互之间有着内在的关系，个体之间信息相通，以达到行为协调、共同进行繁衍，表现出该种生物的特殊规律性。从个体到种群是一个质的飞跃。个体的生物学特性主要表现在出生、生长、发育、衰老及死亡等，而种群则具有出生率、死亡率、年龄结构、性比、社群关系和数量变化等特征。这些都是个体水平所不具有，而是组成种群以后才出现的新的特性。种群由个体组成，而个体则依赖于种群。这都说明物种种群的整体性和统一性。

总之，种群是物种存在的基本单位。生物学分类中的门、纲、目、科、属等分类单位是学者依据物种的特征及其在进化过程中的亲缘关系来划分的，唯有种（Species）才是真实存在的，而种群则是物种在自然界存在的基本单位。因为组成种群的个体是会随着时间的推移而死亡和消失的，所以，物种在自然界中能否持续存在的关键就是种群能否不断地产生新个体以代替那些消失了的个体。从生态学观点来看，种群不仅是物种存在的基本单位，还是生物群落的基本组成单位，也是生态系统研究的基础。

### 3.2.2 种群的基本特征

自然种群有三个基本特征：空间特征、数量特征和遗传特征。

① 空间特征：种群占据一定的分布区。在分布范围内有适于生存的各种环境资源条件。种群个体在空间分布上可分为均匀分布、随机分布和聚集分布三种类型。此外，在地理范围内分布还形成地理分布。

② 数量特征：种群数量随时间的变化规律，这是种群最基本的特征。种群的数量特征主要通过种群密度、出生率、死亡率、年龄结构、性比等种群基本参数来表示。

③ 遗传特征：种群由彼此可进行杂交的同种个体所组成，而每个个体都携带有一定的基因组合，因此种群是一个基因库，有一定的遗传特征。同时，种群中个体之间通过交换遗传因子而促进种群的繁荣。不同种群的基因库不同，种群的基因频率世代传递，在进化过程中通过改变基因频率以适应环境的不断改变。

### 3.2.3 种群的基本参数

**（1）种群密度（Population Density）**

种群密度的表示方法有两种。一种是指单位面积或单位空间内的个体数目；另一种表示种群密度的方法是生物量，它是指单位面积或空间内所有个体的鲜物质或干物质的质量。种群密度可区分为粗密度（Crude Density）和生态密度（Ecological Density）。粗密度是指单位空间中的生物个体数（或生物量）；生态密度则是指单位栖息空间内种群的个体数量（或生物量）。因此生态密度常大于粗密度。

种群密度是一个变量，它受季节、气候条件、食物储量和其他因素的影响而发生变化。它的常用调查方法有总数量调查法（Total Count Method）和取样调查法（Sampling Method）。总数量调查法是一种直接计数的方法，适用于一些大型而明显易见的生物，直接计数全部的个体，如人口普查、航空摄影调查海滩上的海豹和草原上的大型有蹄类动物等；取样调查法是指在总数量调查比较困难的情况下所采用的一种方法，因此只计数种群中的一小部分，用以估计整体，该调查方法包括样方法、标志重捕法和去除取样法等。

① 样方法（Use of Quadrat）。样方法的方法繁多，依生物种类、具体环境而有所不同。首先，将要调查的某一地区划分成若干样方；然后，随机地抽取一定数量的样方，计数各样方当中的全部个体数；最后，通过数理统计，利用所有样方的平均数，对总体数量进行估计。

② 标志重捕法（Mark-recapture Method）。对不断移动位置的动物，直接统计个体数很困难，可以应用标志重捕法。在调查样地上，捕获一部分个体进行标记后释放，经一定期限进行重捕。根据重捕取样中标记比例与样地总数中标记比例相等的假定，估计样地中被调查动物的总数。

③ 去除取样法（Removal Sampling）。这种方法是在样方中连续几次捕捉动物，样方中的动物数量由于捕捉而日益减少，然后，以每日捕捉的个体数为纵坐标，以捕获积累数为横坐标作出直线，当捕捉的个体数趋于零时，也就是直线与横坐标相交点，意味着样方当中的每个个体都被捕获，因此，这一点上的捕获积累数也就是样方中种群数量的估计值。

**（2）出生率（Natality）和死亡率（Mortality）**

出生率指单位时间内种群的出生个体数与种群个体总数的比值，是种群内个体数量增长的重要因素，常用单位时间内产生新个体的数量表示。种群处于理想条件下（即无任何生态因子的限制作用，生殖只受生理状况影响）的出生率称为最大出生率（Maximum Natality）或生理出生率（Physiological Natality）。特定环境条件下种群的出生率称实际出生率（Realized Natality）或称生态出生率（Ecological Natality）。完全理想的环境条件，即使在人工控制的实验室也是很难建立的，因此，所谓物种固有不变的理想最大出生率一般情况下是不存在的。但在自然条件下，当出现最有利的条件时，它们表现的出生率可视为"最大的"出生率，可以作为度量的指标，对各种生物进行比较。如果能知道某种动物种群平均每年每个雌体能繁殖几个个体，这对预测种群以后的动态有更重要的意义。这里所说的出生率都是对种群而言，即种群的平均繁殖能力，至于种群中某些个体往往会出现超常的生殖能力，则不能代表种群的最大出生率。

死亡率指单位时间内种群的死亡个体数与种群个体总数的比值。死亡率有最低死亡率（Minimum Mortality）和实际死亡率或生态死亡率（Ecological Mortality）之分。最低死亡率指种群在最适的环境条件下，种群中个体都是由年老而死亡，即种群内个体都活到了生理寿命（Physiological Longevity）才死亡的。种群生理寿命是指种群处于最适条件下的平均寿命，而不是某个特殊个体可能具有的最长寿命。生态死亡率是种群在某特定环境条件下的实际死亡率。和出生率一样，最低死亡率是种群的一个理论常数，生态死亡率则随着种群状况和环境条件的不同而呈现变异。

### （3）迁入和迁出

扩散（Dispersion）是大多数动植物生活周期中的基本现象。扩散有助于防止近亲繁殖，同时又是在各地方种群（Local Population）之间进行基因交流的生态过程。有些自然种群持久地输出个体，保持迁出率大于迁入率；有些种群只能依靠不断地输入才能维持下去。植物种群中迁出和迁入的现象相当普遍，如孢子植物借助风力把孢子长距离地扩散，不断扩大自己的分布区。种子植物借助风、昆虫、水及动物等因子，传播其种子和花粉，在种群间进行基因交流，防止近亲繁殖，使种群生殖能力增强。

研究迁入和迁出的困难在于种群边界的划定往往是人为的。许多生物种，其分布是连续的，没有明显的界线来确定其种群分布范围，往往是研究者按自己的研究目的进行划分。

### （4）年龄结构（Age Structure）和性比（Sex Ratio）

种群的年龄结构指种群中各年龄期个体的百分比，即各年龄组的相对比率。由于不同年龄或年龄组种群的出生率和死亡率有很大不同，因此，通过对年龄结构的分析可以预测种群动态和变化的方向，也有利于指导生产或合理开发利用生物资源。

分析种群年龄结构常用的方法是年龄锥体（Age Pyramid）或称年龄金字塔。金字塔底部代表最年轻的年龄组，顶部代表最老的年龄组，宽度代表该年龄组个体数量在整个种群中所占的比例，比例越大宽度越宽，比例越小宽度越窄。按博登海默（Bodenhéimer，1958）的划分，年龄锥体可分为三个基本类型（图 3-2）。左侧的锥体有宽的基部，而顶部狭窄，表示幼体的百分比很高，种群中有大量的幼体，而老年的个体却很少，这样的种群出生率大于死亡率，是数量迅速增长的种群，称为增长型种群（Expanding Population）；中间的锥体呈钟形，说明种群中幼年个体和中老年个体数量大致相等，其出生率和死亡率也大致平衡，种群数量稳定，称为稳定型种群（Stable Population）；右侧锥体呈壶形，基部比较窄而顶部比较宽，表示幼体所占的比例很小，而老年个体的比例较大，种群死亡率大于出生率，是一种数量趋于下降的种群，称为下降型种群（Diminishing Population）。

性比指种群中雄性和雌性个体数目的比例，也称性比结构（Sexual Structure）。通常用每 100 个个体中雄性个体与雌性个体的数量比来表示。对大多数动物来说，雄性与雌性的比例较为固定，但有少数动物，尤其较为低等的动物，种群的性比会随个体发育阶段的变化而变化。

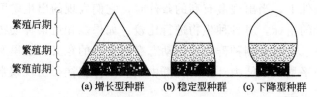

图 3-2　年龄锥体的三种基本类型（仿 Kormondy，1976；转引自金岚，2001）

#### （5）生命表（Life Table）及存活曲线（Survival Curve）

生命表是用来描述种群数量减少过程的一种工具。它以列表的形式，详细地记载种群各年龄组的死亡个体数、平均死亡率和存活率，并且由此计算出平均死亡年龄和生命期望。生命表最早应用在人口统计学（Human Demography）上，用以估计人的期望寿命，至今在生态学上已广泛应用。有关人的生命表文献很多，但动植物的生命表较少。生命表能综合判断种群数量变化，也能反映出从出生到死亡的动态关系。生态学工作者应学会它的编制方法。生命表根据研究者获取数据的方式不同而分为两类：动态生命表（Dynamic Life Table）和静态生命表（Static Life Table）。前者是根据观察一群同时出生的生物死亡或存活动态过程所获得的数据编制而成的，又称同龄群生命表（Cohort Life Table）、水平生命表（Horizontal Life Table）或称特定年龄生命表（Age-specific Life Table）；后者是根据某个种群在特定时间内的年龄结构而编制的，又称为特定时间生命表（Time-specific Life Table）或垂直生命表（Vertical Life Table）。

① 动态生命表。现以康内尔（Conell，1970）对藤壶（*Balanus glandula*）的调查资料为例，说明生命表的编制方法。1959 年出生的藤壶幼虫，在一二个月后就固着于岩石上，在此以后，逐年调查其个体数，利用所得数据编制成生命表。这些藤壶到 1968 年全部死光（表 3-1）。

表 3-1　藤壶的动态生命表

| 年龄 $x/a$ | 各年龄开始的存活数目 $n_x$ | 各年龄开始的存活率 $l_x$ | 各年龄死亡的个体数 $d_x$ | 各年龄死亡率 $q_x$ | 生命期望 $e_x$ |
| --- | --- | --- | --- | --- | --- |
| 0 | 142.0 | 1.000 | 80.0 | 0.563 | 1.58 |
| 1 | 62.0 | 0.437 | 28.0 | 0.452 | 1.97 |
| 2 | 34.0 | 0.239 | 14.0 | 0.412 | 2.18 |
| 3 | 20.0 | 0.141 | 4.5 | 0.225 | 2.35 |
| 4 | 15.5 | 0.109 | 4.5 | 0.290 | 1.89 |
| 5 | 11.0 | 0.077 | 4.5 | 0.409 | 1.45 |
| 6 | 6.5 | 0.046 | 4.5 | 0.692 | 1.12 |
| 7 | 2.0 | 0.014 | 0.0 | 0.000 | 1.50 |
| 8 | 2.0 | 0.014 | 2.0 | 1.000 | 0.50 |
| 9 | 0.0 | 0.000 | — | — | — |

注：引自李博，2000。

生命表有若干栏，每栏都用符号代表，这些符号的生态学含义如下：

$x$ 为按年龄分段；$n_x$ 为在 $x$ 期开始时的存活数目；$l_x$ 为在 $x$ 期开始时的存活率，$l_x =$

$n_x/n_0$；$d_x$ 为从 $x$ 到 $x+1$ 期的死亡数目，$d_x=n_x-n_{x+1}$；$q_x$ 为从 $x$ 到 $x+1$ 期的死亡率，$q_x=d_x/n_x$；$e_x$ 为 $x$ 期开始时的平均生命期望或平均余年，$e_x=T_x/n_x$，而 $T_x=\sum L_x$，$L_x=(n_x+n_{x+1})/2$。$e_0$ 即是平均寿命，表示出生时的动物平均能够活多少年的估计值。

在编制生命表前，首先要划分年龄阶段，划分时随动物种类的不同而异。如对人常用 5 年或 10 年为时间单位；对鹿、羊常用 1 年；野鼠常用月；昆虫用数天或数周；对细菌则用小时。年龄期越短，其生命表所表示的死亡变化就越详细，但计算时越烦琐。

② 静态生命表。静态生命表是根据某一特定时间，对种群做一个年龄结构的调查，并根据其结果编制而成的。例如马鹿（*Cervus elaphus*）生命表（表 3-2）就是根据 1987 年其种群的年龄结构编制的（Lowe，1969）。

表 3-2　马鹿特定时间生命表

| $x/a$ | $n_x$ | $d_x$ | $e_x$ | $q_x$ |
| --- | --- | --- | --- | --- |
| 1 | 1000 | 282 | 5.81 | 0.282 |
| 2 | 718 | 7 | 6.89 | 0.010 |
| 3 | 711 | 7 | 5.95 | 0.010 |
| 4 | 704 | 7 | 5.01 | 0.010 |
| 5 | 697 | 7 | 4.05 | 0.010 |
| 6 | 690 | 6 | 3.09 | 0.010 |
| 7 | 684 | 182 | 2.11 | 0.266 |
| 8 | 502 | 253 | 1.70 | 0.504 |
| 9 | 249 | 157 | 1.91 | 0.631 |
| 10 | 92 | 14 | 3.31 | 0.152 |
| 11 | 78 | 14 | 2.81 | 0.179 |
| 12 | 64 | 14 | 2.31 | 0.219 |
| 13 | 50 | 14 | 1.82 | 0.280 |
| 14 | 36 | 14 | 1.33 | 0.389 |
| 15 | 22 | 14 | 0.86 | 0.636 |
| 16 | 8 | 8 | 0.50 | 1.000 |

③ 综合生命表。通过综合生命表，不仅可以预测种群内个体的期望寿命，还可以计算种群的增长率。

种群的增长率包括存活和出生两个方面。一般生命表仅涉及存活情况，因此，需要加入特定年龄生殖率（$m_x$）一项，编制成包括出生率的综合生命表。

下面以江海声等（1989）根据海南岛南湾猕猴雌猴 1978—1987 年资料编制而成的生命表为例（表 3-3），了解利用生命表计算种群增长率的主要过程。

表 3-3　南湾猕猴雌猴的综合生命表

| $x/a$ | $l_x$ | $\lg(1000l_x)$ | $k_x$ | $m_x$ | $l_x m_x$ | $x\,l_x m_x$ |
| --- | --- | --- | --- | --- | --- | --- |
| 0 | 0.99 | 3.00 | 0.00 | 0 | 0 | 0 |
| 1 | 0.99 | 3.00 | 0.07 | 0 | 0 | 0 |

续表

| $x/a$ | $l_x$ | $\lg(1000l_x)$ | $k_x$ | $m_x$ | $l_xm_x$ | $xl_xm_x$ |
|---|---|---|---|---|---|---|
| 2 | 0.97 | 2.99 | 0.275 | 0 | 0 | 0 |
| 3 | 0.89 | 2.95 | 0.07 | 0 | 0 | 0 |
| 4 | 0.87 | 2.94 | 0.00 | 0.154 | 0.134 | 0.536 |
| 5 | 0.87 | 2.94 | 0.04 | 0.401 | 0.349 | 1.745 |
| 6 | 0.86 | 2.93 | 0.00 | 0.440 | 0.378 | 2.268 |
| 7 | 0.86 | 2.93 | 0.09 | 0.464 | 0.399 | 2.793 |
| 8 | 0.83 | 2.92 | 0.07 | 0.434 | 0.360 | 2.880 |
| 9 | 0.81 | 2.91 | 0.00 | 0.462 | 0.374 | 3.366 |
| 10 | 0.81 | 2.91 | 0.00 | 0.320 | 0.259 | 2.590 |
| 11 | 0.81 | 2.91 | 0.00 | 0.462 | 0.374 | 4.114 |
| 12 | 0.81 | 2.91 | 0.00 | 0 | 0 | 0 |
| 13 | 0.81 | 2.91 | 0.00 | 0.578 | 0.468 | 6.084 |

注：1. 引自李博，2000。
2. 表中 $k_x$ 表示年龄组死亡率，$k_x=\lg l_x-\lg l_{x+1}$。

综合生命表同时包括存活率和出生率两方面的数据。把各年龄组的 $l_x$ 与 $m_x$ 相乘，并将其累加起来，可以得到一个非常有用的值，称为净增殖率，通常用 $R_0$ 表示，$R_0=\sum l_xm_x$，表 3-3 中 $R_0=3.096$，表示南湾猕猴的数量经一个世代将增长到原来的 3.096 倍。

种群的世代净增殖率 $R_0$ 虽然是很重要的参数，但由于各种生物的平均世代长度相等，作种间比较时，其可比性不强。为了消除世代长度的影响，种群增长率 $r$ 则显得更有价值：$r=\ln R_0/T$，式中，$T$ 为平均世代长度，它是指种群中个体从母体出生到其产子的平均时间，即从母世代生殖到子世代生殖的平均时间。用生命表资料可以估计出世代长度的近似值，即：$T=\sum xl_xm_x/R_0$。

由表 3-3 中数据可知，雌猕猴的平均世代长度 $T=7.876$ 年，种群增长率 $r=0.1327$ 只/年。自然界中环境条件在不断地变化着，不可能对种群始终有利或始终不利，而是在两个极端情况之间变动着。当环境条件有利时，种群增长率是正值，种群数量增加；当环境条件不利时，种群增长率是负值，种群数量下降。因此，在自然界中，种群实际增长率是随环境条件变化而不断变化着的。

④ 存活曲线。存活曲线可用来表示种群数量的减少过程，而且存活曲线还有更直观的优点。迪维（Deevey，1947）以相对年龄，即以平均寿命的百分比表示年龄 $x$，作横坐标，存活数 $L_x$ 的对数作纵坐标，绘制成存活曲线图，能够比较不同寿命的动物。比较结果，把存活曲线划分为三种基本类型（图 3-3）。

A 型：凸型存活曲线，表示种群在接近生理寿命

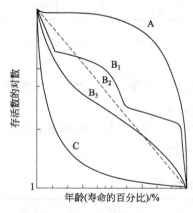

图 3-3　存活曲线的类型（仿 Odum，1971；转引自孙振钧等，2007）

之前，只有个别死亡，即几乎所有个体都能达到生理寿命，死亡率直到末期才升高。

B 型：呈对角线的存活曲线，表示各年龄期的死亡率是相等的。$B_1$ 陡坡段代表卵、化蛹和短命的成虫期，而平坡段代表死亡很少的幼虫和蛹期；$B_2$ 表示全生命期中特定年龄存活率都相等的种群；$B_3$ 表示许多鸟类、鼠类和兔的存活曲线，其略呈凹型或 S 型，在这种情况下，幼年期的死亡率高，而在成年期较低而且比较稳定。

C 型：凹型的存活曲线，表示幼体的死亡率很高，以后的死亡率低而稳定。

人类和许多高等动物以及许多一年生植物常属 A 型；多年生一次结实植物和许多鸟类接近 B 型；许多海洋鱼类、海洋无脊椎动物及寄生虫等接近 C 型。大多数动物属 A、B 型之间。在全变态昆虫的生活周期中，各阶段的死亡率差别很大，可能出现类似 $B_1$ 的阶梯形存活曲线，这反映出它们生活史中存在若干最危险的时期。现实的动物种群不可能存在像迪维所描述的三种基本类型一样的典型存活曲线，但这些典型曲线的模式还是有意义的，可以在此基础上进行种内或种间比较的研究。

## 3.2.4 种群增长的基本模式

任何自然种群都与其生物群落中的其他种群发生密切联系，不能孤立地去分析和研究它。因此，严格地说，单种种群（Single Population）只有在实验室才有可能存在。但为了研究种群的增长与动态规律，往往从分析单种种群开始。

种群生态学研究的核心是种群的动态问题。反映种群动态的客观现象是一系列数量问题，因此，这种模型常常是数学模型，它是解决这一问题的有效工具，只要应用得法，就能达到直接观察和实验所得不到的效果。数学模型中，应该注意的是模型的结构：哪些因素决定种群的大小；哪些因素决定种群对自然和人为干扰反应的速率；等等。因此，注意力应首先集中于数学模型中各个量的生物学意义上，而不是推导细节。

**(1) 种群在无限环境中的指数增长**

在无限环境中，因种群不受任何条件限制，如食物、空间等条件能充分满足，种群就能发挥其内禀增长能力，数量迅速增加，呈现指数式增长格局，这种增长规律称为种群的指数增长规律（Exponential Growth Rule）。种群在无限环境中表现出的指数增长可分为两类：

① 世代不相重叠种群的离散增长模型：世代不相重叠，是指生物的生命只有一年，一年只有一次繁殖，其世代不重叠，种群增长是不连续的。这种最简单的种群增长模型的概念结构里包括四个假设：种群增长是无界的，即种群在无限的环境中生长，没有受资源、空间等条件的限制；世代不相重叠，增长是不连续的，或称离散的；种群没有迁入和迁出；种群没有年龄结构。

假设有一种理想种群，开始时有 10 个雌体（记为 $N_0 = 10$），且每个个体一年繁殖一次，每次产生 2 个后代，则到第 2 代时，种群个体将上升为 20 个，以后每代增加一倍，依次为 40、80、160……即

$$N_0 = 10$$
$$N_1 = N_0\lambda = 10 \times 2 = 20 = 10 \times 2^1$$
$$N_2 = N_1\lambda = 20 \times 2 = 40 = 10 \times 2^2$$

$$N_3 = N_2\lambda = 40 \times 2 = 80 = 10 \times 2^3$$
$$\cdots$$
$$N_{t+1} = \lambda N_t \text{ 或 } N_t = N_0\lambda^t$$

式中，$N$ 为种群大小；$t$ 为时间；$\lambda$ 是种群周限增长率，即每经过一个世代（或一个单位时间）的增长倍数。

周限增长率 $\lambda$ 是种群增长中有用的参数。从理论上讲，$\lambda$ 有以下四种情况：

$\lambda > 1$ 种群上升；$\lambda = 1$ 种群稳定；$0 < \lambda < 1$ 种群下降；$\lambda = 0$ 种群无繁殖现象，且在一代中灭亡。

② 世代重叠种群的连续增长模型：种群世代有重叠，种群数量以连续的方式改变，通常用微分方程来描述。

模型的假设：种群以连续方式增长，其他各点和上述模型相同。对于在无限环境中瞬时增长率保持恒定的种群，种群增长率仍表现为指数增长过程，即

$$\frac{\mathrm{d}N}{\mathrm{d}t} = rN$$

其积分式为：$N_t = N_0\mathrm{e}^{rt}$

式中，$N_0$，$N_t$ 的定义同前；e 为自然对数的底；$r$ 是种群的瞬时增长率。

种群的瞬时增长率 $r$ 是描述种群在无限环境中呈几何级数式瞬时增长的能力。瞬时增长率 $r = b - d$（假定无迁出和迁入），$b$ 和 $d$ 分别表示种群的瞬时出生率和死亡率。瞬时增长率 $r$ 与周限增长率 $\lambda$ 间的关系式是

$$\lambda = \mathrm{e}^r \text{ 或 } r = \ln\lambda$$

瞬时增长率、周限增长率取值与种群动态之间的对应关系见表 3-4。

表 3-4　瞬时增长率、周限增长率取值与种群动态之间的对应关系

| $r$ | $\lambda$ | 种群变化 |
| --- | --- | --- |
| $r > 0$ | $\lambda > 1$ | 种群增长 |
| $r = 0$ | $\lambda = 1$ | 种群稳定 |
| $r < 0$ | $0 < \lambda < 1$ | 种群下降 |
| $r \to -\infty$ | $\lambda = 0$ | 雌体无繁殖，种群灭亡 |

**(2) 种群在有限环境中的逻辑斯谛增长**

自然种群不可能长期地按几何级数增长。当种群在一个有限空间中增长时，随着密度的上升，由于有限空间资源和其他生活条件利用的限制、种内竞争增加等原因，必然要影响到种群的出生率和死亡率，从而降低种群的实际增长率，一直到停止增长，甚至使种群数量下降。种群在有限环境条件下连续增长的一种最简单的形式是逻辑斯谛增长（Logistic Growth），又称为阻滞增长。

① 模型的假设

a. 假设环境条件允许种群有一个最大值，此值称为环境容纳量或负荷量（Carrying Capacity），常用 $K$ 表示，当种群大小达到 $K$ 值时，种群则不再增长，即 $\mathrm{d}K/\mathrm{d}t = 0$。

b. 种群增长率降低的影响是最简单的，即其影响随着密度上升而逐渐地、按比例地增加。例如种群中每增加一个个体就对增长率降低产生 $1/K$ 的影响。若 $K = 100$，则每个个体

产生 1/100 的抑制效应，或者说，每一个个体利用了 1/K 的空间，若种群有 N 个个体，就利用了 N/K 的空间，而可供继续增长的剩余空间就只有（1−N/K）了。

  c. 种群中密度的增加对其增长率的降低作用是立即发生的，无时滞（Time Lag）的。

  d. 种群无年龄结构，且无迁出和迁入现象。

  ② 数学模型。根据以上假设，种群在有限环境下的增长将不是 "J" 型，而是 "S" 型，如图 3-4 所示。S 型增长曲线同样有两个特点：S 型曲线有上渐近线（Upper Asymptote），即 S 型增长曲线渐近于 K，但却不会超过最大值水平，此值即为环境容纳量；曲线变化是逐渐的、平滑的，而不是骤然的。从曲线的斜率来看，开始变化速率慢，以后逐渐加快；到曲线中心有一拐点，变化速率加快，以后又逐渐变慢，直到上渐近线。

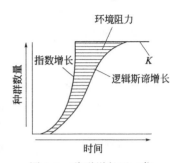

图 3-4　种群增长型（仿 Kendeigh，1974；转引自金岚，2001）

  逻辑斯谛模型的微分式在结构上与指数式相同，但增加一项修正值 $\left(1-\dfrac{N}{K}\right)$，即

$$\frac{\mathrm{d}N}{\mathrm{d}t}=rN\left(\frac{K-N}{K}\right)\quad \text{或}\quad \frac{\mathrm{d}N}{\mathrm{d}t}=rN\left(1-\frac{N}{K}\right)$$

  式中，$N$、$t$、$r$ 的定义同指数增长模型；$K$ 为环境容纳量。

  修正项的生物学意义在于它所代表的是剩余空间（Residual Space），即种群尚未利用的，或种群可利用的最大容纳量中还 "剩余" 的，可供种群继续增长用的空间。

  种群数量 $N$ 趋于零，那么 $\left(1-\dfrac{N}{K}\right)$ 项就逼近于 1，表示几乎全部空间尚未被利用，种群接近于指数增长，或种群潜在的最大增长能力能够充分地实现。

  如果种群数量 $N$ 趋向于 $K$，那么 $\left(1-\dfrac{N}{K}\right)$ 项就逼近于零，表示 $K$ 空间几乎全部被利用，种群潜在的最大增长能力不能实现。

  当种群数量 $N$ 由零逐渐增加到 $K$ 值时，$\left(1-\dfrac{N}{K}\right)$ 项则由 1 逐渐下降为零，表示种群增长的 "剩余空间" 逐渐缩小，种群潜在的最大增长能力可实现程度逐渐降低。种群数量每增加一个个体，这种抑制效应就增加 1/K。因此，这种抑制效应又称为拥挤效应（Crowding Effect），因其影响定量之大小与拥挤程度成正比，也有些学者称拥挤效应为环境阻力（Environmental Resistance）。

  逻辑斯谛增长方程的积分式为

$$N_t=\frac{K}{1+\mathrm{e}^{a-rt}}$$

  式中，$K$、$\mathrm{e}$、$r$ 的定义如前。新出现的参数 $a$，其数值取决于 $N_0$，是表示曲线对原点的相对位置。

  ③ 逻辑斯谛曲线的两个特点。第一是数学上的简单性；第二是明显的现实性。逻辑斯谛曲线的微分方程只含有 $r$ 和 $K$ 两个参数，且两者都含有一定的生物学意义：$r$ 是种群的瞬时增长率；$K$ 表示环境容纳量，即环境为有机体饱和时的种群密度。确定了这两个参数值，种群的整个逻辑斯谛增长过程也就能预测和计算出来，这一点是十分简明而方便的。

④ 逻辑斯谛增长模型的重要意义。它是许多两个相互作用种群增长模型的基础；它也是在农业、林业、渔业等实践领域中，确定最大持续产量（Maximal Sustainable Yield，MSY）的主要模型；模型中的参数 $r$ 和 $K$ 已成为生物进化对策理论中的重要概念。

## 3.2.5　种群动态

### (1) 种群的数量变动

任何一个种群的数量都是随时间变动的，即种群有数量变动的特征。它是环境因素和种群适应性相互作用的结果。

一般情况下，生物进入和占领新栖息地，通过一系列的生态适应建立起种群后，其种群数量可能向着以下不同的方向演化（见图 3-5）：

a. 种群较长期地维持在同一水平上，称为种群平衡；

b. 种群出现不规则或规则（即周期性）波动；

c. 种群长期处于不利条件下，其数量出现持久性下降，即种群衰退甚至灭亡；

d. 种群在短时期内数量迅速增长，称为种群暴发；

e. 种群数量缓慢地增长；

f. 在种群暴发后，出现大批死亡，种群数量急剧下降，称为种群崩溃；

g. 由于某种原因，种群进入新地区后得到迅速扩张蔓延，称为生态入侵。

① 季节波动。季节波动（Seasonal Variation）是指种群数量在一年中不同季节的数量变化。这是由于受环境因子季节性变化的影响，生活在该环境中的生物产生与之相适应的季节性消长的生活史节律，属于周期性的波动。一般具有季节性繁殖的物种，种群的最高数量常落在一年中最后一次繁殖期之末，以后其繁殖停止，因只有死亡而无生殖，故种群数量下降，直到下一年繁殖开始，这时是种群数量最低的时期。

欧亚大陆寒带地区，许多小型鸟类和兽类，通常由于冬季停止繁殖，到春季开始繁殖前，其种群数量最低。春季开始繁殖后数量一直上升，到秋季因寒冷而停止繁殖以前，其种群数量达到一年的最高峰。温带湖泊和海洋的浮游植物（主要是硅藻）每年在春、秋两季有一个增长高峰，而在冬、夏季种群数量下降。图 3-6 是美国俄亥俄州爱德华水库中浮游生物数量的季节变化。从图中可看出浮游植物的数量变化与浮游动物的数量变化有关：1948 年浮游动物的种群数量很大，从而使浮游植物的数量在整个夏季都处于极低水平；而 1949 年由于浮游动物数量降低，浮游植物在夏季大量增加。

② 年际波动。年际波动（Annual Variation）是指种群在不同年份之间的数量变动。年际波动有的具有规律性，称为周期性，有的则无规律性。有关种群动态的研究工作证明，大多数物种的年变化表现为不规律的波动，这主要是与环境条件有关，特别是气候因子的影响较大。例如，根据营巢统计结果，英国某些地区的苍鹭数量大致稳定，年际波动不大，但在有严寒冬季的年份，苍鹭数量就下降，若连年冬季严寒，其数量就下降得更多，但在恢复正常后，其种群就能恢复到多年的平均水平。有周期性数量变动的物种是有限的，这种数量波动的特点可能与种群自身的遗传特性有关。例如，旅鼠和北极狐种群数量以 3～4 年为一个周期波动，美洲兔和加拿大猞猁以 9～10 年为一个周期呈现数量波动（见图 3-7）。

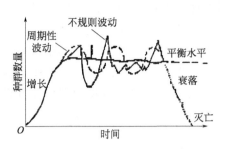

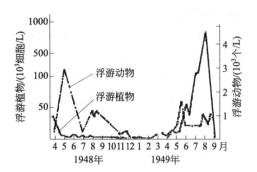

图 3-5  种群数量在时间过程中的
动态（仿 Clarde，1954；转引自金岚，2001）

图 3-6  美国俄亥俄州爱德华水库中浮游生物数量
的季节变化（Wright，1954；转引自金岚，2001）

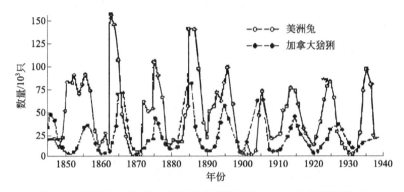

图 3-7  美洲兔和加拿大猞猁的种群数量的 9～10 年周期性波动

③ 种群的暴发。种群暴发（Population Eruption）是指生物密度比平常显著增加的现象。合适的环境条件、天敌控制的解除、种群内部机制等常为暴发的原因。例如多种农作物害虫、森林害虫都具有突然暴发的特征，一旦发生，如果控制措施跟不上就会形成严重虫灾。像红蜘蛛、蝗虫、松毛虫等都可能经过相当长时间的低密度期以后，在某一特别有利的时间突然大暴发，造成大面积虫害。大面积单一种植易引起虫害大暴发。农药的滥用造成天敌减少以后也容易引起害虫大暴发。再如生活中常见的赤潮，是指水中的一些浮游生物暴发性增殖引起水色异常的现象，主要发生在近海，又叫红潮。它是由有机污染，即水中氮、磷等营养物过多形成富营养化所致。其危害主要有：藻类死体分解大量消耗水中的溶解氧，使鱼、贝等窒息而死；有些赤潮生物产生毒素，对其他水生生物以及人类造成危害。

④ 生态入侵。生态入侵（Ecological Invasion）是指由于有意识或者无意识地把某种生物带入适宜其栖息和繁衍的地区，种群不断扩大，分布区域逐步稳定地扩展的过程。欧洲的穴兔是 1859 年由英国引入澳大利亚西南部的，由于环境适宜和没有天敌，它们以 112.6km/a 的速度向北扩展，16 年时间推进了 1770km。这些穴兔对牧场造成了巨大的危害，直到后来引入黏液瘤病毒，才将危害制止。

**（2）种群调节**

各种种群数量变动有一定规律性，在不同条件下也各有其变异性。种群数量变动的主要标志就是种群出生率和死亡率的变化过程与迁入迁出的相互作用的综合结果。因此，凡是影响上述因素的，都对种群数量有影响，在自然界中决定种群数量变化的因素是各种各样的。种群数量变动的机制很复杂，因而有许多学说解释种群动态变化的机理，有的强调内因，有的则强调外因。

① 密度制约和非密度制约因素。由于各种因素对自然种群的制约，种群数量不可能无限制地生长，最终将趋向于相对平衡，而密度是调节其平衡的重要因素。根据种群密度与种群大小的关系，可将制约因素分为密度制约（Density Dependent）和非密度制约（Density Independent）两类。如种间竞争、捕食者、寄生以及种内调节等生物因素是随着种群本身的密度而变化的，称为密度制约因素。又如天气条件、污染物以及其他环境的理化性质等非生物因素，有时能影响种群数量，甚至可以使生物灭绝，但与种群本身的密度是无关的，称为非密度制约因素。

② 密度调节。密度调节是指通过密度因子对种群大小进行调节的过程，它包括种内、种间和食物调节三种类型。种内调节是指种内成员间，因行为、生理和遗传的差异而产生的一种密度制约型调节方式；种间调节是指捕食、寄生和种间竞争共同资源而对种群密度进行制约的过程；食物因素也是一种种间关系，动物是异养生物，以动植物为食，捕食和被食、寄生和被寄生以及草食性动物和植物的关系，都由食物联系起来。在自然界食物供应量存在变化的情况下，种群有自动调节的适应性。

③ 非密度调节。非密度调节指非生物因子对种群大小的调节。气候因子对种群影响甚大，最早提出气候因素是调节昆虫种群密度的是以色列的博登海默（Bodenheimer，1928）。他认为天气条件通过影响发育与存活来决定种群密度。他通过研究证明，昆虫的早期死亡有80%～90%是由天气条件引起的。

早期的气候学派的主要观点是以下三点：种群参数受天气条件的强烈影响；种群数量的暴发与天气变化明显相关；强调种群数量变动，否定稳定性。

20世纪50年代，气候学派与生物学派之间的争论达到高潮。当时气候学派的主要维护者是澳大利亚的安德列沃斯（Andrewartha）和伯奇（Birch）。他们在果园中研究蓟马（*Thrips Imaginus*）种群长达14年（1932—1946年），他们发现决定蓟马种群在11—12月最大密度的影响因素是天气条件，而与生物因子关系不大。他们提出自然种群的数量可能因三条因素而受到限制：资源的短缺，如食物、栖息地等；资源难以获得，指生物的捕食能力无法获取自然界中存有的物质资源；种群增长率为正值的时间过短。因此他们反对用"平衡密度""稳定状态"等概念。其观点是"非密度制约论"。

种群调节理论是理论生态学中最关键的问题，也是解决群落与生态系统生态学中许多问题的核心，它又与许多实践问题密切相关。种群调节问题也是最复杂的生态学理论问题。因为种群的数量变化与动物的营养、繁殖、死亡、迁徙等活动都有关系，所以不仅外部环境条件影响种群密度，而且种群成员的生理、行为甚至遗传的性质也都影响种群的调节。各派学者在自己的实践工作中发展了种群生态学，提出不同的学说，难免有片面性和局限性，但逐渐由只强调外因转向内外因相结合，这种发展趋势十分明显。因此，各种学说不是互相排斥的，而是有机地综合各种观点，这对于深入探讨和解决实践问题是很有用的。

**(3) 种群对环境变化的生态对策**

① 生态对策的概念。所谓生态对策（Ecological Strategy）就是一个物种或一个种群在生存斗争中对环境条件采取适应的行为：在长期稳定的环境中生活的种群尽可能均匀地利用环境；在迅速出现随后又消逝的环境中，生物能及时地寻找有利的可以继续生存的地点。生态对策在现代生态学中受到普遍的关注。可以相应地将生物划分为两类对策型，即 *r*-选择

（r-selection）和 K-选择（K-selection），二者是进化生态学中的一个重要问题，和种间关系相互作用有一定关系。

② r-选择和 K-选择。麦克阿瑟（MacArthur）和威尔逊（Wilson）首先按栖息环境和进化对策把生物分成 r-对策者和 K-对策者两大类，认为环境是一个连续的谱系。一种环境是气候稳定，很少有难以预测的天灾，如热带雨林就属于这种情况，它是生态饱和的系统，动物密度很高，竞争激烈；另一种是气候不稳定，难以预测的天灾多，如寒带或干旱地区，它们处于生态上的真空，没有密度影响，没有竞争类型。在前一类环境中，动物种群数量达到或接近环境容纳量水平，即与种群逻辑斯谛增长模型的饱和度 K 值接近，因此称为 K-选择，该类适应对策为 K 对策。在后一类环境中，种群密度处于 K 值以下的增长段，因此，种群常常处于增长状态，是高增长率的，称为 r-选择，该类适应对策为 r 对策。

1970 年，皮恩克（E. Pianka）更详细、深入地表达了这种思想，并将其应用于所有生物。他比较了 r-选择和 K-选择的有关特征（表3-5）。

表3-5　种群的生态适应对策

| 项目 | r-选择 | K-选择 |
| --- | --- | --- |
| 气候 | 多变，难以预测和不确定 | 稳定，可预测，较稳定 |
| 死亡率 | 灾变性的，无规律，非密度制约 | 有规律性，密度制约 |
| 种群大小 | 常低于 K 值 | 稳定，密度在 K 值附近 |
| 竞争 | 通常不紧张 | 经常保持紧张 |
| 寿命 | 短，通常少于 1 年 | 长，通常大于 1 年 |
| 体型 | 小 | 大 |
| 生殖 | 一次生殖 | 多次生殖 |
| 发育 | 快 | 慢 |
| $r_m$ 值 | 高 | 低 |

注：$r_m$ 为种群内禀增长率，即种群在无限制（食物、空间不受限制，理化环境处于最佳状态，没有天敌，等等）的环境条件下的瞬时增长率。

r 和 K 两类生态对策，在进化中各有其优缺点。K-对策者的种群数量保持在 K 值附近，但不超过 K 值，因为超过 K 值有导致生境退化的可能，生育力降低，相应地存活力增强，因此，K-对策者防御和保护幼代的能力较强。因为有亲代的关怀，虽生育力低，但寿命长。这些特征保证 K-对策者在激烈的生存斗争中取胜。但 K-对策者种群一旦遭到破坏，其回到平衡的能力是有限的，有可能灭绝。

与 K-对策者相反，r-对策者的密度经常剧烈变动，它们的死亡率很高，竞争力也弱，高的 $r_m$ 值必然导致种群的不稳定性。在数量很低时，通过迅速增殖而恢复到较高的水平。密度很高时，r-对策者通常具有较大的扩散迁移能力，能够离开恶化的生境，并在别的地方建立新的种群，使得 r-对策者个别种群虽然容易灭绝，但物种整体却是富有恢复力的。

从大分类单位作对策比较，可以把昆虫视为 r-选择类型，而脊椎动物则是 K-选择类型。如果说 K-对策者在生存斗争中是以“质”取胜，具有低死亡率，那么 r-对策者就是以“量”取胜，r-对策者死亡率高。

r-对策者和 K-对策者具有两个不同类型的进化方向，但同时，其间又具有一定过渡性，有的更接近于 r-对策者，有的更接近 K-对策者，也就是说两者间有一个连续的谱系，称为

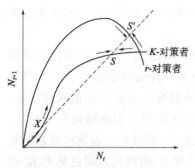

图 3-8　$r$-对策者和 $K$-对策者的
种群增长曲线（Southwood，1974；
转引自李博，2000）

$r$-$K$ 连续体（$r$-$K$ Continuum）。

索思伍德（T. Southwood，1974）总结了 $r$、$K$ 两种对策者种群动态特征的区别，提出一个模式，如图 3-8 所示，对角线代表 $N_{t+1}$ 与 $N_t$ 相等，种群平衡。$K$-对策者曲线有两个交点 $X$ 和 $S$：$X$ 是不稳定的平衡点，可称为灭绝点；$S$ 是稳定的。如果种群下降到 $X$ 点以下就有灭绝的危险。相反，$r$-对策者由于低密度下增殖快，所以只有一个平衡点 $S'$，种群容易在 $S'$ 点上下作剧烈的波动。该图还说明天敌对 $r$-对策者的影响不大。$r$-对策者的增殖迅速，其天敌增殖缓慢，故不能控制 $r$-对策者的数量，待到天敌种群能发挥作用时，它们已迁出原地，在新的地方形成新种群。对于 $K$-对策者，因为体形大，竞争力强，天敌作用也难以发挥。但多数动物处于中间类型，天敌也能发挥作用。

## 3.3　种群关系

生物在长期发育与进化的过程中，出现了以食物、资源和空间关系为主的种内与种间关系。把存在于各个生物种群内部的个体与个体之间的关系称为种内关系（Intraspecific Relationship），而将生活于同一生境中的所有不同物种之间的关系称为种间关系（Interspecific Relationship）。大量的事实表明，除竞争作用外，生物的种内与种间关系还包括多种作用类型，是认识生物结构与功能的重要特性。一般而言，同一种群内个体间的联系比同另一种群个体间的联系更为密切。

### 3.3.1　种内关系

生物的种内关系包括密度效应、动植物性行为（植物的性别系统和动物的婚配制度）、领域性和社会等级等。关于对这些种内关系的认识，学术界曾有过不少争论。例如，一个纯林的成林过程中，个体数由多到少。有人认为这仅表现为个体对光线、营养和水分的竞争所表现出的"种内斗争"；有人认为这仅表现为个体的减少，而种群则是繁荣的，应叫"自然稀疏"。从生态学观点来讲，不能单从表面和形式上看待种内关系。当植物因种内个体对矿质养分的需求和个体之间的遮阴关系，或同种动物个体间为生存和争夺社会地位而进行的相互残杀等导致个体减少时，从个体看这种种内斗争是有害的，但对整个种群而言，因淘汰了较弱的个体，保存了较强的个体，这种斗争则有利于种群的进化与繁荣。因此，生物种内关系的研究既应重视个体水平，也应重视群体水平的研究。

### 3.3.2　种间关系

种间相互关系又称为种间相互作用（Population Interaction），指不同种之间的相互关系。这种关系比较复杂，从其性质上可简单地归纳为两类：一种是互利的，也叫正相互作用，即两个种的个体相互帮助，相互依赖而生存；一种是对抗性的，也叫负相互作用，即一个种的个体直接杀死另一个种的个体。另外在这两个极端类型中还存在着各种过渡类型。表3-6列举了两个物种之间相互作用的基本类型。"＋"表示对存活或其他种群特征有益，"—"表示对种群生长或其他特征有抑制，而"0"表示无关紧要和没有意义的相互影响。这种分法只是概念上的一般表述，实际情况要复杂得多。

表3-6　生物种间相互关系基本类型

| 类型 | 种间关系 | 种1 | 种2 | 特征 |
|------|----------|-----|-----|------|
| 1 | 偏利作用 | ＋ | 0 | 种群1为偏利者，种群2无影响 |
| 2 | 原始协作 | ＋ | ＋ | 对两物种都有利，但非必然 |
| 3 | 互利共生 | ＋ | ＋ | 对两物种都必然有利 |
| 4 | 中性作用 | 0 | 0 | 两物种彼此无影响 |
| 5 | 竞争（直接干涉型） | — | — | 一物种直接抑制另一物种 |
| 6 | 竞争（资源利用型） | — | — | 资源缺乏时的间接抑制 |
| 7 | 偏害作用 | — | 0 | 种群1受抑制，种群2无影响 |
| 8 | 寄生作用 | ＋ | — | 种群1为寄生者，通常较寄主2的个体小 |
| 9 | 捕食作用 | ＋ | — | 种群1为捕食者，通常较猎物2的个体大 |

**（1）正相互作用**

正相互作用（Positive Interaction）可按其作用程度分为偏利共生、原始协作和互利共生三类。

① 偏利共生（Commensalism）：种间相互作用仅对一方有利，对另一方无影响。附生植物和被附生植物之间是一种典型的偏利共生关系，如地衣、苔藓等附在树皮上，对附生植物种群无较大影响。动物的例子很多，如某些海产贻贝的外套腔内共栖着豆蟹（*Pinnotheres*），豆蟹偷食其宿主的残食和排泄物，但不对宿主构成危害。许多生物学家认为，关系更为密切的互利共生和寄生关系是由偏利共生演化而来的。

② 原始协作（Protocooperation）：两种群相互作用，双方获利，但协作是松散的，分离后，双方仍能独立生存。如蟹背上的腔肠动物对蟹能起伪装保护作用，而腔肠动物又利用蟹作运输工具，从而在更大范围内获得食物。又如某些鸟类啄食有蹄类身上的体外寄生虫，而当肉食动物来临之际，又能为其报警，这对共同防御天敌十分有利。

③ 互利共生（Mutualism）：两物种长期共同生活在一起，彼此依赖、双方获利，如果离开对方就不能生存。如白蚁与其肠道内的鞭毛类的共生。如果没有鞭毛类的共生，白蚁就无法消化木质素。实验表明，人工除去白蚁肠道里的鞭毛类，它们就会活活饿死。鞭毛类以白蚁吞入的木质作为食物和能量的来源，同时它分泌出能消化木质素的酶来协助白蚁消化食物。互利共生多见于需要极不相同的生物之间。其他常见的如自养生物和异养生物间的互利共生。

**（2）负相互作用**

负相互作用（Negative Interaction），包括竞争、捕食、寄生和偏害等。前三者的研究较深入，在此不作介绍。偏害作用的例子也是常见的，异种抑制作用和抗生作用都属此类。

异种抑制一般指植物分泌一种能抑制其他植物生长的化学物质的现象。如胡桃树（*Juglans nigra*）分泌一种叫作胡桃醌（Juglone）的物质，它能抑制其他植物生长，因此，在胡桃树下的土表层中是没有其他植物的。胡桃醌属于植物代谢过程中产生的次生性化学物质。抗生作用是一种微生物产生一种化学物质来抑制另一种微生物的过程。如青霉素就是一种细菌抑制剂，也常称为抗生素。

### 3.3.3　种间竞争

生物种群的竞争通常包括种间竞争和种内竞争。发生在两个或更多物种个体之间的竞争称为种间竞争，生物种群越丰富，种间竞争越激烈；发生在同种个体之间的竞争称为种内竞争。种间竞争不论其作用基础如何，竞争的结果可向两个方向发展：一个是一个种完全排挤掉另一个种；另一个是不同物种占有不同的空间（地理上分离）。捕食不同食物（食性上的特化），或其他生态习性上的分离，即生态分离（Ecological Separation），也可能使两个物种之间形成平衡而共存。

**(1) 竞争原理（高斯假说）**

苏联生态学家 G. F. Gause（1934）首先用原生动物草履虫为材料观察两个物种之间的竞争现象，研究两个物种之间直接竞争的结果。他选择在分类和生态习性上很接近的双小核草履虫（*Paramecium aurelia*）和大草履虫（*P. caudutum*）进行试验。取两个种相等数目的个体，放在同一基本恒定的环境里培养，喂食相同的饲料。开始时两个种都有增长，随后大草履虫趋于灭亡（图 3-9）。这两种草履虫之间没有分泌有害物质，主要原因是其中的一种增长得快，而另一种增长得慢，因竞争食物，增长快的种排挤了增长慢的种。这就是当两个物种利用同一种资源和空间时产生的种间竞争现象。两个物种越相似，它们的生态位重叠就越多，竞争就越激烈。这种种间竞争现象后来被英国生态学家称为高斯假说（Gause's Hypothesis）或竞争排斥原理（Competition Exclusion Principle）：亲缘关系接近的、具有相同习性或生活方式的物种不可能长期在同一地方生活，也就是说完全的竞争者不能共存。

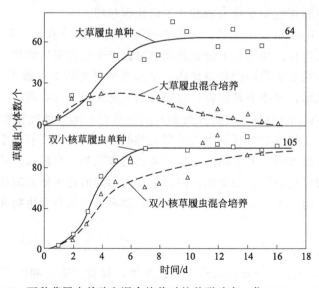

图 3-9　两种草履虫单独和混合培养时的种群动态（仿 Odum，1971）

Park（1942，1954）用杂拟谷盗（*Tribolium confusum*）和赤拟谷盗（*Tribolium casta-neum*）的混养试验与 G. D. Tilman 等（1981）用两种淡水硅藻和针杆藻（*Synedraulna*）所做的试验得到了同样的结果。

**（2）种间竞争模型**

洛特卡-沃尔泰勒（Lotka-Volterra）方程，就是描述种间竞争的模型。其基础是逻辑斯谛模型，因该模型由洛特卡 1925 年在美国和沃尔泰勒 1926 年在意大利分别独立地提出，故称为洛特卡-沃尔泰勒模型。

模型的结构：种群 1 和种群 2 单独存在时，均符合逻辑斯谛增长规律。即：

$$\frac{dN_1}{dt}=r_1N_1\left(\frac{K_1-N_1}{K_1}\right) \qquad 种群1竞争方程$$

$$\frac{dN_2}{dt}=r_2N_2\left(\frac{K_2-N_2}{K_2}\right) \qquad 种群2竞争方程$$

式中，$N_1$、$N_2$ 分别是两个物种的种群数量；$K_1$、$K_2$ 分别是两个物种种群的环境容纳量；$r_1$、$r_2$ 分别是两个物种种群的增长率。

如果将两个种群放在一起，它们就发生竞争，从而影响种群的增长。设两个种群的竞争系数为 $\alpha$ 和 $\beta$，其中：$\alpha$ 表示在种群 1 的环境中，每存在一个种群 2 的个体，对种群 1 的效应值；$\beta$ 表示在种群 2 的环境中，每存在一个种群 1 的个体，对种群 2 的效应值。则种群 1 和 2 在竞争中的增长模型为：

$$\frac{dN_1}{dt}=r_1N_1\left(\frac{K_1-N_1-\alpha N_2}{K_1}\right) \qquad 种群1竞争方程$$

$$\frac{dN_2}{dt}=r_2N_2\left(\frac{K_2-N_2-\beta N_1}{K_2}\right) \qquad 种群2竞争方程$$

从理论上讲，两个种群竞争的结局可能有四种：种群 1 取胜，种群 2 被排挤掉；种群 2 取胜，种群 1 被排挤掉；种群 1 和种群 2 不稳定共存；种群 1 和种群 2 稳定共存。

种群竞争的各种结局可以用图解法直观说明，如图 3-10，其竞争结果将取决于 $K_1$、$K_2$、$K_1/\alpha$、$K_2/\beta$ 这 4 个值的相对大小。

① 当 $K_1>K_2/\beta$，$K_2<K_1/\alpha$ 时，由于在 $K_2$-$K_2/\beta$ 右边这个面积内，种群 2 已超过最大容纳量而不能增长，而种群 1 仍能继续增长，因此，种群 1 取胜，种群 2 被挤掉。

② 当 $K_2>K_1/\alpha$，$K_1<K_2/\beta$ 时，在 $K_2$-$K_1/\alpha$-$K_1$-$K_2/\beta$ 这块面积内，种群 1 不能增长，而种群 2 能继续增长，因此，种群 2 取胜，种群 1 被挤掉。

③ 当 $K_1<K_2/\beta$ 和 $K_2<K_1/\alpha$ 时，两条对角线相交，其交点 $E$ 即为平衡点，由于 $K_1<K_2/\beta$，在三角形 $K_1$-$E$-$K_2/\beta$ 中，种群 1 不能增长，而种群 2 继续增长，箭头向平衡点收敛。同样，因为 $K_2<K_1/\alpha$，在三角形 $K_2$-$E$-$K_1/\alpha$ 中，种群 2 不能增长，而种群 1 增长，箭头也向平衡点收敛，从而形成稳定的平衡，两个物种共存。

④ 当 $K_1>K_2/\beta$，$K_2>K_1/\alpha$ 时，两条对角线相交，出现平衡点，但它是不稳定的。因为 $K_1>K_2/\beta$，在三角形 $K_1$-$E'$-$K_2/\beta$ 中，种群 2 不能增长，种群 1 能增长，箭头不收敛。同样因为 $K_2>K_1/\alpha$，在三角形 $K_2$-$E'$-$K_1/\alpha$ 中，种群 1 不能增长，种群 2 能增长，箭头也不能收敛。因此，平衡是不稳定的。

通过 Lotka-Volterra 种间竞争模型分析可以看出，在进化发展过程中，两个生态上接近

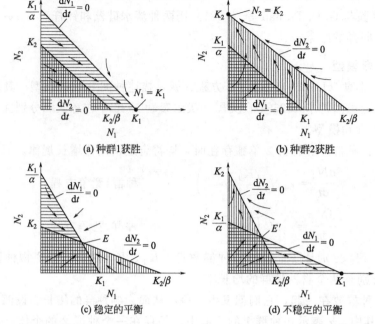

图 3-10　两物种竞争可能产生的四种结局（仿 Smith，1980；转引自孙振钧等，2007）

的种类产生激烈竞争，竞争的结果可能是一个种完全排挤掉另一个种，或者在一定条件下两个物种形成平衡而共存。

**（3）生态位分化**

生态位（Niche）是指每个生物物种个体或种群在种群或群落中的时空位置和功能关系。对于生态位这一概念，不同时期所给的定义不同。

格林尼尔（Grinnell）在 1917 年首先采用生态位一词，并将其定义为生物对栖息地再划分的空间单位，强调生物分布的空间特征。Elton（1927）对生态位所下的定义是物种在生物群落中的地位和作用，强调一种生物和其他生物的相互关系，特别是强调与其他种的营养关系。哈钦森（Hutchinson，1958）则认为生态位是 $n$ 维资源中的超体积，在生物群落中，若无任何竞争者存在时，物种所占据的全部空间，即理论最大空间称为该物种的基础生态位（Fundamental Niche）；当有竞争者存在时，物种仅占据基础生态位的一部分，这部分实际占有的生态位称为实际生态位（Realized Niche），竞争越激烈，物种占有的实际生态位就越小。

不同物种的生态位宽度不同。生态位宽度是指生物所能利用的各种资源的总和。根据生态位宽度，可以将物种分为广生态位和狭生态位两类。图 3-11 表示生物在资源维度上的分布，这种曲线称为资源利用曲线。其中图 3-11（a）表示物种是狭生态位的，相互重叠少，物种之间的竞争弱；图 3-11（b）表示物种是广生态位的，相互重叠多，物种之间的竞争强。

生态位重叠（Niche Overlap）是指当两个生物利用同一资源或共同占有其他环境变量时的现象。在这种情况下，就会有一部分空间为两个生态位 $n$ 维超体积所共占。如果两个生物具有完全一样的生态位，就会发生百分之百的重叠，但通常生态位之间只发生部分重叠，即一部分资源是被共同利用的，其他部分则被独占。

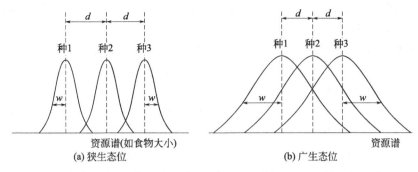

图 3-11　三个共存物种的资源利用曲线（仿 Begon 等，1986；转引自李博，2000）

$d$—曲线峰值间的距离；$w$—曲线的标准差

两个具有竞争关系的物种，其生态位重叠由物种的种内竞争和种间竞争的强度决定。种内竞争促使两物种的生态位接近，种间竞争又促使两物种的生态位分开。

两个竞争物种的资源利用曲线不可能完全分开。分开只有在密度很低的情况下才会出现，而那时种间竞争几乎不存在。

如果两个竞争物种的资源利用曲线重叠较少，物种是狭生态位的，其种内竞争较为激烈，将促使其扩展资源利用范围，使生态位重叠增加。

如果两个竞争物种的资源利用曲线重叠较多，物种是广生态位的，生态位重叠越多，种间竞争越激烈，按竞争排斥原理，将导致某一种物种灭亡，或通过生态位分化而得以共存。

# 3.4　生物群落

## 3.4.1　群落的概念

### （1）群落的定义

生物群落（Biotic Community）是指在一定时间内，居住在一定区域或生境内的各种生物种群组成的相互联系、相互影响的集合体。它们和相邻的生物群落，有时界限分明，有时则混合难分，其结合较松散，但都由其组成的种类及一些个体的特点而显现出一些特性。生物群落可简单地分为植物群落（Plant Community）、动物群落（Animal Community）和微生物群落（Microbial Community）三大类。

群落概念是生态学中最重要的理论之一，因为它强调的是在自然界共同生活的各种生物能有机地、有规律地在一定时空中共处，而不是各自以独立物种的面貌任意散布在地球上；它强调生物间有物质循环和能量转化的联系，因而群落具有一定的组成和营养结构；在时间过程中，经常改变其外貌，并具有发展和演替的动态特征；它不是物种的简单总和，在群落内由于存在协调控制的机制，因而在绝对的变化过程中，能保持相对的稳定性。因此，生物群落被认为是生态学研究对象中的一个高级层次，是一个新的整体，具有个体和种群层次所不能包括的特征和规律，是一个新的复合体。群落概念的产生使生态学研究出现了一个新领域，即群落生态学（Community Ecology），它是研究生物群落与环境相互关系及其规律的学科，是生态学的一个分支。

关于群落的性质，长期以来一直存在着两种对立的观点。争论的焦点在于群落到底是一个有组织的系统，还是一个纯自然的个体集合。"机体论"学派（Organismic School）认为群落是一个真实的有机实体，它是组成群落的各个种群的有组织的集合体，而不是人为分类的产物。法国的布朗-布兰奎特（Braun-Blanquet）、美国的克莱门茨（Clements）和英国的坦斯利（Tansley）支持上述观点。而"个体论"学派（Individualistic School）则认为群落在自然界中并非一个实体，而是生态学家从一个呈连续变化的环境中搜集来的一组生物而已，其所以重复出现，只是由于对环境的同样需求。该学派认为群落并不是自然界的基本组织单位，苏联、美国和法国的一些学者支持上述观点。近代生态学的研究中，一些采用定量方法的研究证明，群落并不是一个个分离的、有明显边界的实体，而是在空间和时间上的一个系列，这一事实更支持了"个体论"的观点。

**（2）群落与生态系统**

生态学理论中另一问题，就是群落生态学与生态系统生态学是两个不同层次的研究对象，还是同一层次的研究对象。这个问题，在近代生态学教材和专著中也有两种不同的看法。有些学者把群落生态学和生态系统生态学分开来讨论，如奥德姆（Odum，1983）和史密斯（Smith，1980）等。而有些学者把它们作为一个问题来处理，如克雷布斯（Krebs，1985）和怀德克（Whitaker，1970）等。

群落和生态系统这两个概念有明显区别，各具独立含义。群落是指多种生物种群有机结合的整体，而生态系统的概念包括群落和无机环境。生态系统强调的是功能，包括物质循环和能量流动等。但谈到群落生态学和生态系统生态学时，就很难区分开。群落生态学的研究内容是生物群落与环境的相互关系及其规律，这也正是生态系统所要研究的内容。随着生态学的发展，群落生态学与生态系统生态学必将有机地结合，成为一个比较完整的、统一的生态学分支。

## 3.4.2　群落的基本特征

生物群落的概念具有具体和抽象两重含义。生物群落的概念是具体的，是因为很容易找到一个区域或地段，在那里可以观察或研究一个群落的结构和功能；生物群落同时又是一个抽象的概念，是符合群落定义的所有生物集合体的总称。无论群落是一个独立单元，还是连续系列中的片断，由于群落中生物的相互作用，群落绝不是其组成物种的简单相加，而是一定地段上生物与环境相互作用的一个整体。生物群落都具有组成群落的各个种群所不具有的特征，这些特征只有群落水平上才能表现出来。群落的基本特征主要表现在以下几方面：

**（1）具有一定的物种组成**

每个群落都是由一定的植物、动物、微生物种群组成的，因此，种类组成是区别不同群落的首要特征。一个群落中物种的多少和每个种群的大小或数量，是度量群落多样性的基础。

**（2）具有一定的外貌和结构**

一个群落中的植物个体，分别处于不同高度，具有不同的密度，从而决定了群落的外部形态。在植物群落中，通常由其生长类型决定其高级分类单位的特征，如森林、灌丛或草丛的类型。生物群落除具有一定的种类组成外，还具有一系列结构特点，包括形态结构、生态结构和营养结构，如生活型组成、种的分布格局、成层性、季相、捕食者和被食者的关系等。但其结构常常是松散的，不像一个有机体结构那样清晰，有人称之为松散结构。

### （3）具有形成群落环境的功能

生物群落对其所在环境产生重大影响，并形成群落环境。如森林群落具有形成森林环境的功能，包括温度、光照、湿度与土壤等都经过了生物群落的改造。森林环境与草地或裸地有明显的不同，即使生物非常稀疏的荒漠群落，对土壤等环境条件也有明显的改善。

### （4）不同物种之间相互联系

群落中的物种有规律地共处，即在有序状态下共存。虽然生物群落是生物种群的集合体，但这不是说一些种的任意组合便是一个群落。一个群落必须经过生物对环境的适应和生物种群之间的相互适应、相互竞争的过程后，才能形成具有一定外貌、种类组成和结构的集合体。哪些种群能够组合在一起构成群落，取决于两个条件：第一，必须共同适应它们所处的无机环境；第二，它们内部的相互关系必须取得协调、平衡。因此，研究群落中不同种群之间的关系是阐明群落形成机制的重要内容。

### （5）具有一定的动态特征

生物群落是生态系统中具有生命的部分，有其发生、发展、成熟（顶极群落）和衰败与灭亡的过程，因此生物群落就像一个生物个体一样，在其一生中处于不停的运动、变化之中。群落随时间的变化包括季节动态、年际动态、群落演替与演化等。群落随空间的不同或改变也会发生相应的变化，例如一个刚封山育林的山体，目前的群落状况与 50 年后的群落状况在许多方面必然存在明显的差异。

### （6）具有一定的分布范围

任一群落都分布在特定地段或特定生境中，不同群落的生境和分布范围不同。无论从全球范围还是从区域角度讲，不同生物群落都是按一定的规律分布的。

### （7）具有边界特征

在自然条件下，有些群落具有明显的边界，可以清楚地加以区分；有的则不具有明显边界，而处于连续变化中。前者见于环境梯度变化较陡，或者环境梯度突然中断的情形，如地势变化较陡的山地的垂直带（如断崖上的植被）、陆地环境和水生环境的交界处（如池塘、湖泊、岛屿等），但两栖类（如蛙）常常在水生群落与陆地群落之间移动，使原来清晰的边界变得复杂。此外，火烧、虫害或人为干扰都可造成群落的边界。后者见于环境梯度连续缓慢变化的情形。大范围的变化如草甸草原和典型草原的过渡带，典型草原和荒漠草原的过渡带等；小范围的如沿一缓坡而渐次出现的群落替代等。但在多数情况下，不同群落之间都存在过渡带，被称为群落交错区（Ecotone），并导致明显的边缘效应（Edge Effect）。

### （8）群落中各物种具有不同的群落学重要性

在一个群落中，有些物种对群落的结构、功能以及稳定性具有重大的贡献，而有些物种却处于次要的和附属的地位。因此根据它们在群落中的地位和作用，物种可以被分为优势种、建群种、亚优势种、伴生种以及偶见种或罕见种等。优势种具有高度的生态适应性，常常在很大程度上决定着群落内部的环境条件，因而影响和制约着其他种群的生存和生长。

### 3.4.3　群落的物种组成

群落的物种组成是决定群落性质最重要的因素，也是鉴别不同群落类型的基本特征。群落学研究一般都从分析种类组成开始，以了解群落是由哪些物种构成的，它们在群落中的地位与作用如何。

**(1) 物种组成的性质分析**

构成群落的各个物种对群落的贡献是有差别的，通常根据各个物种在群落中的作用来划分群落成员型。

优势种（Dominant Species）是指那些在群落中的地位和作用比较突出，具有主要控制权或统治权的种类或类群。它们的数量多，生产力高，影响大，在群落中发挥主要控制作用。如果将群落中的优势种去除，群落将失去原来的特征，同时将导致群落性质和环境的变化。因此，优势种对维持群落和生态系统的稳定性具有重要作用。

建群种（Constructive Species）是指在群落的优势层中起着构建群落作用的优势种。比如森林群落中有乔木层、灌木层、草本层和地被层等不同层次，每个层次都可以有各自的优势种，但乔木层中的优势种对森林群落的形成起到了构建作用，该种即为此森林群落的建群种。

应该强调，生态学上的优势种对整个群落具有控制性影响，如果把群落中的优势种去除，必然导致群落环境的变化；但若把非优势种去除，只会发生较小的或不显著的变化。因此，不仅要保护那些珍稀濒危物种，而且要保护那些建群种和优势种，它们对生态系统的稳定起着举足轻重的作用。

亚优势种（Subdominant Species）是指群落中那些个体数量与作用都次于优势种，但在决定群落性质和控制群落环境方面起着一定作用的种类和类群。

常见种（Common Species）是指在生态调查中出现频率较高，但其数量不占优势的物种。

稀有种或偶见种（Rare Species）是指那些在群落中出现频率很低的物种，多半数量稀少。偶见种可能偶然地由人类带入或随着某种条件的改变而侵入群落中，也可能是衰退中的残遗种。有些偶见种的出现具有生态指示意义，有的还可以作为地方性特征看待。

关键种（Keystone Species）是指那些珍稀、特有、庞大的，对其他物种具有不成比例影响的，在保护生物多样性和生态系统稳定性方面起着重要作用，如果它们消失或受到削弱，就可能使整个生态系统发生根本性变化的物种。Paine 指出，关键种的丢失和消除可导致一些物种的丧失，或者一些物种被另一些物种所代替。关键种数量可能稀少，也可能很多。根据关键种的不同作用方式，可有以下一些关键种的类型：关键捕食者（Keystone Predator）、关键被捕食者（Keystone Prey）、关键植食者（Keystone Herbivore）、关键竞争者（Keystone Competor）、关键互惠共生种（Keystone Matualists）、关键病原体/寄生物（Keystone Pathogen/Parasite）、关键改造者（Keystone Modifier）。例如，东非的非洲象是当地一个关键种。非洲象是一种广食性的植食动物，以各种植物的嫩芽、嫩叶为食。非洲象的取食活动使灌木和小树难以生长起来，成熟的大树也常因非洲象啃食树皮而发生死亡，因此非洲象的存在有利于把林地转变为草原（见图 3-12）。

图 3-12 非洲象是东非 Serengeti 区开阔林地的关键种

冗余种（Redundancy Species）是指那些在群落中被去除后不会引起群落内其他物种的丢失，同时对整个群落和生态系统的结构和功能不会造成太大影响的物种。"冗余"一词仅应用于具体的群落和生态系统，因为一个物种在这个群落中可能冗余，但在另一些群落中则没有如此冗余。冗余种具有以下标准：保持原有物种成分，即该物种被去除后，其余物种都能存留，而且也没有一个新种进入；保持生态过程的稳定，即该物种被去除后，生态系统功能保持不变或接近正常状态；具有较高的抵抗力，即移去这个物种，对群落中留下物种的多度没有影响；保持盖度。

### （2）物种组成的数量特征

有了所研究群落的完整生物名录，只能说明群落中有哪些物种，想进一步说明群落特征，还必须研究不同种的数量关系。对种类组成进行数量分析，是近代群落分析技术的基础。

① 种的个体数量指标

密度（Density）：单位面积或单位空间内物种的个体数。样地内某一物种的个体数占全部物种个体数之和的百分比称作相对密度（Relative Density）或相对多度（Relative Abundance）。

多度（Abundance）：对物种个体数目多少的一种估测指标，多用于群落内草本植物的调查。表 3-7 是几种常用的多度表示方法和等级。

表 3-7　几种常用的多度表示方法和等级

| 德鲁捷（Drude） | | 克莱门茨（Clements） | | | 布朗-布兰奎特（Braun-Blanquet） | |
| --- | --- | --- | --- | --- | --- | --- |
| Soc.（Sociales） | 极多 | Dominant | 优势 | D | 5 | 非常多 |
| Cop. 3（Corpiosae） | 很多 | Abundant | 丰盛 | A | 4 | 多 |
| Cop. 2（Corpiosae） | 多 | | | | 3 | 较多 |
| Cop. 1（Corpiosae） | 尚多 | Frequent | 常见 | F | 2 | 较少 |
| Sp.（Sparsae） | 少 | Occasional | 偶见 | O | | |
| Sol.（Solitariae） | 稀少 | Rare | 稀少 | R | 1 | 少 |
| Un.（Unicum） | 个别 | Very rare | 很少 | Vr | + | 很少 |

盖度（Cover Degree 或 Coverage）：植物地上部分垂直投影面积占样地面积的百分比，即投影盖度。后来又出现了"基盖度"的概念，即植物基部的覆盖面积（见图 3-13）。对于草原群落，通常以离地面 2.54cm 高度的断面计算；对于森林群落，则以树木胸高 1.3m 处断面积计算。

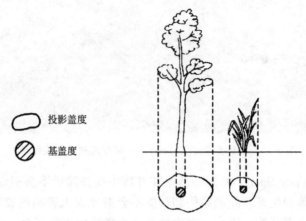

图 3-13 盖度示意图

频度（Frequency）：某个物种在调查范围内出现的频率，用包含该种个体的样方数占全部样方数的百分比来表示。

高度（Height）和长度（Length）：常作为测量植物体长的一个指标。可取自然高度或绝对高度，藤本植物则测其长度。

重量（Weight）：用来衡量种群生物量（Biomass）或现存量（Standing Crop）多少的指标。可分为干重与鲜重。在生态系统的能量流动与物质循环研究中，这一指标特别重要。

体积（Volume）：生物所占空间大小的度量。在森林植被研究中，这一指标特别重要。在森林经营中，通过体积的计算可以获得木材生产量（称为材积）。单株乔木的材积 $V$ 是胸高断面积 $S$、树高 $h$ 和形数 $f$ 三者的乘积，即 $V = Shf$。形数是树干体积与等高同底的圆柱体体积之比。因此在用胸高断面积乘树高而获得圆柱体积之后，按不同树种乘以该树种的形数（可以从森林调查表中查到），就可获得一株乔木的体积。草本植物或灌木体积的测定，可用排水法进行。

② 种的综合数量指标

优势度（Dominance）：用以表示一个种在群落中的地位与作用，但其具体定义和计算方法学者之间意见不一。Braun-Blanquet 主张以盖度、所占空间大小或重量来表示优势度，并指出在不同群落中应采用不同指标。另一些学者认为盖度和密度为优势度的度量指标。也有的认为优势度应叫作"盖度和多度的总和"或"重量、盖度和多度的乘积"等。

重要值（Importance Value）：也是用来表示某个种在群落中的地位和作用的综合数量指标。在森林群落研究中，根据密度、频度和基部盖度来确定森林群落中每一树种的相对重要性，即重要值。计算公式如下：

重要值＝相对密度＋相对频度＋相对优势度（相对基盖度）

上式用于草原群落时，相对优势度可用相对盖度代替：

重要值＝相对密度＋相对频度＋相对盖度

式中　相对密度＝（物种 $i$ 的个体数/所有物种的总个体数）$\times 100\%$，%；

相对频度＝(物种 $i$ 的出现频率/所有物种的出现频率之和)×100％,％；

相对优势度＝(物种 $i$ 的底面积之和/所有物种的总底面积之和)×100％,％。

综合优势比（Summed Dominance Ratio，SDR），是由日本学者召田真等（1957）提出的一种综合数量指标。包括两因素、三因素、四因素和五因素等四类。常用的为两因素的综合优势比（$SDR_2$），即在密度比、盖度比、频度比、高度比和重量比这五项指标中取任意两项求其平均值再乘以 100％，如 $SDR_2 = [(密度比＋盖度比)/2] \times 100\%$。

## 3.4.4　群落结构

群落结构指生物在环境中分布及其与周围环境之间相互作用形成的结构，又称群落格局（Pattern）。E. P. Odum 把群落格局分为：分层格局，即群落的垂直分层现象；带状格局（Zonation Pattern），即群落的水平离散现象；活动性格局（Activity Pattern），即时间格局；食物网格局（Food-web Pattern），即群落中食物链的网络状组织；生殖格局（Reproductive Pattern），即群落中物种繁殖方式的组合；社会格局（Social Pattern），即群落中动物的社会性；协同格局（Coactive Pattern），即群落中物种间的竞争、共生、捕食与寄生；随机格局（Stochastic Pattern），即任意或不可知力量影响群落结构的结果。

群落结构可从群落的物理结构和群落的生物结构两方面来理解。群落的物理结构包括群落的外貌和生活型、垂直分层结构与群落外貌的昼夜相和季相三方面。生物结构包括群落的物种组成、种间关系、多样性和演替几方面。群落的生物结构部分取决于物理结构。

**(1) 群落的外貌与生活型**

① 群落的外貌。群落外貌（Physiognomy）是指生物群落的外部形态或表象。它是群落中生物与生物间、生物与环境间相互作用的综合反映。群落外貌是认识植物群落的基础，也是区分不同植被类型的主要标志，如森林、草原和荒漠等首先就是根据外貌区别开来的。而就森林而言，针叶林、夏绿阔叶林、常绿阔叶林和热带雨林等也是根据外貌区别出来的。决定群落外貌的因素如下：(a) 植物的生活型；(b) 组成物种、优势种的种类和优势种的多少（对群落的外貌起决定性作用）；(c) 植物的季相；(d) 植物的生活期（如一年生、二年生和多年生植物组成的群落，外貌不同）。水生生物群落的外貌主要取决于水的深度和水流特征，陆地群落的外貌是由组成群落的植物种类形态及其生活型（Life Form）所决定的。群落外貌常常随时间的推移而发生周期性的变化，这是群落结构的另一重要特征。

② 生活型。生活型（Life Form）是生物对生活条件的长期适应而在外貌上反映出来的植物或动物的生态类型。同一生活型的生物，不仅体态相似，而且在适应特点上也是相似的。它们的形成是生物对相同环境条件趋同适应的结果。

在同一类生活型中，常包括在分类系统中地位不同的许多种。因为不论各种植物或动物在系统分类中的位置如何，只要它们对某种生境具有相同（或相似）的适应方式和途径，并在外貌上具有相似的特征，它们就属于同一生活型。例如生长在非洲、北美洲、澳大利亚和亚洲荒漠地带的许多荒漠植物，虽然它们可能属于不同的科，却都发展了叶子细小的特征。细叶是一种减少热负荷和蒸腾失水量的适应性特征。又如生活在世界各洲热带雨林中的多种树栖动物，包括分类地位相差很远的兽类（如长嘴猿、猩猩）、鸟类（如啄木鸟）、爬行类

（如蜥蜴），都具有适应于把握和攀援树木枝干的对生型指（或趾）。

关于生活型的划分，以植物为例，早期的或人们习惯用的生活型分类是根据植物的形状、大小、分枝等外貌特征，同时考虑到植物的生命期的长短，把植物分为乔木、灌木、藤本植物、附生植物和草本植物等。目前广泛采用的是丹麦植物学家阮基耶尔（Raunkiaer）系统。他按休眠芽或复苏芽所处的位置高低和保护方式，把高等植物划分为五个生活型（见图3-14）：

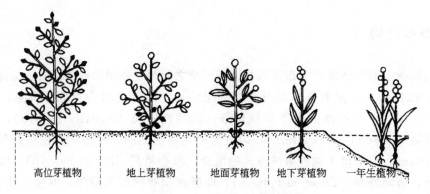

高位芽植物　　地上芽植物　　地面芽植物　　地下芽植物　　一年生植物

图 3-14　Raunkiaer 生活型图解
（图中绘黑色的植物部分能越冬，非黑色部分在冬季死亡）

高位芽植物（Phanerophytes），休眠芽位于距地面25cm以上，又可根据高度分为四个亚类，即大高位芽植物（高度＞30m）、中高位芽植物（8～30m）、小高位芽植物（2～8m）与矮高位芽植物（25cm～2m）。如乔木、灌木和一些生长在热带潮湿气候条件下的草本等。

地上芽植物（Chamaephytes），芽或顶端嫩枝位于地表或接近地表处，一般不高出地表20～30cm，受堆积地表的残落物或积雪的保护，多为半灌木或草本植物。

地面芽植物（Hemicryptophytes），也称浅地下芽植物或半隐芽植物，更新芽位于近地面土层内，在不利季节，其地上部分死亡，但被土壤和残落物保护的地下部分仍活着，并在地面有芽，如多年生草本植物。

地下芽植物（Geophytes），或称隐芽植物（Cryptophytes），更新芽位于较深土层中或水中，多为鳞茎类、块茎类和根茎类多年生草本植物或水生植物。

一年生植物（Therophytes），该类植物只能在良好的季节中生长，以种子的形式渡过不良季节。

动物生态学家也研究动物的生活型，例如兽类中有飞行的（如蝙蝠）、滑翔的（如鼯鼠）、游泳的（如鲸、海豹）、地下穴居的（如鼹鼠）、地面奔跑的（如鹿、马）等，它们各有各的形态、生理、行为和生态特征，适应于各种生活方式。

动物生活型并不能决定陆地群落的外貌和结构。同一生活型的动物属于不同的分类类群，分布在相隔遥远的大陆，如在生境类似的荒漠草原地带中，它们或具有挖洞穴居的形态结构，或有善于奔跑的四肢和体型，表现了突出的趋同适应特征（见图3-15）。

### （2）群落的垂直结构

群落的垂直结构是指群落在空间中的垂直分化或成层现象（Vertical Stratification）。成层结构是群落中各种群之间相互竞争以及种群与环境之间相互选择的结果。大多数群落都具

图 3-15　荒漠草原地带动物的生活型图（仿 Farb，1965；转引自孙振钧等，2007）

有清楚的层次性，群落的层次主要是由植物的生活型所决定的。不同的生活型自下而上分别配置在群落的不同高度上，形成群落的垂直结构。群落中植物的层次性又为不同类型的动物创造了栖息环境，在每一层次上都有一些动物特别适应于那里的生活，使动物表现出一定的分层现象，但不明显。

陆地群落的分层，主要与对光的利用有关。其成层现象包括地上成层和地下成层。决定地上分层的环境因素主要是光照、温度和湿度等条件；决定地下分层的环境因素主要与土壤的理化性质有关，特别是水分和养分。群落层次的分化主要决定于植物的生活型，因生活型决定了该种处于地面以上不同的高度和地面以下不同的深度；换句话说，陆生群落的成层结构是不同高度的植物或不同生活型的植物在空间上的垂直排列。发育最好的陆生群落是森林群落，林中有林冠层（Canopy）、下木层（Understorey）、灌木层（Shrub Layer）、草本层（Herb Layer）和地被层（Ground Layer）等层次。林冠层直接接受阳光，是进行初级生产的主要地方，其发育状况直接影响到下面各层次。如林冠是封闭的，林下灌木和草本植物就发育不好；如林冠是相当开阔的，林下的灌木和草本植物就发育良好。地下（根系）的成层现象与层次之间的关系和地上部分是相应的，一般在森林群落中，草本植物的根系分布在土壤的最浅层，灌木及小树根系分布较深，乔木的根系则深入到地下更深处。地下各层次之间的关系，主要围绕着水分和养分的吸收而实现。

水生群落的分层主要取决于透光状况、温度、食物和溶解氧的含量等。一般可分为漂浮生物（Neuston）、浮游生物（Plankton）、游泳生物（Nekton）、底栖生物（Benthos）、附底动物（Epifauna）和底内动物（Infauna）等。我国淡水养殖业中的一条传统经验就是在同一水体中混合放养栖息不同水层中的鱼类，以达到提高产量的效果。

成层现象的生态学意义在于它不仅能缓解植物之间争夺阳光、空间、水分和矿质营养的矛盾，而且由于生物在空间上的成层排列，扩大了植物利用环境的范围，提高了同化功能的强度和效率。成层现象愈复杂，生物对环境的利用愈充分，提供的有机物质的数量和种类也就愈多。各层之间在利用和改造环境的过程中具有互补作用。群落成层性的复杂程度，也是对生态环境的一种良好指示。一般在良好的生态条件下，成层构造复杂；在极端的生态条件下，成层构造简单，如极地苔原群落就十分简单。因此依据群落成层性的复杂程度，可以对生境条件做出判断。

**（3）群落的水平结构**

群落的水平结构是指群落在空间的水平分化或镶嵌现象。镶嵌性（Mosaic）是由于环境因素在不同地点上的不均匀性和生物本身特性的差异，从而在水平方向上分化形成了许多小群落（Microcoense），具有这种特征的植物群落叫作镶嵌群落。每一个斑块就是一个小群落，它们彼此组合，形成了群落的镶嵌性。群落内部环境因子的不均匀性，例如小地形和微地形的变化，土壤湿度和盐渍化程度的差异以及人与动物的影响，是群落镶嵌性的主要原因。自然界中群落的镶嵌性是绝对的，而均匀性是相对的。

陆地群落的水平结构主要决定于植物的内在分布型。除人工林有可能出现均匀型分布外，生长在沙漠中的灌木，因植株之间不可能太靠近，分布也比较均匀。陆地群落中大多数种类的植物是成群分布的。导致群落水平结构复杂性的原因主要有三方面：亲代的扩散性分布习性；环境异质性；种间相互作用。

**（4）群落的时间结构**

群落的时间结构（或称时间格局、时间成层现象）是指群落结构在时间上的分化或在时间上的配置。群落的时间格局是群落动态特征之一，它实际上包含两个方面的内容：一是由自然环境因素的时间节律所引起的群落各物种在时间结构上相应的周期性变化；二是群落在长期历史发展过程中，由一种类型转变成另一种类型的顺序过程，即群落的发展演替。群落的演替在后面单独介绍。

群落的周期性变动是一个极普遍的自然现象，特别是动物群落表现得最为明显，这是因为自然环境中的许多因素本身就存在着强烈的时间节律。一年中的冬去春来、一月中的朔望转换、一天中的昼夜更替形成了自然界的年周期、月周期和日周期的变化。群落中有机体在长期的进化过程中，其生理、生态与这种规律相适应，构成了群落的周期性变动，进而引起群落中物种组成和数量上的更迭、升降。

很多环境因素具有明显的时间节律，如昼夜节律和季节节律，群落常常随着这些节律而呈现不同的外貌。群落外貌随季节的变化，称为季相（Seasonal Aspect）变化。季相变化的主要标志是群落主要层的物候变化，特别是主要层的植物处于营养盛期时，往往对其他植物的生长和整个群落都有着极大的影响，当一个层片的季相发生变化时，有时可影响另一层片的出现与消亡。这种现象在北方的落叶阔叶林内最为显著。早春乔木层片的树木尚未长叶，林内透光度很大，林下出现一个春季开花的草本层片；入夏乔木长叶林冠荫蔽，开花的草本层片逐渐消失。这种随季节而出现的层片，称为季节层片。由于季节不同而出现依次更替的季节层片，使得群落结构也发生了季节性变化。群落中由于物候更替所引起的结构变化，又被称为群落在时间上的成层现象。它们在对生境的利用方面起着补充作用，从而有效地利用了群落的环境空间。

动物群落节律变化的例子也很多，如人们所熟知的候鸟春季迁徙到北方营巢繁殖，秋季南迁越冬。动物群落的昼夜相也很明显，如森林中，白昼有许多鸟类活动，但一到夜里，鸟类几乎都处于停止活动状态。但一些鸮类夜间开始活动，使群落的昼夜相迥然不同。水生群落的昼夜相不像陆地群落那么容易看到，但许多淡水和海洋群落中的一些浮游生物有着明显的昼夜相。

### （5）群落的交错区和边缘效应

群落交错区（Ecotone）又称生态交错区或生态过渡带，是两个或多个群落之间（或生态地带之间）的过渡区域。如森林和草原之间有一森林草原地带，软海底与硬海底的两个海洋群落之间也存在过渡带，两个不同森林类型之间或两个草本群落之间也都存在交错区。此外，像城乡交接带、干湿交替带、水陆交接带、农牧交错带、沙漠边缘带等也都属于生态过渡带。群落交错区的形状和大小各不相同。因此，这种过渡带有的宽，有的窄，有的是逐渐过渡的，有的变化突然；群落边缘有的是持久性的，有的在不断变化。群落交错区的环境条件往往与其邻近群落内部核心区有明显差异。如森林、草原边缘风大，蒸发强，使边缘干燥。太阳的辐射在群落的南缘和北缘相差很大。在夏季，南向边缘比北向边缘每天可多接受日照数小时，从而使之更加干燥。

交错区形成的原因很多，如生物圈内生态系统的不均一，层次结构普遍存在于山区、水域及海陆之间，地形、地质结构与地带性的差异，气候等自然因素变化引起的自然演替、植被分割或景观切割，人类活动造成的隔离，森林、草原遭受破坏，湿地消失和土地沙化，等等，都是形成交错区的原因。

由于群落交错区的环境条件比较复杂，能容纳不同生态类型的植物定居，从而为更多的动物提供食物、营巢和隐蔽条件。因而在群落交错区既可有相隔群落的生物种类，又可有交错区特有的生物种类。这种在群落交错区中生物种类增加和某些种类密度增大的现象，称为边缘效应（Edge Effect）。其形成需要一定条件，如两个相邻群落的渗透力应大致相似；两类群落所造成的过渡带需相对稳定；各自具有一定均一面积或只有较小面积的分割；具有两个群落交错的生物类群等。边缘效应的形成，必须在具有以上特性的两个群落或环境之间，此外还需要一定的稳定时间。因此，不是所有的交错区内都能形成边缘效应。在遭受高度干扰的过渡地带和人类创造的临时性过渡地带，由于生态位简单，生物群落适宜度低及种类单一可能发生近亲繁殖等原因，群落的边缘效应不易形成。

发育较好的群落交错区，其生物有机体可以包括相邻两个群落的共有物种，以及群落交错区特有的物种。这种仅发生于交错区或原产于交错区的最丰富的物种，称为边缘种（Edge Species）。在自然界中，边缘效应是比较普遍的，如农作物的边缘产量往往高于中心部位的产量。

目前，人类活动正在大范围地改变着自然环境，形成许多交错带，如城市发展、工矿建设、土地开发等均使原有景观的界面发生变化。交错带可以控制不同系统之间的能流、物质流与信息流。因此，有人提出要重点研究生态系统边界对生物多样性、能流、物质流及信息流的影响，研究生态交错带对全球性气候、土地利用、污染物的反应及敏感性，以及在变化的环境中怎样对生态交错带加以管理。对于自然形成的边缘效应，应很好地去发掘利用；对于本不存在的边缘，也应努力去模拟塑造。随着科学技术的发展，广泛运用自然边缘效应所给予的启示，将有助于资源的开发、保护与利用。

**（6）影响群落结构的因素**

① 生物因素。群落结构总体上是对环境条件的生态适应，但在其形成过程中，生物因素起着重要作用，其中作用最大的是竞争与捕食。

竞争：引起种间生态位的分化，使群落中物种多样性增加。

捕食：如果捕食者喜食的是群落中的优势种，则捕食可以提高多样性；如捕食者喜食的是竞争上占劣势的种类，则捕食会降低多样性。

② 干扰。干扰（Disturbance）是自然界的普遍现象，生物群落不断经受着各种随机变化的事件（如大风、雷电、火烧等）和人类活动（如农业、林业、狩猎、施肥、污染等）的干扰，这些干扰对于自然群落的结构和动态产生重大影响。近代多数生态学家认为干扰是一种有意义的生态现象，它引起群落的非平衡特性，强调了干扰在形成群落结构和动态中的作用。干扰不同于灾难（Catastrophe），不会产生巨大的破坏作用，但它反复出现，使物种没有充足的时间进化。

在陆地生物群落中，干扰往往会使群落形成缺口，缺口对于群落物种多样性的维持和持续发展起着很重要的作用。不同程度的干扰对群落的物种多样性的影响是不同的。Conell 等提出了中度干扰假说（Intermediate Disturbance Hypothesis），即中等程度的干扰水平能维持较高的多样性。其理由是：a.在一次干扰后少数先锋种入侵断层，如果干扰频繁，则先锋种不能发展到演替中期，使多样性较低；b.如果干扰间隔期很长，使演替过程能发展到顶极期，多样性也不很高；c.只有在中等程度的干扰下，才能使群落多样性维持在最高水平，它允许更多的物种入侵和定居。

干扰理论在应用领域有重要价值。如要保护自然界生物的多样性，就不要简单地排除干扰，因为中度干扰能增加多样性。实际上，干扰可能是产生多样性的最有力手段之一。群落中不断出现断层、新的演替、斑块状的镶嵌等，都可能是维持和产生生态多样性的有力手段。这样的思想应在自然保护、农业、林业和野生动物管理等方面得到重视。

③ 空间异质性。环境的不一致，导致了群落在空间上的异质性（Spatial Heterogeneity）。空间异质性的程度越高，意味着有更加多样的小生境，所以能允许更多的物种共存。研究证明：环境的空间异质性愈高，群落多样性也愈高；植物群落的层次和结构越复杂，群落多样性也就越高。

## 3.4.5 群落的演替

**（1）群落演替的概念**

群落演替（Community Succession）又称生态演替（Ecological Succession），是指在一定区域内，群落随时间而变化，由一种类型转变为另一种类型的生态过程。生物群落虽有一定的稳定性，但它随着时间的进程处于不断的变化中，它是一个运动着的动态体系。如在原群落存在的地段，由于火灾、水灾、砍伐等不同原因而使群落遭受破坏，在火烧的迹地上，最先出现的是具地下茎的禾草群落，继而被杂草群落所代替，依次又被灌草从所代替，直到最后形成森林群落。相应地，适应于这个植物群落的动物区系和微生物区系也逐渐形成（见图 3-16），随着植被密度和高度的增加，有些种类出现了，而有些种类消失了，还有一些种类可以生活在所有演替阶段。生物群落进一步发展，达到与当地环境条件相适应的稳定群落。

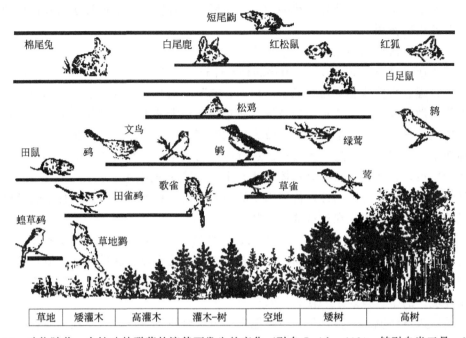

图 3-16　动物随着一个针叶林群落的演替而发生的变化（引自 Smith，1980；转引自尚玉昌，2016）

演替的概念首先在植物生态学中产生，是考勒斯（H. C. Cowles，1899）在研究美国密歇根湖边沙丘演变为森林群落时提出的，后来克莱门茨（Clements，1916）等对此加以完善。他们把演替描述为：群落在有顺序发展过程中有规律地向一定方向发展，因而是能预见的；它是群落引起物理环境改变的结果，即演替是由群落控制的；它以稳定的生态系统为发展顶点，即顶极。

在一定地区内，群落的演替过程可分为若干个不同的阶段，称为演替系列群落（Seral Community）。依其发展程度，群落从演替初期到形成稳定的成熟群落，一般都要经历先锋期（Pioneer Stage）、过渡期（Development Stage）和顶极期（Climax Stage）三个阶段。

群落的演替是生态学上非常重要的理论，因为群落的组合动态是必然的，而静止不变则是相对的。研究群落的演替不仅可以判明生态系统的动态机理，而且对人类的经济活动和受损生态系统的恢复与重建具有重要的指导意义。

**(2) 群落的形成及发育**

① 群落的形成。群落的形成，可以从裸露的地面上开始，也可以从已有的另一个群落中开始。但任何一个群落在其形成过程中，至少要有植物的传播、植物的定居、植物之间的竞争以及相对平衡的各种条件和作用。

裸地是没有植物生长的地段。它的存在是群落形成的最初条件和场所。裸地产生的原因复杂多样，但主要是地形变迁、气温变化和生物的作用，而规模最大和方式最多的是人为活动。上述几种原因，可能产生从来没有植物覆盖的地面，或者原来存在过植被，但已被彻底消灭，如冰川的移动，流水沉积等，此类情况下所产生的裸地称为原生裸地（Primary Bare Area）；另一种情况是原有植被虽已不存在，但原有植被下的土壤条件基本保留，甚至还有曾经生长在此的植物种子或其他繁殖体，如森林的砍伐和火烧等，这样的裸地称为次生裸地（Secondary Bare Area）。这两种情况下植被形成的过程是不同的：前者植被形成的最初阶段，种子或其他繁殖体只能从外地传播而来；而后者，残留在当地的种子或其他繁殖体的发育，在一开始就起作用。

在裸地上，群落形成的过程有三个阶段。

a. 侵移或迁移（Immigration）：植物的繁殖体进入裸地，或进入以前不存在这个物种的一个生境的过程。繁殖体主要是指孢子、种子、鳞茎、根状茎，以及能繁殖的植物的任何部分。植物能借助各种方式传播它的繁殖体，使它能从一个地方迁移到新的地方。繁殖体的传播，首先决定于其产生的数量。通常有较大比例的繁殖体得不到繁殖的机会。实际的繁殖率和繁殖体产生率之间的差异是很大的。能进行传播的繁殖体，在其传播的全部过程中，常包括多个运动阶段，也就是说植物繁殖体到达某个新地点的过程中，往往不是只有一次传播。繁殖体迁移的特性决定于可动性、传播因子的传播距离和地形等因素。侵移不仅是群落形成的首要条件，也是群落变化和演替的重要基础。

b. 定居（Ecesis）：繁殖体的萌发、生长、发育直到成熟的过程。植物繁殖体到达新的地点，能否发芽、生长和繁殖都是问题。只有当一个种的个体在新的地点上能繁殖时，才算定居过程的完成。繁殖是定居中一个重要环节，如不能繁殖，不仅个体数量不能增加，而且植物在新环境中的生长只限于一代。

一开始进入新环境的物种，仅有少数能幸存下来繁殖下一代，或只在一些较小的生境中存活下来，这种适应能力较强的物种称为先驱种或先锋植物（Pioneer Plant）。这种初步建立起来的群落，称先锋植物群落（Pioneer Community），对以后环境的改造，对相继侵入定居的同种或异种个体起着极其重要的奠基作用。

这一阶段物种间是互不干扰的，物种的数目少，种群密度低，因此，在资源利用上没有出现竞争。

c. 竞争：随着已定居的植物不断繁殖，种类数量不断增加，密度加大，资源利用逐渐由不充分利用转而出现了物种间的激烈竞争。有的物种定居下来，并且得到了繁殖的机会，而另一些物种则被排斥。获得优势的物种得到发展，从不同角度利用和分摊资源。这些物种通过竞争达到相对平衡，从而协同进化，更能充分利用资源。

② 群落的发育。任何一个群落都有一个发育过程，一般在自然条件下，每个群落随着时间的进程，都经历着一个从幼年到成熟以及衰老的发育时期。

发育初期：这一时期，群落已有雏形，建群种已有良好的发育，但未达到成熟期。种类组成不稳定，每个物种的个体数量变化也很大。群落结构尚未定型，群落所特有的植物环境正在形成中，特点不突出。总之，群落仍在成长发展之中，群落的主要特征仍在不断地增加。

发育成熟期：这个时期是群落发展的盛期。群落的物种多样性和生产力达到最大，建群种或优势种在群落中作用明显，主要的种类组成在群落内能正常地更新，群落结构已经定型。主要表现在层次上有了良好的分化，呈现出明显的结构特点，群落特征处于最优状态。

发育衰老期：在一个群落发育的过程中，群落不断对内部进行改造，最初这种改造对群落的发育具有有利的影响，当改造加强时就改变了环境条件，建群种或优势种已缺乏更新能力，它们的地位和作用下降，并逐渐为其他种类所代替，一批新侵入种定居，原有物种逐渐消失，群落组成、群落结构和环境特点也逐渐变化，物种多样性下降，最终被另一个群落所代替。

群落的形成和发育之间没有明显的界限。一个群落发育的末期，也就是下一个群落发育的初期。但一直要等到下一个群落进入发育盛期，被代替的这个群落的特点才会全部消失。在自然群落演替中，这种前后阶段之间，群落发育时期的交叉和逐步过渡的现象是常见的。但把群落发育过程分为不同阶段在生产实践上具有重要意义。如在森林的经营管理中，把森林群落划为幼年林、中年林及成熟林等几个发育时期，根据不同时期进行采伐，既能取得较大的经济效益，又能保持生态相对平衡。

**（3）群落演替的类型**

根据不同的分类依据，群落演替可分为不同的类型。

① 按演替延续的时间可分为世纪演替、长期演替和快速演替。

世纪演替：延续时间相当长，一般以地质年代计算。常伴随着气候的历史变迁或地貌的大规模改变而发生，即群落的演化。

长期演替：延续时间大约几十年，有时达几百年。森林被采伐后的恢复演替可作为长期演替的实例。

快速演替：延续时间只有几年或几十年。草原弃耕地的恢复可作为快速演替的例子，但要以弃耕面积不大和种子传播来源就近为条件，不然，弃耕地的恢复过程就可能延续几十年。

② 按演替的起始条件可分为原生演替和次生演替。

原生演替（Primary Succession）：这种演替是在从未有过任何生物的裸地上开始的演替。如在裸露的岩石上，在河流的三角洲或者在冰川上所开始的演替。被火山喷发破坏地区上的演替，是研究原生演替最理想的地区。

次生演替（Secondary Succession）：这种演替是在原生生物群落被破坏后的次生裸地（如森林砍伐迹地、弃耕地）上开始的演替。在这种情况下，演替过程不是从一无所有开始的，原来群落中的一些生物和有机质仍被保留下来，附近的有机体也很容易侵入。因此，次生演替比原生演替更为迅速。

③ 按演替的基质性质可分为水生演替和旱生演替。

水生演替（Hydrarch Succession）：开始于水生环境中的演替，一般都发展到陆地群落。如淡水湖或池塘中水生群落向中生群落的演替。典型的水生演替系列是：自由漂浮植物群落→沉水植物群落→浮叶根生植物群落→直立水生植物群落→湿生草本植物群落→木本植物群落。

旱生演替（Xerarch Succession）：从干旱缺水的基质上开始的演替。如裸露的岩石表面上生物群落的形成过程。典型的旱生演替系列是：地衣群落→苔藓群落→草本群落→灌木群落→木本群落。在这个演替系列中，地衣和苔藓群落延续的时间最长。

④ 按控制演替的主导因素可以分为内因性演替和外因性演替。

内因性演替（Endogenetic Succession）：由群落内部生物学过程所引发的演替。这类演替的显著特点是群落中生物的生命活动改变其环境，然后被改造了的环境又反作用于群落本身，如此相互作用，使演替不断向前发展。一切源于外因的演替最终都是通过内因生态演替来实现的，因此可以说，内因生态演替是群落演替的最基本和最普遍的形式。

外因性演替（Exogenetic Succession）：由外部环境因素的作用所引起的演替。气候的变化、地形的变化、土壤的变化以及人类的生产和其他改变环境的活动和污染等原因引起的演替就属于外因性演替。

⑤ 按群落代谢特征可分为自养型演替和异养型演替。

自养型演替（Autotrophic Succession）：在演替过程中，群落的初级生产量（$P$）超过群落的总呼吸量（$R$），即 $P/R>1$，群落中的能量和有机物逐渐增加。例如陆地从裸地→地衣→苔藓→草本→灌木→乔木的演替过程中，光合作用所固定的生物量越来越多。

异养型演替（Heterotrophic Succession）：在演替过程中群落的生产量少于呼吸量，即 $P/R<1$，说明群落中能量或有机物在减少。异养型演替多见于受污染的水体。例如，海湾、湖泊和河流受污染后，由于微生物的强烈分解作用，有机物随演替而减少。

群落的演替，无论是旱生演替系列或是水生演替系列，都显示演替总是从先锋群落经过一系列的阶段，达到中生性的顶极群落，这样沿着顺序阶段向着顶极的演替过程，称为进展演替（Progressive Succession）；反之，如果是由顶极群落向着先锋群落演替，则称为逆行演替（Retrogressive Succession）。后者是在人类活动影响下发生的，其特点是有大量的特殊适应于不良环境的特有种、群落结构简单化、群落生产力降低等，如草原代替森林，就有逆行演替性质。

**(4) 群落演替的理论**

① 演替顶极的概念

演替顶极（Succession Climax）是指随着群落的演替，最后出现的一个相对稳定的群落期，这个群落叫作顶极群落（Climax Community）。顶极概念的中心点，就是群落的相对稳定性，它是围绕着一种稳定的、相对不变化的平均状况波动，顶极的稳定性需要在动态的生态系统的功能中保持平衡。

② 顶极群落的不同学说

单顶极学说（Monoclimax Hypothesis）：该学说是美国生态学家克莱门茨（Clements，1916，1936）所提倡的，他认为在任何一个地区，一般的演替系列的终点是一个单一的、稳定的、成熟的植物群落，即顶极群落。它决定于该地区的气候条件，主要表现在顶极群落的优势种能很好地适应于该地区的气候条件，这样的群落称为气候顶极群落（Climatic Climax）。只要是气候保持不急剧地改变，只要没有人类活动和动物显著影响或其他侵移方式的发生，它便一直存在，而且不可能存在任何新的优势植物，这就是所谓的单元顶极（Monoclimax）理论。根据这种理论的解释，一个气候区域之内只有一个潜在的气候顶极群落。这一区域之内的任何一种生境，如给予充分时间，最终都能发展到这种群落。这种学说被称为单顶极学说。

克莱门茨等提出的单顶极学说曾对群落生态学的发展起了重要的推动作用。但当人们进行野外调查工作时，却发现任何一个地区的顶极群落都不止一种，但它们还是明显地处于相当平衡的状态下，就是说，顶极群落除了取决于各地区的气候条件以外，还取决于那里的地形、土壤和生物等因素。

多顶极学说（Polyclimax Theory）：该学说的早期提倡者是英国的生态学家坦斯利

（Tansley，1954），他认为任何一个地区的顶极群落都是多个的，它取决于土壤湿度、化学性质、动物活动等因素，因此，演替并不导致单一的气候顶极群落。在一个地区的不同生境中，产生了一些不同的稳定群落或顶极群落，从而形成一个顶极群落的镶嵌体，它由相应的生境镶嵌所决定。这就是说，在每一个气候区内的一个顶极群落是气候顶极群落，但在相同地区并不排除其他顶极群落的存在。根据这一概念，任何一个群落，在被任何一个单因素或复合因素稳定到相当长时间的情况下，都可认为是顶极群落。它之所以维持不变，是因为它和稳定生境之间达到了全部协调的程度。

两个学派不同之处是单顶极理论认为，只有气候才是演替的决定因素，其他因素是次要的，但可阻止群落发展为气候顶极；而多顶极理论则强调生态系统中各个因素的综合影响，除气候外的其他因素也可以决定顶极的形成。

顶极群落-格局学说（Climax-Pattern Hypothesis）或称顶极群落-配置学说：怀德克在多顶极学说的基础上，提出顶极群落-格局学说。他认为植物群落虽然由于地形、土壤的显著差异及干扰，必然产生某些不连续，但从整体上看，植物群落是一个相互交织的连续体。他强调景观中的种群分别以自己的方式对环境因素的相互作用进行独特的反应。一个景观的植被所含的边界明确的块状镶嵌，就是由一些连续交织的种群参与联系而构成的复杂群落格局。生境梯度决定种群格局，因此，生境变化，种群的动态平衡也将改变。由于生境的多样性，而植物种类又繁多，所以顶极群落的数目是很多的。前两种学说都承认群落是一个独立的不连续的单位，而顶极群落-格局学说则承认群落是独立的连续单位。

综上所述，不论单顶极学说、多顶极学说或顶极群落-格局学说，都承认顶极群落经过单向的变化后，已经是达到稳定状态的群落，而顶极群落在时间上的变化和空间上的分布都是和生境相适应的。顶极实质上是最后达到相对稳定阶段的一个生态系统。如果这个系统全部或部分遭到破坏，只要有原来的因素存在，它又能重建。关于顶极理论，目前仍在争论之中。

 思考题

1. 概念解释：种群，种群密度，出生率，死亡率，生命表，生态入侵，种群暴发，密度调节，非密度调节，生态对策，偏利共生，原始协作，互利共生，生态位，生物群落，优势种，建群种，冗余种，优势度，群落结构，群落外貌，群落交错区，群落的演替，原生演替，次生演替，演替顶极。

2. 简述生命系统的层次。

3. 种群有哪些基本特征？

4. 如何构建生命表？

5. 比较种群指数增长模型和逻辑斯谛增长模型，并说明哪些生物种群适合指数增长，哪些适合逻辑斯谛增长理论。

6. 简述逻辑斯谛增长模型的意义。

7. 简述 $r$-选择和 $K$-选择理论在实际生产中的指导意义。

8. 简述竞争排斥原理。

9. 群落有哪些基本特征？
10. 简述陆地群落垂直分层结构的决定因素及成层现象的意义。
11. 什么是群落的边缘效应？它是如何形成的？
12. 影响群落结构的因素有哪些？
13. 简述群落的形成和发育过程。
14. 群落演替有哪些类型？

# 第 **4** 章　生态系统生态学

## 4.1　生态系统的结构

### 4.1.1　生态系统的组成要素及功能

生态系统就是在一定空间中共同栖居着的所有生物（即生物群落）与其环境之间由于不断地进行物质循环和能量流动过程而形成的统一整体。生态系统的成分，不论是陆地还是水域，或大或小，都可概括为非生物和生物两大部分，或者分为非生物环境、生产者、消费者和分解者四种基本成分（图 4-1）。

作为一个生态系统，非生物成分和生物成分缺一不可。如果没有非生物环境，生物就没有生存的场所和空间，也就得不到物质和能量，因而也难以生存下去；仅有环境而没有生物成分也谈不上生态系统。

多种多样的生物在生态系统中扮演着重要的角色。根据生物在生态系统中发挥的作用和地位划分为三大功能类群：生产者、消费者和分解者。

#### （1）生产者（Producer）

生产者是能用简单的无机物制造有机物的自养生物（Autotroph），包括所有的绿色植物和某些细菌，是生态系统中最基础的成分。

植物能在地球上广泛分布，利用空间和时间资源上的差异，从而保证了资源的充分利用。绿色植物通过光合作用制造初级产品——糖类。糖类可进一步合成脂肪和蛋白质，用来建造自身。这些有机物亦成为地球上包括人类在内的其他一切异养生物的食物资源。生产者通过光合作用不仅为自身的生存、生长和繁殖提供营养物质和能量，它所制造的有机物也是消费者

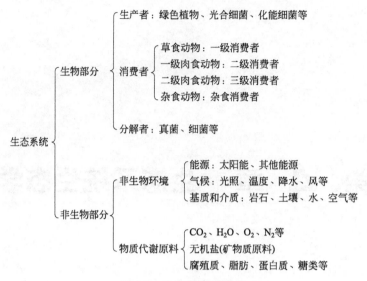

图 4-1　生态系统的成分

和分解者唯一的能量来源。生态系统中的消费者和分解者直接或间接依赖生产者生存。

没有生产者也就不会有消费者和分解者。生产者是生态系统中最基本和最关键的成分。太阳能只有通过生产者的光合作用才能源源不断地输入生态系统，然后再被其他生物所利用。

**（2）消费者（Consumer）**

消费者是不能用无机物制造有机物的生物。消费者直接或间接地依赖于生产者所制造的有机物，是异养生物（Heterotroph）。根据食性的不同可分为草食动物和肉食动物。

草食动物（Herbivore）是以植物为营养的动物，又称植食动物，是一级消费者（Primary Consumer），如昆虫、啮齿类、马、牛、羊等。

肉食动物（Carnivore）是以草食动物或其他肉食动物为食的动物，又可分为：

一级肉食动物，又称二级消费者（Secondary Consumer），是以草食动物为食的捕食性动物，例如池塘中某些以浮游动物为食的鱼类，在草地上也有以草食动物为食的捕食性鸟兽。

二级肉食动物，又称三级消费者（Third Consumer），是以一级肉食动物为食的动物，如池塘中的黑鱼或鳜鱼，草地上的鹰、隼等猛禽。

将生物按营养阶层或营养级（Trophic Level）进行划分，生产者属于第一营养级，草食动物是第二营养级，以草食动物为食的动物是第三营养级，以此类推，还有第四营养级、第五营养级等。有许多消费者是杂食动物，如狐狸既食浆果，又捕食鼠类，还食动物尸体等，它们占有好几个营养级。

消费者在生态系统中起着重要的作用，它不仅对初级生产物起着加工、再生产的作用，而且对其他生物的生存、繁衍起着积极作用。H. Remment（1980）指出，植食性甲虫实际上并不造成落叶林生产力的下降，相反，对落叶林的生长发育还有一定的益处。甲虫的分泌物及尸体常含有氮、磷等多种营养物质，落入土壤为土壤微生物繁殖提供了宝贵的营养物质，从而加速了落叶层的分解。如果没有这些甲虫，落叶层的分解迟缓，常会造成营养元素积压和生物地球化学循环的阻滞。蚜虫与甲虫不同，蚜虫从寄主植物上吸取大量具有糖分的液体，除了合成自身代谢的部分外，还有蜜露排出体外，饲喂了许多蚂蚁。蜜露进入土壤后能刺激固氮细菌大大提高其固氮效率。这表明寄主植物-蚜虫-固氮细菌是一个优化了的协同进化系统。

此外，由动物授粉已有大约 2.25 亿年的协同进化史。显花植物中约有 85％为虫媒植物。苹果有 70％以上是靠蜜蜂授粉的。还有一个常见的例子，较大的摄食压力使双子叶植物群落被禾本科植物群落所代替，禾本科植物生长速度快，短期内形成高密度种群，有效地巩固着砂性土壤向有利于植物生长的土壤类型方向转化，这正表明了植食性动物的摄食促进了植物群落类型的变化。

许多土壤动物通过以细菌为食控制着土壤微生物种群的大小，如果没有它们的吞食，微生物种群高速繁殖后，维持高密度水平，往往处于增长速率很低的状态，这时微生物种群的分解作用就会大大减弱。土壤动物的不断取食可促使微生物种群保持指数增长，使其具有强大的活动功能。

### （3）分解者（Decomposer）

分解者都属于异养生物，这些异养生物在生态系统中连续地进行着分解作用，把复杂的有机物逐步分解为简单的无机物，最终以无机物的形式回归到环境中。因此，这些异养生物又常称为还原者（Reducer）。

分解者在生态系统中的作用是极为重要的，如果没有它们，动植物尸体将会堆积成灾，物质不能循环，生态系统将毁灭。分解作用不是一类生物所能完成的，往往有一系列复杂的过程，各个阶段由不同的生物去完成。池塘中的分解者有两类：一类是细菌和真菌；另一类是蟹、软体动物和蠕虫等无脊椎动物。草地中也有生活在枯枝落叶和土壤上层的细菌和真菌，还有蚯蚓、螨等无脊椎动物，它们也在进行着分解作用。

## 4.1.2　生态系统的物种结构

生态系统中，除了在生物群落中介绍的优势种、建群种、伴生种及偶见种以外，关键种和冗余种也对系统结构和功能的稳定具有重要意义。

### （1）关键种（Keystone Species）

不同的物种在生态系统中所处的地位不同，一些珍稀、特有、庞大的对其他物种具有不成比例影响的物种，在维护生物多样性和生态系统稳定方面起着重要作用。如果它们消失或削弱，整个生态系统就可能发生根本性的变化，这样的物种称为关键种。

Paine（1966，1969）指出，关键种的消失和削弱可以导致一些物种的丧失，或者一些物种被另一些物种所替代。群落的改变既可能是由于关键种对其他物种的直接作用（例如捕食），也可能是间接的影响。关键种可能是稀少的，也可能很多；对功能而言，可能只有专一功能，也可能具有多种功能。

### （2）冗余种（Redundancy Species）

冗余种概念近年来被广泛地应用在生态系统、群落和保护生物学中。冗余意味着相对于需求有过多的剩余。在一些群落中有些种是冗余的，这些种的去除不会引起生态系统内其他物种的丢失，同时，对整个群落和生态系统的结构和功能不会造成太大的影响。Gitary 等（1996）指出，在生态系统中，有许多物种成群地结合在一起，扮演着相同的角色，这些物种中必然有几个是冗余种。冗余种的去除并不会使群落发生改变。

需要指出的是，同一个植物种在不同的群落中可以不同的群落成员型出现。如在内蒙古高原中部排水良好的壤质栗钙土上，*Stipa grandis* P. Smirn.（大针茅）是建群种，而 *Leymus chinensis*（Trin.）Tzvel.（羊草）是亚优势种或伴生种，但在地形略为低凹、有地表径流补给的地方，*Stipa grandis* P. Smirn. 则是建群种，*Leymus chinensis*（Trin.）Tzvel. 退居次要地位。

### 4.1.3　生态系统的营养结构

**(1) 食物链**

生态系统中各种成分之间最本质的联系是通过营养来实现的，即生产者把所固定的能量和物质，通过一系列取食和被食的关系在生态系统中传递，各种生物按其取食和被食的关系排列成链状顺序，从而构成所谓的食物链（Food Chain）。食物链把生物与非生物、生产者与消费者、消费者与消费者连成一个整体。食物链在自然生态系统中主要有牧食食物链（Grazing Food Chain）和碎屑食物链（Detritus Food Chain）两大类型，而这两大类型在生态系统中往往是同时存在的。如森林的树叶、草，池塘中的藻类，当其活体被取食时，它们是牧食食物链的起点；当树叶、草枯死落在地上，藻类死亡后沉入水底时，很快被微生物分解，形成碎屑，这时又成为碎屑食物链的起点。

**(2) 食物网**

在生态系统中，一种生物不可能固定在一条食物链上，而是往往同时属于数条食物链，生产者如此，消费者也如此。如鹿、松鼠、兔和鼠都摄食植物，这样植物就可能与 4 条食物链相连。再如，狐狸可以捕食鼠、兔、松鼠等，它本身又可能被狼或熊捕食，这样，狐狸就同时处在数条食物链上（图 4-2）。

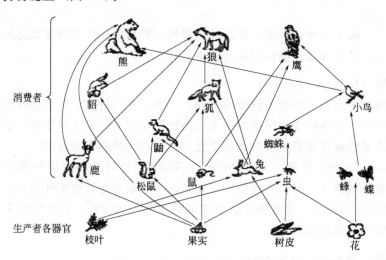

图 4-2　温带森林中的食物网

实际上，生态系统中的食物链很少是单条、孤立出现的，它们往往相互交叉，形成复杂的网络式结构（Net Structure）即食物网（Food Web）。食物网从形象上反映了生态系统内各生物有机体之间的营养位置和相互关系。

生态系统中各生物成分间正是通过食物网发生直接和间接的联系，保持着生态系统结构和功能的相对稳定性。生态系统内部营养结构不是固定不变的，而是在不断发生变化。如果食物网中某一条食物链发生了障碍，可以通过其他食物链进行必要的调整和补偿。有时营养结构网络上某一环节发生了变化，其影响会波及整个生态系统。生态系统通过食物营养，把生物与生物、生物与非生物环境有机地结合成一个整体。

① 食物网的结构特点。近年来的研究表明，从陆地、淡水到海洋生态系统，食物网都很复杂，但都有一定的格局（Pattern）。为了简化食物网结构，可以把营养阶层相同的不同物种或相同物种的不同发育阶段归并在一起作为一个营养物种（Trophic Species），它由取食同样的被食者和具有同样的捕食者，即在营养阶层上完全相同的一类生物所组成。营养物种可能是一个生物物种，也可能是若干个物种。

根据物种在食物网中所处的位置可分为三种基本类型：

a. 顶位种（Top Species）：食物网中不被任何其他天敌捕食的物种。在食物网中，顶位种常称为收点（Sink），描述一种或数种捕食者。

b. 中位种（Intermediate Species）：在食物网中既是捕食者，又是被食者。

c. 基位种（Basal Species）：不取食任何其他生物。在食物网中，基位种常称为源点（Source），包括一种或数种被食者。

链节（Link）是食物网中物种的联系。链节具有方向性，表明食物网中物种间取食和被食的关系。食物网中的链节可以概括为以下四种基本类型：基位-中位链（Basal-intermediate Link）、基位-顶位链（Basal-top Link）、中位-中位链（Intermediate-intermediate Link）和中位-顶位链（Intermediate-top Link）。

② 食物网的控制机理。在食物网的控制机理问题上出现了争论：到底是"自上而下"（Top-down）还是"自下而上"（Bottom-up）。"自上而下"是指较低营养阶层的种群结构（多度、生物量、物种多样性等）依赖于较高营养阶层物种（捕食者控制）的影响，称为下行效应（Top-down Effect）；"自下而上"则是指较低营养阶层的密度、生物量等（由资源限制）决定较高营养阶层的种群结构，称为上行效应（Bottom-up Effect）。下行效应和上行效应是相对应的。这场争论的结果似乎是两种效应都控制着生态系统的动态，有时资源的影响可能是最主要的，有时较高的营养阶层控制系统动态，有时二者都决定系统的动态，要根据不同群落的具体情况而定。

淡水生态系统具有较高的封闭性，物种入侵和迁出都很困难，易受到人为干扰影响，是较脆弱的生态系统。研究表明，淡水生态系统中多是高营养阶层的生物类群对系统起控制作用，这充分反映了淡水生态系统的特点。从资源的持续利用和生物多样性保护的角度看，更应注意水生生态系统中的下行效应，做好系统中高营养阶层生物类群的保护工作。

## 4.1.4　生态系统的空间与时间结构

### (1) 空间结构

自然生态系统一般都有分层现象（Stratification）。如草地生态系统是成片的绿草，参差不齐。上层绿草稀疏，而且喜阳光；下层绿草稠密，较耐阴；最下层有的就匍匐在地面上。森林群落的林灌层吸收了大部分光辐射，往下光照强度渐减，并依次发展为林灌层、灌木层、草本层和地被层等层次。

成层结构是自然选择的结果，它显著提高了植物利用环境资源的能力。如在发育成熟的森林中，上层乔木可以充分利用阳光，而林冠下为那些能有效地利用弱光的下木所占据。穿过乔木层的光有时仅占到达树冠的全光照的十分之一，但林下灌木层却能利用这些微弱的并且光谱组成已被改变了的光。在灌木层下的草本层能够利用更微弱的光，草本层往下还有更耐阴的苔藓层。

动物在空间中的分布也有明显的分层现象。最上层是能飞行的鸟类和昆虫；下层是兔和田鼠的活动场所；最下层是蚂蚁等在土层上活动；土层下还有蚯蚓和蝼蛄等。动物之所以有分层现象，主要与食物有关，生态系统不同的层次提供不同的食物；其次还与不同层次的微气候条件有关。如在欧亚大陆北方针叶林区，在地被层和草本层中栖息着两栖类、爬行类、鸟类（丘鹬、榛鸡）、兽类（黄鼬）和啮齿类；在森林的灌木层和幼树层中栖息着莺、苇莺和花鼠等；在森林的中层栖息着山雀、啄木鸟、松鼠和貂等；而在树冠层则栖息着柳莺、交嘴雀和戴菊等。也有许多动物可同时利用几个不同层次，但总有一个最喜好的层次。

水域生态系统分层现象也很清楚。大量的浮游植物聚集于水的表层；浮游动物和鱼、虾等多生活在水中；在底层沉积的污泥层中有大量的细菌等微生物。水域中某些水生生物也有分层现象，如湖泊和海洋的浮游动物即表现出明显的垂直分层现象。影响浮游动物垂直分布的原因主要有阳光、温度、食物和含氧量等。多数浮游动物是趋向弱光的，因此，它们白天多分布在较深的水层，而在夜间则上升到表层活动。此外，在不同季节也会因光照条件的不同而引起垂直分布的变化。

各类生态系统在结构的布局上有一致性：上层阳光充足，集中分布着绿色植物的树冠或藻类，有利于光合作用，故上层又称为绿带（Green Belt）或光合作用层；在绿带以下为异养层或分解层，又常称褐带（Brown Belt）。生态系统中的分层有利于生物充分利用阳光、水分、养料和空间。

**（2）时间结构**

生态系统的结构和外貌也会随时间不同而变化，这反映出生态系统在时间上的动态。一般可用三个时间段来量度：一是长时间量度，以生态系统进化为主要内容；二是中等时间量度，以群落演替为主要内容；三是以昼夜、季节和年份等短时间量度的周期性变化。短时间周期性变化在生态系统中是较为普遍的现象。绿色植物一般在白天阳光下进行光合作用，在夜晚只进行呼吸作用。海洋潮间带无脊椎动物组成则具有明显的昼夜节律。生态系统短时间结构的变化，反映了植物、动物等为适应环境因素发生的周期性变化，从而引起整个生态系统外貌上的变化。这种生态系统结构的短时间变化往往反映了环境质量的变化，因此，对生态系统结构时间变化的研究具有重要的实践意义。

## 4.2 生态系统的基本功能

### 4.2.1 生态系统的生物生产

**（1）初级生产**

① 初级生产量的计算。生态系统中的能量流动开始于绿色植物通过光合作用对太阳能

的固定。因为这是生态系统中第一次能量固定，所以植物所固定的太阳能或所制造的有机物称为初级生产量或第一性生产量（Primary Production），其测定方法主要有收获量测定法、氧气测定法、二氧化碳测定法、放射性标记物测定法和叶绿素测定法。

在初级生产过程中，植物固定的能量有一部分被植物自身的呼吸消耗掉，剩下的可用于植物的生长和繁殖，剩下的这部分生产量称为净初级生产量（Net Primary Production，NPP）。而包括消耗的能量（$R$）在内的全部生产量，称为总初级生产量（Gross Primary Production，GPP）。三者之间的关系是：

$$GPP = NP + R$$

净初级生产量是可供生态系统中其他生物（主要是各种动物和人）利用的能量。生产量通常用每年每平方米所生产的有机物质干重或每年每平方米所固定的能量表示。所以初级生产量也可称为初级生产力，它们的计算单位是完全一样的，但在强调"率"的概念时，应当使用生产力。生产量和生物量（Biomass）是两个不同的概念：生产量含有速率的概念，是指单位时间单位面积上的有机物质生产量；生物量是指在某一特定时刻调查时单位面积上积存的有机物质，单位是 $g/m^2$（以干重计）或 $J/m^2$。

对于生态系统中某一营养级来说，总生物量不仅因生物呼吸而消耗，也由于受更高营养级动物的取食和生物的死亡而减少。

按 Wittaker（1975）估计，全球陆地净初级生产总量的估计值为年产 $115 \times 10^9$ t 干物质，全球海洋净初级生产总量为年产 $55 \times 10^9$ t 干物质。海洋面积约占地球表面的 2/3，但其净初级生产量只占全球净初级生产量的约 1/3。海洋中珊瑚礁生海藻床是高生产量的，年产干物质超过 $2000 g/m^2$；河口湾由于有河流的辅助能量输入，上涌流区域也能从海底带来额外营养物质，它们的净生产量比较高；但是这几类生态系统所占面积不大。占海洋面积最大的大洋区，其净生产量相当低，平均仅 $125 g/(m^2 \cdot a)$，被称为海洋荒漠，这是海洋净初级生产总量只占全球 1/3 左右的原因。在海洋中，由河口湾向大陆架到大洋区，单位面积净初级生产量和生物量有明显降低的趋势。在陆地上，热带雨林是生产量最高的，平均 $2200 g/(m^2 \cdot a)$，由热带雨林向温带常绿林、落叶林、北方针叶林、稀树草原、温带草原、寒漠和荒漠依次减少，沼泽和某些作物栽培地属于高生产量（表4-1）。

表4-1 地球上各种生态系统的净初级生产力和植物生物量

| 生态系统类型 | 面积/$10^6$ km² | 净初级生产力/[g/(m²·a)] | | 全球的净初级生产总量/($10^9$ t/a) | 生物量/(kg/m²) | | 全球生物量/$10^9$ t |
|---|---|---|---|---|---|---|---|
| | | 范围 | 平均 | | 范围 | 平均 | |
| 热带雨林 | 17.0 | 1000～3500 | 2200 | 37.40 | 6～80 | 45.00 | 765.00 |
| 热带季雨林 | 7.5 | 1000～2500 | 1600 | 12.00 | 6～60 | 35.00 | 262.50 |
| 温带常绿林 | 5.0 | | 1300 | 6.50 | 6～200 | 35.00 | 175.00 |
| 温带落叶林 | 7.0 | 600～2500 | 1200 | 8.40 | 6～60 | 30.00 | 210.00 |
| 北方落叶林 | 12.0 | 400～2000 | 800 | 9.60 | 6～40 | 20.00 | 240.00 |
| 灌丛和林业地 | 8.5 | 250～1200 | 700 | 5.95 | 2～20 | 6.00 | 51.00 |
| 热带稀树草原 | 15.0 | 200～2000 | 900 | 13.50 | 6.2～15.0 | 4.00 | 60.00 |
| 温带草原 | 9.0 | 200～1500 | 600 | 5.40 | 0.2～5.0 | 1.60 | 14.40 |
| 寒漠和高山 | 8.0 | 10～400 | 140 | 1.12 | 0.1～3.0 | 0.60 | 4.80 |

续表

| 生态系统类型 | 面积/ $10^6 km^2$ | 净初级生产力/ $[g/(m^2 \cdot a)]$ | | 全球的净初级生产总量/ $(10^9 t/a)$ | 生物量/$(kg/m^2)$ | | 全球生物量/$10^9 t$ |
| --- | --- | --- | --- | --- | --- | --- | --- |
| | | 范围 | 平均 | | 范围 | 平均 | |
| 荒漠和半荒漠灌丛 | 18.0 | 10~250 | 90 | 1.62 | 0.1~4.0 | 0.70 | 12.60 |
| 岩石、沙漠、荒漠和冰地 | 24.0 | 0~10 | 3 | 0.07 | 0~0.2 | 0.02 | 0.480 |
| 栽培地 | 14.0 | 100~3500 | 650 | 9.10 | 0.4~12.0 | 1.00 | 14.00 |
| 沼泽和沼泽湿地 | 2.0 | 800~3500 | 2000 | 4.00 | 3~50.0 | 15.00 | 30.00 |
| 湖泊和河流 | 2.0 | 100~1500 | 250 | 0.50 | 0~0.1 | 0.02 | 0.04 |
| 大陆统计 | 149.0 | | 773 | 115.18 | | 12.30 | 1832.7 |
| 大洋 | 332.0 | 2~400 | 125 | 41.50 | 0~0.005 | 0.003 | 0.996 |
| 上涌流区域 | 0.4 | 400~1000 | 500 | 0.20 | 0.005~0.100 | 0.02 | 0.008 |
| 大陆架 | 26.6 | 200~4000 | 360 | 9.58 | 0.001~0.040 | 0.01 | 0.266 |
| 海藻床或珊瑚礁 | 0.6 | 500~4000 | 2500 | 1.50 | 0.01~6.00 | 2.00 | 1.200 |
| 河口湾 | 1.4 | 200~3500 | 1500 | 2.10 | | 1.00 | 1.400 |
| 海洋统计 | 361.0 | | 152 | 54.87 | | 0.01 | 3.61 |
| 全球统计 | 510.0 | | 333 | 170.04 | | 3.04 | 1836.0 |

注：引自 Krebs,1978。

② 初级生产量的变化。水域和陆地生态系统的生产量都有垂直变化。例如森林，一般乔木层最高，灌木层次之，草被层更低。水体也有类似的规律，不过水面由于阳光直射，生产量不是最高，生产量在水深数米时达到最高，并随水的透明度而变化。

生态系统的初级生产量还随群落的演替而变化。群落演替的早期由于植物生物量很低，初级生产量不高；随着时间推移，生物量渐渐增加，生产量也在提高。一般森林在叶面积指数达到4时，净初级生产量最高。但当生态系统发育成熟或演替达到顶极时，虽然生物量接近最大，由于系统保持在动态平衡中，净生产量反而最小。由此可见，从经济效益考虑，利用再生资源的生产量，让生态系统保持"青壮年期"是最有利的，不过从可持续发展和保护生态环境着眼，人类还需从多目标之间做合理的权衡。

### (2) 次级生产

净初级生产量是生产者以上各营养级所需能量的唯一来源。从理论上讲，净初级生产量可以全部被异养生物所利用，转化为次级生产量（如动物的肉、蛋、奶、毛皮、骨骼、血液、蹄、角以及各种内脏器官等）；但实际上，任何一个生态系统中的净初级生产量都可能流失到这个生态系统以外的地方去，如在海岸盐沼生态系统中，大约45%的净初级生产量流失到河口生态系统。还有很多植物生长在动物所达不到的地方，因此也无法被利用。总之，对动物来说，初级生产量或因得不到，或因不可食，或因动物种群密度低等原因，总有相当一部分未被利用。即使是被动物吃进体内的植物，也有一部分通过动物的消化道排出体外。例如，蝗虫只能消化它们吃进食物的30%，其余的70%以粪便形式排出体外，供腐食动物和分解者利用。食物被消化吸收的程度依动物的种类而大不相同。尿是排泄过程的产物，但由于技术上存在困难，常与粪便合并（称为粪尿量）而排出体外。在被同化的能量中，有一部分用于动物的呼吸代谢和生命的维持，这一部分能量最终将以热的形式消散掉，剩下的那部分才能用于动物的生长和繁殖，这就是次级生产量。当一个种群的出生率最高和个体生长速度最快时，也就是这个种群次级生产量最高的时候，这时自然界初级生产量往往也最高。但这种重合并不是巧合，而是自然选择长期起作用的结果，因为次级生产量是靠消耗初级生产量而得到的。次级生产量的一般生产过程可概括为图 4-3。

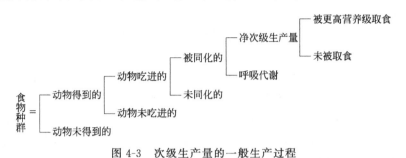

图 4-3　次级生产量的一般生产过程

## 4.2.2　生态系统的能量流动

**(1)　研究能量传递规律的热力学定律**

能量是生态系统的动力，是一切生命活动的基础。一切生命活动都伴随能量的变化。没有能量的转化，也就没有生命和生态系统。生态系统的重要功能之一就是能量流动，而热力学就是研究能量传递规律和能量转化规律的科学。能量在生态系统内的传递和转化规律服从热力学的两个定律，即热力学第一定律和热力学第二定律。

热力学第一定律可以表述如下：在自然界发生的所有现象中，能量既不能消失也不能凭空产生，它只能以严格的当量比例由一种形式转变为另一种形式。因此热力学第一定律又称为能量守恒定律。依据这个定律可知，一个体系的能量发生变化，环境的能量也必定发生相应的变化，如果体系的能量增加，环境的能量就要减少，反之亦然。对生态系统来说也是如此，例如，光合作用生成物所含有的能量多于光合作用反应物所含有的能量，生态系统通过光合作用所增加的能量等于环境中太阳辐射所减少的能量，但总能量不变，所不同的是太阳能转化为潜能输入了生态系统，表现为生态系统对太阳能的固定。

热力学第二定律是对能量传递和转化的一个重要概括，通俗地说就是：在封闭系统中，一切过程都伴随着能量的改变，在能量的传递和转化过程中，除了一部分可以继续传递和做功的能量（自由能）外，总有一部分不能继续传递和做功，而以热的形式消散，这部分能量使系统的熵和无序性增加。对生态系统来说，当能量以食物的形式在生物之间传递时，食物中相当一部分能量转化为热而消散掉（使熵增加），其余则用于合成新的组织而作为潜能贮存下来。所以动物在利用食物中的潜能时把大部分转化成了热，只把一小部分转化为新的潜能。因此能量在生物之间每传递一次，大部分的能量就被转化为热而损失掉，这也是食物链的环节和营养级一般不会多于 5～6 个以及能量金字塔必定呈尖塔形的热力学解释。

**(2)　能量在生态系统中流动的特点**

①能流在生态系统和物理系统中不同。能流和以下两项相关：一定的摩擦损失或遗漏的能量；一定系统的传导性或传导系数。能流在非生命的物理系统中（电、热、机械等）是

复杂的，但是从原则上是有规律的，可以用直接的形式来表达，并且对一定的系统来说是一个常数。例如，在一定的温度下，铜导线中的电流在每时每刻都是相同的。在生态系统中，能流是变化的，以捕食者-被食者为例，能流（假定为捕食者所消化并转化为新的生物量）取决于输入端的消化率和输出端捕食者的新生物量产生速度等因素。无论是短期行为，还是长期进化，能流都是变动的。

② 能量是单向流。生态系统中能量的流动是单一方向的（One Way Flow of Energy）。能量以光能的状态进入生态系统后，就不能再以光的形式存在，而是以热的形式不断地逸散于环境之中。热力学第二定律注意到宇宙在每个地方都趋向于均匀的熵，它只能向自由能减少的方向进行而不能逆转，所以从宏观上看，熵总是增加。

能量在生态系统中流动，很大一部分被各个营养级的生物利用，同时，通过呼吸作用以热的形式散失。散失到空间的热能不能再回到生态系统中参与流动，因为至今未发现以热能作为能源合成有机物的生物。

能流的单一方向性主要表现在三个方面：太阳的辐射能以光能的形式输入生态系统后，通过光合作用被植物所固定，此后不能再以光能的形式返回；自养生物被异养生物摄食后，能量就由自养生物流到异养生物体内，不能再返回给自养生物；从总的能流途径而言，能量只是一次性流经生态系统，是不可逆的。

③ 能量在生态系统内流动的过程是不断递减的过程。从太阳辐射能到被生产者固定，再经植食动物，到食肉动物，再到大型食肉动物，能量是逐级递减的过程。这是因为：各营养级消费者不可能百分之百地利用前一营养级的生物量；各营养级的同化作用也不是百分之百的，总有一部分不被同化；生物在维持生命过程中进行新陈代谢总是要消耗一部分能量。

④ 能量在流动中质量逐渐提高。能量在生态系统中流动，除有一部分能量以热能耗散外，另一部分的去向是把较多的低质量能转化成另一种较少的高质量能。从太阳能输入生态系统后的能量流动过程中可以看出，能量的质量是逐步提高的。

美国生态学家 E. P. Odum 于 1959 年把生态系统的能量流动概括为一个普适的模型（图 4-4）。从这个模型中可以看出外部能量的输入情况以及能量在生态系统中的流动路线及其归宿。各种研究表明：在生态系统能流过程中，能量从一个营养级到另一个营养级的转化效率大致是 5%～30%。平均来看，从植物到植食动物的转化效率大约是 10%，从植食动物到食肉动物的转化效率大约是 15%。

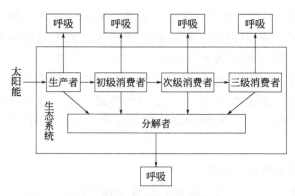

图 4-4  生态系统的能量流动

## 4.2.3　生态系统的物质循环

生命的维持不但需要能量，而且也依赖于各种化学元素的供应。如果说生态系统中的能量来源于太阳，那么物质则是由地球供应的。生态系统从大气、水体和土壤等环境中获得营养物质，通过绿色植物吸收，进入生态系统，被其他生物重复利用，最后再归入环境中，这个过程称为物质循环（Cycle of Material），又称生物地球化学循环（Biogeochemical Cycle）。在生态系统中能量不断流动，而物质不断循环。能量流动和物质循环是生态系统中的两个基本过程，正是这两个过程使生态系统各个营养级之间和各种成分（非生物和生物）之间组成一个完整的功能单位。

### (1) 物质循环的模式

生态系统中的物质循环可以用库（Library）和流通（Flow）两个概念加以概括。库是由存在于生态系统某些生物或非生物成分中一定数量的某种化合物所构成的。对于某一种元素而言，存在一个或多个主要的储存库。在库里，该元素的数量远远超过正常结合在生命系统中的数量，并且通常只能缓慢地将该元素从储存库中放出。物质在生态系统中的循环实际上是在库与库之间彼此流通的。在一个具体的水生生态系统中，磷在水体中的含量是一个库，在浮游生物体内的磷含量是第二个库，而在底泥中的磷含量又是一个库，磷在库与库之间的转移（浮游生物对水中磷的吸收以及生物死亡后残体下沉到水底，底泥中的磷又缓慢释放到水中）就构成了该生态系统中的磷循环。单位时间或单位体积的转移量就称为流通量。

流通量常用单位时间、单位面积内通过的营养物质的绝对值表示。为了表示一个特定的流通过程对有关库的相对重要性，用周转率（Turnover Rate）和周转时间表达移动库中全部营养物质所需要的时间。

在物质循环中，周转率越大，周转时间就越短。如大气圈中二氧化碳的周转时间大约是1年（光合作用从大气圈中移走二氧化碳）；大气圈中分子氮的周转时间则需100万年（主要是生物的固氮作用将氮分子转化为氨氮被生物所利用）；而大气圈中水的周转时间为10.5日，也就是说，大气圈中的水分一年要更新大约34次。在海洋中，硅的周转时间最短，约800年；钠最长，约2.06亿年。物质循环的速率在空间和时间上有很大的变化，影响物质循环速率最重要的因素有以下几种。①循环元素的性质：循环速率受循环元素的化学特性和被生物有机体利用的方式所影响；②生物的生长速率：这一因素影响着生物对物质的吸收速度，以及物质在食物和食物链中的运动速度；③有机物分解的速率：适宜的环境有利于分解者的生存，并使有机体很快分解，迅速将生物体内的物质释放出来，重新进入循环。

### (2) 物质循环的类型

生物地球化学循环可分为三大类型，即水循环（Water Cycle）、气体型循环（Gas Cycle）和沉积型循环（Sedimentary Cycle）。

生态系统中所有的物质循环都是在水循环的推动下完成的。因此，没有水的循环，也就没有生态系统的功能，生命也将难以维持。水循环是物质循环的核心。

在气体型循环中，物质的主要储存库是大气和海洋，循环与大气和海洋密切相连，具有明显的全球性，循环性能量最为完善。凡属于气体型循环的物质，其分子或某些化合物常以气体的形式参与循环过程。属于这一类的物质有氧、二氧化碳、氮、氯、溴和氟等。气体循环速度比较快，物质来源充沛，不会枯竭。

沉积型循环的主要储存库与岩石、土壤和水相联系，如磷、硫循环。沉积型循环速度比较慢，参与沉积型循环的物质，其分子或化合物主要是通过岩石的风化和沉积物的溶解转变为可被生物利用的营养物质，而海底沉积物转化为岩石圈成分则是一个相当长的、缓慢的、单向的物质转移过程，时间要以千年来计。这些沉积型循环物质的主要储存库在土壤、沉积物和岩石中，而无气体状态，因此这类物质循环的全球性不如气体型循环，循环性能也很不完善。属于沉积型循环的物质有磷、钙、钾、钠、镁、锰、铁、铜和硅等，其中磷是较典型的沉积型循环物质，它从岩石中释放出来，最终又沉积在海底，转化为新的岩石。

生态系统中的物质循环，在自然状态下，一般处于稳定的平衡状态。也就是说，对于某一种物质，在各主要库中的输入量和输出量基本相等。大多数气体型循环物质如碳、氧和氮的循环，由于有很大的大气储存库，它们对于短暂的变化能够进行迅速的自我调节。例如，由于燃烧化石燃料，当地的二氧化碳浓度增加，则通过空气的运动和绿色植物光合作用对二氧化碳吸收量的增加，使其浓度迅速降低到原来水平，重新达到平衡。硫、磷等元素的沉积型循环则易受人为活动的影响，这是因为与大气相比，地壳中的硫、磷储存库比较稳定和迟钝，因此不易被调节。所以，如果在循环中这些物质流入储存库中，它们将成为生物在很长时间内不能利用的物质。气体型循环和沉积型循环虽然各有特点，但都受能流的驱动并都依赖于水循环。

生物地球化学循环的过程研究主要是在生态系统水平和生物圈水平上进行的。在局部的生态系统中，可选择一个特定的物种，研究它在某种营养物质循环中的作用。近年来，对许多大量元素在整个生态系统中的循环已进行了不少研究，研究重点是这些元素在整个生态系统中输入和输出以及在生态系统中主要生物和非生物成分之间的交换过程，如在生产者、消费者和分解者等各个营养级之间以及与环境间的交换。生物圈水平上的生物地球化学循环研究，主要研究水、碳、氧、磷、氮等物质或元素的全球循环过程。这类物质或元素对于生命的重要性，以及人类在生物圈水平上对生物地球化学循环的影响，使这些研究更为必要。这些物质的循环受到干扰后，将对人类本身产生深远的影响。

**(3) 有毒物质循环**

① 有毒物质循环的特点。某种物质进入生态系统后，使环境正常组成和性质发生变化，在一定时间内直接或间接地有害于人或生物时，就称为有毒物质（Toxic Substance）或者污染物质（Pollutant）。有毒物质包括两类：无机的（主要指重金属、氟化物和氰化物等）和有机的（主要有酚类、有机氯农药等）。

有毒物质循环是指那些对有机体有毒的物质进入生态系统，通过食物链富集或被分解的过程。有毒物质循环和其他物质循环一样，在食物链营养级上循环流动。但有毒物质循环也有着它自己的特点：有毒物质进入生态系统的途径是多种多样的（图4-5）；大多数有毒物质在生物体内具有浓缩现象，在代谢过程中不能被排除，而是被生物体同化，长期停留在生物体内，造成有机体中毒、死亡；一般情况下，有毒物质进入环境，会经历一些迁移（Transport）的过程，从而可能使一些有毒物质的毒性降低，而另一些物质的毒性则可能增加（例如汞的生物甲基化等）。

有毒物质的生物循环模式如图4-6所示。

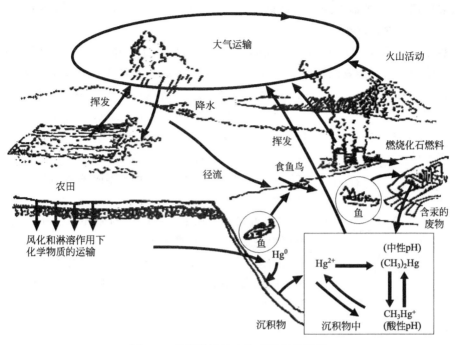

图 4-5　有毒物质进入生态系统的途径

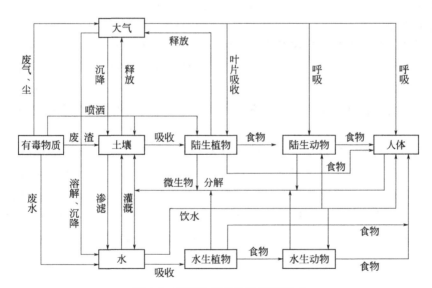

图 4-6　有毒物质的生物循环模式

② 有机毒物 DDT 在生态系统中的循环。DDT 是一种人工合成的有机氯杀虫剂，它的问世对农业的发展起了很大的作用。但它是一种化学性能稳定、不易分解且易扩散的化学物质，易溶于脂肪并且积累在动物的脂肪里，很容易被有机体吸收，一旦进入体内就不能排泄出去，因为排泄要求物质具有水溶性。然而现在生物圈内几乎到处都有 DDT 的存在，如在北极的一些脊椎动物的脂肪中以及南极的一些鸟类和海豹的脂肪中，均发现有 DDT 的存在。

人类喷洒的 DDT 进入生态系统并经食物链加以富集的途径有两个：经过植物的茎和叶及根系进入植物体，在体内积累，被草食动物吃掉再被肉食动物所摄取，逐级浓缩；经过土壤动物（如蚯蚓），再被地上的食虫动物（如鸡）所捕食，食虫动物又可以被高级的食肉动物（如鹰）等所捕食，逐级浓缩。

在自然界中，类似 DDT 的人工合成的大分子化合物由于不能被生物消化与分解，沿食物链转移，就表现为污染物的浓缩，食物链越复杂，逐级积累浓度就越大，呈倒金字塔形。

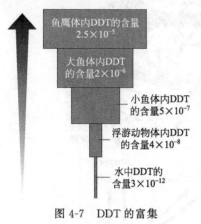

图 4-7　DDT 的富集

鱼鹰体内DDT的含量 $2.5 \times 10^{-5}$

大鱼体内DDT的含量 $2 \times 10^{-6}$

小鱼体内DDT的含量 $5 \times 10^{-7}$

浮游动物体内DDT的含量 $4 \times 10^{-8}$

水中DDT的含量 $3 \times 10^{-12}$

有关研究结果如图 4-7 所示，给出了湖水中 DDT 的富集过程，反映了这种富集的规律，如水中的 DDT 含量为 $3 \times 10^{-12}$，浮游动物体内 DDT 含量为 $4 \times 10^{-8}$，达到湖水的 10000 多倍，该湖的小鱼吃浮游动物，大鱼吃小鱼，鱼鹰又吃大鱼，从而使 DDT 在鱼鹰体内的含量高达湖水的 800 多万倍。

③ 重金属汞在生态系统中的循环。汞在生物体内易与中枢神经系统的某些酶结合，容易引起神经错乱以至死亡。而当汞进入生态系统，被转化为有机化合物如甲基汞时，比无机汞毒性高 $50 \sim 100$ 倍，由于它是脂溶性的，更易被其他生物吸收，其毒性也明显增强，进入人体可分布到全身，且不易排泄。

汞循环（Mercury Cycle）是重金属在生态系统中循环的典型代表。地壳中汞经过两种途径进入生态系统。一是火山爆发、岩石风化、岩熔等自然运动；二是人类活动，如开采、冶炼、农药喷洒等。

土壤是汞的一个巨大的天然储存库，它对汞有固定作用。土壤中汞的固定和释放以及植物吸收的过程可概括如下：固定态汞—可给态汞—植物吸收的汞。水体中的汞主要是金属汞和氯化汞。汞被排入水中后，部分被浮游植物硅藻等吸收，而硅藻又被浮游动物所取食，浮游动物又被鱼捕食。这样，汞一次次地被富集。在顶位鱼体内汞的含量可高达 $50 \sim 60 mg/kg$，比原来水体中的浓度高万倍以上，比低位鱼体内汞含量亦高 900 多倍。土壤中汞经淋溶作用可进入水体，水体中的汞也可通过灌溉进入土壤。土壤中汞化合物可被植物吸收后进入食物链。金属汞进入动物体内可以发生甲基化。汞进入生物体内经由排泄系统或生物分解，返回到非生物系统中。非生物系统中，有一部分汞进入循环，有一部分进入沉积层。

汞在整个生态系统中的主要循环系统可以归纳如下：大气—土壤—植物—人畜；废水—水生植物—水生动物—人畜；水—土壤—植物—人畜。人畜机体中的汞在残体腐烂、分解后，又重新回到非生物系统。这些主要的循环途径不是分隔的，而是彼此相连、相互影响的。

### 4.2.4　生态系统的信息传递

#### (1) 信息与信息量

生态系统的功能除了体现在生物生产过程、能量流动和物质循环以外，还表现在系统中各生命成分之间存在着信息传递。信息传递是生态系统的基本功能之一，在传递过程中伴随着一定的物质和能量的消耗。但是信息传递不像物质流那样是循环的，也不像能流那样是单向的，而往往是双向的，有从输入到输出的信息传递，也有从输出向输入的信息反馈。按照控制论的观点，正是由于这种信息流，才使生态系统产生了自动调节机制。

信息（Information）一词源于通信工程科学，通常是指包含在情报、信号、消息、指令、数据、图像等传播形式中新的知识内容。在香农（Shannon）的信息论中，信息这个概念具有信源对信宿（信息接收者）的不确定性的含义，不确定程度越大，则信息一旦被接收后，信宿从中获得的信息量就越大。

生态系统中，环境就是一种信息源。例如在一个森林生态系统中，射入的阳光给植物光合作用带来了能量，同时也带进了信息——一年四季及昼夜日照变化。流入森林的河流滋润着土壤，并带来了外界的各种养分，同时河水的涨落、水中养分的变化也都给森林带进了信息。这些信息主要从时间不均匀性上体现出来。另外，土质的不同、射入森林的阳光被枝叶遮挡后光照强度和光质的变化等，都是物质能量空间分布不均匀性的例子。

可以认为，能量和信息是物质的两个主要属性。在生态学中，人们往往更多地使用能量而非物质流来描述物质流动的变化，因为在生命系统中，能量更能说明问题的本质。既然生态学家已经将能量从物质中抽象出来，用能流图来描述系统，也就可以将信息从物质中抽象出来。一个生态系统用能流-信息流联合模型进行研究，会比单用能流更本质、更完善，更能揭示生态系统的各种控制功能，包括自组织能力。

信息的传输不仅要求信源和信宿间要有信道沟通，还要求源和宿之间存在信息量的差值，因为信息只能从高信息态传向低信息态，可称这个差值为"信息势差"，信息势差越大，信道中的信息流也越大。

**（2）信息及其传递**

生态系统中包含多种多样的信息，大致可以分为物理信息、化学信息、行为信息和营养信息。

① 物理信息及其传递。生态系统中以物理过程为传递形式的信息称为物理信息，生态系统中的各种光、声、热、电和磁等都是物理信息。如某些鸟的迁徙，在夜间是靠天空间星座确定方位的，这就是借用了其他恒星所发出的光信息；动物更多靠声信息确定食物的位置或发现敌害的存在；研究在磁场异常地区播种小麦、黑麦、玉米、向日葵及一年生牧草，其产量比正常地区低；动物对电也很敏感，特别是鱼类、两栖类皮肤有很强的导电能力，其中组织内部的电感器灵敏度更高。

② 化学信息及其传递。生态系统的各个层次都有生物代谢产生的化学物质参与传递信息、协调各种功能，这种传递信息的化学物质通称为信息素（Pheromone）。信息素虽然量不多，却涉及从个体到群落的一系列活动。化学信息是生态系统中信息流的重要组成部分。在个体内，通过激素或神经体液系统协调各器官的活动。在种群内部，通过种内信息素（又称外激素）协调个体之间的活动，以调节受纳动物的发育、繁殖和行为，并可提供某些情报贮存在记忆中。某些生物自身毒物或自我抑制物以及动物密集时累积的废物具有驱避或抑制作用，使种群数量不致过分拥挤。在群落内部，通过种间信息素（又称异种外激素）调节种群之间的活动。种间信息素在群落中有重要作用，已知结构的这类物质约30000种，主要是次生代谢物生物碱、萜类、黄酮类和非蛋白质有毒氨基酸，以及各种苷类、芳香族化合物等。

a. 动物、植物之间的化学信息。植物的气味是由化合物形成的。不同的动物对气味有不同的反应。如蜜蜂取食和传粉，除与植物花的香味、花粉和蜜的营养价值紧密相关外，还与许多花蕊中含有昆虫的性信息素成分有关。植物的香精油成分类似于昆虫的信息素。由此可见植物吸引昆虫的化学性质，正是昆虫应用的化学信号。事实上，除一些昆虫外，几乎所有哺乳动物，可能还有鸟类和爬行类，都能鉴别滋味和识别气味。

植物体内含有的某些激素是抵御害虫的有力武器，某些裸子植物具有昆虫的蜕皮激素及其类似物（有时类似物具有更大的活性）。如有些金丝桃属植物能分泌一种引起光敏性和刺激皮肤的化合物——海棠素，使误食的动物变盲或死亡，故多数动物避开这种植物，但叶甲虫却利用这种海棠素作为引诱剂以找到食物。

b. 动物之间的化学信息。动物通过外分泌腺体向体外分泌某些信息素，它携带着特定的信息，通过气流或水流的运载，被种内的其他个体嗅到或接触到，接受者能立即产生某些行为反应，或活化特殊的受体，产生某种生理改变。动物可利用信息素作为种间、个体间的识别信号，还可用信息素刺激性成熟和调节生殖率。哺乳动物释放信息素的方式，除由体表释放到周围环境为受纳动物接受外，还可将信息素寄存到一些物体或生活的基质中，建立气味标记点，然后再释放到空气中被其他个体接纳。如猎豹等猫科动物有着高度特化的尿标志的结构，它们总是仔细观察前兽留下的痕迹，并由此传达时间信息，避免与栖居于同一地区的对手相互遭遇。

动物界利用信息素标记所表现的领域行为是常见的。群居动物通过群体气味与其他群体相区别。一些动物通过气味识别异性个体。这种领域和群体区别行为随昆虫的进化过程而逐渐广泛，有趋同现象，表现最多的是膜翅目昆虫。

某些高等动物以及社会性及群居性昆虫，在遇到危险时能释放出一种或数种化合物作为信号，以警告种内其他个体有危险来临，这类化合物叫作报警信息素。鼬遇到危险时，由肛门排出有强烈恶臭味的气体，它既是报警信息素又有防御功能。有些动物在遭到天敌侵扰时，往往会迅速释放报警信息素，通知同类个体逃避。如七星瓢虫捕食棉蚜虫时，被捕食的蚜虫会立即释放警报信息，于是周围的蚜虫纷纷跌落。与此相反，小蠹甲在发现榆树或松树等寄生植物时，会释放聚集信息素，以召唤同类来共同取食。

许多动物能向体外分泌性信息素，能在种内两性个体之间起信息交流作用的化学物质叫作性信息素。凡是雌雄异体又能运动的生物都有可能产生性信息素。显著的例子是啮齿类，雄鼠的气味对幼年雌鼠的性成熟有明显影响，接受成年雄鼠气味的幼年雌鼠的性成熟期大大提前。

c. 植物之间的化学信息。在植物群落中，一种植物通过某些化学物质的分泌和排泄而影响另一种植物的生长甚至生存的现象是很普遍的。一些植物通过挥发、淋溶、根系分泌或残株腐烂等途径，把次生代谢物释放到环境中，促进或抑制其他植物的生长或萌发，影响竞争能力，从而对群落的种类结构和空间结构产生影响。人们早就注意到，有些植物分泌化学亲和物质，使其在一起相互促进。如作物中的洋葱与食用甜菜、马铃薯和菜豆、小麦和豌豆种在一起能相互促进。有些植物分泌植物毒素，或使其对邻近植物产生毒害，或抵御邻近植物的侵害，如胡桃树能分泌大量胡桃醌，对苹果起毒害作用，榆树同栎树、白桦和松树也有相互拮抗的现象。

### （3）行为信息及其传递

许多植物的异常表现和动物异常行为传递了某种信息，可通称为行为信息。蜜蜂发现蜜源时，就有舞蹈动作的表现，以"告诉"其他蜜蜂去采蜜。蜂舞有各种形态和动作，用来表示蜜源的远近和方向，如蜜源较近时作圆舞姿态，蜜源较远时作摆尾舞，等等。其他工蜂则以触觉来感觉舞蹈的步伐，得到正确飞翔方向的信息。地鸽是草原中的一种鸟，当发现敌情时，雄鸟就会急速起飞，扇动两翼，给在孵卵的雌鸟发出逃避的信息。

**（4）营养信息及其传递**

在生态系统中生物的食物链就是一个生物的营养信息系统，各种生物通过营养信息关系连成一个互相依存和相互制约的整体。食物链中的各级生物要求保持一定的比例关系，即生态金字塔规律。根据生态金字塔，养活一只草食动物需要几倍于它的植物，养活一只肉食动物需要几倍数量的草食动物。前一营养级的生物数量反映出后一营养级的生物数量。

## 4.2.5　生态系统的自我调节

**（1）生态系统的反馈调节**

自然生态系统几乎都属于开放系统，只有人工建立的、完全封闭的宇宙舱生态系统才可归属于封闭系统。开放系统必须依赖于外界环境的输入，如果输入一旦停止，系统也就失去了功能。开放系统如果具有调节功能反馈机制（Feed-back Mechanism），该系统就成为控制系统。所谓反馈，就是系统的输出变成了决定系统未来功能的输入。一个系统，如果其状况能够决定输入，就说明它有反馈机制的存在。系统加进了反馈环节后变成了可控制系统。要使反馈系统起控制作用，系统应具有某个理想的状态或位置点，系统才能围绕位置点而进行调节。

反馈分为正反馈和负反馈。负反馈控制可使系统保持稳定，正反馈使偏离加剧。例如，在生物生长过程中个体越来越大，在种群持续增长过程中，种群数量不断上升，这都属于正反馈。正反馈也是有机体生长和存活所必需的。但是，正反馈不能维持稳态，要使系统维持稳态，只有通过负反馈控制。因为地球和生物圈是一个有限的系统，其空间、资源都是有限的，所以应该考虑用负反馈管理生物圈及其资源，使其成为能持久地为人类谋福利的系统。

**（2）生态系统平衡**

由于生态系统具有负反馈的自我调节机制，所以在通常情况下，生态系统会保持自身的生态平衡。生态平衡是指生态系统通过发育和调节所达到的一种稳定状况，包括结构上的稳定、功能上的稳定和能量输入与输出上的稳定。生态平衡是一种动态平衡，因为能量流动和物质循环总在不间断地进行，生物个体也在不断地进行更新。在自然条件下，生态系统总是朝着种类多样化、结构复杂化和功能完善化的方向发展，直到达到成熟的最稳定状态为止。

当生态系统达到动态平衡的最稳定状态时，它能够自我调节和维持自己的正常功能，并能在很大程度上克服和消除外来的干扰，保持自身的稳定性。有人把生态系统比喻为弹簧，它能承受一定的外来压力，压力一旦解除就又恢复原先的稳定状态，这实质上就是生态系统的反馈调节。但是，生态系统的这种自我调节功能是有一定限度的，当外来干扰因素（如火山爆发、地震、泥石流、雷击火烧、人类修建大型工程、排放有毒物质、喷洒大量农药、人为引入或消灭某些生物等）超过一定限度时，生态系统自我调节功能本身就会受到损害，从而引起生态失调，甚至导致发生生态危机。生态危机是指由于人类盲目活动而导致局部地区甚至整个生物圈结构和功能的失衡，从而威胁到人类的生存。生态失调的初期往往不容易被人类所觉察，如果一旦发展到出现生态危机，就很难在短期内恢复平衡。为了正确处理人和自然的关系,我们必须认识到整个人类赖以生存的自然界生物圈是一个高度复杂的具有自我调节功能的生态系统,保持这个生态系统结构和功能的稳定是人类生存和发展的基础。因此,人类的活动除了要追求经济效益和社会效益外,还必须特别注意生态效益和生态后果,以便在改造自然的同时能基本保持生物圈的稳定和平衡。

## 4.3 世界主要生态系统的类型

### 4.3.1 森林生态系统

森林是以乔木为主体,具有一定面积和密度的植物群落,是陆地生态系统的主干。森林群落与其环境在功能流的作用下形成的具有一定结构、功能和自行调控的自然综合体就是森林生态系统。它是陆地生态系统中面积最大、最重要的自然生态系统。世界上不同类型的森林生态系统,都是在一定气候、土壤条件下形成的。依据不同气候特征和相应的森林群落,可划分为热带雨林生态系统、常绿阔叶林生态系统、落叶阔叶林生态系统和针叶林生态系统等主要类型。

据专家估测,历史上森林生态系统的面积曾达到 76 亿 $hm^2$,占世界陆地面积的 60%。在人类大规模砍伐之前,世界森林约为 60 亿 $hm^2$,占陆地面积的 45.8%。至 1985 年,森林面积下降到 41.47 亿 $hm^2$,占陆地面积的 31.7%。至今,森林生态系统仍为地球上分布最广泛的生态系统。它在地球自然生态系统中占有首要地位,在净化空气、调节气候和保护环境等方面起着重大作用。森林生态系统结构复杂,类型多样,但仍具有一些主要的共同特征。

#### (1) 物种繁多、结构复杂

世界上所有森林生态系统保持着最高的物种多样性,是世界上最丰富的生物资源和基因库,热带雨林生态系统就约有 200 万~400 万种生物。我国森林物种调查仍在进行中,新记录的物种不断增加。如西双版纳,面积只占全国的千分之二,据目前所知,仅陆栖脊椎动物就有 500 多种,约占全国同类物种的 25%。又如我国长白山自然保护区植物种类亦很丰富,约占东北植物区系近 3000 种植物的 1/2 以上。

森林生态系统比其他生态系统复杂,具有多层次,有的多达 7~8 个层次。一般可分为乔木层、灌木层、草本层和地面层等四个基本层次。森林具有明显的层次结构,层与层纵横交织,显示出系统的复杂性。

森林中还生存着大量的野生动物:有象、野猪、羊、牛、啮齿类、昆虫和线虫等植食动物;有田鼠、蝙蝠、鸟类、蛙类、蜘蛛和捕食性昆虫等一级肉食动物;有狼、狐、鼬和蟾蜍等二级肉食动物;有狮、虎、豹、鹰和鹫等凶禽猛兽。此外还有杂食动物和寄生动物等。因此以林木为主体的森林生态系统是个多物种、多层次、营养结构极为复杂的系统。

#### (2) 生态系统类型多样

森林生态系统在全球各地区都有分布,森林植被在气候条件和地形地貌的共同作用和影响下，既有明显的纬向水平分布带，又有山地的垂直分布带，是生态系统中类型最多的。如世界森林生态系统分布从低纬度到高纬度分别为热带雨林、亚热带常绿阔叶林、温带混交林和温带落叶阔叶林，以及亚寒带针叶林。在不同的森林植被带内有各自的山地森林分布的垂直带。位于我国中部的秦岭（主峰太白山海拔 3767m）森林有明显的垂直分布规律。

森林生态系统有许多类型，形成多种独特的生态环境。高大乔木宽大的树冠能保持温度的均匀，变化缓慢；在密集树冠内，树干洞穴、树根隧洞等都是动物栖息场所和理想的避难所。许多鸟类在林中作巢，森林生态系统的安逸环境有利于鸟类育雏和繁衍后代。

森林生态系统具有丰富的多样性，多种多样的种子、果实、花粉、枝叶等都是林区哺乳动物和昆虫的食物，地球上种类繁多的野生动物绝大多数就生存在森林之中。

### (3) 生态系统的稳定性高

森林生态系统经历了漫长的发展历史，系统内部物种丰富、群落结构复杂，各类生物群落与环境相协调。群落中各个成分之间、各成分与其环境之间相互依存和制约，保持着系统的稳态，并且具有很高的自行调控能力，能自行调节和维持系统的稳定结构与功能，保持着系统结构复杂、生物量大的属性。森林生态系统内部的能量、物质和物种的流动途径通畅，系统的生产潜力得到充分发挥，对外界的依赖程度很小，输入、存留和输出等各个生态过程保持相对平衡。森林植物从环境中吸收其所需的营养物质，一部分保存在机体内进行新陈代谢活动，另一部分形成凋谢的枯枝落叶，将其所积累的营养元素归还给环境。通过这种循环，森林生态系统内大部分营养元素达到收支平衡。

### (4) 生产力高、现存量大、对环境影响大

森林具有巨大的林冠，伸张在林地上空，似一顶屏障，使空气流动变小，气候变化也变小。据统计，每公顷森林年生产干物质是 12.9t，而农田是 6.5t，草原是 6.3t。森林生态系统不仅单位面积的生物量最高，而且总生物量约 $1.680 \times 10^{12}$t，占陆地生态系统总生物量（约 $1.852 \times 10^{12}$t）的 90% 左右。

森林在全球环境中发挥着重要的作用：是养护生物最重要的基地；可大量吸收二氧化碳；是重要的经济资源；在防风沙、保水土、抗御水旱和风灾方面有重要的生态作用；等等。森林在生态系统服务方面所发挥的作用也是无法替代的。

## 4.3.2 草地生态系统

草地与森林一样，是地球上最重要的陆地生态系统类型之一。草地群落以多年生草本植物占优势，辽阔无林，在原始状态下常有各种善于奔驰或营洞穴生活的草食动物栖居其上。

草地可分为草原与草甸两大类。前者由耐旱的多年生草本植物组成，在地球表面占据特定的生物气候地带。后者由喜湿润的中生草本植物组成，出现在河漫滩等低湿地和林间空地，或为森林破坏后的次生类型，可出现在不同生物气候地带。在此重点介绍地带性的草原，它是地球上草地的主要类型。

草原是内陆干旱到半湿润气候条件的产物，以旱生多年生禾草占绝对优势，多年生杂草及半灌木也或多或少起到显著作用。世界草原总面积约 $2.4 \times 10^7$km$^2$，为陆地总面积的六分之一（Lieth，1975），大部分地段作为天然放牧场。因此，草原不但是世界陆地生态系统的主要类型，而且是人类重要的放牧、畜牧业基地。

根据草原的组成和地理分布，可分为温带草原与热带草原两类。前者分布在南北两半球的中纬度地带，如欧亚大陆草原（Steppe）、北美草原（Prairie）和南美阿根廷草原（Pampas）等。这里夏季温和，冬季寒冷，春季或晚夏有一明显的干旱期。由于低温少雨，草较低，其地上部分高度多不超过 1m，以耐寒的旱生禾草为主，土壤中以钙化过程与生草化过程占优势。后者分布在热带、亚热带，其特点是在高大禾草（常达 2～3m）的背景上常散生一些不高的乔木，故被称为稀树草原或萨瓦纳（Savanna）。这里终年温暖，雨量常达 1000mm 以上，在高温多雨影响下，土壤强烈淋溶，以砖红壤化过程占优势，比较贫瘠。但一年中存在一个到两个干旱期，加上频繁的野火，限制了森林的发育。

纵观世界草原，虽然从温带分布到热带，但它们在气候坐标轴上却占据固定的位置，并与其他生态系统类型保持特定的联系。在寒温带，年降雨量 150～200mm 地区已有大面积草原分布，而在热带，这样的雨量下只有荒漠分布。水分与热量的组合状况是影响草原分布的决定性因素，低温少雨与高温多雨的配合有着相似的生物学效果。概言之，草原处于湿润的森林区与干旱的荒漠区之间。靠近森林一侧，气候半湿润，草群繁茂，种类丰富，并常出现岛状森林和灌丛，如北美高草草原（Tall Grass Prairie）、南美的潘帕斯群落（Pampas）、欧亚大陆的草甸草原（Meadow Steppe）以及非洲的高稀树草原（Tall Savanna）。靠近荒漠一侧，雨量减少，气候变干，草群低矮稀疏，种类组成简单，并常混生一些旱生小半灌木或肉质植物，如北美的矮草草原、我国的荒漠草原以及俄罗斯欧洲部分的半荒漠等。在上述两者之间为辽阔而典型的禾草草原。总的来看，草原因受水分条件的限制，其动物区系的丰富程度及生物量均较森林低，但明显比荒漠高。值得指出的是，如与森林和荒漠比较，草原动植物种的个体数目及较小单位面积内种的饱和度是相对丰富的（Halter North，1976）。

草原的净初级生产力变动较大：对温带草原而言，据统计，从荒漠草原 0.5t/(hm$^2$ · a) 到草甸草原 15t/(hm$^2$ · a)；热带稀树草原生产力高一些，从 2t/(hm$^2$ · a) 到 20t/(hm$^2$ · a)，平均达 7t/(hm$^2$ · a)。在草原生物量中，地下部分常常大于地上部分，气候越是干旱，地下部分所占比例越大。值得指出的是，土壤微生物的生物量常达很高数量。如加拿大南部草原当植物生物量为 438g/m$^2$ 时，30cm 土层内土壤微生物量达 254g/m$^2$；我国内蒙古草原土壤生物的取样分析结果也与之相近。

关于草原生态系统中能量沿食物链而流动的情况可用 F. B. Golley（1959）在美国密歇根地区对禾草草原的研究说明。这是一个极简化的食物链，生产者为禾草，一级消费者为田鼠及蝗虫，二级消费者为黄鼠狼。植物对太阳能的利用率约为 1%，田鼠约消费植物总净初级生产力的 2%，由田鼠转移给黄鼠狼约 2.5%，大部分能量损失于呼吸消耗。

在热带稀树草原上，植物组成的饲料价值不高，植物中含有大量纤维和二氧化硅，氮、磷含量很低，氮仅 0.3%～1%，磷仅 0.1%～0.2%。因此，初级生产力虽高，但草原动物生物量仍很低。如非洲坦桑尼亚稀树草原上，主要草食动物为野牛、斑马、角马、羚羊与瞪羚，当植物量为 24t/hm$^2$ 时，草食动物量仅 7.5kg/hm$^2$。

### 4.3.3 河流生态系统

河流生态系统（River Ecosystem）是指那些水流流动湍急和流动较大的江河、溪涧和水渠等，贮水量大约占内陆水体总水量的 0.5%。河流生态系统主要特点有：

① 水流不停。这是河流生态系统的基本特征。河流中不同部分和不同时间的水流有很

大的差异。同时，河流的不同部分（上游、下游等）也分布着不同的生物。

②陆-水交换。河流的陆水连接表面的比例大，即河流与周围的陆地有较多的联系。河流、溪涧等形成了一个较为开放的生态系统，成为联系陆地和海洋生态系统的纽带。

③氧气丰富。由于水经常处于流动状态，又因为河流深度小，和空气接触的面积大，致使河流中经常含有丰富的氧气。因而，河流生物对氧的需求较高。

河流生物群落一般分为两个主要类型：急流生物群落和缓流生物群落。在流水生态系统中，河底的质地，如沙土、黏土和砾石等对于生物群落的性质、优势种和种群的密度等影响较大。

急流生物群落是河流的典型生物代表。它们一般都具有流线型的身体，以便在流水中产生最小的摩擦力；许多急流动物具有非常扁平的身体，使它们能在石下和缝隙中得到栖息。此外，它们还有其他一些适应性特征：

①持久地附着在固定的物体上。如附着的绿藻、刚毛藻、硅藻铺满河底的表面。少数动物是固着生活的，如淡水海绵以及把壳和石块黏在一起的石蚕。

②具有钩和吸盘等附着器，以使它们能紧附在物体的表面。如双翅目的庐山蚋（*Simuliun*）和网蚊的幼虫。蚋不仅有吸盘，而且还有丝线，可以缠住其他物体。

③黏着的下表面。如扁形动物涡虫（*Turbellaria*）等能以它们黏着的下表面黏附在河底石块的表面。

④趋触性。有些河流动物具有使身体紧贴其他物体表面的行为。如河流中石蝇幼虫在水中总是和树枝、石块或其他物体接触。如果没有可利用的物体，它们就彼此抱附在一起。

## 4.3.4　湖泊生态系统

**(1) 湖泊生态系统的基本特征**

①界限明显。一般说湖泊、池塘的边界明显，远比陆地生态系统易于划定，在能量流、物质流过程中属于半封闭状态，所以常作为生态系统功能研究对象。

②面积较小。世界湖泊主要分布在北半球的温带和北极地区，除了少数湖泊具有很大的面积（如苏必利尔湖、维多利亚湖）或深度（如贝加尔湖、坦噶尼喀湖）之外，大多数都是规模较小的湖泊。我国湖泊面积在 $50km^2$ 以上的并不多，绝大多数湖泊的面积不足 $50km^2$。按照湖泊的成因，可以分为构造湖、火山湖、河成湖、风成湖、海湾湖等。不同成因的湖泊其轮廓是不同的，它们各自都具有不同的形态。

③湖泊的分层现象。北温带湖泊的热分层现象非常明显。湖泊水的表层为湖上层，底层为湖下层，两层之间形成一个温度急剧变化的层次，为变温层（Metalimnion）。湖泊系统的温度和含氧量的功能随地区和季节而变动。以温带地区湖泊为例，春季气温升高，湖水解冻后，水的各层温度都在 4℃ 左右，其含氧量除表面略高和底部略低外，均接近 $13mL/L$；进入夏季，湖面吸收热量，湖上层温度上升，可达 25℃ 左右，但这时湖下层温度仍保持在 4℃，而在上、下层之间的变温层的温度则不断发生急剧变化；当从夏季转入秋季，湖上层温度下降，直至表层与深水层温度相等，最终湖下层与湖上层的温度倒转过来；当温度继续下降到冰点，湖上层水温反而比湖下层水温低，这时，湖上层有一层冰覆盖。这种生态系统内部的循环有明显的规律。

④ 水量变化较大。湖泊水位变化的主要原因是进出湖泊水量的变化。生态调查常依据湖泊水位的年变化，多定为 3 次取样。我国一年中最高水位常出现在多雨的 7—9 月，称丰水期；而最低水位常出现在少雨的冬季，称枯水期。水位变幅大，湖泊的面积和水量的变化就大，常出现"枯水一线，洪水一片"的自然景象。

⑤ 演替、发育缓慢。淡水生态系统发育的基本模式是从贫营养到富营养和由水体到陆地。

**(2) 湖泊生物群落**

湖泊生物群落具有成带现象的特征，可以按区域划分为三个明显的带：沿岸带、敞水带和深水带生物群落。

① 沿岸带生物群落 (Community in Littoral Zone)。这一带是光线能透射到的浅水区。

a. 生产者。沿岸带的生产者主要有两大类：有根的或底栖的植物和浮游或漂浮植物。

沿岸带内典型的有根水生植物形成同心圆带并随着水的深度而变化，一个类群取代另一个类群，顺序为：挺水植物带—漂浮植物带—沉水植物带。

挺水植物 (Emergent Plant) 主要是有根植物。光合作用的大部分叶面伸出在水面之上。如芦苇、莲等。

漂浮植物 (Floating Plant) 的叶子掩蔽在水面上。如睡莲和菱角。

沉水植物 (Submerged Plant) 是一些有根或固生的植物，它们完全或主要沉在水中。如眼子菜、金鱼藻和苦草等。

沿岸带的无根生产者由许多藻类组成，主要类型是硅藻、绿藻和蓝藻。其中有些种类是完全漂浮性的，而另一些种类则附着于有根植物或者和有根植物有密切的联系。

b. 消费者。沿岸带的动物种类较多，所有淡水中有代表性的动物门都分布于这一带，附生生物类型中，一般有池塘螺类、蜉蝣和蜻蜓幼虫、轮虫、扁虫、苔藓虫和水螅等。

游泳生物 (Nekton) 中种类和数量较多的是昆虫纲的昆虫。龙虱属是水中的强悍者，常捕食小鱼，吸食其体液。蝎蝽科用镰刀形的前足捕捉水中小生物。仰泳蝽科亦是肉食者，而蚜科、沼梭科甲虫和划蝽科至少有一部分是草食性或腐食性的。两栖类脊椎动物如蛙、龟、水蛇等亦是沿岸带的主要成员。鱼类则是沿岸带和敞水带的优势类群。

水中的浮游动物一般数量较大。浮性较差的甲壳类，在不主动游泳、活动时，它们的附肢常缠附在植物上或栖息于底部。沿岸带常见浮游动物的种类有介形类 (Ostracods) 以及轮虫类等。

② 敞水带生物群落 (Community in Limnetic Zone)。开阔水面的浮游植物生产者主要是硅藻、绿藻和蓝藻。大多数种类是微小的，它们在单位面积的生产量有时超过了有根植物。这些类群中有许多具有突起或其他漂浮的适应性。这一带浮游植物种群数量具有明显的季节性变化。

浮游动物由少数几类动物组成，但其个体数量相当多。桡足类、枝角类和轮虫类在其中占重要位置。我国人工经营的水体中，鱼类（鲢和鳙）已成为优势种群。

③ 深水带生物群落 (Community in Profundal Zone)。这一水区基本上没有光线，生物主要从沿岸带和湖沼带获取食物。深水带生物群落主要由水和淤泥中间的细菌、真菌和无脊椎动物组成。主要的无脊椎动物有摇蚊属的幼虫、环节动物颤蚓、小型蛤类和幽蚊幼虫等。这些生物都有在缺氧环境下生活的能力。

#### 4.3.5　海洋生态系统

海洋蓄积了地球上水的 97.5%，面积约为 $3.6 \times 10^8 km^2$，平均深度为 2750m，最深处在太平洋中的海槽，约为 11000m。

**（1）海洋生态系统（Marine Ecosystem）的主要特征**

① 生产者均为小型生物。主要由体形极小（约在 $2 \sim 25 \mu m$）、数量极大、种类繁多的浮游植物和微生物所组成。之所以由小型浮游生物组成食物网的基础，主要是因为：a. 海水的密度使得植物没有发育良好的支持结构，这有利于小型植物而不利于大型个体。b. 海水在不断地小规模地相对运动，任何一个自由漂浮植物必须依赖于水中的分子扩散来获取营养物质和排除废物。在这种情况下，体形小和自主运动就很有利，而一群细胞集成的一个大的结构就比同样一些细胞单独分开要差得多。c. 海洋中大规模环流不断地把漂浮的植物冲出它们最适宜的区域，同时又常有一些个体被带回来更新这些种群。对于小型植物来说，完成这一必要的返回机制比大型植物有利得多；同时小型单细胞植物还能够随水下的逆流，暂时地摄食食物颗粒，或以溶解的有机物质为营养。

② 海洋为消费者提供了广阔的活动场所。海洋动物比海洋植物更加丰富。这是因为：a. 海洋面积大，为海洋动物提供了宽广的活动场所；海洋中有大量的营养物质，是海洋动物吃不完的食料。b. 海洋条件复杂，有浅有深，有冷有暖，在这些多样的生活环境下，形成了种类各异、数量繁多的海洋动物。

③ 生产者转化为初级消费者的物质循环效率高。在海洋上层，浮游植物和浮游动物的生物量大约为同一数量级。浮游植物的生产量几乎全部为浮游动物所消费，运转速度很快。但海洋生态系统的生产力远低于陆地生态系统的生产力。消费者，特别是初级消费者有许多是杂食性种类，在数量的调节上起着一定作用。

④ 生物分布的范围很广。海洋面积很大，而且是连续的，几乎到处都有生物。

**（2）海洋环境的主要特点**

① 海洋是巨大的，覆盖 70% 以上的地球表面。所有海洋都是相连的。世界海洋总的布局是环绕南极洲有一个连续带，然后向北延伸出三个大洋，即太平洋、大西洋和印度洋。北冰洋为第四大洋。对自由运动的海洋生物，温度、盐度和深度是限制其生存的主要因素。

② 海洋有连续和周期性的循环。世界上的海和洋都是相互沟通、连接成片的。海洋产生一定的海流。一般，海流在北半球以顺时针方向流动，而在南半球则以逆时针方向流动。海洋有潮汐，潮汐的周期大约是 12.5h。潮汐在海洋生物特别稠密而繁多的沿岸带特别重要，潮汐使这里的海洋生物群落形成明显的周期性。

③ 海水含有盐分。一般情况下，海水中各种盐类的总含量为 3%～3.5%，其中以 NaCl 为主，约占 78%，$MgCl_2$、KCl 等共占 22%。海水盐度可低至 1%～2%。我国渤海近岸盐度为 2.5%～2.8%，东海和黄海为 3%～3.2%，南海为 3.4%。

④ 海洋是一个容纳热量的"大水库"。夏天海水把热量储存起来。到了冬天，海水又把热量释放出来。所以，海洋对整个大气圈具有重要的调节作用。

**（3）海洋生物**

海洋生物分为浮游、游泳和底栖三大生态类群，种类十分丰富。

① 浮游生物。海洋中的浮游生物（Plankton）多指在水流运动的作用下，被动地漂浮于水层中的生物类群，一般体积微小、种类多、分布广，遍布于整个海洋的上层。

浮游生物根据其营养方式可分为浮游植物和浮游动物。

浮游植物是海洋中的生产者。种类组成较复杂，主要包括原核生物中的细菌和蓝藻，真核生物中的单细胞藻类，如硅藻、甲藻、绿藻、金藻和黄藻等。

赤潮是海水受到赤潮生物污染而变色的一种现象。这种污染使海洋多呈红色斑块状或条带状，故称赤潮（Redtide）。由于赤潮生物种类和数量的不同，赤潮的颜色也有差异。如夜光藻所形成的赤潮呈桃红色，而大多数甲藻所形成的赤潮多呈褐色或黄色。据统计，赤潮生物的种类已有 150 种之多，我国亦已发现 40 多种。常见的赤潮生物有：裸甲藻、短裸甲藻、海洋原甲藻、骨条藻、卵形隐藻和夜光藻等。部分赤潮生物是无毒的，但有的赤潮生物可在海水中释放毒素。所以，赤潮不仅严重危害渔业资源，而且也威胁着人类的生命安全。

海洋浮游动物指多种营异养生活的浮游生物，它们在食物网中参与几个营养阶层，有植食的，有肉食的，还有食碎屑的和杂食性的等等。浮游动物的种类比浮游植物复杂得多。主要成员是节肢动物中的桡足类和磷虾类。这些动物虽然会自己运动，但动作很缓慢，它们常聚集成群，浮在海水表层，随波逐流。

② 游泳生物。游泳生物（Nekton）是一些具有发达运动器官、游泳能力很强的动物。海洋中的鱼类、大型甲壳动物、龟类、哺乳类（鲸、海豹等）和海洋鸟类等属于游泳动物。这个类群组成食物链的二级和三级消费者。海洋中游泳动物的种类与数量都非常多，个体一般都比较大，游泳速度亦很快。如须鲸最大个体体长 30m 以上，体重约 150t。海豚游泳速度可达 90km/h 以上。

鱼类是游泳动物中的主要成员。在汪洋大海上、中、下层都有鱼类生活，甚至在 10000m 的深海里，也还有鱼类存在。鱼类的种类（约有 2000 多种）或个体数量都远远超过了其他游泳动物。游泳动物中还有各种虾类，它们虽然常年栖息在海底，但都行动敏捷，善于游泳。头足纲的乌贼，还有鱿鱼和章鱼都是中国海上常见的游泳动物。

③ 底栖生物。底栖生物是一个很大的水生生态类群，种类很多，包括一些较原始的多细胞动物，如海绵和海百合。

根据生活方式可将底栖生物分为：固着生活的种类、底埋生活的种类、穴居生活的种类和钻蚀生活的种类等。

## 4.3.6　湿地生态系统

湿地生态系统（Wetland Ecosystem）是指地表过湿或常年积水，生长着湿地植物的地区。湿地是开放水域与陆地之间过渡性的生态系统，它兼有水域和陆地生态系统的特点，具有独特的结构和功能。

全世界湿地约有 5.14 亿公顷，约占陆地总面积的 6%（Mitsch，1986）。湿地在世界上的分布，北半球多于南半球，多分布在北半球的欧亚大陆和北美洲的亚北极带、寒带和温带地区。南半球湿地面积小，主要分布在热带和部分温带地区。加拿大湿地面积居世界之首，约 1.27 亿公顷，占世界湿地面积的 24%，美国有湿地 1.11 亿公顷，再其次是俄罗斯、中国、印度等。中国湿地面积约占世界湿地面积的 11.9%，居亚洲第一位，世界第四位。

湿地生态系统分布广泛，形成不同类型。有的以优势植物命名，如芦苇沼泽、苔草沼泽、红树林沼泽等。湿地环境中有机物难以分解，故多泥炭积累，湿地常呈现一定的发育过程：随着泥炭的逐渐积累，矿质营养由多而少。因此有富养（低位）沼泽、中养（中位）沼泽和贫养（高位）沼泽之分。

富养沼泽是沼泽发育的最初阶段。水源补给主要是地下水，水流带来大量矿物质，营养较为丰富。植物主要是苔草、芦苇、蒿草、柳、落叶松和水松等。

贫养沼泽往往是沼泽发育的最后阶段。由于泥炭层的增厚，沼泽中部隆起，高于周围，故也称为高位沼泽。水源补给仅靠大气降水，营养贫乏。植物主要是苔藓植物和小灌木，尤以泥炭藓为优势，形成高大藓丘，所以这类沼泽又称泥炭藓沼泽。

中养沼泽是介于上述两者之间的过渡类型。营养状态中等。既有富养沼泽植物，也有贫养沼泽植物。苔藓植物较多，但未形成藓丘，地表平坦。

湿地生态系统广泛分布在世界各地，是地球上生物多样性丰富、生产量很高的生态系统。它对一个地区、一个国家乃至全球的经济发展和人类生态环境都有重要意义。因此，对于湿地生态系统的保护和利用已成为当今国际社会关注的一个热点。1971 年全球政府间的湿地保护公约《关于特别是作为水禽栖息地的国际重要湿地公约》（简称《湿地公约》）诞生，截至 2021 年 7 月，已有 171 个国家和地区加入了《湿地公约》，中国于 1992 年正式成为该公约缔约国。

《湿地公约》指出湿地是不论其天然或人工、永久或暂时的沼泽地、湿原、泥炭地或水域地带，常有静止或流动、咸水或淡水、半碱水或碱水水体者，包括低潮时水深不过 6m 的海滩水域，还包括河流、湖泊、水库、稻田以及退潮时水深不超过 6m 的沿岸带水区。

湿地水文条件成为湿地生态系统区别于陆地生态系统和深水生态系统的独特属性，包括输入、输出、水深、水流方式、淹水持续期和淹水频率。水的输入来自降水、地表径流、地下水、泛滥河水及潮汐（海岸湿地）。水的输出包括蒸散作用、地表径流、注入地下水等。湿地水周期是其水位的季节变化，保证了水文的稳定性。由于湿地处于水、陆生态系统之间，对于水运动和滞留等水文的变化特别敏感。水文条件决定了湿地的物理、化学性质：水的流入总是给湿地注入营养物质；水的流出又经常从湿地带走生物的、非生物的物质。这种水的交流不断地影响和改变着湿地生态系统。

水文条件导致独特的植物组成并限制或增加种的多度。静水湿地和连续深水湿地的生产力都不高。一般，具有高的穿水流和营养物的湿地生产力最高。湿地有机物在无氧条件下分解作用进行缓慢。湿地生态系统由于生产力高，分解得慢而输出又少，湿地有机物质便积累下来。湿地生物群落可以通过多种机制影响水文条件，包括泥炭的形成、沉积物获取、蒸腾作用、降低侵蚀和阻断水流等。

湿地土壤是湿地的又一主要特征，通常称为水成土，即在淹水或水饱和条件下形成的无氧条件的土壤。湿地土壤中有机物质的有氧降解受到条件的制约，变为几个无氧过程降解有机碳。由厌氧菌进行的发酵作用，将高分子质量的糖类分解成低分子质量的可溶性有机化合物，提供给其他微生物利用。在水的过饱和条件下，动植物残体不易分解，土壤中有机质含量很高。据有关研究表明，泥炭沼泽土的有机质含量可高达 60%～90%。其草根层的潜育沼泽持水能力为 200%～400%，草本泥炭在 400%～800%，藓类泥炭一般都超过 1000%。

湿地生态系统另一个特点是过渡性。湿地生态系统位于水陆交错的界面，具有显著的边缘效应（Edge Effect）。所谓边缘效应是指在两类（此处指水、陆）生态系统的过渡带或两种环境的结合部,由于远离系统中心,所以经常出现一些特殊适应的生物物种,构成这类地带具有丰富物种的现象。

湿地有一般水生生物所不能适应的周期性干旱,也有一般陆地植物所不能忍受的长期淹水。湿地生态系统的边缘效应不仅表现在物种多样性上,还表现在生态系统结构上,无论其无机环境还是生物群落都反映出这种过渡性。湿地生物群落就是湿地特殊生境选择的结果,其组成和结构复杂多样,生态学特征差异大,这主要是由于湿地生态条件变幅很大,不同类型的湿地生境条件存在很大差异。许多湿生植物具有适应于半水半陆生境的特征,如通气组织发达,根系浅,以不定根方式繁殖等;湿生动物也以两栖类和涉禽类占优势,涉禽类具有长嘴、长颈、长腿,以适应湿地的过渡性生态环境。

## 4.3.7　城市生态系统

### (1) 城市生态系统的结构和功能

城市生态系统不仅是一个自然地理实体,也是一个社会事理实体,其边际包括空间边界、时间边界和事理边界。它既是具体的又是抽象的,既是明确的又是模糊的。

城市生态系统在结构上可分为三个亚系统——社会生态亚系统、经济生态亚系统和自然生态亚系统,它们交织在一起,相辅相成,形成了一个复杂的综合体。在城市生态系统中,其生态金字塔呈倒立状。自然生态亚系统以生物结构和物理结构为主线,包括植物、动物、微生物、人工设施和自然环境等。它以生物与环境的协同共生及环境对城市活动的支持、容纳、缓冲及净化为特征。经济生态亚系统以资源为核心,由工业、农业、建筑、交通、贸易、金融、信息和科教等子系统组成。它以物资从分散向集中的高密度运转,能量从低质向高质的高强度集聚,信息从低序向高序的连续积累为特征。社会生态亚系统以人为中心,包括基本人口、服务人口、抚养人口和流动人口等。该亚系统以满足城市居民的就业、居住、交通、供应、文娱、医疗、教育及生活环境等需求为目标,为经济系统提供劳力和智力,以高密度的人口和高强度的生活消费为特征。

城市生态系统的功能也有三方面内容,即生产、生活和还原。生产功能为社会提供丰富的物资和信息产品,包括第一性生产、第二性生产、流通服务及信息生产四大类。城市活动的特点是:空间利用率很高,能流、物流高强度密集,系统输入、输出量大,主要消耗不可再生能源,且利用率低,系统的总生产量与自我消耗量之比大于1,食物链呈线状而不是网状,系统对外界依赖性较大。生活功能是指系统为市民提供方便的生活条件和舒适的栖息环境。一方面要满足居民基本物质和能量及空间需要,保证人体新陈代谢的正常进行和人类种群的持续繁衍;另一方面还要满足居民丰富的精神、信息和时间需求,让人们从繁重的体力和脑力劳动中解放出来。还原功能保证了城乡自然资源的可持续利用和社会、经济、环境的平衡发展。一方面必须具备消除和缓冲自身发展给自然造成不良影响的能力;另一方面在自然界发生不良变化时,能尽快使其恢复到良好状态,包括自然净化和人工调节两类还原功能。

城市生态系统的功能是靠其中连续的物流、能流、信息流、货币流及人口流来维持的,它们将城市的生产与生活、资源与环境、时间与空间、结构与功能,以人为中心串连起来。弄清了这些流的动力学机制和控制方法,就能基本掌握城市这个复合体中复杂的生态关系。

**（2）关于城市生态系统的几种观点**

由于城市生态系统是一个高度复杂的系统，许多人从不同的学科对该系统进行了多方面的综合研究。当人们从不同的角度进行研究时，就产生了对城市生态系统的不同认识和观点。这些观点主要包括自然生态观、经济生态观、社会生态观和复合生态观四大类。

① 自然生态观。这种观点把城市看成是以生物为主体，包括非生物环境的自然生态系统，它受人类活动干扰并反作用于人类。研究在这类特殊栖息环境中动物、植物、微生物等生物群体，景观、气候、水文、大气和土地等物理环境的演变过程及其对人类的影响，以及城市人类活动对区域生态系统乃至整个生物圈的影响。城市自然生态研究中最活跃的有以下几个领域：一为城市人类活动与城市气候关系的研究；二为城市化过程对植物的影响及其功效和规划研究；三为城市及工业区自然环境容量、自净能力及生态规划研究。

② 经济生态观。这种观点把城市看成是一个以高强度能流、物流为特征，不断进行新陈代谢，经历着发生、发展、兴盛和衰亡等演替过程的人工生态系统。通过对城市各种生产、生活活动中物质代谢、能量转换、水循环和货币流通等过程的研究，探讨城市复合体的动力学机制、功能原理、生态经济效益和调控办法。有关城市物质代谢的研究重点在两方面，其一为资源（包括水、食物、原材料）的来源、利用、分配和管理，其二为废物（包括废热、废水、废气和废渣等）的排放、扩散、处理和再生等内容。其中也包括负载能力、环境容量、营养物质和污染物质的流动规律及对人和物理环境的影响等问题。总之，流经城市生态系统的物质除少数转变为生物量或为生物所利用外，大多数以产品和废品的形式输出，因而，其物质流通量远比自然生态系统大得多。

③ 社会生态观。这种观点从社会学的角度探讨了城市生态系统，认为城市是人类集聚的结果，集中探讨了人的生物特征、行为特征和社会特征在城市过程中的地位和作用，如对人口密度、分布、出生率、死亡率、人口流动、职业、文化和生活水平等都有大量研究。其中尤其以对城市人口密度的研究数量最多，包括个体生理学模型、行为模型、健康状况模型、心理学模型、拥挤度模型、人口发展史模型、系统生态学模型、经济效益模型及运输形式模型等等。其中对城市生态系统中城市社会质量的研究是社会生态观各项研究中的一个热门话题。

④ 复合生态观。城市生态系统既有自然地理属性也有社会与文化属性，这是一类复杂的人工生态系统。马世骏等将城市看作社会-经济-自然复合生态系统，认为城市的自然及物理组分是其赖以生存的基础，城市各部门的经济活动和代谢过程是城市生存发展的活力和命脉，而城市人的社会行为及文化观念则是城市演替与进化的源动力。社会-经济-自然复合体不是社会、经济和自然三者的简单加和，而是融合与综合，是自然科学与社会科学的交叉，是空间和时间的交叉。城市复合生态研究应以物质、能量高效利用，社会、自然的协调发展和系统动态的自我调节为城市生态调控的目标。

1.概念解释：生态系统，生产者，消费者，分解者，关键种，冗余种，食物链，食物网，初级生产量，物质循环，反馈，生态平衡。

2. 简述生态系统的成分。

3. 简述生态系统的营养结构。

4. 简述生态系统的空间结构和时间结构。

5. 简述能量在生态系统中的流动特点。

6. 生态系统的物质循环类型有哪些？并分别加以说明。

7. 简述有毒物质的循环特点。

8. 生态系统中的信息类型有哪些？并简述各自是如何传递的。

9. 简述生态系统的反馈调节和生态平衡。

10. 世界上主要有哪些生态系统类型？并简要说明各自的特征。

# 第 **5** 章 生态系统的服务功能

## 5.1 生态系统服务的定义与研究进展

### 5.1.1 生态系统服务的定义

生态系统服务功能是近几年才发展起来的生态学研究领域。目前被普遍认可的概念是1997 年 Daliy 等提出的：生态系统服务是指自然生态系统及其物种所提供的能够满足和维持人类生活需要的条件和过程。我国的欧阳志云、王如松等学者对生态系统服务功能的概念作了如下概括：生态系统服务功能是指生态系统与生态过程所形成及所维持的人类赖以生存的自然环境条件与效用。

随着研究的逐步深入人们认识到，生态服务功能是人类生存与现代文明的基础，科学技术能影响生态服务功能，但不能替代自然生态系统服务功能。

### 5.1.2 生态系统服务的提出与发展

虽然人类对生态系统服务功能的研究才刚刚起步，但是我们的祖先早就意识到了生态系统对整个社会的发展和支持作用。

早在古希腊时期，柏拉图就认识到了雅典人对森林的破坏导致了水土流失和水井的干枯。在美国，George Marsh 也许是第一个用文字记载生态系统服务功能作用的人。他在 *Man and Nature* 中记载：由于人类活动的巨大影响，在地中海地区，"广阔的森林在山峰之间消失，肥沃的土壤被冲洗走，肥沃的草地因灌溉水井枯竭而荒芜，著名的河流因此而干涸"。同时 Marsh 意识到了自然生态系统分解动植物残体的服务功能，他在书中写道："动物为人类提供了一项重要的服务，即消耗腐烂的动植物尸体，如果没有它们，空气中将弥漫着对人类健康有害的气体。"

之后一直到 Aldo Leopold 才开始深入地思考生态系统的服务功能，他指出："赶走狼群的牛仔们没有意识到自己已经取代了狼群控制牧群规模的职责，没有想到失去狼群的群山会变成什么样子。结果导致尘土漫天，肥沃的土壤流失，河流把我们的未来冲进大海。"Leopold 也认识到人类自己不可能替代生态系统服务功能，并指出："土地伦理将人类从自然的统治者地位还原成为普通一员。"在这个时期，Fairfield Osborn 与 William Vogt 也分别研究了生态系统对维持社会经济发展的意义。Osborn 指出：只要我们注意地球上可耕种及居住的地方，就可以发现水、土壤、植物与动物是人类文明得以发展的条件，甚至是人类赖以生存的基础。Vogt 是第一个提出自然资本概念的人，他在讨论国家债务时提出：我们耗竭自然资源资本，就会降低我们偿还债务的能力。20 世纪 40 年代以来的生态系统概念与理论的提出与发展，促进了人们对生态系统结构与功能的认识与了解，并为人们研究生态系统服务功能提供了科学基础。

自 20 世纪 70 年代以来，生态系统服务功能开始成为一个科学术语及生态学与生态经济学的研究分支。据文献总结，"Study of Critical Environmental Problems"首次使用生态系统服务功能的 "Service" 一词，并列出了自然生态系统对人类的"环境服务"功能，包括害虫控制、昆虫传粉、渔业、土壤形成、水土保持、气候调节、洪水控制、物质循环与大气组成等方面。之后，Holdren 与 Ehrich 论述了生态系统在土壤肥力维持、基因库维持中的作用，系统地探讨了生物多样性的丧失将怎样影响生态服务功能，能否用先进的科学技术来代替自然生态系统的服务功能等问题，并认为生态系统服务功能丧失的快慢取决于生物多样性丧失的速度，企图通过其他手段替代已丧失的生态服务功能。随着这些文章的引用，后来又出现了自然服务功能一词和生态系统服务功能一词。生态系统服务功能一词逐渐为人们所公认并普遍使用。

2000 年世界环境日，由联合国秘书长安南正式宣布启动的千年生态系统评估（Millennium Ecosystem Assessment，MA），是人类首次联合对全球生态系统的过去、现在及未来状况进行评估，并据此提出相应的管理对策。这项计划将检验地球上的主要生命支撑系统，如农田、草地、森林、湖泊和海洋，包括全球、区域和国家层面的评估，为政府和社会各界提供更好的信息，以便逐步恢复全球生态系统的生产力和服务功能。生态服务功能评价是 MA 的核心之一，MA 概念框架工作组对生态系统服务功能的内容、分类系统、评价基本理论和方法均进行了深入的阐述，极大地推进了生态系统服务功能在世界范围内的理论、方法及应用方面研究的开展。

目前，生态系统服务功能已经成为生态系统学研究的热点和前沿领域之一。其研究焦点主要集中在：①生态系统服务功能与生态系统结构、生态过程的相互关系；②生态系统服务功能对人类活动的影响和反馈；③政策机制对生态系统服务功能的影响；④生态系统服务功能的持续利用。

## 5.1.3 生态系统服务的特征

生态系统是由非生命环境和生物群落在演化进程中形成的复杂而开放的系统，其服务功能有它自己的方式和规律。

**（1）生态系统服务是客观的存在**

各类生态系统由一定的生物物种组成，具有一定的结构和功能，因而其服务功能并不依赖于评价的主体而存在，不是随着人们对它的评价而表现其价值。相反，"它们并不需要人类，而人类却需要它们"。尽管一些生态系统服务的功能和福利可以被人和有感觉能力的动物感知，一些不被感知，但绝不能说感觉不到的服务就不存在，就没有意义。实际上在人类出现以前，自然生态系统就早已存在；在人类出现以后，生态系统服务的效能就与人类的利益联系在一起。

**（2）生态系统服务与生态系统过程密不可分**

生态系统服务与生态过程两者都是生态系统的固有属性。生态系统中植物群落（即生产者）和动物群落（即消费者）、自养生物和异养生物的协同关系，以水为核心的物质循环，地球上各种生态系统的共同进化和发展，等等，都充满了生态过程，也就产生了生态系统的功能和服务。

**（3）大自然作为进化的整体是产生生态系统服务功能的源泉**

众所周知，地球上的生命是在漫长的地质演化历史长河中不断进化和发展的，遵循从简单到复杂、从低级到高级的演化途径。在此过程中产生更加完善的物种，演化出更加完善的生态系统，这样的生态系统能产生许多功能和效益。生态系统在进化过程中维护着它产生的服务性能，并不断促进这些性能的进一步完善。一个健康、完善的生态系统，其服务效益潜力巨大，并向更高、更复杂、更多功能和效益的方向发展。

**（4）自然生态系统是多种功能的转换器**

在自然进化的过程中，生态系统产生了越来越丰富的内在功能。个体和种群的服务效益是有限的，只有它们与生物群落和生态系统相联系时，使它们自身的性能转变为集合性能，才能发挥更大的服务效益。绿色植物通过光合作用将太阳能转化为化学能以及从土壤中吸收各种营养物质并贮存起来，绿色植物被植食动物取食，植食动物又被肉食动物所食，动植物死亡后其尸体又被分解者分解，最后进入土壤中，这些个体生命虽然不存在了，但其能量和物质转变成别的生物或者在土壤中贮存起来。经过自然网络转换器的这种作用就不断地在全球的部分或整体中运动。

## 5.2　生态系统服务功能的主要内容

### 5.2.1　生态系统服务功能的内涵

在全球环境问题面前，人们逐渐认识到生态环境保护的重要性，领导者们更加认识到生态系统作为自然资产所提供的生命支持价值非常巨大。以我国为例，为改善由于长期天然林资源过度消耗而引起的生态环境恶化，国家做出了实施天然林资源保护工程的重大决策，1998 年开始试点，2011—2020 年实施完成了二期工程建设任务，经过 20 多年的保护培育，国家投入 5000 多亿元。生态系统服务是生态规划、生态环境付费标准制定的基础，对合理分配资源、恢复和保护生态环境、实现区域可持续发展都有重要作用。将生态系统服务以货币价值形式表示更有助于直观理解生态系统为人类提供的功能，并提高人们的环境意识。

### 5.2.2　生态系统服务功能的类型

目前公认将生态系统服务分为提供产品功能（食物、纤维、淡水、燃料等）、调节功能（气候调节、洪水调节、疾病调节、水质净化等）、文化功能（美学、教育及娱乐等）及生态支持功能（营养循环、土壤形成及初级生产等）四大类。为了避免混淆生态结果和生态过程，减少冗余，也有将生态系统服务分为资源（食物、氧气、水、能源等）、保护（防止捕食、防止疾病及寄生）、物理化学环境（温度、湿度、光、化学物质等）及社会文化功能（精神享受、消遣、娱乐等）等类型的观点。需要注意的是，无论如何划分生态系统的类型，都应该注重考虑生态系统的复杂性、非线性、反馈作用和人类管理决策等的影响。

**(1) 提供产品服务功能**

人类从生态系统获取的产品，包括：

食物和纤维：包括来自植物、动物和微生物的多种食物，如人类每天吃的蔬菜瓜果、肉类和奶品；同时生态系统为人类生产提供了木材、黄麻、大麻等原材料纤维。

燃料：作为能源的木材、粪和其他生物材料。

遗传资源：生态系统提供了一个丰富而稳定的基因库，保证了自然界动植物繁育的生生不息和稳定。

生物药剂：除了天然的植物药材如大黄、三七等，生态系统还提供了用来合成相关生物药剂和产品的原材料，如杀虫剂、食品添加剂等。

淡水：人类的生产生活必不可少的一种资源就是水资源，生态系统服务为人类提供了淡水资源，满足人类的生产生活。

**(2) 调节功能**

人类社会的生产生活离不开生态系统的调节服务，人类从调节服务中获得的效益包括：

空气质量维持：生态系统吸收或释放大气中的化学物质，从多方面影响空气质量。

气候调节：生态系统影响区域和全球气候。如在区域尺度，土地覆盖的变化能够影响温度和降水。在全球尺度，生态系统通过固定或排放温室气体对气候产生重要影响。

水调节：土地覆盖变化，如湿地、森林转化为农田或农田转化为城市，影响径流、洪水时间和规模，以及地下含水层的补充，尤其是生态系统蓄水能力的改变。

侵蚀控制：植被覆盖在土壤保持和防止滑坡等方面起到重要作用。

水净化和废物处理：生态系统既可能是淡水中杂质的来源之一，也能够过滤和分解进入内陆水体、海岸和近海生态系统的有机废物。

疾病调节：生态系统的变化可能直接改变人类病原体，如霍乱弧菌，以及改变病原体的传播者，如蚊子。

生物控制：生态系统变化影响作物和家畜病虫害的传播。

防风护堤：海岸生态系统如红树林的存在能够减少飓风和大浪的损害。

**（3）文化服务**

文化服务是指通过精神上的充实、感知上的发展、印象、娱乐和审美体验等从生态系统获得的非物质效益。

文化多样性：生态系统的多样性是文化多样性的影响因素之一。

精神和宗教价值：许多宗教将生态系统及其组成部分赋予精神和宗教价值。

知识体系：生态系统影响在不同文化背景下产生的知识体系。

教育价值：生态系统及其组成部分和过程能够为正规和非正规教育提供基础。

灵感：生态系统为艺术、民间传说、国家象征、建筑和广告等提供丰富的灵感源泉。

美学价值：生态系统的许多方面具有美景和美学价值，如对公园、风景路线的支持，以及居民点的选择等。

社会关系：生态系统影响建立在不同文化背景之上形成的社会关系类型，如渔业社会与游牧或农耕社会在社会关系的很多方面存在差异。

地方感：许多人给地方感赋予了价值和意义，地方感和环境特征相关。

文化遗产价值：许多社会对重要历史景观或文化物种的维持赋予很高的价值。

旅游休闲价值：人们经常选择那些以自然或农业景观为特征的地方度过他们的假期和休闲时间。

文化服务与人类的价值观和行为、人类社会的制度和模式、经济和政治组织等密切联系。不同的个人和群体对文化服务的理解可能不同，如对食物生产重要性的理解。

**（4）支持服务**

支持服务是所有其他生态系统服务功能的实现所必需的，其对人们产生的影响是间接的或者经过很长时间才出现，而供给、调节和文化服务对人们的影响则相对直接且出现时间较短。一些生态系统服务如侵蚀控制，归类于支持服务还是调节服务，取决于对人们影响的时间尺度和直接性。土壤形成通过影响食物生产的供给服务对人们产生间接影响，属于支持服务。相似地，在人类决策的时间尺度上，生态系统变化对地方或全球气候产生影响，因此，气候调节归类于调节服务；然而氧气的生成是通过光合作用，归类于支持服务，是因为对大气中的氧气浓度产生影响出现在相当长的时间内。支持服务包括第一性生产、大气中氧的生成、土壤形成和保持、营养循环、水循环、提供栖息地等。

## 5.3　生态系统服务的功能价值

### 5.3.1　生态系统服务功能价值的研究进展

自 20 世纪 70 年代以来，生态系统服务功能开始成为一个科学术语及生态学与生态经济学研究的分支。1991 年国际科学联合会环境委员会发起了一次会议，讨论如何开展生物多样性的定量研究，从而促进了生物多样性与生态系统服务功能关系的研究及其经济价值评估方法的发展。1995 年 Costanza 等对全球主要类型的生态系统服务功能价值进行了评估，得出全球陆地生态系统服务功能价值为每年 33 万亿美元，这一研究的发表揭开了生态系统服务功能价值研究的序幕。1997 年，由 Gretch Daily 等编著的《生态系统服务：人类社会对自然生态系统的依赖性》一书，不仅系统地阐述了生态系统服务功能的内容与评价方法，同时还分析了不同地区森林、湿地、海岸等生态系统服务功能价值评价的近 20 个实例。我国著名植物学家张新时根据 Costanza 等的研究，按照面积比例对我国生态系统的服务功能经济价值进行了评估，得出我国生态系统服务功能的经济价值大约为 20 万亿元人民币；1999 年欧阳志云等对我国陆地生态系统的服务功能价值进行了研究，得出我国陆地生态系统服务功能经济价值每年为 148 万亿元人民币。1984 年，马世骏、王如松发表了名为《社会-经济-自然复合生态系统》的文章，它代表生态学家开始涉足经济学领域，在随后的几年中，人们把研究的重点放在如何实现经济与自然的协调发展方面，并进行了大量的实践，我国南方的桑基鱼塘就是典型的应用实例。1996 年由胡涛等组织了中国环境经济学研讨班，已发表两册论文集，内容包括环境污染损失计量、环境效益评价、自然资源定价、生物多样性生态价值等。所有这些都为生态系统服务功能价值研究提供了理论基础。

### 5.3.2　生态系统服务功能价值的分类

生态系统服务功能的多价值性源于它的多功能性。学者徐嵩龄从生态系统服务功能与市场联系的角度，将生态系统服务功能的价值分为 3 类：①能够以商品形式出现于市场的功能；②虽不能以商品形式出现于市场，但有着与某些商品相似的性能或能对市场行为（商品数量、价格等）有明显影响的功能，如大部分调节功能；③既不能形成商品，又不能明显地影响市场行为的功能，如大部分信息功能，它们的机制与现行市场有关，只能通过特殊途径加以计量。欧阳志云等将生态系统服务功能的价值总结为 4 类：①直接利用价值，主要指生态系统产品所产生的价值，包括食品、医药及其他工农业生产原料、景观娱乐等带来的直接价值。②间接利用价值，主要指无法商品化的生态系统服务功能，如维持生命物质的生物地球化学循环与水文循环、维持生物物种与遗传多样性、保护土壤肥力、净化环境、维持大气化学的平衡与稳定等支撑与维持地球生命支持系统的功能。③选择价值，是人们为了将来能直接利用与间接利用某种生态系统服务功能的支付意愿，例如，人们为将来能利用生态系统的涵养水源、净化大气以及游憩娱乐等功能的支付意愿，人们常把选择价值喻为保险公司，即人们为自己确保将来能利用某种资源或效益而愿意支付的一笔保险金。选择价值又可分为 3 类：自己将来利用；子孙后代利用，又称为遗产价值；别人将来利用，也称为替代消费。④存在价值，是人们为确保生态系统服务功能继续存在的支付意愿，是生态系统本身具有的价值。

对于直接利用价值和间接利用价值，认识基本上是一致的。只是选择价值被确定为与资源的未来利用价值有关，存在价值被确定为非利用价值类型。直接利用价值能以市场的商品价格表达；间接利用价值能借助市场价格表达；选择价值及存在价值由于与现行市场无关而必须通过特别途径，即通过模拟市场方法调查人们的支付意愿来计量。选择价值和存在价值是生态系统服务功能价值计量中最困难、最需认真研究的内容。

# 5.4　生态系统服务的研究展望

从 20 世纪 90 年代至今，我国生态系统服务研究从最初的对国外生态系统服务概念、内涵、评估方法研究成果进行介绍，发展到评估不同生态系统的服务价值，再到一些评估方法改进及模型建立，取得了很多研究成果。但我国对生态系统服务的研究起步较晚，取得的原创性成果不多。目前，除了继续生态系统服务理论研究之外，其应用方面也在不断进步，下面就几个方向进行探讨。

## 5.4.1　生态系统服务分类及其价值评估方法

从国内外研究现状来看，众多专家学者对生态系统服务的含义已达成共识，即生态系统与生态过程所形成及所维持的人类赖以生存的自然环境条件和效用。但是对生态系统服务分类的争议较大，生态过程与生态系统服务的动态变化对分类的影响需进一步研究。生态系统服务价值评估方法一直受到关注，由于社会文化服务受多种因素影响，其价值评估是生态系统服务价值中比较难估算的方面。目前主要采用意愿支付法及旅游付费法，但是意愿支付法受人们心理、心情等影响波动较大，旅游付费法又受空间及时间尺度的影响。由于各种研究方法的自身局限，导致对生态系统服务价值的估算结果差异较大，因此这部分内容还需要做进一步探讨。

## 5.4.2　多尺度多类型模型研究

目前对生态系统服务的模拟集中在某一尺度，例如全球、国家、大区域等大尺度。由于大尺度的价值评估对于小区域等较小尺度的环境和生态系统管理的指导意义并不直接和明确，以及各个尺度之间没有形成较好的兼容性，所以应加强省市、区县等中小尺度的模型模拟，以及多个尺度的综合研究。另外，除对农田生态系统、水生生态系统服务模型的研究之外，还应研究其他生态系统服务的模型，例如森林、湿地、草地、农田等生态系统在生态过程、服务类型、价值估算等方面都有不同程度的差别。

## 5.4.3　生态系统服务与生物多样性关系

对生态系统服务中生物多样性提供的价值进行测算是目前研究的重点，此外还应该开展生物多样性与生态系统服务关系研究，例如：是否生物多样性越高生态系统服务就越高，二者是否呈正相关关系？物种减少对生态系统整体服务会产生什么影响，影响有多大？另外，基因多样性、物种多样性、生态系统多样性分别与生态系统服务的关系研究有助于进一步理解生态系统服务。

### 5.4.4 生态系统服务管理及应用

配置不同的植物和植物群落来抑制害虫，设计道路时使其穿过农田景观，增加城市绿地的面积，这些都是利用生态系统提供的服务，但是如何充分利用，就涉及合理管理生态系统。如何发挥生态系统的生产、支持、调节及社会文化功能，如何管理景观中生物及非生物环境，如何达到生态和社会双赢的局面，这都需要对生态系统服务管理系统做深入的研究。

**思考题**

1.生态系统服务是什么？
2.简要说明生态系统服务的特征。
3.生态系统服务功能包括哪些内容？
4.生态系统服务功能价值有哪些类型？

# 第 **6** 章 生态系统的干扰与恢复

## 6.1 干扰与干扰生态学

### 6.1.1 干扰的定义

干扰（Disturbance）是自然界一个重要而又广泛存在的现象。就其字面含义而言，干扰是平静的中断，正常过程的打扰或妨碍。在经典生态学中，干扰被认为是影响群落结构和演替的重要因素。在生态学领域内，干扰的定义很多，常见的干扰定义主要有"显著地改变系统正常格局的事件"或"干扰是一个对个体或个体群产生的不连续的、间断的斩杀（Killing）、位移（Displacement）或损害（Damage）"，这种作用能直接或间接地为新的有机体的定居创造机会。干扰是一种突发性事件，对个体或群体产生破坏或毁灭性作用。S. T. A. Pickett 和 P. White（1985）将干扰定义为相对来说非连续的事件，它破坏生态系统、群落或种群的结构，改变资源、养分的有效性或者改变物理环境。而 Pickett 认为，对干扰予以定义的困难在于不能把原因（Cause）和结果（Effect）相对区分。所以，他认为干扰应定义为原因，即一种物理作用或因素。诸多文献几乎都混淆了干扰的原因和结果，原因应属于环境的变化，而结果是指有机体、种群或群落的反应。实际上，对干扰定义的困难还在于许多词义的相近，如扰动（Perturbation）、胁迫（Stress）等。较统一的认识是，扰动偏重过程，胁迫倾向于结果。

从生态因子角度考虑，干扰较普遍和典型的定义是群落外部不连续存在、间断发生的因子的突然作用或连续存在的因子超"正常"范围的波动，这种作用或波动能引起有机体、种群或群落发生全部或部分明显变化，使其结构和功能受到损害或发生改变。

### 6.1.2 干扰的类型

**(1) 干扰类型的分类方法**

根据不同原则，干扰可分为不同类型。按干扰产生的来源，干扰可以分为自然干扰和人为干扰。自然干扰指无人为活动介入的自然环境条件下发生的干扰，如火、风暴、火山爆发、地壳运动、洪水泛滥、病虫害等。人为干扰是在人类有目的的行为指导下，对自然进行的改造或生态建设，如烧荒种地、森林砍伐、放牧、农田施肥、修建大坝和道路、改变土地利用结构等。从人类的角度出发，人类活动是一种生产活动，一般不称为干扰。但对于自然生态系统来说，人类的所作所为均是干扰。

依据干扰的功能可分为内部干扰和外部干扰两种。内部干扰是在相对静止的长时间内发生的小规模干扰，对生态系统演替起到重要作用。对此，许多学者认为是自然过程的一部分，而不是干扰。外部干扰（如火灾、风暴、砍伐等）是短期内的大规模干扰，打破了自然生态系统的演替过程。

依据干扰的机制可以分为物理干扰、化学干扰和生物干扰。物理干扰，如森林退化引起的局部气候变化、土地覆被减少引起的土壤侵蚀及土地沙漠化等；化学干扰，如土壤污染、水体污染以及大气污染引起的酸雨等；生物干扰主要为病虫害暴发、外来种入侵等引起的生态平衡失调和破坏。

根据干扰传播特征，可以将干扰分为局部干扰和跨边界干扰。前者指干扰仅在同一生态系统内部扩散，后者指可以跨越生态系统边界扩散到其他类型的缀块。

**(2) 常见的干扰类型**

① 火干扰。火是一种自然界中最常见的干扰类型，它对生态环境的影响早已为人们所关注。一些研究表明，火（草原火、森林火）可以促进或保持较高的第一生产力。北美的研究发现，火干扰可以提高生物生产力的机制在于消除了地表积聚的枯枝落叶层，改变了区域小气候、土壤结构与养分。同时火干扰在一定程度上可以影响物种的结构和多样性，这主要取决于不同物种对火干扰的敏感程度。

② 放牧。自有人类历史以来，放牧就成为一种重要的人为干扰。它不仅可以直接改变草地的形态特征，而且可以改变草地的生产力和草种结构。D. G. Milchunas（1993）研究发现，放牧对于那些放牧历史较短的草原来说是一种严重干扰，这是因为原来的草种组成尚未适应放牧这种过程。而对于已有较长放牧历史的草原，放牧已经不再成为干扰，因为这种草地的物种已经适应了放牧行为，对放牧这种干扰具有较强的适应能力，进一步的放牧不会对草原生态系统造成影响。相反，那种缺少放牧历史的草场经常为一些适应放牧能力较差的草种所控制，对放牧过程反应比较敏感。一些研究发现适度放牧可以使草场保持较高的物种多样性，促进草地景观物质和养分的良性循环，因此放牧可以作为管理草场、提高物种多样性和草场生产力的有效手段。然而放牧具有一定的针对性，对于某物种适宜，而对于其他物种也许不适宜。如何掌握放牧的规模和尺度成为生态学家研究的焦点。

③ 土壤物理干扰。土壤物理干扰包括土地的翻耕、平整等，从而改变土壤的结构和养分状况。对于具有长期农业种植历史的地区，大多数物种已经适应了这种干扰，其影响往往较小。对于初次受到土壤物理干扰的地区，自然生态系统往往受到的影响较大。一些研究发

现土壤物理干扰可以导致地表粗糙度增加，为外来物种提供一个安全的场所。土地翻耕可能会导致外来物种的入侵，减少物种的丰富度。

④ 土壤施肥。土壤施肥对于养分比较贫缺的地区而言影响尤为突出，更有利于外来种的入侵。这种干扰与放牧、火烧、割草相反，可以增加土壤中的养分，而放牧、火烧和割草常常带走土壤中的养分，导致土壤养分匮乏。土壤施肥不仅改变了土壤中养分或化学成分，在一定程度上可以导致淡水水体的富营养化，还促进了某些物种的快速生长，并导致其他物种的灭绝，造成物种丰富度的急剧减少。如何将上述几种干扰有机地结合起来，研究土壤中养分的循环与平衡，对于土地管理和物种多样性保护具有重要意义。

⑤ 践踏。与前面几种干扰相似，践踏的结果是造成在现有的生态系统中产生空地，为外来物种的侵入提供有利场所，与此同时也可以阻碍原来优势种的生长。适度的践踏可减缓优势种的生长，可以促进自然生态系统保持较高的物种丰富度。然而践踏的季节和时机对物种结构的恢复、生长的影响具有显著差别，并具有针对性。践踏对于大多数物种来说具有负面影响，但对于个别物种影响甚微。

⑥ 外来物种入侵。外来物种入侵是一种严重的干扰类型，它往往是由于人类活动或其他一些自然过程而有目的或无意识地将一种物种带到一个新的地方。人类主导下的农作物品种引进就是一种有目的的外来物种入侵，其结果是外来物种对土著种的干扰。如澳大利亚对家兔的引入，起初并未想到它们会很快适应新的生存环境，并在短时间内大面积扩散，最终成为对当地生物造成危害的一个物种，其产成的生态环境影响是深远的，在较大程度上改变了原来的景观面貌和景观生态过程。

⑦ 其他干扰类型。洪水泛滥、森林采伐、城市建设、矿山开发和旅游等也是人们比较熟悉的人为干扰，它们对生态系统、景观格局和生态过程的影响具有较大的人为性。

## 6.1.3　干扰的性质

干扰的分布、频率、尺度、强度和出现的周期成为影响景观格局和生态过程的重要方面。

**（1）具有较大的相对性**

自然界中发生的同样事件，在某种条件下可能对生态系统形成干扰，而在另外一种环境条件下可能是生态系统的正常波动。是否对生态系统形成干扰不仅仅取决于干扰本身，同时还取决于干扰发生的客体。对干扰事件反应不敏感的自然体，或抗干扰能力较强的生态系统，往往在干扰发生时不会受到较大影响，这种干扰行为只能成为系统演变的自然过程。

**（2）干扰具有明显的尺度性**

由于研究尺度的差异，对干扰的定义也有较大差异。如生态系统内部病虫害的发生，可能会影响到物种结构的变异，导致某些物种的消失或泛滥，对于种群来说，这是一种严重的干扰行为，但由于对整个群落的生态特征没有产生影响，从生态系统的尺度来看，病虫害不是干扰，而是一种正常的生态行为。同理，对于生态系统成为干扰的事件，在景观尺度上可能是一种正常的扰动。

**（3）干扰是对生态演替过程的再调节**

通常情况下，生态系统沿着自然的演替轨道发展。在干扰的作用下，生态系统的演替过程发生加速或倒退，干扰成为生态系统演替过程中的一个不协调的小插曲。最常见的例子如森林火灾：若没有火灾的发生，各种森林从发育、生长、成熟一直到老化，经历不同的阶段，这个过程要经过几年或几十年的发展；一旦森林火灾发生，大片林地被毁灭，火灾过后，森林发育不得不从头开始，可以说火灾使森林的演替发生了倒退。但从另一层含义上来理解，又可以说火灾促进了森林系统的演替，使一些本该淘汰的树种加速退化，促进新的树种发育。干扰的这种属性具有较大的主观性，主要取决于人类如何认识森林的发育过程。另一个例子是土地沙化过程，在自然环境影响下，如全球变暖、地下水位下降、气候干旱化等，地球表面许多草地、林地将不可避免地发生退化。但在人为干扰下，如过度放牧、过度森林砍伐，将会加速这种退化过程，可以说干扰促进了生态演替的过程。然而通过合理的生态建设，如植树造林、封山育林、退耕还林、引水灌溉等，可以使其逆转。

**（4）干扰经常是不协调的**

干扰常常在一个较大的景观中形成具有一定大小、形状的不协调的异质斑块。干扰扩散的结果可能导致景观内部异质性提高，不能与原有景观格局形成一个协调的整体。这个过程会影响到干扰景观中各种资源的可获取性和资源结构的重组，其结果是复杂的、多方面的。

**（5）干扰在时空尺度上具有广泛性**

干扰反映了自然生态演替过程的一种自然现象，对于不同的研究客体，干扰的定义是有区别的，但干扰存在于自然界各个尺度的各个空间中。在景观尺度上，干扰往往是指能对景观格局产生影响的突发事件；在生态系统尺度上，对种群或群落产生影响的突发事件就可以看成是干扰；从物种的角度，能引起物种变异和灭绝的事件就可以认为是较大的干扰行为。

干扰的一般性质及其含义见表 6-1。

**表 6-1　干扰的一般性质及其含义**

| 干扰的性质 | 含义 |
| --- | --- |
| 分布 | 空间分布包括地理、地形、群落梯度 |
| 频率 | 一定时间内干扰发生的次数 |
| 重复间隔 | 频率的倒数，两次干扰之间的平均时间 |
| 预测性 | 由干扰的重复间隔的倒数来测定 |
| 面积及大小 | 受干扰的面积，每次干扰过后一定时间内景观被干扰的面积 |
| 规模和强度 | 干扰事件对格局与过程，或对生态系统结构与功能的影响程度 |
| 影响度 | 对生物有机体、群落或生态系统的影响程度 |
| 协同性 | 对其他干扰的影响（如火山对干旱，虫害对倒木） |

## 6.1.4　干扰的生态学意义

随着生态学家对干扰理论和实践研究的不断深入，以及人们对干扰现象和机理研究的普遍重视，对干扰的生态学意义的认识也不断深化。干扰普遍存在于许多系统、空间范围和时间尺度上，并且在所有生态学组织水平上都能见到。具体说，它可以在多种多样的生物群落中发生，也可以在所有组织水平（分子、基因、细胞、组织、个体、种群、群落、生态系统和景观层次）上发生。它的空间尺度可以从微观尺度到几千平方千米，甚至于全球范围内。它的时间尺度可以从分秒到几千年。但目前的干扰研究主要集中在个体以上的层次上，也可以说，主要集中于生态学学科领域。

人们对干扰的生态学意义的认识当前仍处于不断深入和积累的阶段，因此缺乏理论上的全面概括。但是，许多干扰都具有破坏作用和增益作用的两重性，关键取决于干扰的强度，这已是人们的共识。所以，正确认识干扰的生态学意义是很重要的。从积极的角度看，干扰的生态学意义主要有以下三点。

**(1) 有利于促进系统的演化**

对于许多自然干扰而言，其作用特征首先是斑块化的。换言之，干扰往往始于系统的局部，其作用是影响生态系统的时空异质性。在斑块环境内，物种间的相互关系包括捕食与被捕食的相互作用会发生变化。有些干扰作用能降低一个或少数几个物种的优势度，为其他竞争相同资源能力较差的物种相对增加了资源。斑块的出现可增加环境异质性，为物种特化和资源分配提供有利条件。这意味着环境异质性可增加物种多样性，有利于系统的自然演化。当然，斑块中物种多样性如何变化，还取决于历史上曾发生的对系统干扰的强度、时间尺度及频率分布。一般来说，经常遭受干扰且出现大斑块的群落，干扰后的演替早期，生物多样性增加甚至达到最大，而在缺少干扰的情况下，随时间的推移多样性下降。在很少遭受大尺度干扰的群落中，生物多样性最大值出现在演替的后期。

**(2) 干扰是维持生态平衡和稳定的因子**

一般来说，经常处于变化环境中的物种要比稳定环境中生存的物种更可能忍受环境压力，因为不稳定的群落中常生活着对环境适应能力强、能忍受高死亡率的物种。正是从这个意义出发，不稳定的生物群落常常具有较强的恢复力。对于某些地区的森林生态系统，周期性的干扰能起到负反馈的作用。例如在加拿大，成熟的森林表现出许多衰老的特征如生产力下降等，但周期性的火干扰却使这里的森林生态系统得到不断更新。周期性的火干扰已成为群落稳定的调控因子。

**(3) 干扰能调节生态关系**

干扰对生物群落中生物间各种生态关系的影响是极其复杂的，也是多方面的。对这个领域的研究才刚刚开始。如许多研究认为，干扰斑块内种群在遗传学上表现出差异，但这种差异与干扰发生的概率、种间相互作用的机制及作用结果的变化程度等存在何种关系，人们还不完全清楚。目前学者研究较多、较公认的是草原放牧干扰的生态学意义，认为适度放牧即轻度干扰能促进群落的生物多样性和生产力提高。

## 6.1.5　人为干扰的主要形式

早期对干扰的研究，主要集中在自然干扰及其对植物群落、种群结构和动态影响方面。随着人类活动的加剧，人为的干扰已经改变了陆地和各气候带的自然生态系统。同时，人为干扰已经被认为是驱动种群、群落和生态系统演化的动力。因此，人为干扰及其对生态系统的影响已经成为现代生态学研究的热点。

人类对生态系统干扰的形式和途径很多，产生的效应和表现形式也多种多样，人类对生态系统的干扰主要有以下几种形式。

**(1) 传统劳作方式对生态系统的干扰**

① 对森林和草原植被的砍伐与开垦。人类的这种干扰对自然环境构成的危害，始于大

约 10000 多年前的早期农业并持续到现在（如备受人们关注的热带雨林的砍伐）。这种干扰导致一系列生态环境问题的发生，如森林大量被砍伐后，不仅导致森林植被的退化、水土流失加剧、区域环境的变化，而且还会造成因生物环境的破坏导致生物多样性的丧失等。

② 采集。一些经济、药用及珍稀野生生物采集是人类对自然生态系统长期施加的一种直接干扰。

③ 采樵。采樵是不可忽视的一种干扰方式。在这种干扰中，人们的主要目的是满足对能源的需求，对生态系统造成的影响则是破坏了物质循环的正常进行。如对林下枯落物的利用，不仅意味着生态系统能量和养分的减少，而且破坏了地被层及土壤动物的生存环境。以采樵为目的而对草原枯落物的反复掠取，则是造成草原退化的重要原因。

④ 狩猎和捕捞。狩猎是一种特殊的干扰方式，在历史上，人们曾以此作为维生的手段之一。森林中除存在大量的野生动物外，还有杂食和寄生动物等。人类以经济和食用为目的的非计划性狩猎，尤其是对种群数量很少的濒危动物的捕杀，将严重破坏动物种群的生殖和繁衍，甚至造成物种的灭绝。人类对水生生物资源的适度捕捞，可保持水产品的持续利用。但是，在种群繁殖前的大量捕捞，则会导致种群生殖年龄提前、个体小型化、种群数量急剧下降等。

### （2）环境污染

人类在不断发展工农业的同时，也向自然环境排放了大量的生活垃圾、工业废物、农药以及各种对环境有毒有害的污染物，这是人类社会对自然生态系统的另一种最主要的直接干扰方式。工业废水的直接排放使许多水域被污染，水质下降甚至丧失水的使用价值；大量化石燃料的使用以及向大气排放的各种污染物，不仅使空气受到污染，而且进入大气的硫氧化物、氮氧化物，在与水蒸气结合后形成极易电离的硫酸和硝酸，导致大气酸度增加，许多地区甚至因此酸雨成灾，对生态系统造成灾难性的影响。这方面的干扰及其危害相当广泛和严重。

### （3）不断出现的新干扰形式

随着人类社会的发展，人为干扰也在不断出现新的形式，如旅游、探险活动等，这些干扰也都对自然生态环境造成了不同程度的破坏。

人类对生态系统的直接干扰还会产生许多间接的影响，如森林的砍伐不仅使本区域的生态环境发生变化，而且还对河流整个流域的径流造成影响，改变河流的水文特征；采樵不仅直接对草原植被的再生造成危害，同时还因植被状况的改变而间接影响着土壤盐分和地下水资源分布的变化；水域的污染不仅直接危害水生生物的生存安全，而且能通过生物对有害物质的富集而对人们的身体健康构成威胁。所以，人为干扰具有广泛性、多变性、潜在性、协同性、累积性和放大性等特征。

## 6.2　退化生态系统成因、类型及特征

### 6.2.1　退化生态系统的定义

退化生态系统（Degraded Ecosystem）是相对于健康生态系统（Healthy Ecosystem）

而言的。退化生态系统是一类"病态"生态系统，它是指在一定的时空背景下，在自然、人为因素或二者的共同干扰下，生态系统的某些要素或系统整体发生不利于生物和人类生存要求的量变和质变，系统的结构和功能发生与其原有的平衡状态或进化方向相反的位移。具体表现为生态系统的基本结构和固有功能的破坏或丧失、生物多样性下降、稳定性和抗逆能力减弱以及生产力下降，故又称为"受害或受损"生态系统（Damaged Ecosystem）。

章家恩（1999）认为在研究生态退化时，应把人自身纳入生态系统加以考虑，研究人类-自然复合生态系统的结构、功能、演替及其发展，因为环境恶化、经济贫困、社会动荡、文化落后等都是人类-自然复合生态系统退化的重要诊断特征。

## 6.2.2　退化生态系统的成因

自然干扰和人为干扰是生态系统退化的两大触发因子。自然干扰是指一些天文因素变异而引起的全球环境变化（如冰期、间冰期的气候冷暖波动），以及地球自身的地质地貌过程（如火山爆发、地震、滑坡和泥石流等自然灾害）和区域气候变异（如大气环境、洋流及水分模式的改变等）。人为干扰主要包括人类社会中所发生的一系列社会、经济、文化生活及过程（如工农业活动、城市化、商业活动、旅游和战争等）。人为干扰往往叠加在自然干扰之上，共同加速生态系统的退化。某些干扰（如人口过度增长、人口流动等）对生态系统或环境不仅会形成静态压力，而且会产生动态压力。一方面，干扰能通过对个体的综合影响，引起种群的年龄结构、大小、遗传结构以及群落的丰富度、优势度与结构的改变；另一方面，干扰可直接破坏或毁灭环境和生态系统的某些组分，造成系统资源短缺和某些生态学过程或生态链的断裂，最终导致整个生态系统的崩溃。

干扰的类型、强度和频度在很大程度上决定着生态系统退化的方向和程度。自然干扰总是使生态系统返回到生态演替的早期状态，某些周期性的自然干扰在生态演替过程中起着反馈的作用，使生态系统处于一种稳定平衡状态，但一些剧变或突发性的自然干扰（火山爆发、洪水等）往往会导致生态系统的彻底毁坏。人为干扰可直接或间接地加速、减缓和改变生态系统退化的方向和过程。在一些地区，人类活动产生的干扰对生态退化起主要作用，并常造成生态系统的逆向演替，产生土地荒漠化、生物多样性丧失等不可逆变化和不可预料的生态后果。

## 6.2.3　退化生态系统的类型

根据退化过程及生态学特征，退化生态系统可分为不同的类型。彭少麟等（2000）将退化生态系统分为裸地、森林采伐迹地、弃耕地、沙漠化地、采矿废弃地和垃圾堆放场六种类型。显然这种分类主要适用于陆地生态系统。实际上生态退化还包括水生生态系统的退化（水体富营养化、干涸等）和大气生态系统的退化（大气污染、全球气候变暖等）。常见的退化生态系统类型有以下六种。

**(1) 裸地**

裸地（Barren）或称为光板地，通常具有较为极端的环境条件，或是较为潮湿，或是较为干旱，或是盐渍化程度较深，或是缺乏有机质甚至无有机质，或是基质移动性强。裸地可分为原生裸地（Primary Barren）和次生裸地（Secondary Barren）两种。原生裸地主要是自然干扰所形成的，而次生裸地则多是人为干扰所造成的。

**（2）森林采伐迹地**

森林采伐迹地是人为干扰形成的退化类型，其退化程度随采伐强度和频率而异。据世界粮农组织调查，1980 年至 1990 年全球森林每年以 1100 万～1500 万公顷的速度在消失。联合国、欧洲、芬兰有关机构联合调查研究预测，1990 年至 2025 年，全球森林每年将以 1600万～2000 万公顷的速度消失。与最后一季冰川期结束后相比，亚太地区、欧洲、非洲、拉丁美洲和北美洲等地的原始森林覆盖面积分别减少 88%、62%、45%、41% 和 39%。七个森林大国中，巴西、中国、印尼和刚果（金）的森林面积每年以 0.1%～1% 的速度递减。俄罗斯、加拿大和美国以每年 0.1%～0.3% 的速度递增。2014—2016 年，全球原始森林面积每年减少 9 万平方千米，几乎为哥斯达黎加领土的两倍。中国到"十三五"结束，森林覆盖率为 23.04%。在十大自然资源中，森林资源最为短缺，人均占有森林面积仅相当于世界平均水平的 11.7%。

**（3）弃耕地**

弃耕地（Abandoned Field）是人为干扰形成的退化类型，其退化状态随弃耕的时间而异。

**（4）沙漠**

沙漠（Desert）可由自然干扰或人为干扰形成。按目前荒漠化的发展速度，未来 20 年内全世界将有 1/3 的耕地会消失。据统计，到 1996 年为止全球荒漠化土地面积达 3600 万平方千米，占陆地面积的 1/4，并以每年 15 万平方千米的速度扩展（比整个美国纽约州还大）；100 多个国家和地区的 12 多亿人受到荒漠化的威胁；36 亿公顷土地受荒漠化的影响，每年造成直接经济损失 420 多亿美元。根据 2020 年《中国生态环境状况公报》，第五次全国荒漠化和沙化监测结果表明，我国荒漠化土地面积为 261.16 万平方千米，沙化土地面积为 172.12 万平方千米。

**（5）废弃地**

废弃地包括工业废弃地、采矿废弃地和垃圾堆放场。工业废弃地是所有废弃地类型中情况最多样化的废弃地。有一些工业对土壤没有很大的污染，而一些工业尤其是化学工业对土壤具有相当大的污染。采矿废弃地（Mining Wasteland）是指采矿活动破坏的、非经治理而无法使用的土地。垃圾堆放场（Waste Stack Bank）或堆埋场是家庭、城市、工业等堆积废物的地方，是人为干扰形成的。

**（6）受损水域**

从长远的角度看，自然原因是水域生态系统退化的主要因素，但随着工业化的发展，人为干扰大大加剧了退化的进程。大量未经处理的生活和工业污水直接排放到自然水域中，使水源的质量下降、水域的功能减弱，对水中生物生长、发育和繁殖造成危害，甚至使水域丧失饮用水的功能。

## 6.2.4 退化生态系统的特征

生态系统退化后，原有的平衡状态被打破，系统的结构、组分和功能都会发生变化，随之而来的是系统的稳定性减弱、生产能力降低、服务功能弱化。从生态学角度分析，与正常生态系统相比，退化生态系统表现出如下特征（表6-2）。

表6-2 退化生态系统与正常生态系统特征的比较

| 生态系统特征 | 退化生态系统 | 正常生态系统 |
|---|---|---|
| 总生产量/总呼吸量（$P/R$） | $<1$ | 1 |
| 生物量/单位能流值 | 低 | 高 |
| 食物链 | 直线状、简化 | 网状、以碎食链为主 |
| 矿质营养物质循环 | 开放或封闭 | 封闭 |
| 生态联系 | 单一 | 复杂 |
| 敏感性、脆弱性 | 高 | 低 |
| 抗逆能力 | 弱 | 强 |
| 信息量 | 低 | 高 |
| 熵值 | 高 | 低 |
| 多样性（包括生态系统、物种、基因和生化物质的多样性） | 低 | 高 |
| 景观异质性 | 低 | 高 |
| 层次结构 | 简单 | 复杂 |

注：引自黄孝锋，2016。

### (1) 生物多样性变化

系统的特征种类、优势种类首先消失，与之共生的种类也逐渐消失，接着依赖其提供环境和食物的从属性依赖种相继因为不适应而消失，即$K$-对策种类消失。系统的伴生种迅速发展，种类增加，如喜光种类、耐旱种类或对生境尚能忍受的先锋种类趁势侵入、滋生繁殖。物种多样性的数量可能并未有明显的变化，多样性指数可能并不下降，但多样性的性质发生变化，质量明显下降，价值降低，因而功能衰退。

### (2) 层次结构简单化

生态系统退化后，反映在生物群落中的种群特征上，常表现为种类组成发生变化，优势种群结构异常；在群落层次上，表现为群落结构的矮化，整体景观的破碎。例如，因过度放牧而退化的草原生态系统，最明显的特征是牲畜喜食植物种类的减少，其他植被也因牧群的践踏，物种的丰富度下降，植物群落趋于简单化和矮小化，部分地段还因此出现沙化和荒漠化。

### (3) 食物网结构变化

由于生态系统结构受到损害，层次结构简单化以及食物网的破裂，有利于系统稳定的食物网简单化，食物链缩短，部分链断裂和解环，单链营养关系增多，种间共生、附生关系减弱，甚至消失。如随着森林的消失，某些类群的生物如鸟类、微生物也因失去了良好的栖居条件和隐蔽点及足够的食源而随之消失。由于食物网结构的变化，系统自组织、自调节能力减弱。

### (4) 能量流动出现危机和障碍

由于退化生态系统食物关系的破坏，能量的转化及传递效率会随之降低。主要表现为系统总光能固定的作用减弱，能流规模降低，能流格局发生不良变化；能流过程发生变化，捕食过程减弱或消失，腐化过程弱化，矿化过程加强而吸收存储过程减弱；能流损失增多，能流效率降低。

### （5）物质循环发生不良变化

生物循环减弱而地球化学循环增强是退化生态系统的重要特征。物质循环通常具有两个主要的流动途径，即生物学的"闭路"或称生物循环以及地球化学的"开放"循环或称地球化学循环。生物循环主要在生命系统与活动库中进行。由于系统退化，层次结构简单化，食物网解链、解环或链缩短、断裂，甚至消失，使得生物循环的周转时间变短，周转率降低，因而系统的物质循环减弱，活动库容量变小，流量变小，生物的生态学过程减弱；地球化学循环主要在环境与储存库中进行，由于生物循环减弱，活动库容量变小，相对于正常的生态系统而言，生物难以滞留相对较多的物质于活动库中，而储存库容量增大，因而地球化学循环加强。总体而言，物质循环由闭合向开放转化，同时由于生物多样性及其组成结构的不良变化，使得生物循环与地球化学循环组成的大循环功能减弱，对环境的保护和利用作用减弱，环境退化。最明显的莫过于系统中的水循环、氮循环和磷循环由生物控制转变为物质控制，系统由封闭转向开放。如森林的退化，导致其系统内土壤和养分被输送到毗邻的水生系统，又引起富营养化等新的问题。当今全球范围内的干旱化、局部的水灾原因也就在于此。

### （6）系统生产力变化

根据结构与功能统一的原理，受损生态系统物种组成和群落结构的变化，必然导致能流与物流的改变。物种组成和群落结构变化的影响，通常反映在生态系统生物生产力的下降，如砍伐后的森林、退化后的草地等。当然，在某些特定条件下也有例外，如贫营养化的水域中，适当地人为增加水体的营养物质，不仅能提高生态系统的生物生产力，而且还能增加群落的生物多样性，改善生态系统中的生态关系。

### （7）生物利用和改造环境的能力弱化及功能衰退

主要表现在：固定、保护、改良土壤及养分能力弱化，调节气候能力削弱；水分维持能力减弱，地表径流增加，引起土壤退化；防风固沙能力弱化；美化环境等文化环境价值降低或丧失，导致系统生境的退化，在山地系统中尤为明显。

### （8）系统稳定性下降

正常系统中，生物相互作用占主导地位，环境的随机干扰较小，系统在某一平衡点附近摆动。有限的干扰所引起的偏离将被系统固有的生物相互作用（反馈）所抗衡，使系统很快回到原来的状态，系统是稳定的。但在退化系统中，由于结构成分不正常，系统在正反馈机制驱使下远离平衡，其内部相互作用太强，以致系统不能维持稳定。

综上所述，退化生态系统首先是组成和结构发生变化，导致其功能退化和生态过程弱化，引起系统自我维持能力减弱且不稳定。但系统成分与其结构的改变是系统退化的外在表现，功能退化才是退化的本质，因此退化生态系统功能的变化是判断生态系统退化程度的重要标志。另一方面，由于植物及其种群属于生态系统的第一性生产者，是生态系统有机物质的最初来源和能量流动的基础，所以，植物群落的外貌形态和结构状况又通过系统中消费者、分解者的影响而决定着系统的动态，制约着系统的整体功能。因此，在退化生态系统中，结构与功能也是统一的，通过结构的变化，也可以推测出功能的改变。

## 6.3　恢复生态学及其基本理论

### 6.3.1　生态恢复的定义

生态恢复的定义颇多，其中有代表性的有：美国自然资源保护委员会（Natural Resource Defense Council）认为，使一个生态系统恢复到较接近其受干扰前的状态即为生态恢复；W. R. Jordan Ⅲ（1995）认为，使生态系统恢复到先前或历史上（自然的或非自然的）的状态即为生态恢复；J. Cairns Jr.（1995）认为，生态恢复是使受损生态系统的结构和功能恢复到受干扰前状态的过程；Egan 认为，生态恢复是重建某区域历史上存在的植物和动物群落，而且保持生态系统和人类传统文化功能的持续性的过程。

以上四种定义都强调受损生态系统要恢复到理想的状态，但由于受一些现实条件的限制，如缺乏对生态系统历史的了解、恢复时间太长、生态系统中关键种的消失、费用太高等，这种理想状态不可能达到。所以，J. M. Diamond（1987）认为，生态恢复就是再造一个自然群落或再造一个自我维持并保持后代持续性的群落；J. L. Harper（1987）认为，生态恢复是关于组装并试验群落和生态系统如何工作的过程。国际恢复生态学会（SER）在不同时期先后提出三个定义：①生态恢复是修复被人类损害的原生生态系统的多样性及动态的过程（1994）；②生态恢复是维持生态系统健康及更新的过程（1995）；③生态恢复是帮助研究生态整合性的恢复和管理过程的科学，生态整合性包括生物多样性、生态过程和结构、区域及历史情况、可持续的社会实践等广泛的范围。

与生态恢复相关的术语有恢复（Restoration）、修复（Rehabilitation）、改良（Reclamation）、改进（Enhancement）、修补（Remediation）、更新（Renewal）、再植（Revegetation）等，从不同角度反映了生态恢复与重建的基本意图。其中，恢复是指退化生态系统恢复到未被损害前的完美状态的行为，是完全意义上的恢复，既包括回到原始状态又包括完美和健康的含义。修复则被定义为把一个事物恢复到先前的状态的行为，其行为与恢复相似，但不包括达到完美状态的含义，意味着不一定必须恢复到起始状态的完美程度，因此这个词被广泛用于所有退化状态的改良工作，更具有现实意义。

生态恢复有如此多的术语，一方面说明生态恢复实践较多，针对不同的实际问题采用不同的术语；另一方面也说明生态恢复从术语到概念尚需规范和统一。

### 6.3.2　生态恢复后的特征

当生态系统拥有充足的生物与非生物资源，在没有外界帮助的情况下能维持系统的正常发展，就可以认为这个系统恢复了。恢复后的生态系统在结构和功能上能自我维持，对正常幅度的干扰和环境压力表现出足够弹性，与相邻生态系统间有生物、非生物流动及文化作用（SER，2004）。

国际恢复生态学会列出了九个特征作为判定生态恢复是否完成的标准。当然，并不是符合所有这些特征才能说明生态恢复成功了，不过用这些特征来证实生态系统是否沿着正确的轨迹向预定或参照的目标发展是很有必要的。有些特征很容易测定，而另一些只能间接推测。

这九个特征如下：①生态系统恢复后的特征应该与参照系统类似，而且有适当的群落结构。②生态系统恢复后有尽可能多的土著种，在恢复后的文化生态系统中，允许外来驯化种、非入侵性杂草和作物的协同进化存在。③生态系统恢复后，维持系统持续演化或稳定所必需的所有功能群都出现了，如果它们没有出现，在自然条件下也应该有重新定居的可能性。④生态系统恢复后的环境应该能够保证那些对维持生态系统稳定或沿正确方向演化起关键作用的物种的繁殖。⑤生态系统恢复后在其所处演化阶段的生态功能正常，没有功能失常的征兆。⑥生态系统恢复后能较好地融入一个大的景观或生态系统组群中，并通过生物和非生物流动与其他系统相互作用。⑦周围景观中对恢复生态系统的健康和完整性构成威胁的潜在因素得到消除或已经减轻到最低程度。⑧恢复的生态系统能对正常的、周期性的环境压力保持良好的弹性，从而维持生态系统的完整性。⑨与作为参照的生态系统保持相同程度的自我维持力，在现有条件下，恢复生态系统应该具有能够自我维持无限长时间的潜能。

此外，适当的生态恢复目标也可加入上述清单，例如，生态恢复的一个目标就是在适当的情况下，恢复生态系统能为社会提供特定的产品或服务。也就是说，恢复生态系统是能为社会提供产品和服务的自然资本。生态恢复的另一个目标是为某些珍稀物种提供栖息地，或者作为某些经过筛选的物种的基因库。生态恢复的其他目标还包括提供美学的享受，融合各种重要的社会行为。

### 6.3.3　恢复生态学的定义

恢复生态学（Restoration Ecology）是一门关于生态恢复（Ecological Restoration）的学科。人类从事生态恢复的实践已有近百年的历史，但恢复生态学是 J. D. Aber 和 W. R. JordanⅢ 两位英国学者于 1985 年提出的，之后得以迅猛发展，现已日益成为世界各国研究的热点。1996 年，美国生态学的年会已把恢复生态学作为应用生态学重点关注的五大研究领域之一。其学科任务是致力于研究自然灾变和人类活动压力下，受到破坏的自然生态景观的恢复与重建问题。

由于恢复生态学具有理论性和实践性，从不同的角度会有不同的理解，因此关于恢复生态学的定义有很多。国际恢复生态学会对恢复生态学定义如下：恢复生态学是研究如何修复由于人类活动引起的原生生态系统生物多样性和动态损害的一门学科，其内涵包括帮助恢复和管理原生生态系统的完整性的过程。这种完整性包括生物多样性临界变化范围、生态系统结构和过程、区域和历史内容、可持续发展的文化实践。美国自然资源保护委员会认为：恢复生态学是研究使一个生态系统恢复到受干扰前状态的学科。A. P. Dobson 等（1997）认为，恢复生态学将继续提供重要的关于表达生态系统组装和生态功能恢复的方式，正像通过分离、组装汽车来获得对汽车工程更深的了解一样，恢复生态学强调的是生态系统结构的恢复，其实质是生态系统功能的恢复。

我国学者余作岳等（1996）提出，恢复生态学是研究生态系统退化的原因、退化生态系统恢复与重建的技术与方法、生态学过程与机理的科学；宋永昌（1997）提出，恢复生态学可以看成这样一门学科，它研究退化生态系统的成因和机理，兼顾社会需求，在生态演替理论的指导下，结合一定的技术措施，加速其进展演替，最终恢复与建立具有生态、社会、经济效益的可自我维持的生态系统。

尽管恢复生态学定义多种多样，甚至还存在一些争议，但总体上是以其功能来命名的。近几年恢复生态学发展十分迅速，目前恢复已被用作一个概括性的术语，包含重建、改造、改建、再植等含义，一般泛指改良和重建退化的自然生态系统，使其有益于利用并恢复其生态学潜力。由现有恢复生态学的定义可知，它属于历史性应用学科，它以生态系统各组分的结构和功能为基础，研究对这些部件组装、恢复的技术和措施，以及相关的生态学机理，即它吸收其他领域的知识来完成实现生态系统完整的最终恢复目标，这些领域包括土壤、生物和其他生态学分支学科。

## 6.3.4 恢复生态学的基本内容

目前，国内外已出版的恢复生态学专著内容各不相同，但这些专著都认为恢复生态学的研究内容应该包括：气候、土壤等自然因素及其作用与生态系统的响应机制，生物生境重建尤其是乡土植物生境恢复的程序与方法；土壤恢复、地表固定、表土储藏、重金属污染土地生物修补等；生态系统的恢复力、生产力、稳定性、多样性和抗逆性；从先锋到顶极不同级次生态系统发生、发展机制与演替规律；生态系统退化过程的动态监测、响应机制及其模拟、预警与预测；人为因素对生态系统的作用过程与机制，生态系统退化的诊断与评价指标体系；植物自然重新定植过程及其调控技术，包括种子库动态及种子库在自然条件下的萌发机制、杂草的生物控制、生物侵入控制、植物对环境的适应、植物存活、植物生长与竞争；微生物和动物在生态恢复过程中的作用；植被动态，重建生态系统植被动态、外来植物与乡土植物的竞争关系；生态系统结构、功能优化配置重构理论和生态工程规划、设计及实施技术；生态系统功能（生产力、养分循环）恢复理论与技术；干扰生态系统恢复的生态学原理；各类生态系统恢复技术，如干旱、沙漠、湿地、水生、矿区生态系统的重建；典型退化生态系统恢复的优化模式、试验示范与推广；恢复区的生态系统管理技术；恢复生态学的生态学理论基础。

## 6.3.5 恢复生态学的基本理论

**(1) 基础生态学理论**

恢复生态学应用了许多学科的理论，但最主要的是生态学理论。这些理论主要有：限制因子理论（寻找生态系统恢复的关键因子）、热力学定律（确定生态系统能量流动特征）、种群密度制约及分布格局理论（确定物种的空间配置）、生态适应性理论（尽量采用土著种进行生态恢复）、生态位理论（合理安排生态系统中物种组成及其位置）、群落演替理论（缩短恢复时间、极度退化的生态系统的恢复，演替理论可能不适用，但仍具指导作用）、植物入侵理论（引进植物时要防止其通过定居、建群和扩散而逐渐占领该栖息地，从而避免对当地土著种群和生态系统造成负面影响）、生物多样性理论（引进物种时注重生物多样性，生物多样性可能有利于恢复生态系统的稳定）以及缀块-廊道-基质理论（从景观层次考虑生境破碎化和整体土地利用方式）等。

作为生态学的重要分支，恢复生态学与生态学的相同点在于它们都以生态学系统为基本单位，且有许多共同的理论和方法；不同点在于，生态学强调自然性和理论性，而恢复生态学更强调人为干涉及应用性。具体地讲，恢复生态学与生态系统健康、保护生物学、景观生态学、生态系统生态学、环境生态学、胁迫生态学、干扰生态学、生态系统管理学、生态工程学、生态经济学等生态学的分支学科有密切的关系，所有这些学科中必须涉及格局与过程、进化与适应等问题。

**（2）恢复生态学理论**

① 自我设计与人为设计理论。目前，自我设计与人为设计理论（Self-design Versus Design Theory）是唯一从恢复生态学中产生的理论（A. G. van der Valk，1999）。自我设计理论认为，只要有足够的时间，随着时间的推移，退化生态系统将根据环境条件合理地实现自我组织并最终改变其组分。人为设计理论认为，通过工程方法和植物重建，可直接恢复退化生态系统，但恢复的类型可能是多种多样的。这一理论把物种的生活史作为植被恢复的重要因子，并认为通过调整物种生活史的方法可加快植被的恢复。这两种理论的不同点是，自我设计理论是在生态系统层次来考虑生态恢复，未考虑到缺乏种子库的情况下，其恢复的只能是环境决定的群落；人为设计理论把恢复放在个体或种群层次上考虑，这种生态恢复的方向和结果可能是多种的（B. Middleton，1999；A. G. van der Valk，1999）。这两种理论均未考虑人类干扰在整个恢复过程中的重要作用。

② 参考生态系统理论。参考系统或参照物是制定生态恢复计划的原型，同时也用来对其进行评估。它最简单的形式就是某个现实的地点、书面描述或者二者兼备。用"简单参照物"时存在的问题是其只能表现生态系统的某种状态，选定的参照物可以是生态系统发展过程中的任何状态。参照物是生态系统发展过程中随机事件的综合反映。同样，恢复过程中的生态系统可以发展成这个庞大发展序列中潜在的任何一种状态。这种状态在生态恢复过程中是可以被接受的，只要它是参考系统潜在发展的状态。简单参照物不能充分体现恢复生态系统发展过程中各种各样的潜在状态。因此，参照物最好是多种参照地点的集合，如果可能的话，还可有其他来源。这种"复合描述"有利于给生态恢复计划提供更为实际的依据。

可用于描述参照物的信息源包括：生态学描述、物种列表、恢复地点破坏前的地图；以前或现在的空中及地面照片、要恢复状态的残迹、原来环境和生物的标志；类似的完整生态系统的生态学描述和物种列表；动植物标本；熟悉恢复地点破坏前情况的人的口头及书面记录；古生态学证据，如花粉化石、植物化石、年轮历史、动物粪便等。

③ 集合规则理论。集合规则是指群落集合特征（结构与功能）及其影响因素的一个定量描述。它不仅对群落结构和格局进行观察性描述，而且说明群落集合特征的形成过程与关键影响因素可作为建立一个新群落（即生态恢复）的理论框架和技术指南。集合规则强调从种内和种间关系、动物和植物的关系，以及功能群等水平和层次定量分析群落结构的异同，重点说明其成因和过程。由此可见，集合规则实际上是生态系统各部件的组装或合成过程，是生态恢复的技术基础。从现有生态恢复实践看，对生态系统结构的恢复难度要远高于对生态系统功能的恢复。研究群落的集合规则将是恢复生态学的一个重要方面。

④ 恢复的概念模型理论。以往，恢复生态学中占主导的思想是通过排除干扰，加速生物组分的变化和启动演替过程使退化的生态系统恢复到某种理想的状态。在这一过程中，首

先是建立生产者系统（指植被），由生产者固定能量，并通过能量驱动水分循环，水分带动营养物质循环。在生产者系统建立的同时或稍后再建立消费者、分解者系统和微生境。余作岳等（1996）通过近40年的恢复试验发现，在热带季雨林恢复过程中植物多样性导致了动物和微生物的多样性，而多样性可能导致群落的稳定性。

假设生态系统存在多种状态，生态系统在退化过程中就会涉及退化阻力，生态阈值描述了生态系统的性质在时间或空间上的突然变化（任海等，2004）。B. T. Bestelmeyer（2006）根据格局、过程和退化的关系提出了一个阈值体系。该体系将阈值分为格局阈值、过程阈值和退化阈值。以牧场为例，格局阈值包括草的连接度、灌木密度和生境破碎化程度等；过程阈值包括侵蚀率、扩散面积或频率、扩散率或定居率等；退化阈值包括土壤深度、营养可获性及生境占有性等。这三个阈值是循序渐进的，它们又可概括为两类阈值，即组织变化的状态阈值和恢复的状态阈值。

恢复是通过对地点造型、改进土壤、种植植被等促进次生演替，虽然其目标是促进演替，但结果有时是改变了演替方向。在对那些与遗弃地或自然干扰不同的地方进行恢复时，由于其退化的程度不同，可能不一定要模仿次生演替途径。J. B. Zedler（1999）在研究了大量恢复实例的基础上提出了生态恢复谱（Ecological Restoration Spectrum）理论，它涉及可预测性、退化程度和恢复努力三部分。可预测性指生态系统随时间的变化，即它将沿什么方向发展、与参考生态系统的接近程度如何。如外来种和土著种盖度的比率可作为一个指标，比较容易预测出外来种的覆盖率会随时间推进而逐渐减少，但难以预测它何时与自然生态系统中的比率一样低、哪个种会成为最有问题的种、外来种控制恢复样地有何后果等。退化程度指样地和区域两个尺度上的受损情况和程度。努力方向涉及对地形、水文、土壤、植被和动物的更改。严重退化情形下，恢复努力越少，其预计目标越不可能达到；恢复努力越大，目标越易达到。但复杂情形下可能会出现不同速率及不同方向的生态恢复。在轻度退化情况下，即使只做一点恢复努力，也易于恢复生态系统的大部分结构和功能，做更大的努力则极可能达到预期目标。这些原则有助于指导生态恢复实践并预测恢复结果。

⑤ 适应性恢复理论。生态系统是很难完全恢复的，因为它有太多的组分，而且组分间存在非常复杂的相互作用，需要更好地了解生物与非生物因子间、不同生物种类之间的因果关系。如果能全面了解恢复地点的条件和控制变量，就能预测恢复的效果。而且如果没有限制，恢复实践者就能顺利开展恢复工作。由于这种了解程度是有限的，恢复的努力通常被不充分的知识和地点的变化所限制，恢复工作的效果往往也不是很理想。因而，恢复生态学家开始用恢复试验来验证源于自然或人类干扰的各种生态系统理论。然而在绝大多数情况下，实践者不得不用更广泛的生态学测试来验证那些非同寻常的情况。虽然有几个生态学理论与恢复相关，但个体的恢复不得不按照时间序列有秩序地进行。J. G. Ehrenfeld（2000）建议恢复生态学家应停止期待能发现预测恢复结果的简单规律，相反，应该充分意识到因恢复地点及恢复目标不同而导致的挑战的多样性。

虽然 A. D. Bradshaw（1984）认为在退化生态系统恢复过程中，功能恢复与结构恢复成线性关系，但他并没有考虑到退化程度和恢复努力的影响。生态学还没有达到可以在特定地点特定方法下预测特定结果的阶段。恢复生态学要强调自然恢复与社会、人文相结合，恢复生态学研究无论是在地域上还是在理论上都要跨越边界，以生态系统尺度为基点，在景观尺度上表达。

适应性恢复是与适应性管理对应的一个概念。适应性管理是指科学家提供信息、建议，推荐给管理者选择并实施，随后科学家又跟踪研究实施后的情况并提出新一轮建议，如此反复，管理者利用研究发现，研究者利用管理实施回答因果关系问题。只要有可能，恢复项目就应将试验整合进规划与设计中。虽然适应性恢复不能百分之百确保期待的结果，但它将为同类生态系统的恢复提供可更正的测定方法或更有利的恢复实践。

⑥护理植物理论。植物之间的关系是植物群落演替或恢复的重要动力之一。植物之间的关系主要有竞争、中性和辅助/护理作用三种。生态学研究中竞争是研究最多的一类，尽管过去对世界主要生物群区的植物群落中竞争和促进作用越来越了解，但是对植物种间正相关关系的研究至今仍然被忽视。护理植物是指那些能够在其冠幅下辅助或护理其他目标植物（Target Species）生长发育的物种。护理植物比周围环境能够为目标植物的种子萌发或者幼苗定居提供更好的微环境（如调节光照、温度、土壤水分、营养等），还可以通过植物种间的正关联使目标植物的幼苗成功定居。护理作用主要是通过植物之间的相互关系来完成的，而植物间的相互作用强烈影响着群落结构与动态，还影响着一个群落中特定物种的出现与缺失。可见护理植物研究可以验证、完善和丰富种间交互作用驱动自然演替的理论，在一定程度上还具有生态恢复的内涵。

当前森林恢复的主要方式有封山育林（自然演替）、人工造林（直接营造先锋种的人工纯林或混交林）、林分改造（间伐后再插入土著种）及宫胁生态造林法（Miyawaki's Ecological Method to Reforestation，直接种植乡土树种小苗）等，这些方式各有利弊。与这些方式相匹配，还发展了使用营养杯及保水剂、引入根瘤、遮阴等造林技术。采用的护理植物方法与上述方式有所不同，是利用各类护理植物，在其林冠层下种植适当的目标植物，利用护理植物改善的小生境（提供遮阴、缓和极端温度、提供较高的湿度等）及植物间的正效应实现定居并有效缩短恢复时间。护理植物方法若取得成功将是一种新的造林方法，可在发掘优良乡土树种的同时促进自然恢复，增加植物多样性。

## 6.3.6 受损生态系统的恢复重建

### (1) 生态恢复的目标

广义的恢复目标是通过修复生态系统功能并补充生物组分而使受损生态系统回到一个更自然的条件下。R. J. Hobbs 和 D. A. Norton（1996）认为，恢复退化生态系统的目标是建立合理的内容组成（种类丰富度及多度）、结构（植被和土壤的垂直结构）、格局（生态系统成分的水平安排）、异质性（各组分由多个变量组成）和功能（诸如水、能量、物质流动等基本生态过程的表现）。事实上，进行生态恢复的目标不外乎以下四个：①修复诸如废弃矿地这样极度退化的生境；②提高退化土地的生产力；③在被保护的景观内去除干扰以加强保护；④对现有生态系统进行合理利用与保护，维持其服务功能。

由于生态系统具有复杂性和动态性，虽然恢复生态学强调对受损生态系统进行恢复，但恢复生态学的首要目标仍是保护自然的生态系统，因为保护在生态系统恢复中具有重要的参考作用；第二个目标是恢复现有的退化生态系统，尤其是与人类关系密切的生态系统；第三个目标是对现有的生态系统进行合理管理，避免退化；第四个目标是保持区域文化的可持续发展；其他目标还包括实现景观层次的整合性、保持生物多样性及保持良好的生态环境。V. T. Parker（1997）认为，恢复的长期目标应是生态系统可持续性的恢复，但由于这个目标的时间尺度太大，加上生态系统是开放的，可能会导致恢复后的系统状态与原状态不同。

总之，根据不同的社会、经济、文化与生活需要，人们往往会对不同的退化生态系统制定不同水平的恢复目标。但是无论对什么类型的退化生态系统，都应该存在一些基本的恢复目标或要求，主要包括：①生态系统地表基底稳定性，因为地表基底（地质地貌）是生态系统发育与存在的载体，基底不稳定（如滑坡），就不可能保证生态系统的持续演替与发展；②恢复植被和土壤，保证一定的植被覆盖率和土壤肥力；③增加种类组成和生物多样性；④实现生物群落的恢复，提高生态系统生产力和自我维持能力；⑤减少或控制环境污染；⑥增加视觉和美学享受。

**（2）生态恢复的基本原则**

受损或退化生态系统的恢复与重建，要在遵循自然规律的基础上，通过人类的作用，根据技术上适当、经济上可行、社会能够接受的原则，使受损或退化生态系统重构或再生。生态恢复的原则一般包括自然法则、社会经济技术原则和美学原则（图6-1）。自然法则是生态恢复与重建的基本原则，也就是说，只有遵循自然规律的恢复与重建才是真正意义上的恢复与重建，否则只能是事倍功半；社会经济技术原则是生态恢复重建的后盾与支柱，在一定程度上制约着恢复与重建的可能性、水平和深度；美学原则是指受损生态系统的恢复与重建应给人以美的享受，实现整体的和谐。

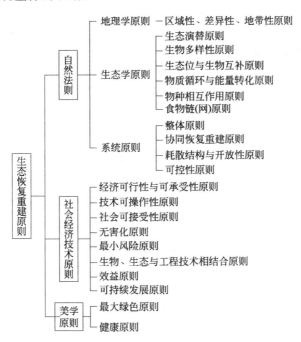

图 6-1  退化生态系统恢复与重建应遵循的基本原则（章家恩，徐琪，1999）

**（3）生态恢复成功的标准**

恢复生态学家、资源管理者、政策制定者和公众希望知道恢复成功的标准何在，但生态系统的复杂性及动态性却使这一问题复杂化了。要衡量一个生态系统是否成功恢复，通常是将恢复后的生态系统与未受干扰的生态系统进行比较。对比的内容包括：关键种的多度与表现、重要生态过程的再建立、诸如水文过程等非生物特征的恢复。

国际恢复生态学会建议比较恢复系统与参照系统的生物多样性、群落结构、生态系统功能、干扰体系及非生物的生态服务功能。还有人提出使用生态系统23个重要的特征来帮助理解整个生态系统随时间在结构、组成及功能复杂性方面的变化。J. Cairns Jr. (1977) 认为，恢复至少包括能被社会公众感觉到的、被确认恢复到可用程度的、恢复到初始的结构和功能条件（尽管组成这个结构的元素可能与初始状态明显不同）。A. D. Bradshaw (1987) 提出可用5个标准来判断生态恢复是否成功：①可持续性，即可自然更新；②不可入侵性，即能像自然群落一样能抵制有害生物的入侵；③生产力，即与自然群落一样高；④营养保持力；⑤具有生物间相互作用。D. Lamb (1994) 则认为，恢复的指标体系应包括造林指标（如幼苗成活率、幼苗的高度、基径和蓄材生长、种植密度、病虫害受控情况）、生态指标（即期望出现物种的出现情况、适当的植物和动物多样性、自然更新能否发生、有适量的固氮树种、目标种出现与否、适当的植物覆盖率、土壤表面稳定性、土壤有机质含量高、地面水和地下水的保持力等）和社会经济指标（即当地人口稳定、商品价格稳定、食物和能源供应充足、农林业平衡、从恢复中得到的经济效益与支出平衡、对肥料和除草剂的需求量）。M. A. Davis (1996) 和 A. Margaret (1997) 等认为，生态恢复是指生态系统的结构和功能恢复到接近其受干扰前的结构与功能。结构恢复指标是土著种的丰富度，而功能恢复的指标包括初级生产力和次级生产力、食物网结构、在物种组成与生态系统过程中存在反馈（即恢复所期望的物种丰富度），管理群落结构的发展、确认群落结构与功能间的连接已形成。任海和彭少麟（1998）根据热带人工林恢复定位研究的相关结论提出：森林恢复的标准包括结构（物种的数量和密度、生物量）、功能（植物、动物和微生物间形成食物网、生产力和土壤肥力）和动态（可自然更新和演替）。J. Aronson 等 (1993) 提出了25个重要的生态系统特征和景观特征。这些生态系统特征主要是结构、组成和功能的，而景观特征则包括景观结构与生物组成，景观内生态系统间的功能与作用，景观破碎化和退化的程度、类型及原因。这些特征测定费用少，可量化，对由干扰等引起的小变化敏感，能快速测定，且在一个国家或一定区域范围内易于传递。一般不必25个特征都具备。

D. Careher 和 W. H. Knapp (1995) 提出采用记分卡的方法对生态恢复的效果进行评价。假设生态系统有5个重要参数（如种类、空间层次、生产力、传粉者或播种者、种子产量及种子库的时空动态），每个参数都有一定的波动幅度，比较退化生态系统恢复过程中相应的5个参数，检查每个参数是否已达到正常波动范围或与该范围还有多大差距。R. Costanza 等 (1998) 在评价生态系统健康状况时提出了一些指标（如活力、组织、恢复力等），这些指标也可用于生态系统恢复的评估。在生态系统恢复过程中，景观生态学中的预测模型也可用作成功生态恢复评价的参考。除了考虑上述因素外，判断成功与否还要在一定的尺度下，用动态的观点，分阶段进行检验。

**（4）生态恢复的技术方法**

恢复与重建技术是恢复生态学的重点研究领域，但目前还是一个薄弱环节。由于不同退化生态系统在地域上存在差异性，加上外部干扰类型和强度的不同，结果导致生态系统所表现出的退化类型、退化阶段、过程及其响应机制也各不相同。因此，在对不同类型的退化生态系统进行恢复的过程中，其恢复目标、侧重点及选用的配套关键技术往往也有所不同。尽管如此，对于一般退化生态系统而言，大致需要或涉及以下几类基本的恢复技术体系：①非生物环境因素（包括土壤、水体、大气）的恢复技术；②生物因素（包括物种、种群和群落）的恢复技术；③生态系统（包括结构与功能）的总体规划、设计与组装技术。这里将恢复退化生态系统的一些常用或基本技术加以总结（见表6-3）。

**表 6-3　生态恢复技术体系**

| 恢复类型 | 恢复对象 | 技术体系 | 技术类型 |
|---|---|---|---|
| 非生物环境因素 | 土壤 | 土壤肥力恢复技术 | 少耕、免耕技术；绿肥与有机肥施用技术；生物培肥技术（如EM技术）；化学改良技术；聚土改土技术；土壤结构熟化技术 |
| | | 水土流失控制与保持技术 | 坡面水土保持林、草技术；生物篱笆技术；土石工程技术（小水库、谷坊、鱼鳞坑等）；等高耕作技术；复合农林技术 |
| | | 土壤污染控制与恢复技术 | 土壤生物自净技术；施加抑制剂技术；增施有机肥技术；移土客土技术；深翻埋藏技术；废弃物资源化利用技术 |
| | 大气 | 大气污染控制与恢复技术 | 新兴能源替代技术；生物吸附技术；烟尘控制技术 |
| | | 全球变化控制技术 | 可再生能源技术；温室气体的固定转换技术（如利用细菌、藻类）；无公害产品开发与生产技术；土地优化利用与覆盖技术 |
| | 水体 | 水体污染控制技术 | 物理处理技术；化学处理技术；生物处理技术；氧化塘技术；水体富营养化控制技术 |
| | | 节水技术 | 地膜覆盖技术；集水技术；节水灌溉技术（渗灌、滴灌等） |
| 生物因素 | 物种 | 物种选育与繁殖技术 | 基因工程技术；种子库技术；野生物种的驯化技术 |
| | | 物种引入与恢复技术 | 先锋物种引入技术；土壤种子库引入技术；天敌引入技术；林草植被再生技术 |
| | | 物种保护技术 | 就地保护技术；易地保护技术；自然保护区保护技术 |
| | 种群 | 种群动态控制技术 | 种群规模、年龄结构、密度、性比等调控技术 |
| | | 种群行为控制技术 | 种群竞争、他感、捕食、寄生、共生、迁移等行为控制技术 |
| | 群落 | 群落结构优化配置与组建技术 | 林灌草搭配技术；群落组建技术；生态位优化配置技术；林分改造技术；择伐技术；透光抚育技术 |
| | | 群落演替控制与恢复技术 | 原生与次生快速演替技术；水生与旱生演替技术；内生与外生演替技术 |
| 生态系统 | 结构与功能 | 生态评价与规划技术 | 土地资源评价与规划技术；环境评价与规划技术；景观生态评价与规划技术；"4S"（RS、GIS、GPS、ES）辅助技术 |
| | | 生态系统组装与集成技术 | 生态工程设计技术；景观设计技术；生态系统构建与集成技术 |

注：引自章家恩等，1999。

不同类型（如森林、草地、农田、湿地、湖泊、河流、海洋）、不同程度的退化生态系统，其恢复方法亦不同。从生态系统的组成成分角度看，主要包括非生物和生物系统的恢复。无机环境的恢复技术包括水体恢复技术（如控制污染、去除富营养化、换水、排涝和灌溉技术）、土壤恢复技术（如耕作制度和方式的改变、施肥、土壤改良、表土稳定、控制水土侵蚀、换土及分解污染物等）、大气恢复技术（如烟尘吸附、生物和化学吸附等）。生物系统的恢复技术包括生产者（物种的引入、品种改良、植物快速繁殖、植物搭配、植物种植、林分改造等）、消费者（捕食者的引进、病虫害的控制）和分解者（微生物的引种及控制）的重建技术和生态规划技术的应用。

在生态恢复实践中，同一项目可能会应用上述多种技术。例如，余作岳等（1996）在极度退化的土地上恢复热带季雨林过程中，采用生物与工程措施相结合的方法，通过重建先锋群落、配置多层次、多物种乡土树种的阔叶林和重建复合农林业生态系统等三个步骤取得了成功。总之，生态恢复中最重要的还是综合考虑实际情况，充分利用各种技术，通过研究与实践，尽快地恢复生态系统的结构，进而恢复其功能，实现生态、经济、社会和美学效益的统一。

**（5）生态恢复与重建的一般操作程序**

退化生态系统的恢复与重建一般分为下列几个步骤（图 6-2）：①首先明确被恢复对象，并确定系统边界；②退化生态系统的诊断分析，确定生态系统退化的原因、类型、过程、阶段、强度等；③制定恢复方案，确定恢复目标、生态工程的具体项目、技术关键，可行性论证，生态、经济、投资、风险评估，优化方案等；④实地试验，示范与推广，定期现场调查研究其恢复的效果，并进行调整与改进；⑤恢复后的监测与效果评价以及建立管理措施。

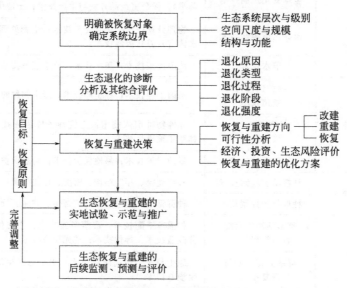

图 6-2 退化生态系统恢复与重建的一般操作程序与内容（引自章家恩等，1999）

**（6）生态恢复的时间**

生态恢复的时间取决于退化生态系统的类型。全球的土地、植被、农田、水体、草地的自然形成或演替时间是不一样的，而且这种过程可能是漫长的。一般退化程度轻的生态系统恢复时间要短些，在湿热地带的恢复要快于干冷地带。不同的生态系统恢复时间也不一样，与生物群落等恢复相比，一般土壤恢复时间最长，农田和草地要比森林恢复得快些，恢复时间与生态系统类型、退化程度、恢复方向、人为促进程度等密切相关。

G. Daily（1997）通过计算退化生态系统潜在的直接实用价值（Potential Direct Instrumental Value）后认为：火山爆发后的土壤要恢复成具生产力的土地需要 3000～12000 年，在湿热地区耕作转换后其恢复要 40 年左右，弃耕农地的恢复要 40 年，弃牧的草地要 4～8 年，而改良退化的土地需要 5～100 年（根据人类影响的程度而定）。此外，G. Daily 还提出轻度退化生态系统的恢复要 3～10 年，中度的 10～20 年，严重的 50～100 年，极度的 200 多年。热带极度退化的生态系统（没有 A 层土壤，面积大，缺乏种源）不能自然恢复，而在一定的人工启动下，40 年可恢复森林生态系统的结构，100 年恢复生物量，140 年恢复土壤肥力及大部分功能。

**思 考 题**

1. 何谓干扰？适度干扰在生态学上有哪些积极作用？

2. 何谓退化生态系统？导致生态系统退化的原因有哪些？

3. 简述人类对生态系统干扰的方式、途径和特点。当前有什么新的发展趋势？

4. 常见退化生态系统的类型有哪几种？比较退化生态系统与正常生态系统的特征。

5. 如何理解生态恢复和恢复生态学的概念？试述生态恢复与恢复生态学的关系。

6. 生态恢复的最终目标是什么？如何理解生态恢复是理论性与实践性的结合？

7. 用一实例说明如何应用恢复生态学原理指导生态恢复实践，具体提出恢复的目标、原则、措施与程序。

# 第 **7** 章　生态监测

　　近年来，水土流失、荒漠化、草原退化和物种减少等生态问题日益严重，致使生态环境脆弱、自然灾害频繁、环境污染严重，这些问题直接危及社会、经济的发展。人们已经认识到，环境问题不再局限于排放污染物引起的健康问题，而且包括自然环境的保护、生态平衡和可持续发展的资源问题。为了保护生态环境，就应对环境生态的演化趋势、特点及存在的问题建立一套行之有效的动态监测与控制体系，而以单纯的理化指标和生物指标为主的环境监测已不能满足当前的发展要求，因此，环境监测开始从一般意义上的环境污染因子监测向生态环境监测过渡和拓宽。由此可见，生态监测是对环境监测的拓展，是环境监测发展的必然趋势，除了新的理论、技术和方法外，环境监测的理论和实践将为生态监测的发展和完善提供基本保证。

　　从本质上看，生态监测是利用各种技术方法和手段，从不同尺度对各类生态系统结构和功能的时空格局进行度量，以此反映自然或人为作用对环境产生的影响和危害，其最终结果是对环境质量进行评价从而提出治理方案，为更深层次的环境管理和决策部门提出生态环境规划。可以说，生态环境监测是生态保护的前提，是生态管理的基础，是制定生态法律法规的依据。

## 7.1　生态监测概述和理论依据

### 7.1.1　生态监测概述

#### (1) 生态监测的概念

生态监测作为一种系统地收集地球自然资源信息的技术方法，自 20 世纪初逐渐发展起来，其标志是科尔克维茨（Kolkwitz）和马松（Marsson）提出的污水生物系统，为运用指示生物评价污染水体自净状况奠定了基础。其后，克莱门茨（1920）把植物个体及群落对于各种因素的反应作为指标，应用于农、林、牧业。20世纪50年代后，生态监测成为环境科学研究中的活跃领域，并在理论和监测方法上更加丰富。生态监测虽然有100多年的发展历史，但对"生态监测"一词的确切含义，人们仍有不同的理解。联合国环境规划署（1993）在《环境监测手册》中将生态监测定义为：生态监测是一种综合技术，是通过地面固定的监测站或流动观察队、航空摄影及太空轨道卫星，获取包括生境的、生物的、经济的和社会的等多方面数据的技术。苏联学者在70年代末提出"生态监测是生物圈综合监测"的概念，他们把生态监测理解为对在自然因素和人为因素影响下生物圈变化状况的观测、评价和预测的一套技术体系。美国环境保护署则把生态监测解释为自然生态系统的变化及其原因的监测，内容主要是人类活动对自然生态结构和功能的影响及改变。

在我国对生态监测含义的争议主要表现在生态监测与生物监测的相互关系上。一种观点认为，生态监测包括生物监测，生态监测就是观测与评价生态系统对自然变化及人为变化所做的反应，包括生物监测和地球物理化学监测两方面内容。而金岚等则将生态监测与生物监测统一起来，将二者统称为生态监测，认为生态监测是环境监测的组成部分，是利用各种技术测定和分析生命系统各层次对自然或人为的反应或反馈效应的综合表征，来判断和评价这些干扰对环境产生的影响、危害及其变化规律，为环境质量的评估、调控和环境管理提供科学依据。这种观点表明，生态监测是一种监测方法，是对环境监测技术的一种补充，是把"生态"作为一种"仪器"来监测环境质量。还有一种观点认为生态监测属于生物监测的一部分，即生态监测是对生态系统以及生物反应的监测，但因生态监测涉及范围远比生物学科广泛、综合，因此应把生态监测独立于生物监测之外。

目前，随着环境科学的发展，以及社会生产、科学研究等领域的监测工作实践，生态监测的内涵已远远超过了上述各种定义。生态监测的内容、指标体系和监测方法等都表现出了全面性、系统性，既包括对环境本底、环境污染、环境破坏的监测，也包括对生命系统（系统结构、生物污染、生态系统功能、生态系统物质循环等）的监测，还包括对人为干扰和自然干扰造成的生物与环境之间相互关系的变化的监测。因此，应该把生态监测定义为通过物理、化学、生化、生态学原理等各种技术手段，对生态环境中的各个要素、生物与环境之间的相互关系、生态系统结构和功能进行监控和测试，为评价生态环境质量、保护生态环境、恢复重建生态系统、合理利用自然资源提供依据。

生态监测的监测对象既不同于城市环境质量监测，也不同于工业污染源监测。从生态监测发展历程来看，目前所指的生态监测主要侧重于宏观的、大区域的生态破坏问题，它能够反映出人类活动对所处的生态环境的有机、综合影响的全貌。如近年来积极开展的福建省湿地生态环境监测，河南省渔业生态环境监测，南极中山站近岸海域生态环境监测，以及在我国开展生态环境监测较早，近几年又做了大量工作的新疆荒漠生态环境监测。生态监测的对象可分为农田、森林、草原、荒漠、湿地、湖泊、海洋、气象、物候、动植物等。每一类生态系统都具有多样性，因此生态监测对象不仅包括环境要素变化的指标和生物资源变化的指标，同时还要包括人类活动变化的指标。

**（2）生态监测的技术方法**

生态监测技术方法就是对生态系统中的指标进行具体测量和判断，从而获得生态系统中某一指标的特征数据，通过统计分析，以反映出该指标的现状及变化趋势。在选择生态监测的具体技术方法前，要根据现有条件，结合实际，制定相应的技术路线，确定最佳技术路线和监测方案。

技术路线和方案的制定大体包含以下几方面内容：生态问题的提出，生态监测台站的选址，监测的内容、方法及设备，生态系统要素及监测指标的确定，监测场地、监测频率及周期描述，数据的整理（包括观测数据、实验分析数据、统计数据、文字数据、图形及图像数据），数据库建立，信息或数据输出，信息的利用（包括编制生态监测项目报表，针对提出的生态问题建立模型、预测预报、评价和规划、制定政策）。在确定具体的生态监测技术方法时要遵循一个原则，即尽量采用国家标准方法，尽量采用该学科较权威或大家公认的方法。

当前国家监测总站确定的生态监测技术路线是以空中遥感监测为主要技术手段，地面对应监测为辅助措施。地面监测技术主要包括生物、地理、环境、生态、理化等可以表征环境质量的技术手段；空中遥感生态监测则是充分利用计算机技术把遥感、航照、卫星监测、地面定点监控有机结合起来，依靠专门的软硬件使生态监测智能化，使生态资料数据上网，实现生态监测网络化。大范围生态系统的宏观监测，必须依赖遥感（RS）、地理信息系统（GIS）与北斗卫星导航系统（BDS）（统称"3S"技术）一体化高新技术。

① 遥感（RS）技术。遥感是利用不同的物体具有不同的电磁波特性的原理来探测地表物体，并提取这些物体的信息，从而完成对远距离物体的识别，具有视域广、信息更新更快的特点。遥感卫星所获取的遥感信息具有厘米到千米级的多种尺度。利用遥感技术得到的所有影像都是地理信息系统利用的信息源，不仅可获取生态环境变化的基本数据的图画资料，还可以提供荒漠化、水土流失、生态恶化、水体污染、海洋污染等发展进程的数据和资料。目前遥感技术在生态监测方面的应用主要有遥感数据源的选择、地理坐标的选择（主要包括投影方式的选择、影像的几何配准、色彩匹配等工作技术领域与质量控制）、遥感影像的识别（即不同生态类型或景观的判读，主要包括分析体系的确立、判读标志的建立、质量控制与质量保证、野外验证等）、数据库的建设（空间数据库的生成、属性数据库的建立、影像库的建设、标志库的建立等）等。

② 地理信息系统（GIS）。GIS 是集计算机科学、地理学、测绘遥感学、环境科学、城市科学、空间科学、信息科学和管理科学等于一体，在计算机技术支持下，将反映现实世界（资源与环境）的现状和变迁的各类空间数据及描述这些空间数据特征的属性，以一定的格式输入、存储、检索、显示和综合分析应用的技术系统。它与 RS 技术相结合，用于全球变化与生态环境监测。地理信息技术主要用于数据空间分析，包括数据库，如地形地貌、水文、环境背景（如积温、降水、太阳辐射等），以及遥感解析所生成的矢量生态景观类型数据，通过 GIS 实现对这些数据的面积的量算以及空间综合分析。

③ 北斗卫星导航系统（BDS）。BDS 是中国自主研制的全球卫星导航系统，也是继GPS、GLONASS 之后的第三个成熟的卫星导航系统，由空间段、地面段和用户段三部分组成。根据最新版本《北斗卫星导航系统公开服务性能规范》，目前全球定位精度水平和高程为 10m，而在亚太地区其精度高达 5m。由于北斗系统具有以下特点，因此可应用领域极其广泛：a.空间段采用 3 种轨道卫星组成的混合星座，与其他卫星导航系统相比高轨卫星更多，抗遮挡能力强，尤其低纬度地区性能特点更为明显；b.提供多个频点的导航信号，能够通过多频信号组合使用等方式提高服务精度；c.融合了导航与通信能力，具有实时导航、

快速定位、精确授时、位置报告和短报文通信服务五大功能。生态监测主要是利用 BDS 实时定位功能、实时监控功能、数据处理功能、信息警告功能、电子围栏功能、数据概述功能、用户管理功能等进行生态状况的综合分析。

"3S"技术是宏观生态环境监测发展的方向，是其发展的主要技术基础。例如，国家海洋环境监测中心成功地利用卫星遥感对 1998 年渤海特大赤潮进行监测，获取了特大赤潮的光谱特征，为渤海的环境问题与富营养化评价，以及赤潮灾害的行政管理提供了科学依据。

**（3）生态监测的分类**

国内对生态监测类型的划分方法有许多种，主要有以下两种。一是根据生态系统类型的不同，生态监测可分为城市生态监测、农村生态监测、森林生态监测、草原生态监测及荒漠生态监测等。这类划分突出了生态监测对象的价值尺度，旨在通过生态监测获得关于各生态系统生态价值的现状资料、受干扰（特别指人类活动的干扰）程度、承受影响的能力、发展趋势等。二是根据生态监测两个基本的空间尺度，可分为微观生态监测和宏观生态监测。

① 宏观生态监测。宏观生态监测是在区域范围内对各类生态系统的组合方式、镶嵌特征、动态变化和空间分布格局及其在人类活动影响下的变化等进行监测。研究对象的领域等级很广，小到区域生态范围，最大可扩展到全球。宏观监测一般以原有的自然本底图和专业数据为基础，采用遥感技术和生态图技术，建立地理信息系统（GIS），有时也采用区域生态调查和生态统计的手段进行监测。现阶段宏观生态监测以"3S"技术为主。

② 微观生态监测。微观生态监测是对某一特定生态系统或生态系统集合体的结构和功能特征及其在人类活动影响下的变化进行监测。研究对象的领域等级最大可包括由几个生态系统组成的景观生态区，最小也可代表单一的生态类型。微观生态监测以大量的生态监测站为工作基础，以物理、化学或生物学的方法对生态系统各个组分提取属性信息。微观生态监测以生物监测为核心。

根据监测的具体内容，微观生态监测又可分为干扰性生态监测、污染性生态监测和治理性生态监测。干扰性生态监测是指对人类特定生产活动干扰生态系统的情况进行监测，如砍伐森林对生态系统的结构和功能、水文过程和物质迁移规律造成的改变，草场过度放牧引起的草场退化，湿地的开发引起的生态变化，污染物排放对水生生态系统的影响，等等；污染性生态监测主要指对农药及金属等污染物在生态系统食物链中的传递及富集进行监测；治理性生态监测是指对破坏的生态系统经人类治理后，生态平衡恢复过程中的监测，如对沙漠化土地治理过程的监测。

宏观生态监测必须以微观生态监测为基础，微观生态监测又必须以宏观生态监测为主导，二者相互独立，又相辅相成，一个完整的生态监测应包括宏观和微观两种尺度所形成的生态监测网。

**（4）生态监测的主要内容**

生态监测主要包括以下几方面内容：

① 生态环境中非生命成分的监测。包括对各种生态因子的监控和测试，既监测自然环境条件（如气候、水文、地质等），又监测物理、化学指标的异常（如大气污染物、水体污染物、土壤污染物、噪声、热污染、放射性等）。不仅包括环境监测的监测内容，还包括对自然环境重要条件的监测。

② 生态环境中生命成分的监测。包括对生命系统的个体、种群、群落的组成、数量、

动态的统计和监测，以及污染物在生物体中含量的测试。

③ 生物与环境构成的系统的监测。包括对一定区域范围内生物与环境之间构成的系统的组合方式、镶嵌特征、动态变化和空间分布格局等的监测，相当于宏观生态监测。

④ 生物与环境相互作用及其发展规律的监测。包括对生态系统的结构、功能进行研究。既包括自然条件下（如自然保护区内）的生态系统结构、功能特征的监测，也包括生态系统在受到干扰、污染或恢复、重建、治理后的结构和功能的监测。

⑤ 社会经济系统的监测。人类在生态监测领域扮演着复杂的角色，既是生态监测的执行者，又是生态监测的主要对象，人所构成的社会经济系统是生态监测的内容之一。

**（5）生态监测的任务与特点**

生态监测的基本任务是：a. 对区域范围内珍贵的生态类型包括珍稀物种以及因人类活动所引起的重要生态问题的发生面积及数量在时间以及空间上动态变化的监测；b. 对人类的资源开发活动所引起的生态系统的组成、结构和功能变化的监测；c. 对破坏的生态系统在人类的治理过程中生态平衡恢复过程的监测；d. 通过监测数据的累积，研究上述各种生态问题的变化规律及发展趋势，建立数学模型，为预测预报和影响评价打下基础；e. 为政府部门制定有关环境法规、进行有关决策提供科学依据；f. 寻求符合我国国情的资源开发治理模式及途径，以保证我国生态环境的改善及国民经济持续协调地发展；g. 支持国际上一些重要的生态研究及监测计划，如 GEMS（全球环境监测系统）、MAB（人与生物圈计划）等，加入国际生态监测网络。

生态监测有物理和化学监测所不能替代的作用和所不具备的一些特点，主要表现在：

① 综合性。一个完整高效的生态环境动态监测计划将涉及该地区的自然和社会的各个方面，监测对象涵盖空气、水体、土壤、固体废物、植被等客体，监测手段包括生物、地理、环境、生态、理化、数学、信息和技术科学等一切可以表征环境质量的方法。由于生态系统的复杂性，环境问题相当复杂，某一生态效应常是几种因素综合作用的结果。如在受污染的水体中，通常是多种污染物并存，而每种污染物并非都是单独起作用，各类污染物之间也不都是简单的加减关系。理化监测仪器常常反映不出这种复杂的关系，而生态监测却具有这种特征。如在污染水体中利用网箱养鱼进行的野外生态监测，鱼类样本的各项生物学指标状况就是水体中各种污染物及其之间复杂关系综合作用的结果和反映。

② 长期连续性。自然界中生态过程的变化十分缓慢，而且生态系统具有自我调控功能，任何一次性或短期的静态性的数据和调查结果不可能对生态环境的趋势做出准确判断，用理化监测方法只能精确测得某空间内环境因素的瞬时变化值，但却不能以此来确定这种环境质量对长期生活于这一空间内的生命系统影响的真实情况。生态监测具有长期连续监测的优点，因为它是利用生命系统的变化来监测环境质量，而生命系统各层次都有其特定的生命周期，这就使得监测结果能反映出某地区受污染或生态破坏后累积结果的历史状况。例如大气污染的监测植物能真实地记录污染危害的全过程和植物承受的累积量。事实证明，植物这种连续监测的结果远比非连续性的理化仪器监测的结果更准确。如利用仪器监测某地的 $SO_2$，其结果是四次痕量、四次未检出、一次 0.06mg。但分析生长在该地的紫花苜蓿叶片，其含硫量却比对照区高出 0.87mg/g。有些生态监测结果还有助于对某地区环境污染历史状况进行分析，这也是理化监测办不到的。

③ 多功能性。理化监测仪器的专一性一般很强，测定 $O_3$ 的仪器不能兼测 $SO_2$，测 $SO_2$

的也不能兼测 $C_2H_4$。生态监测却能通过指示生物的不同反应症状，分别监测多种干扰效应。例如在污染水体中，通过对鱼类种群的分析就可获得某污染物在鱼体内的生物积累速度以及沿食物链产生的生物学放大情况等许多信息。植物受 $SO_2$、PAN（过氧乙酰硝酸酯）和氟化物的危害后，叶的组织结构和色泽常表现出不同的受害症状。

④ 复杂性。生态系统本身是一个庞大复杂的动态系统，且受许多偶然自然因素（如洪水、干旱、火灾）和人为因素（污染物的排放、资源的开发利用等）的影响，因此，在生态监测中要区分自然生态和人为干扰这两种因素的作用十分困难，加之人类目前对生态过程的认识是逐步积累和深入的，这就使得生态监测工作变得极为复杂。

⑤ 灵敏度高。生态监测灵敏度高包含两种含义。从物种的水平上，是指有些生物对某种污染物的反应很敏感。据记载，有的敏感植物能监测到十亿分之一浓度的氟化物污染，而现在许多仪器也未达到这样的灵敏度水平；如唐菖蒲在体积分数 $0.01 \times 10^{-6}$ 的氟化氢下，20 小时就出现反应症状。另外，对于宏观系统的变化，生态监测更能真实和全面地反映外干扰的生态效应所引起的环境变化。许多外干扰对生态系统的影响都因系统的功能整体性而产生连锁反应。如大气污染可影响植物的初级生产力，采用理化方法可对此定量分析。然而，初级生产力变化使系统内一系列生态关系发生改变才是大气污染影响的全部效应，也是干扰后该系统真实的环境质量状况。生态系统的各组分对系统功能变化的反应也是很敏感的。因此，只有通过生态监测才能对宏观系统的复杂变化予以客观的反映。

生态监测虽然有许多理化方法无法比拟的优点，但仍有许多缺陷，其主要表现是：a. 不能像理化监测仪器那样迅速做出反应，可在较短时间内获得监测结果，也不能像仪器那样能精确地监测出环境中某些污染物的含量，它通常反映的只是各监测点的相对污染或变化水平。b. 外界各种因子容易影响生态监测结果和生物监测性能。c. 生物生长发育、生理代谢状况等都制约着外干扰的作用。相同强度的同种干扰对处于不同状态的生物常产生不同的生态效应。如水稻在抽穗、扬花、灌浆时期对污染反应最敏感，产生的危害最大，而成熟期的敏感性就明显降低。d. 指示生物同一受害症状可由多种因素造成，增加了监测结果判别的困难。如许多植物的落叶、矮态、卷转、僵直和扭曲等，大气氟化物的污染和低浓度除草剂的施用均可造成上述异常现象。

尽管生态监测还存在一定的局限性，但是，它在环境监测中的地位和作用仍然是非常重要的。首先，通过生态监测可揭示和评价各类生态系统在某一时段的环境质量状况，为利用、改善和保护环境指出方向。其次，生态监测更侧重于研究人为干扰与生态环境变化的关系，可使人们厘清哪些活动模式既符合经济规律又符合生态规律，从而为协调人与自然的关系提供科学依据。另外，通过生态监测还能掌握对生态环境变化构成影响的各种主要干扰因素及每种因素的贡献。这既能为受损生态系统的恢复和重建提供科学依据，也可为制定相应的环保管理计划，增强环保工作的针对性和主动性，进而提高措施的有效性服务。最后，由于生态监测可反馈各种干扰的综合信息，人们能依此对区域生态环境质量的变化趋势做出科学预测。

**（6）生态监测的基本要求**

与理化监测不同，生态监测有特殊要求，明确和掌握这些基本要求对于工作的顺利开展是有益的。

① 样本容量应满足统计学要求。因受环境复杂性和生物适应多样性的影响，生态监测结果的变异幅度往往很大，要使监测结果准确可信，除监测点设置和采样方法科学、合理和

具有代表性外，样本容量也应该满足统计学的要求，对监测结果原则上都需要进行统计学的检验。否则，不仅要浪费大量的人力和物力，且容易得出不符合客观实际的结论。

②要定期、定点连续观测。生物的生命活动具有周期性特点，如生理节律，日、季节和年周期变化规律等。这就要求生态监测在方法上应实行定期的、定点的连续观测。每次监测最好都要保证一定的重复。切不可用一次监测结果作依据对监测区的环境质量给出判定和评价。

③综合分析。对监测结果要依据生态学的基本原理做综合分析。所谓综合分析，就是通过对诸多复杂关系的层层剥离找出生态效应的内在机制及其必然性，以便对环境质量做出更准确的评价。综合分析过程既是对监测结果产生机理的解析，也是对干扰后生态环境状况对生命系统作用途径和方式以及不同生物间影响程度的具体判定。

④要有扎实的专业知识和严谨的科学态度。生态监测涉及面广、专业性强，监测人员需有娴熟的生物种类鉴定技术和生态学知识。根据国家环保部门的有关规定，凡从事生态监测的人员，必须经过技术培训和专业考核，必须具有一定的专业知识及操作技术，掌握试验方法，熟悉有关环境法规、标准等技术文件，要以极其负责的态度保证监测数据的清晰、完整、准确，确保监测结果的客观性和真实性。

## 7.1.2　生态监测的理论依据

### （1）生命与环境的统一性和协同进化——生态监测的基础

生物与其生存环境是统一的整体。环境创造了生物，生物又不断地改变着环境，两者相互依存、相互补偿、协同进化。协同进化论认为协同进化是生物界的"主导"，生物界本来是一个和谐的整体，所有生物共同促进生物圈的繁荣，是共同优化自然环境和调节维持生态平衡的力量。在生物圈的发展繁荣中，每种生物都有不同程度的贡献。例如，蓝藻出现以后产生了氧气，一部分氧形成臭氧，使地球上紫外线减少，这样就促进了生物从水生到陆生的进化。生物系统各层次之所以能够作为"仪器"来指示其生存环境的质量状况，从根本上说，就是因为两者间存在这种相互依存和协同进化的内在关系。生物与环境间的这种关系是自然界在长期发展中形成的。因此，生物的变化既是某一区域内环境变化的一个组成部分，同时又可作为环境改变的一种指示和象征。生物与环境间的这种统一性，正是开展生态监测的基础和前提条件。

### （2）生物适应的相对性——生态监测的可能性

生活在地球上的任何一种生物都受自然环境的影响。每一个特定的环境对生物都有特定的选择，而所谓的适应，即生物受自然选择的结果与环境相适应的现象。但是，环境总是在不断地发生变化，生物体旧的适应对于新的环境来说就可能不适应了，这说明生物的适应又是相对的、暂时的。在一定环境条件下，某一空间内的生物群落的结构及其内在的各种关系是相对稳定的。当存在人为干扰时，一种生物或一类生物在该区域内出现、消失或数量的异常变化都与环境条件有关，是生物对环境变化适应与否的反映。以尺蛾的工业黑化为例，大约在19世纪末，欧洲工业区发生了尺蛾的黑化问题。人们注意到有几种黑色尺蛾个体在某些工业中心区域随烟灰对环境的污染而逐渐增多起来，淡色尺蛾的个体则逐渐减少，在短短的50年间，这些区域原来的淡色尺蛾（常态型）完全被黑色尺蛾（变态型）所代替。分析其原因，主要是在工业区里，黑色尺蛾比淡色尺蛾有更好的保护色，不易被天敌（鸟类）发现，因此具有更多的生存与生殖的机会。这说明了新环境的出现使得尺蛾的形态向适应新环境的方向变化和发展，从而体现了尺蛾的趋逆适应现象。

但是，生物的适应具有相对性。相对性的一层含义是生物为适应环境而发生某些变异，上述的尺蛾类型分化就是生物适应环境的一种变异；另一层含义是生物适应能力不是无限的，而是有一个适应范围（生态幅），超过这个范围，生物就表现出不同程度的损伤特征。以群落结构特征参数，如种的多样性、种的丰度、均匀度以及优势度和群落相似性等，作为生态监测指标就是以此为理论依据的，正是生物适应的相对性才使生物群落发生各种变化。

**（3）生物的富集能力——污染生态监测的依据**

生物学富集是指生物体或处于同一营养级上的许多生物种群，从周围环境中浓缩某种元素或难分解物质的现象，亦称为生物学浓缩。通过生物富集，元素或某种难分解物质在生物体内的浓度可以大大超过该物质在环境介质中的浓度。可见，生物学富集是指生物体或同一营养级的生物体内某元素（或物质）与环境中某元素（或物质）浓度的比较。

生物富集是生物中的普遍现象之一。生物在生命活动的全过程中，需要不断地从外界摄取营养物质，以构成自己的机体和维持各种生命活动。生物在从外界摄取营养物质的同时，必然使体内一些物质或元素的浓度大大超过环境中的浓度。在长期的进化历程中，生物对环境中某种元素或各类物质的需求与其生活环境条件间的"供需"关系基本是协调的。然而，人类的干扰如农药的使用、某些人工合成化学物质等进入环境后，也必然要被生物吸收和富集。如自然界中有害的化学物质被草吸收，虽然浓度很低，但以吃草为生的兔子吃了这种草，而这种有害物质又很难被生物体排出体外，便逐渐在它体内积累，鹰以吃兔子为生，于是有害的化学物质便会在鹰体内进一步积累。当这些物质超过生物所能承受的浓度后，将对生物乃至整个群落造成影响或损伤，并通过各种形式表现出来。污染的生态监测就是以此为依据来分析和判断各种污染物在环境中的行为和危害的。

**（4）生命具有共同特征——生态监测结果的可比性**

生态监测结果常受多种原因的影响而呈现出较大的变化范围，这就给同一类型（如森林或草地）的不同生态系统间生态监测结果的对比增加了困难，但这并不等于生态监测结果没有可比性。从根本上说，生态监测结果的可比性是因为生命具有共同的特征，如各种生物（除病毒和噬菌体外）都是由细胞所构成的、都能进行新陈代谢、具有感应性和生殖能力等。这些共同特征决定了生物对同一环境因素变化的忍受能力有一定的范围，即不同地区的同种生物抵抗某种环境压力或对某一生态要素的需求基本相同。例如，在我国有广泛分布的白鲢鱼的性成熟年龄和产卵时间南、北方差别较大，但达到性成熟所需的总积温却基本相同，人为增温可使其性成熟年龄或产卵时间提前。这是人为干扰作用存在的表现和水体增温的结果，但并没有改变鱼类性成熟对总积温的需求。所以，生命具有共同特征是生态监测结果可比性的基础。

另外，各类生态系统的基本组成成分是相同的。采用相同的结构和功能指标可以对不同生态系统的环境质量或人为干扰效应的生态监测结果进行对比，如系统结构是否缺损、能量转化效率、污染物的生物学富集和生物学放大效应等均可用作比较的指标。只要方法得当、指标体系相同，不同地区同一类型生态系统的生态监测结果也具有可比性。

### 7.1.3　生态监测指标体系

**（1）生态监测指标的概念**

生态监测指标体系的选择、应用与发展对监测计划的成功与否至关重要。生态监测评估规划里最重要的部分是生态指标的概念以及测定这些指标的手段。生态监测指标体系主要是指一系列能敏感清晰地反映生态系统基本特征及生态环境变化趋势并相互印证的项目，选择和确定生态监测指标体系是生态监测的主要内容和基本工作。一个生态监测指标具有以下特征：①监测环境现状及其变化发展的趋势；②评价一个项目、规划等的运行特征；③与公众进行交流、决策者之间的交流；④鉴别行动计划的领域；⑤帮助对未来规划进行修订。

从生态资源的环境价值、评价问题、所受的环境压力及生态系统结构与功能间关系的角度出发，生态监测指标可分为条件指标和环境压力指标，其中条件指标又可分为反映指标、暴露指标和生态指标。反映指标是关于生态系统中生物在各层次上（生物个体、种群、群落及生态系统）组合状况的环境特征的指标；暴露指标是关于反映生态系统中物理、化学和生物学的压力大小的环境特征指标；生态指标是生态系统在外来环境压力下，能满足生态系统中各层次生物正常生活和循环的各种物理、化学和生物状况的指标；压力指标是关于自然力和人为因素影响生态系统发生变化的指标。应当看到，复杂的生态环境决定了生态监测指标体系的多样性、可变性。

**（2）选择生态监测指标的原则**

生态监测指标体系是一个庞大的系统，在可作为监测指标的众多要素中，科学性、实用性、代表性、可行性尤为重要。选择与确定生态监测指标体系应遵循以下原则：

①代表性：确定的指标体系应能反映生态系统的主要特征，表征主要的生态环境问题。

②敏感性：要确定那些对特定环境敏感的生态因子，快速反映环境的变化。

③综合性：要真实反映生态环境问题，需要多种指标体系。

④可行性：指标体系的确定要因地制宜，同时要便于操作，并尽量和生态环境考核指标挂钩。

⑤简易化：从大量影响生态系统变化的因子中选取易监测、针对性强、能说明问题的指标进行研究。

⑥可比性：不同监测台站间同种生态类型的监测应按统一的指标体系进行。

⑦灵活性：即使对同类型的生态系统，在不同地区应用时指标体系也应做相应调整。

⑧相关性：选择的指标应与一个或更多环境管理问题相关联。

⑨阶段性：根据现有水平和能力，先考虑优先监测指标，条件具备时，逐步加以补充，已确定的指标体系也可分阶段实施。

⑩协调性：多数生态环境问题已是全球性问题，所确定的指标体系应尽量和"全球环境监测系统"相协调，以利于国际间的技术交流与合作。

生态指标体系的选择没有既定的、统一的方法和原则，不同的监测规划应用的框架体系也不同，应基于特定的区域以及生态系统问题具体选择。在选择指标数量时，可以从几十个到上百个指标不等，但更多的监测规划只是根据特定的生态系统类型集中列举

10～20个核心指标。

**（3）具体生态监测指标体系的选择**

生态监测指标体系的选择与确定是进行生态监测的前提。生态监测指标的选择首先要考虑生态类型及系统的完整性。完整生态系统具有如下特征：①在特定自然生态系统中能流过程是强大的，而且没有严重的限制因素；②系统具有新生的进化的自组织形式；③对外来生物的入侵有自我防御功能；④对一些严重的灾害等具有缓冲功能和承载力；⑤对人类具有吸引力；⑥能为人类提供有价值的物质和机会的生产能力。根据以上完整生态系统特征，可以将整个自然生态系统分为陆地生态系统和海洋生态系统两大类。其中陆地生态系统包括森林生态系统、草原生态系统、内陆水域和湿地生态系统、荒漠生态系统、农田生态系统和城市生态系统；海洋生态系统包括海洋、海岸带和咸水湖泊等生态系统。

目前，国内学者针对不同的生态系统提出了各种生态监测指标体系，如陆地生态系统的指标体系由气象要素、水文要素、土壤要素、植物要素、动物要素和微生物要素构成；海洋生态系统的指标体系由气象要素、水文要素、水质要素、底质要素、浮游动物要素、浮游植物要素、底栖生物要素、微生物要素等构成。陆地生态系统指标体系的选择见表7-1。

表7-1　陆地生态系统指标体系

| 指标组 | | 常规指标 | 选择指标 |
|---|---|---|---|
| 森林生态系统 | 气象 | 气温、湿度、风向、风速、降水量及其分布、蒸发量、土壤温度梯度、日照和辐射收支 | 大气沉降物量及化学组成、林冠径流量及化学组成、林间 $CO_2$ 浓度及动态 |
| | 水文 | 地表径流量及其化学组成、地下水位 | 泥沙流失量及其颗粒组成、化学成分 |
| | 土壤 | 养分含量及有效态含量、pH 值、交换性酸及组成、交换性盐基及组成、阳离子交换量、有机质含量、颗粒组成、团粒结构组成、容重、孔隙度、透水率、饱和水量及凋萎水量 | 土壤元素背景值、矿质全量、$CO_2$ 释放量及季节动态 |
| | 植物 | 种类及组成、指示植物、指示群落、种群密度、覆盖度、生物量、生长量、凋落物量及其化学组成、分解率、热量、光能和水分收支 | 珍稀植物及其物候特征、森林不同器官的生物量和化学组成 |
| | 动物 | 种类、分布、密度和季节动态变化、生物量、热值 | 珍稀动物数量和动态、动物灰分、蛋白质含量、脂肪含量、必需元素 |
| | 微生物 | 种类、分布、密度和季节动态变化、生物量、热值 | 土壤酶类型及活性、呼吸强度、元素含量与总量、固氮菌生物量及固氮量 |
| 草原生态系统 | | 气象、水文、土壤、植物、动物、微生物等同森林 | 气象：大气 $CO_2$ 浓度及动态、沉降物量及化学组成；植物：珍稀物种及其物候特征 |
| 荒漠生态系统 | | 与草原基本相同。水文可去掉泥沙流失量及颗粒组成、化学成分，去掉地表径流量及化学成分；土壤则增加盐分含量及组成、碱饱和度、土壤风蚀量及沙丘动态指标 | |

注：引自南浩林，2006。

生态监测指标体系设计的优劣直接关系生态监测本身能否揭示生态环境质量的现状、变化和趋势。社会、经济发展程度不同的地区，对环境质量和价值的要求和评价也是不一样的。因此，生态监测指标选择要充分考虑生态系统的功能及不同生态类型间相互作用的关系。

# 7.2 水污染的生态监测

我国是水资源短缺的国家，虽然多年平均水资源总量约为 $2.8 \times 10^{12} m^3$，居世界第六，但人均淡水资源量仅为世界平均水平的 1/4。随着社会经济的高速发展，我国的水体环境面临污染加剧的困境。根据生态环境部对全国河流、湖泊、水库等水质状况的调查，我国七大水系、主要湖泊、近岸海域及部分地区的地下水均受到不同程度的污染。流域的水污染引起一系列生态环境问题，造成水体生态功能退化。我国太湖、滇池、巢湖等流域的蓝藻水华暴发和松花江流域水污染等事件均在不同程度上威胁到饮用水安全，导致水生态风险。因此，对流域水体污染进行及时有效的监测预警逐渐成为国家水体污染控制和综合治理的重要方向。

## 7.2.1 指示生物法

水中生活着各种各样的水生动物和植物。生物与水、生物与生物之间进行着复杂的物质和能量的交换，从数量上保持着一种动态的平衡关系。但在人类活动的影响下，这种平衡遭到了破坏。当人类向水中排放污染物时，一些有益的水生生物会中毒死亡，而一些耐污的水生生物会加剧繁殖，大量消耗溶解在水中的氧气，使有益的水生生物因缺氧被迫迁移，或者死亡。因此可以根据水体中的生物生长状况来测定水体的污染状况，利用指示生物可以对水体污染程度做出综合判断，还可以利用某些生物的行为变化和生理指标等对水体污染进行定性分析。如牡蛎肉体颜色的改变可以反映海水中铜离子的污染，白鲢、鲤鱼、团头鲂的脑胆碱酯酶活力的变化可以反映有机磷农药的污染。由此可见，指示生物法就是利用指示生物来监测环境状况的一种方法，即对环境中某些物质，包括污染物的作用或环境条件的改变，能较敏感和快速地产生明显反应的生物，通过其反应可了解环境的现状和变化。

水污染指示生物是指在一定水质条件下生存，对水体环境质量的变化反应敏感而被用来监测和评价水体污染状况的水生生物。如浮游生物、周丛生物、底栖动物、鱼类、水生微生物和大型底栖无脊椎动物等均可用来作为水污染指示生物。指示生物的种类和数量分布与地理、气候以及水体的底质、流速、水深等因素有关。选作水污染指示种的生物是生命期较长且比较固定生活于某处的生物，可在较长时期内反映所在环境的综合影响。

水污染指示生物可以根据生物监测水体受污染的状况分为水体严重污染的指示生物、水体中度污染的指示生物和清洁水体的指示生物三种。

① 水体严重污染的指示生物主要有颤蚓类、毛蠓、细长摇蚊幼虫、绿色裸藻、静裸藻、小颤藻等，这些生物均有在低溶解氧条件下生活的能力。颤蚓类在溶解氧为 15% 的水体中仍能正常生活，所以成为受有机物污染十分严重的水体的优势种。中国常见的颤蚓类有霍甫水丝蚓、中华拟颤蚓和正颤蚓等。

② 水体中度污染的指示生物主要有居栉水虱、瓶螺、被甲栅藻、四角盘星藻、环绿藻、

脆弱刚毛藻、蜂巢席藻和美洲眼子菜等，对低溶解氧也有较好的耐受能力，会在中度有机物污染的水体中大量出现。

③ 清洁水体的指示生物主要有纹石蚕、扁蜉和蜻蜓的稚虫以及田螺、肘状针杆藻、簇生竹枝藻等，这些生物只能在溶解氧很高、未受污染的水体中大量繁殖。

## 7.2.2　生物群落法

生物群落中生活着各种水生生物，如浮游生物、周丛生物、底栖动物、鱼类和细菌等，这是长期自然发展的结果，也是生态系统保持相对平衡的标志。水体受到污染后，水生生物的群落结构和个体数量就会发生变化，导致自然生态平衡被破坏，最终结果是敏感生物消亡，抗性生物旺盛生长。由于水生生物的群落结构、种类和数量的变化能反映水质状况，因而可监测水体污染状况。生物群落法主要有污水生物系统法、生物指数法等。

### (1) 污水生物系统法

污水生物系统法是德国学者 B.科尔克维茨和 M.马松于 20 世纪初提出的。其理论基础是河流受到有机物污染后，在污染源下游的一段流程里会产生自净过程，即随河水污染程度的逐渐减轻，生物种类也发生变化，在不同的河段出现不同的生物种。据此，可将河流依次划分为 4 个带——多污带、$\alpha$-中污带和 $\beta$-中污带（即甲型和乙型中污带）与寡污带，每个带都有自己的物理、化学和生物学特征。20 世纪 50 年代以后，一些学者经过深入研究，补充了污染带的指示生物种类名录，增加了指示种的生理学和生态学描述。1964 年日本学者津田松苗编制了一个污水生物系统各带的化学和生物学特征（表 7-2）。

表 7-2　污水生物系统各带的化学和生物学特征

| 项目 | 多污带 | $\alpha$-中污带 | $\beta$-中污带 | 寡污带 |
|---|---|---|---|---|
| 化学过程 | 由于还原和分解作用而明显发生腐败现象 | 水和底泥中出现氧化作用 | 氧化作用更为强烈 | 因氧化使矿化作用达到完成阶段 |
| 溶解氧 | 很低或者为零 | 有一些 | 较多 | 很多 |
| BOD$_5$ | 很高 | 高 | 较低 | 很低 |
| H$_2$S 的生成 | 多，有强烈的硫化氢臭味 | 硫化氢气味不强烈 | 少量 | 没有 |
| 水中有机物 | 有大量有机物，主要是未分解的蛋白质和碳水化合物 | 由于蛋白质等有机物的分解，故氨基酸大量存在 | 蛋白质进一步矿质化，生成氨盐、硝酸盐、亚硝酸盐，有机物含量很少 | 有机物几乎全部被分解 |
| 底泥 | 由于有黑色硫化铁存在，故常呈黑色 | 硫化铁氧化成氢氧化铁，故不呈黑色 | 有三氧化二铁存在 | 底泥几乎全部被氧化 |
| 水中细菌 | 大量存在，每毫升水中达数十万到百万个 | 每毫升水中达 10 万个以上 | 数量较少，每毫升水中 10 万以下 | 数量很少，每毫升水中只有数十个到数百个 |
| 栖息生物的生态学特征 | 所有动物都是摄食细菌者；均能耐 pH 的急剧变化；耐低溶解氧的厌氧生物多；对硫化氢、氨等毒性物质有强烈的抗性 | 以摄食细菌的动物占优势，还有肉食性动物，一般对溶解氧和 pH 变化有高度适应性；尚能容忍氨，对硫化氢耐性弱 | 对溶解氧及 pH 变动适应性差，而且不能长时间耐受腐败性毒物 | 对溶解氧和 pH 的变动耐性很差，对硫化氢等腐败性毒物耐性极差 |

续表

| 项目 | 多污带 | α-中污带 | β-中污带 | 寡污带 |
|------|--------|----------|----------|--------|
| 植物 | 无硅藻、绿藻、接合藻以及高等水生植物出现 | 藻类大量出现，有蓝藻、绿藻、接合藻和硅藻 | 硅藻、绿藻、接合藻的许多种类出现，此带为鼓藻类主要分布区 | 水中藻类少，但着生藻类较多 |
| 动物 | 微型动物为主，原生动物占优势 | 微型动物占大多数 | 多种多样 | 多种多样 |
| 原生动物 | 有变形虫、纤毛虫，但无太阳虫、双鞭毛虫和吸管虫 | 逐渐出现太阳虫、吸管虫，但无双鞭毛虫 | 太阳虫和吸管虫中耐污性弱的种类出现，双鞭毛虫出现 | 仅有少数鞭毛虫和纤毛虫 |
| 后生动物 | 仅有少数轮虫、环节动物和昆虫幼虫出现。水螅、淡水海绵、苔藓动物、小型甲壳类、贝类、鱼类不能在此生存 | 贝类、甲壳类、昆虫出现，但仍无淡水海绵及苔藓动物，鱼类如鲤、鲫、鲢等可在此带栖息 | 淡水海绵、苔藓动物、水螅、贝类、小型甲壳类、两栖类、水生昆虫及鱼类均有多种出现 | 除有各种动物外，昆虫幼虫种类也很多 |

注：引自唐文浩，2006。

污水生物系统法注重采用某些生物种群评价污染状况，需要熟练的生物学分类知识，工作量大，耗时多，并且有指示生物出现异常情况的现象，这给准确判断带来一定困难。环境生物学家根据生物种群结构变化与水体污染关系的研究成果，提出了生物指数法。

**（2）生物指数法**

传统的指示生物法只能通过某种生物来评价水体受污染的程度，所得结果不够全面，为了克服指示生物法的缺陷，进一步提出了定量的评价方法，如生物指数法、生物多样性指数法等。

在江河湖海遭受污染后，水体中水生生物的种群分布将受到限制，污染越严重，生物种类就越少，直至大型生物灭绝。所以，可以采用生物指数作为衡量水体污染程度的一种指标。所谓生物指数就是指运用数学公式反映生物种群或群落结构的变化以评价环境质量的数值。20世纪50年代以来，人们在研究各种环境质量参数的基础上，提出了一系列用以评价环境质量的生物指数，如贝克生物指数、硅藻生物指数以及评价水体富营养化程度的指数等。

贝克（Beek）在1955年首先提出一个简易的计算生物指数的方法。这项指数根据生物对有机污染物的耐性，把从采样点采到的大型底栖无脊椎动物分成两类。Ⅰ类是对有机物污染缺乏耐性的（即敏感的）种类，Ⅱ类是对有机物污染有中等程度耐性的（即不敏感的）种类。Ⅰ类和Ⅱ类动物种类数目分别以 $n_Ⅰ$ 和 $n_Ⅱ$ 表示，然后采用下式表示生物指数：

$$生物指数（BI）= 2n_Ⅰ + n_Ⅱ$$

按此公式计算时，BI越小，表示水中生物种类越少，水体受污染越严重；BI越大，表示水中生物种类越多，水质越好。BI与水质的关系如表7-3所示。

表7-3　BI与水质的关系

| BI | 水质 |
|----|------|
| >10 | 清洁 |
| >6～≤10 | 轻度污染 |
| >1～≤6 | 中度污染 |
| >0～≤1 | 严重污染 |

1974 年日本津田松苗对贝克指数作了多次修改，提出不限于在采样点采集，而是在拟评价或监测的河段把各种大型底栖无脊椎动物尽量采到，再用贝克公式计算，所得数值与水质的关系为：BI≥30 为清洁水体，15～29 为较清洁水体，6～14 为不清洁水体，0～5 为极不清洁水体。

库德奈特和惠特（1960）提出了污染生物指数，这项指数以颤蚓类数量占整个底栖动物的数量比表示，即

$$污染生物指数 = \frac{颤蚓类个体数量}{底栖动物个体数量}$$

所得数值小于 60% 为良好水质，60%～80% 为中等污染水质，大于 80% 为严重污染水质。

1969 年皮尔姆（Palmer）提出的藻类污染指数法很有实用价值，他对能耐受污染的 20 属藻类分别给予不同的污染指数值。根据水样中出现的藻类，计算总污染指数。总污染指数大于 20 为重污染，15～19 为中污染，低于 15 为轻污染。以硅藻为例，指数计算公式如下：

$$硅藻指数 = \frac{2A + B - 2C}{A + B - C} \times 100$$

式中　$A$——不耐污染的种类数；

　　　$B$——对有机污染耐污力强的种类数；

　　　$C$——在污染区内独有的种类数。

对于水体富营养化程度的生态监测，目前常用的评价方法主要有专家评价法、综合指数评价法、主分量分析评价法、层分析法、模糊集理论法以及人工神经网络法等。然而，使用卡尔森营养状态指数法（TSI）评价综合营养状态是最方便的方法之一。这一评价方法是根据水体透明度、浮游植物现存量（以叶绿素 a 含量代表）、水体总磷浓度间存在的相关关系，以透明度作基准计算求得的。它克服了单一因子评价富营养化的片面性，能够将单变量的简易性与多变量综合判断的准确性相结合。

卡尔森营养状态指数法表达式为

$$TSI(chla) = 10 \times \left(6 - \frac{2.04 - 0.68 \ln chla}{\ln 2}\right)$$

$$TSI(SD) = 10 \times \left(6 - \frac{\ln SD}{\ln 2}\right)$$

$$TSI(TP) = 10 \times \left[6 - \frac{\ln(48/TP)}{\ln 2}\right]$$

式中　TSI——卡尔森营养状态指数；

　　　SD——湖水透明度，m；

　　chla——湖水中叶绿素 a 含量，mg/m³；

　　　TP——湖水中总磷浓度，mg/m³。

综合指数评价法也是较为常用的一种评价水体富营养化程度的方法，这种方法采用叶绿素 a（chla）、总磷（TP）、总氮（TN）、透明度（SD）、高锰酸盐指数（COD$_{Mn}$）作为水体综合营养状态评价指标。计算公式为

$$TLI(\Sigma) = \sum_{j=1}^{m} W_j \times TLI(j)$$

式中　TLI($\Sigma$)——综合营养状态指数；

　　　$W_j$——第 $j$ 种参数的营养状态指数的相关权重；

　　　TLI($j$)——代表第 $j$ 种参数的营养状态指数。

以 chla 作为基准参数，则第 $j$ 种参数的归一化的相关权重计算公式为

$$W_j = \dfrac{r_{ij}^2}{\sum\limits_{j=1}^{m} r_{ij}^2}$$

式中　$r_{ij}$——第 $j$ 种参数与基准参数 chla 的相关系数；

　　　$m$——评价参数的个数。

中国湖泊（水库）的 chla 与其他参数之间相关关系的 $r_{ij}$ 及 $r_{ij}^2$ 见表 7-4。

表 7-4　中国湖泊部分参数与 chla 相关关系的 $r_{ij}$ 及 $r_{ij}^2$

| 参数 | chla | TP | TN | SD | $COD_{Mn}$ |
|---|---|---|---|---|---|
| $r_{ij}$ | 1 | 0.84 | 0.82 | $-0.83$ | 0.83 |
| $r_{ij}^2$ | 1 | 0.7056 | 0.6724 | 0.6889 | 0.6889 |

注：引自金相灿，1995。

营养状态指数计算公式：

① TLI(chla)＝10×(2.5＋1.086×lnchla)；

② TLI(TP)＝10×(9.436＋1.624×lnTP)；

③ TLI(TN)＝10×(5.453＋1.694×lnTN)；

④ TLI(SD)＝10×(5.118－1.940×lnSD)；

⑤ TLI(COD)＝10×(0.109＋2.661×lnCOD)。

式中，chla 单位为 mg/m³；SD 单位为 m；其他项目单位均为 mg/L；ln 为自然对数。

营养状态分级评分值定性评价标准见表 7-5。

表 7-5　营养状态分级评分值 TLI（$\Sigma$）定性评价表

| 营养状态分级 | | 评分值 TLI（$\Sigma$） | 定性评价 |
|---|---|---|---|
| 贫营养 | Oligotropher | TLI（$\Sigma$）≤30 | 优 |
| 中营养 | Mesotropher | 30＜TLI（$\Sigma$）≤50 | 良好 |
| （轻度）富营养 | Light Eutropher | 50＜TLI（$\Sigma$）≤60 | 轻度污染 |
| （中度）富营养 | Middle Eutropher | 60＜TLI（$\Sigma$）≤70 | 中度污染 |
| （重度）富营养 | Hyper Eutropher | 70＜TLI（$\Sigma$）≤100 | 重度污染 |

注：引自金相灿，1995。

生物指数主要是水质的生物学参数，并不表示水质的直接数值。因此，应用时必须同生物学的其他指标结合起来，而且还要考虑地理、气候、底质、水文以及水化学等因素对生物的影响，注意与物理、化学指标一起进行综合分析，才能做出正确的评价。

## 7.2.3　细菌学检验法

细菌能在各种不同的自然环境中生存，水体中含有的细菌总数与水污染状况有一定的关

系，当水体受到人畜粪便、生活污水或某些工农业废水污染时，细菌就会大量增加。1967年 Bartsch 等指出在废水出口下游，水中耐污菌和其他异养生物的生物量常大量增加，这些细菌不但能够对多种污染做出综合反映，也能对污染的历史状况做出反映。因此，微生物对污水的监测具有其独特的作用，是生态监测的重要组成部分。

### 7.2.3.1 水体污染的指示微生物

**(1) 粪便污染指示菌**

人畜粪便中携带有大量致病性微生物。如果将这类污染物排入水体，就可能引起各种肠道疾病和某些传染病的暴发流行。用于监测水体粪便污染的指示菌应符合下列条件：

① 此种指示菌应大量存在于人的粪便中，其数量要比病原微生物多得多。

② 如水中有病原微生物存在时，此种指示菌也必然存在。

③ 此种指示菌在水中的数量与水体受粪便污染的程度呈正相关。

④ 此种指示菌在水中存活的时间略长于病原微生物，对消毒剂及水中不良因素的抵抗力也应比病原微生物略强些。

⑤ 此种指示菌在水环境中不会自行繁殖增长。

⑥ 此种指示菌在污染的水环境中分布较均匀，生物性状也较稳定。

⑦ 此种指示菌应能在较简单的培养基上生长、检出和鉴定，计数的方法也应较简易、迅速、准确。

⑧ 此种指示菌应可适用于各种水体。

根据以上条件，适合用作粪便污染指示细菌或其他指示微生物的有：总大肠菌群（Total Coliform Group）、粪大肠菌群（Fecal Coliform Group）、粪链球菌（*Streptococcus faecalis*）、产气荚膜梭菌（*Clostrdium perfringens*）、双歧杆菌属（*Bifidobacterium*）、肠道病毒（*Enterovirus*）、大肠杆菌噬菌体（*Coliphage*）、沙门菌属（*Salmonella*）、志贺菌属（*Shigella*）、铜绿假单胞菌（*Pseudomonas aeruginosa*）、葡萄球菌属（*Staphylococcus*）、副溶血弧菌（*Vibrio parahaemolyticus*）等。此外，还有水生的真菌、放线菌和线虫。

在这些指示细菌中，肠道细菌中的大肠菌群是最普遍采用的粪便指示菌。在水质卫生学检查的结果中，常用"大肠菌群指数"和"大肠菌群值"作指标。大肠菌群指数是指每升水中所含的大肠菌群细菌的个数。大肠菌群值则是指检出一个大肠菌群细菌的最少水样量（mL）。两者间的关系可表示为

$$大肠菌群值＝1000/大肠菌群指数$$

我国《生活饮用水卫生标准》（GB 5749—2006）规定，大肠菌群指数不得检出。

**(2) 有机污染指示菌**

自然水体中的腐生细菌数与有机物浓度成正比。因此，测得腐生细菌数或腐生细菌数与细菌总数的比值，即可推断水体的有机污染状况。实际分析细菌总数时，都以腐生细菌含量多少为依据。根据水体中腐生细菌的数量，可以将水体划分为多污带、中污带和寡污带（如表 7-6）。一般认为腐生细菌总数低于 $10^4$ 个/mL 不会引起大的问题，当细菌总数大于 $10^5$ 个/mL时，必须采取杀菌等处理措施。

表 7-6　腐生细菌数量与污水带的划分

| 污水带、特征 | 多污带 | 甲型中污带 | 乙型中污带 | 寡污带 |
| --- | --- | --- | --- | --- |
| 腐生细菌数/<br>（个/mL） | $10^5 \sim 10^6$ | $10^5$ | $10^4$ | $10 \sim 10^4$ |
| 有机物 | 含大量有机物，主要是蛋白质和碳水化合物 | 主要是氨和氨基酸，有机物含量少 | 有机物含量极微 | |
| 溶解氧 | 极低或几乎没有，厌氧性 | 少量，半厌氧性 | 较多，需氧性 | 很多，需氧性 |
| $BOD_5$ | 非常高 | 较高 | 较低 | 很低 |

### 7.2.3.2　污染物毒性的细菌性检验

肠道细菌生存在温血动物的肠道粪便中，水体中如发现这种细菌，可以认为已受到粪便的污染。因此，常以检验细菌总数，特别是检验水中的大肠菌群数来间接判断水的卫生学质量。

**(1) 细菌总数的测定**

细菌总数是指在一定条件下（培养基成分、培养温度和时间、pH、需氧性质等）培养后，1mL 水样中所生长的细菌菌落的总数。它是判断饮用水、水源水、地表水等污染程度的标志。

其主要操作过程如下：

① 灭菌：用于细菌检验的器皿、培养基等均需按灭菌方法进行灭菌。目前的灭菌方法主要有高温灭菌、干热灭菌和煮沸灭菌三种。

② 制备营养琼脂培养基。

③ 培养：以无菌操作方法用 1mL 灭菌吸管吸取混合均匀的水样（或稀释水样）注入灭菌培养皿中，倾注约 15mL 已融化并冷却到 45℃ 左右的营养琼脂培养基，并旋摇培养皿使其混合均匀。每个水样应做两份，以琼脂培养基作空白对照。待琼脂冷却凝固后，翻转培养皿，置于 37℃ 恒温箱培养 24h，然后进行菌落计数。

④ 菌落计数：用肉眼或借助放大镜观察，对培养皿中的菌落进行计数。

**(2) 总大肠菌群的测定**

总大肠菌群是指那些能在 35℃、48h 之内使乳糖发酵产酸、产气、需氧及兼性厌氧的、革兰氏阴性的无芽孢杆菌，以每升水样中所含有的大肠菌群的数目来表示。总大肠菌群的检验方法有多管发酵法和滤膜法。多管发酵法可用于各种水样（包括底泥），但操作烦琐，费时间。滤膜法操作简便、快速，但不适用于浑浊水样。

① 多管发酵法是根据大肠菌群细菌能发酵乳糖、产酸产气以及具备革兰氏染色阴性、无芽孢呈杆状等特性进行检验的。

检验程序如下：

a.配备平板基：检验大肠杆菌需要多种培养基，有乳糖蛋白胨培养液、三倍浓缩乳糖蛋白胨培养液、品红亚硫酸钠培养基、伊红美蓝培养基。

b.初步发酵试验：在灭菌操作条件下，分别取不同量水样于数支装有三倍浓缩乳糖蛋白胨培养液或乳糖蛋白胨培养液的试管中（内有倒管），得到不同稀释倍数的水样培养液，于 37℃ 恒温培养 24h。

c.平板分离：水样经初步发酵试验培养24h后，将产酸、产气及只产酸的发酵管分别接种于品红亚硫酸钠培养基或伊红美蓝培养基上，置于37℃恒温培养箱内培养24h，挑选出符合下列特征的菌落。（a）品红亚硫酸钠培养基：紫红色，具有金属光泽的菌落；深红色，不带或略带金属光泽的菌落；淡红色，中心色较深的菌落。（b）伊红美蓝培养基：深紫黑色，具有金属光泽的菌落；紫黑色，不带或略带金属光泽的菌落；淡紫红色，中心色较深的菌落。

d.对上述特征的菌落进行涂片、革兰氏染色、镜检。

e.复发酵试验：上述涂片镜检的菌落如为革兰氏阴性无芽孢杆菌，则取该菌落的另一部分再接种于装有乳糖蛋白胨培养液的试管（内有倒管）中，每管可接种分离自同一初发酵管的最典型菌落1～3个，置于37℃恒温箱中培养24h，有产酸、产气者，即证实有大肠菌群存在。

f.大肠菌群计数：根据证实有大肠菌群存在的阳性管数，查总大肠杆菌数表报告每升水样中的总大肠菌群数。

对于不同类型的水，视其总大肠菌群数的多少，用不同稀释度的水样试验，以便获得较准确的结果。

② 滤膜法是采用过滤器过滤水样，使其中的细菌截留在滤膜上，然后将滤膜放在适当的培养基上进行培养，大肠菌群可直接在膜上生长，从而可直接计数。

检验程序如下：

a.滤膜灭菌：将滤膜放入烧杯中，加入蒸馏水，置于沸水浴中煮沸灭菌三次，每次15min。前两次煮沸后需更换水洗涤2～3次，以除去残留溶剂。

b.滤器灭菌：用点燃的酒精棉球，火焰灭菌，也可用121℃高压灭菌20min。

c.过滤水样：用无菌镊子夹取灭菌滤膜边缘部分，将粗糙面向上，贴放在已灭菌的滤床上，固定好滤器，将100mL水浴（如水样含菌数较多，可减少过滤水样量，或将水样稀释）注入滤器中，打开滤器阀门，在负0.5大气压下抽滤。

d.培养：水样滤完后，再抽气约5s，关上滤器阀门，取下滤器，用灭菌镊子夹取滤膜边缘部分，移放在培养基上，滤膜截留细菌面向上，滤膜应与培养基完全贴紧，两者间不得留有气泡，然后将培养皿倒置，放入37℃恒温箱内培养22～24h。

e.观察结果：凡属革兰氏染色为阴性的无芽孢杆菌，再接种于乳糖蛋白胨培养基液，于37℃培养24h，有产酸产气者，则判定为总大肠菌群阳性。

滤膜上生长的大肠菌群菌落总数和所取过滤水样量，按下式计算1L水中总大肠菌群数

$$总大肠菌群数 = \frac{所计数的大肠杆菌菌落数 \times 1000}{过滤水样量(mL)}$$

## 7.2.4 水生生物毒性试验

生物测试（Bioassay），又称生物测定或生物检试，是利用生物受到污染物质的毒害所产生的生理机能等变化测试污染状况的方法。生物测试是环境污染生态监测的重要方法之一，由于这种方法简单，无需特殊仪器设备，又能综合反映毒物的毒性和污染状况，不仅可测定环境中的单因子污染，而且能测定复合污染的危害，因此被广泛采用。

生物测试方法主要用于水污染的监测，水污染的生物测试是利用水生生物受到污染物质

的毒害所产生的生理机能的变化，测试水质污染状况。水生生物毒性试验可用鱼类、蚤类、藻类等。其中以鱼类的毒性试验应用较广。Johneis 等在 1967 年最早用中子活化法分析研究白斑狗鱼（*Esox lucius*）及一些其他水生动物体内汞的含量及其与污染的关系，发现鱼体内汞含量有明显的地区差异。近 20 年来水污染的生物测试已成为一种测定和评价水中污染物毒性的基本方法。我国为了保护渔业水体，自 20 世纪 50 年代起就开展了毒物对鱼类影响的生物测试工作，并将这种方法应用于水质标准制定、排污废水的毒性监测等方面，取得了很多成果。

**（1）水污染生物测试方法**

水污染的生物测试方法有静水式生物测试（Static Bioassay）和流水式生物测试（Flow-through Bioassay）两种。

静水式生物测试是把受试生物置于不流动的试验溶液中，测定污染物浓度与受试生物中毒反应之间的关系，从而确定污染物的毒性，故又称为静水式试验。在静水式生物测试中，试验溶液如果通过稀释水的预先曝气，仍不能满足试验对溶解氧的要求，可采用有控制的人工充气来补充溶解氧，或定期更新试验溶液。每隔一定时间将容器中的试验溶液吸出，加入新配制的试验溶液，或将受试生物转入新配制的浓度相同的试验溶液中。这种方法除能提供受试生物所需的溶解氧外，还能保持被测物浓度大致稳定和防止水质恶化，因而是静水式生物测试常用的测试方法。与流水式生物测试相比较，静水式生物测试方法简单易行，费用低廉，用水量和废水量均较少，因而至今仍被广泛采用。但是，静水式生物测试只适用于测定不易挥发、相对稳定而耗氧量又不大的污染物，以及生化需氧量不高的工业废水的急性毒性。

流水式生物测试是把受试生物置于连续或间歇流动的试验溶液中，测定污染物浓度与受试生物中毒反应之间的关系，从而确定污染物的毒性。这种方法又称流水式试验。流水式生物测试系统主要由液位恒定的高位水箱、毒物贮存液储存器和稀释容器等部分组成。试验溶液由稀释水和毒物贮存液按一定比例在稀释容器内混合配制而成，通过虹吸管流入试验容器。稀释水和毒物贮存液的比例不同，混合而成的试验溶液的浓度也就不同。只要改变二者的混合比例，就可得到合乎试验需要的各种浓度。流水式生物测试不仅可以使试验溶液保持充足的溶解氧和被测物浓度的稳定，同时还能将生物的代谢产物随着试验溶液的溢流及时排出，因而这种方法既是慢性试验的测试手段，也是不稳定的或易挥发化学物质以及生化需氧量含量较高的工业废水的急性毒性试验的一种常用测试方法。由于流水式生物测试的用药量、用水量和废水量都较大，所需的设备远较静水式生物测试复杂，试验费用也较高，因此在急性毒性试验中使用还不普遍。

**（2）毒物与用于毒性试验水生生物的选择**

毒物是指由某种方式进入生物体，在达到一定数量时，能扰乱或破坏生物的正常生理功能，引起暂时或持久的病症，甚至使生物死亡的物质。可见，毒物和非毒物之间并没有截然的界限，某种化学物质是否属于毒物，量的概念是至关重要的。任何一种物质，不达到危害剂量时通常对生物不会构成危害，有的甚至还能促进生物的生长发育，而一旦超过一定的量，对生物产生危害时就成为毒物。

用于毒性试验的生物种类很多。药理学和工业毒理学中经常利用鼠类或小型哺乳类、细菌和细胞培养等。水环境污染监测中，水生生物大部分以鱼类为主，也有的采用浮游生物和底栖动物。鱼类对水环境的变化反应十分灵敏，当水体中的污染物达到一定浓度时，就会引起一系列中毒反应，例如行为异常、生理功能紊乱、组织细胞病变，直至死亡。在规定的条件下，使鱼接触含不同浓度受试物的水溶液，试验至少进行24h，最好以96h为一个试验期，在24h、48h、72h、96h时记录试验鱼的死亡率，确定鱼类死亡50％时的受试物浓度。鱼类毒性试验在研究水污染及水环境质量中占重要地位。通过鱼类急性毒性试验可以评价受试物对水生生物可能产生的影响，以短期暴露效应表明受试物的毒害性。鱼类急性毒性试验不仅可用于测定化学物质毒性强度、测定水体污染程度、检查废水处理的有效程度，也可为制定水质标准、评价环境质量和管理废水排放提供环境依据。

试验鱼的选择与驯养方法：

① 试验用的鱼必须对毒物敏感，具有一定的代表性，便于试验条件下饲养，来源丰富，个体健康。我国可采用的试验鱼有四大养殖淡水鱼（青鱼、草鱼、鲢鱼和鳙鱼）、金鱼、鲫鱼、野生的食蚊鱼等。

② 在同一试验中要求试验鱼必须同属、同种、同龄，最好是当年生。鱼的体长以7cm以下为合适。金鱼体短，身宽，一般以3cm以下较为合适。同组鱼中最大体长不应超过最小体长的1.5倍。

③ 选用的试验鱼在试验前必须在实验室内经过驯养，使之适应实验室条件的生活环境，进行健康选择。驯养鱼应该在与试验条件相同水质水温的水体中至少驯养7d，使其适应试验环境，不应长期养殖（<2个月）。驯养期间，应每天换水，可每天喂食1～2次，但在试验前一天应停止喂食，以免试验时剩余饵料及粪便影响水质。驯养期间试验鱼死亡率不得超过5％，否则，可以认为这批鱼不符合试验鱼的要求，应该继续驯养或者重新更换试验鱼进行驯养。

④ 试验前必须挑选健康的鱼，即选择体色光泽、鱼鳍完整舒展、行动活泼、逆水性强、大小无太大差异、无任何疾病的鱼作为试验鱼。任何畸形鱼、外观上反常态的鱼都不得作试验鱼。

**（3）毒性试验**

毒性试验是指人为地设置某种致毒方式使受试生物中毒，根据试验生物的中毒反应来确定毒物毒性的试验方法。其目的是确定无害作用水平、毒性类型、剂量-反应关系等，为安全性评价或危险性评价提供重要的资料。

毒性试验一般分为急性毒性试验、亚慢性毒性试验和慢性毒性试验三类。

① 急性毒性试验。急性毒性试验是指在较短的时间内，通常为96h或更短的时间，能引起试验动物死亡或剧烈损伤的一种试验方法。急性毒性试验主要测定半数致死量，观察急性中毒表现，如受试物质经皮肤吸收能力以及对皮肤、黏膜和眼有无局部刺激作用等，以提供受试物质的急性毒性资料，确定毒作用方式、中毒反应，并为亚急性和慢性毒性试验的观察指标及剂量分组提供参考。

半数致死量指标主要有：

a. 半致死浓度（$LC_{50}$）：在规定时间内引起试验动物死亡一半的浓度。

b. 半效应浓度（$EC_{50}$）：在一定时间内，试验动物的一半出现某种伤害效应（如失去平衡、发育异常或畸形等）的毒物浓度，用以表示经毒物短期接触的亚致死毒性。在实际试验过程中，有些试验动物死亡与否的判定很困难，在这种情况下采用$EC_{50}$来表示，有助于结果的统一而增强可比性。EC$_{50}$的浓度低于LC$_{50}$，它是表示亚致死的毒性，与LC$_{50}$不能相互比较。

c. 半致死剂量（LD$_{50}$）：用口服或注射等方式致毒，在一定时间内致毒而使动物死亡一半的剂量。

d. 半致死时间（LT$_{50}$）：在一定浓度下，试验动物死亡一半所需的时间。

在比较各种污染物的毒性时，不同种或不同发育阶段的动物对污染物的敏感性以及环境因素对毒性影响等方面的研究中，都以LC$_{50}$为依据。由于急性试验时间不统一，而毒物的致死效应又与受试动物接触毒物时间密切相关，因此，采用上述指标时应标明接触时间，如24h LC$_{50}$、48h LC$_{50}$或96h LC$_{50}$。LC$_{50}$不是一种对毒物的绝对的、定量的描述，它只是说明种群在一定时间、一定环境下对毒物的反应幅度。水生动物的种类不同，对毒物的感受性有很大差异。如镉对金鱼的96h LC$_{50}$为2.13mg/L，而对一种端足类动物则为0.085mg/L。同一种毒物对处于不同发育阶段的同一种动物的毒性也不同。如镍对刚孵化出的鲤鱼苗的96h LC$_{50}$为6.10mg/L，而对体长为4～5cm的鲤鱼鱼种则为35.0mg/L。目前国内外用于研究污染物对水生动物急性毒性试验的动物，除鱼类以外，还有浮游动物、软体动物、甲壳类、环节动物、棘皮动物、水生昆虫和蠕虫等。水的温度、pH、溶解氧、硬度、盐度等环境因素对污染物的毒性都有明显影响，因此报告某种毒物毒性时要有环境因素的记录。

LC$_{50}$具有以下4个方面的重要实用价值：

a. 对可能进入环境的化学物质进行毒性的筛选，为控制剧毒物质的生产和使用提供科学依据；

b. 根据LC$_{50}$并运用应用系数推算出安全浓度，为制定水质标准提供依据；

c. 检查废水处理效果，为制定排放标准提供依据；

d. 作为污染源监测和水污染生物评价的依据。

计算毒物对水生动物的LC$_{50}$常用直线内插法，即根据不同暴露时间，以及在等对数间距的各个试验浓度下测试动物的死亡率，求出不同暴露时间的LC$_{50}$。计算时必须有使受试动物存活半数以上和半数以下的各种试验浓度。根据毒物或废水试验浓度和受试动物的死亡率用半对数纸作图，在死亡率50%处画一垂线至浓度坐标，即可求出不同暴露时间内的LC$_{50}$。增加试验次数和适当缩小试验浓度间距，可提高LC$_{50}$的精确度。运用图解法（Litchfield and Wilcoxon法），可计算出LC$_{50}$的可信限，从而估算出与受试动物同类的动物死亡50%的毒物浓度范围。

根据急性毒性试验的数据计算安全浓度，常采用下列经验公式：

$$安全浓度 = \frac{48h\ LC_{50} \times 0.3}{(24h\ LC_{50}/48h\ LC_{50})^3}$$

$$安全浓度 = \frac{24h\ LC_{50} \times 0.3}{(24h\ LC_{50}/48h\ LC_{50})^3}$$

$$安全浓度 = 96h\ LC_{50} \times 0.1$$

目前采用较普遍的是第三种计算方法。对于易分解又很少造成残毒的化学物质一般用0.05～0.1之间的系数；对稳定且易于在生物体内积累的污染物，其系数多选在0.01～0.05之间。

② 亚慢性毒性试验。亚慢性毒性是指试验动物连续多日接触较大剂量的外来化合物所

出现的中毒效应。所谓较大剂量，是指小于急性 $LD_{50}$ 的剂量。亚慢性毒性试验主要是探讨亚慢性毒性的阈剂量或阈浓度和在亚慢性毒性试验期间未观察到毒效应的剂量水平，同时为慢性试验寻找接触剂量及观察指标。

亚慢性毒性试验的期限——"多日"的确切时间，至今尚无完全统一的认识。一般认为在环境毒理学与食品毒理学中所要求的连续接触为 3～6 个月，而在工业毒理学中认为 1～3 月即可。这是考虑到人类接触大气、水和食品污染物的持续时间一般较久，而在工业生产过程中接触化合物仅限于人一生中的工作年龄阶段，且每日工作不超过 8 小时。现有学者主张进行试验动物 90 天喂饲试验为亚慢性毒性试验，即将受试物混合于饲料或饮水中，动物自然摄取连续 90 天。这是由于动物连续接触外来化合物 3 个月，其毒性效应往往与再延长接触时间所表现的毒性效应基本相同，故不必再延长接触期限。

亚慢性试验受试化合物的上限剂量，需控制在试验动物接触受试化合物的整个过程中，不发生死亡或仅有个别动物死亡，但有明显的中毒效应，或靶器官出现典型的损伤。此剂量的确定可参考两个数值：一是以急性毒性的阈剂量为亚慢性试验的最高剂量；二是以此化合物 $LD_{50}$ 的 1/20～1/5 为最高剂量。亚慢性毒性试验应求出化合物剂量-反应关系，只有求出剂量-反应关系才能阐明受试化合物的亚慢性毒作用特征，并为慢性毒性试验打下基础。为此，亚慢性毒性试验至少应设计三个染毒剂量组及一个正常动物对照组，必要时再加一个受试化合物的溶剂对照组。最低剂量组的剂量应相当于亚慢性的阈剂量水平或未观察到作用水平，中间剂量组动物以出现轻微中毒效应为剂量水平。组内动物个体体重相差应不超过平均体重的 10%，组间平均体重相差不超过 5%。

亚慢性毒性试验指标包括一般综合性观察指标和一般化验指标两种。

一般综合性观察指标是非特异性观察指标，它是外来化合物对机体毒性作用的综合性总体反映。如食欲变化、消化功能变化、代谢和能量消耗变化等。

一般化验指标主要指血象和肝、肾功能的检测，在亚慢性试验中研究外来化合物对试验动物的毒性作用，使用这类指标的目的一般为筛检性和探讨性。

③ 慢性毒性试验。许多毒物的毒性是迟发的，或者是累积的，在短时间内还不能完全显示出效应来。对这类毒物的危害用一般的试验方法是无法检验的。利用 $LC_{50}$ 推算安全浓度所用的系数（0.01～0.1）本身就有 10 倍之差，故误差往往较大；同时室内短时间试验所得出的结果要应用到自然状态还需要视具体情况做适当修正。完全依赖野外生态调查结果，其情况又非常复杂，很难准确地找出污染物与生物之间的关系。慢性毒性试验既可弥补急性毒性试验结果应用上的困难，又能克服野外生态调查条件不易控制的矛盾。

慢性毒性试验是指在实验室条件下进行的低浓度、长时间的中毒试验，观察毒物与生物反应之间的关系，以确定对生物无影响的浓度（安全浓度）。慢性试验的时间长度与生物种类和试验目的有关，一般认为工业毒理学慢性试验动物染毒 6 个月或更长时间，而环境毒理学与食品毒理学则要求试验动物染毒 1 年以上或 2 年。也有学者主张动物终生接触外来化合物才能全面反映外来化合物的慢性毒性效应，以及求出阈剂量或无作用剂量。

所谓最大容许浓度是指在慢性毒性试验中，对试验生物无影响的最高浓度和有影响的最低浓度之间的毒物阈浓度。大量的试验证明，用急性毒性试验求得的 $LC_{50}$ 再乘上一个应用系数是求解这个问题的较理想方法。其公式为

$$应用系数 = \frac{毒物最大容许浓度}{96h\ LC_{50}}$$

根据试验，尽管同一种毒物对不同生物的毒性存在很大差异，但应用系数却十分相近。例如，马拉硫磷对黑头软口鲦和蓝鳃鱼的96h LC$_{50}$分别为10.45mg/L和0.011mg/L，慢性试验求得的最大容许浓度为0.20～0.58mg/L和0.0036～0.0074mg/L。若分别计算它们的应用系数，二者却极为相近。蓝鳃鱼为0.034～0.067，而黑头软口鲦为0.019～0.056。因此，人们可以将一种生物求得的应用系数乘上另一种生物的LC$_{50}$来计算出它们对同种毒物的最大容许浓度，即最大容许浓度＝LC$_{50}$×应用系数。

　　慢性毒性试验观察指标的选择，应以亚慢性毒性试验的观察指标为基础。其中包括体重、食物摄取、临床症状、行为、血象和血液化学、尿的性状和生化成分以及重点观察在亚慢性毒性试验中已经显现的阳性指标。一些观察指标变化甚微，为此应注意三点：一是试验前应对一些预计观察指标，尤其是血、尿常规及重点测定的生化指标进行正常值测定，废弃个体差异过大的动物；二是在接触外来化合物期间进行动态观察的各项指标，应与对照组同步测定；三是各化验测定方法应精确、可靠，且进行质量控制。

## 7.2.5　遥感技术在水污染监测中的应用

　　当前，遥感技术与地理信息系统（GIS）、北斗卫星导航系统（BDS）的结合应用日趋成熟，通过这些高科技手段可以精确地判读出水体污染的动态信息，测定水污染的总体分布和污染源的位置，提供大面积或人不能到达的地方的水污染状况。遥感技术在水污染监测方面的应用具有监测范围广、速度快、成本低，且便于进行长期的动态监测等优点，是实现宏观、快速、连续、动态地监测环境污染的有效高新技术手段。

　　水污染遥感监测的参数主要有：水中悬浮物、藻类、化学物质、溶解性有机物、热释放物、病原体和油类物质等。对于水中悬浮物质，利用光吸收技术来探测；红外遥感可测量水温并作出大面积水体等温线图；卫星遥感技术可追踪海上大面积油膜移动的方向；空中激光荧光雷达对水中叶绿素的荧光监测能确定藻类的类型和密度；多通道海洋彩色仪可从卫星轨道高度对海水作扫描，精确地对海洋颜色进行传感，观测海上各种污染和泥沙。用遥感监测的数据大致可以分为以下四大类：浑浊度、浮游植物、溶解性有机物、化学性水质指标。

　　水质参数的遥感监测过程是：首先，根据水质参数选择遥感数据，并获得同期内的地面监测的水质分析数据。现今广泛使用的遥感图像波段较宽，所反映的往往是综合信息，加之太阳光、大气等因素的影响，遥感信息表现得不甚明显，要对遥感数据进行一系列校正和转换，将原始数字图像格式转换为辐射值或反射率值。然后，根据经验选择不同波段或波段组合的数据与同步观测的地面数据进行统计分析，再经检验得到最后满意的模型方程。

### （1）水体污染的遥感监测机理

　　遥感的主要目的在于识别地物，其识别地物的机理在于不同地物具有不同的光谱特征。地物之间光谱特征差异越大，越容易为遥感器所识别。对于水体而言，其主要原理就是被污染水体具有独特的有别于清洁水体的光谱特征，这些光谱特征体现在其对特定波长的光的吸收或反射，而且这些光谱特征能够为遥感器所捕获并在遥感图像中体现出来。一般情况下，清洁水体反射率比较低，水体对光有较强的吸收性能，而较强的分子散射性仅存在于光谱区较短的波段上。故在一般遥感影像上，水体表现为深色调。水中悬浮物微粒会对入射进水里的光发生散射和反射，增大了水体的反射率；悬浮物含量增加，水体反射率也变大。为了探讨不同水质水体的可见光-近红外光谱及其与水质指标的关系，王云鹏等在珠江广州河段的不同地区采集了水样，进行了室内光谱测试（VI-NIR）和水中总有机碳（TOC）的分析。分析结果（见表7-7）表明随着水中有机碳含量的增加，TM各波段的反射率积分值逐渐下降，反映了随着水体有机污染程度的增加，水体的可见光-近红外光谱反射率呈逐渐降低的趋势。由此可见，可以利用遥感技术区分和识别污染水体。

**表 7-7　不同水样 TM 各波段的反射率积分值及 TOC 分析结果**

| 水样采集地点 | TOC 分析结果/(g/t) | TM1 | TM2 | TM3 | TM4 | TM5 | TM7 | 水质评价 |
|---|---|---|---|---|---|---|---|---|
| 自来水 | 0.47 | 21.8 | 29.8 | 19.9 | 42.1 | 62.5 | 74.4 | 清洁 |
| 猎德珠江水 | 5.46 | 17.4 | 24.3 | 16.1 | 36.5 | 53.7 | 54 | 受污染江水 |
| 池塘水 | 7.14 | 17.6 | 24.6 | 16.3 | 33.9 | 44.9 | 48.3 | 富营养化塘水 |
| 天河涌水 | 10.28 | 14.5 | 19.9 | 13.3 | 29.2 | 41 | 44.2 | 污水 |

注：引自王云鹏等，2001。

**（2）利用遥感技术监测污染水体的判读标志**

一般可见光黑白影像记录水体的反射光谱信息是依靠灰度特征表示的，而彩色影像通过丰富的色彩、明亮度和饱和度记录水体表面的各种信息，能突出表现水面细微的变化。应用彩色红外影像监测水体污染状况效果最为理想。识别水体污染的特征标志，包括影像的色彩、污染水体的纹理及其相关的辅助标志等，参见表7-8。

**表 7-8　彩色红外航空像片判读污染水体的判读标志**

| 污染类型 | 污染物来源 | 影像色彩 | 影像纹理 | 辅助标志 | 判读效果 |
|---|---|---|---|---|---|
| 油污染 | 船舶排放，炼油厂、工厂排污口 | 绿、青绿 | 条、块状、烟云状 | 船舶、炼油厂、航道、码头 | 好 |
| 悬浮泥沙 | 农田排水，河水输送 | 淡蓝、绿、绿白、灰白 | 条带状、旋涡状、云雾状 | 排水渠、两河汇合处 | 好 |
| 有机污水 | 工厂、居民排放 | 灰黑、黑 | 条带、墨迹状 | 污水河、居民点水沟、工厂排污口 | 好 |
| 浮游植物 | 工厂、居民排放污水，农田排水引起富营养化 | 红褐、淡红、浅褐 | 长条、块斑状、块状、圆点状 | 农田、工厂，居民点附近、封闭型水体 | 好 |
| 化学废渣 | 化工、机械工厂 | 灰蓝、绿、黄绿 | 喇叭状扩散、块状 | 工厂排污口 | 好 |
| 生活垃圾 | 垃圾堆废物浸出溶解 | 灰黑、黑 | 墨迹状 | 垃圾堆 | 好 |
| 化学废液 | 化工厂、人工投放 | 由原生色调决定、五彩斑斓 | 由排放源性质决定 | 工厂、垃圾堆 | 若色调反差强则效果好 |
| 热排水 | 工厂排放冷却水 | 深蓝色中有白色小浪花 | 喇叭状、波纹状、烟云状 | 工厂排污口 | 若影像纹理显示好则效果好 |

注：引自姚俊，1989。

**（3）污染物扩散状态的影像特征**

遥感监测视野开阔，对大面积发生的水体扩散过程容易通览全貌，能观察出污染物的排放源、扩散方向、影响范围以及与清洁水混合稀释等信息，从而查明污染物的来龙去脉，可为研究人员分布水样监测站点提供依据。污染水体在彩色红外影像上平面展布的图形特征，受到排放源作用力和水体动力合成的影响，它的扩散形态可以作为识别水动力特点的标志，如彩图1。图中河水随着污染程度的增加，颜色由浅变深，清楚地展现出整个珠江广州河段水体污染的宏观分布特征，该图是经过图像灰度变换后的水质分类图像，将河水分为4级，使污染程度和分布定量化。

水中污染物的扩散分为三种类型。

① 静态水中污染物的扩散。在水流静止的环境里，污染物的排放都以排污口为中心呈半圆形均匀地向外扩散，它在彩色影像上的几何形态非常明显。当排放口污水流量很大，污水流速很快时，则在平面上展布为扇状或喇叭状。

② 流动水中污染物的扩散。由于受河水动力作用，从排污口排放的污水向下游顺水流方向扩散并在平面上展开，且很快与河水掺混发生稀释作用，故在彩色红外影像上还可以观察到水流的动力特点。

③ 河口海湾内污染物的扩散。在河口海湾地区，当污染水体注入时，由于受潮汐运动的影响，污染物随水流漂浮移动，运动方向与潮汐推移方向相同。海洋潮汐每天周期性地发生涨落，污染物运动方向也相应发生改变，在彩色红外影像上展布的形态也表现出不同图案。在发生涌潮时，排污口污水呈现连续的一片；一旦退潮，污水与排污口失去联系，形成了脱离污染源的离岸孤立的浑浊水体。

**(4) 遥感技术在水污染监测中的应用**

① 油污染监测。石油污染是一种常见的水体污染现象。石油与海水在光谱特性上存在许多差别，如油膜表面致密、平滑、反射率较水体高、发射率远低于水体等。未污染的海水与水面上的油膜，由于两者的发射率（即比辐射率）不同，因而即使它们在相同的温度下，辐射温度也不相同。应用红外扫描仪进行航空遥感监测，就能测出它们辐射温度的差值，从而显示出海面油污染分布的情况。根据油膜的厚薄在像片上表现为灰阶的不同，可以计算出油膜覆盖的面积和数量。美国石油学会分析了不同的油膜颜色和状态与油膜的厚度和单位面积上油量之间的关系（表7-9），可以用这种相关性对海面油膜进行半定量的分析和研究。

表7-9　水面油膜状态与油量的相关性

| 状态 | 厚度/μm | 油量/(L/km²) |
|---|---|---|
| 勉强可见 | 0.038 | 44 |
| 银色光辉 | 0.076 | 88 |
| 痕量彩色 | 0.152 | 176 |
| 鲜明的彩色带 | 0.305 | 352 |
| 阴暗模糊的彩色带 | 1.016 | 1170 |
| 暗黑色 | 2.032 | 2340 |

注：引自姚俊，1989。

② 城市污水监测。城市大量排放的工业废水和生活污水中带有大量有机物，它们分解时耗去大量氧气，使污水发黑发臭，当有机物严重污染时呈漆黑色，使水体的反射率显著降

低，在黑白像片上呈灰黑或黑色色调的条带。使用红外传感器，能根据水中含有的染料、氢氧化物、酸类等物质的红外辐射光谱了解水污染的状况。水体污染状况在彩色红外像片上有很好的显示，不仅可以直接观察到污染物运移的情况，而且凭借水中泥沙悬浮物和浮游植物作为判读指示物，可追踪污染源。

③ 水体富营养化监测。水体里浮游植物大量繁殖是水质富营养化的显著标志。由于浮游植物体内含的叶绿素对可见光和近红外线具有特殊的"陡坡效应"，那些浮游植物含量大的水体兼有水体和植物的反射光谱特征。随着水体中浮游植物含量的增高，其光谱曲线与绿色植物的反射光谱越来越近似。因此，为了调查水体中悬浮物质的数量及叶绿素含量，最好采用 $0.45 \sim 0.65 \mu m$ 附近的光谱线段。在可见光波段，反射率较低；在近红外波段，反射率明显升高。因此，在彩色红外图像上，富营养化水体呈红褐色或紫红色。

④ 热污染监测。热红外扫描图像主要反映目标的热辐射信息，对监测工厂的热排水造成的污染很有效，无论白天、黑夜，在热红外像片上，排热水口的位置、排放热水的分布范围和扩散状态都十分明显，水温的差异在像片上也能识别出来。因此，利用热红外遥感影像能有效地探测到水污染的排放源。例如，利用多时相的热红外图像，并结合地面观测，有关部门分析研究了海河 79km 的热污染状况，查明热污染源有 23 个，热排水口达 40 多个，热水总排放量约 $8.5 \times 10^8 t/a$，并划分出了无热污染、轻度热污染、中度热污染、重度热污染和严重热污染河段。

水体污染的遥感监测因被污染水体的光谱特性不明显而受到限制，定量测定尚有不少困难，一般是依靠间接的信息，即通过指示物质如叶绿素、海上油污以及水温的传感等来推论水体污染物的存在。水污染遥感监测虽然在精度上还比不上定点取样测定，但它可以提供广大范围的或人不能到达的地方的水污染状态。利用遥感技术评价水质是比较困难的，水的温度和颜色虽然容易测定，但必须与实况调查相配合。

## 7.3　大气污染的生态监测

大气是自然环境的重要组成部分，是人类及一切生物赖以生存的物质。人类活动或自然过程向大气中排放了过多的烟尘和废气造成大气污染，会对人体的舒适和健康造成一定的危害。因此，将污染空气治理成清洁、化学组成正常的空气是重要的环境治理工程，而大气污染的监测是大气环境综合治理工程中的重要组成环节。

### 7.3.1　大气污染指示生物

目前监测大气污染的方法主要是指示生物法，在陆生动植物中有许多对大气污染反应很敏感的生物。例如，地衣、苔藓植物、紫花苜蓿等对二氧化硫敏感，唐菖蒲等对氟化氰敏感，烟草对臭氧敏感。根据这些生物发出的各种信息可以判断大气污染的状况，对大气环境质量做出评价。大气污染指示生物就是指对大气污染反应灵敏，用来监测和评价大气污染状况的生物，包括大气污染指示植物和大气污染指示动物，其中对指示植物研究较多。动物对大气污染的敏感性一般比植物低，而且动物活动性大，在环境质量恶化时会迁移回避，因此，通常不用来指示或监测大气污染。但是有些小动物对一氧化碳（CO）的反应比人和植物灵敏得多。例如金丝雀、鼹鼠、麻雀、鸽子和狗等可作为 CO 的指示动物。狗的嗅觉特别灵敏，经过训练可以用来监测煤气管道漏气和 CO 污染源。

植物生长发育与周围环境有密切的联系，环境条件的变化、生态平衡的破坏都会在植物体内以某种形式表现出来。大气受到污染时，敏感的植物反应最快，最先发出污染信息，出现污染症状，植物的生长发育会受到阻碍，生理代谢过程也会随污染物在体内的积累而发生变化。不同污染物对指示植物的伤害症状也不同，如受到 $SO_2$ 伤害时，症状一般出现在植物叶片的脉间，呈不规则的点状、条状或块状坏死区，坏死区和健康组织之间的界限比较分明，坏死区颜色以灰白色和黄褐色居多，有些植物叶片的坏死区在叶子边缘或前端（彩图 2）。

大气污染指示植物能综合反映大气污染对生态系统的影响强度，较早发现大气污染，监测出不同的大气污染，反映一个地区的污染历史。一般应具备以下特征：对污染物敏感；受污染后的症状明显；干扰症状少；生长期长，能不断萌发新叶；栽培管理和繁殖容易；尽可能具有一定的观赏或经济价值，以起到美化环境和监测环境质量的双重作用。表 7-10 给出了几种常见大气污染指示植物。

表 7-10　常见大气污染指示植物

| 污染物 | 指示植物 |
| --- | --- |
| $SO_2$ | 地衣、苔藓、紫花苜蓿、荞麦、金荞麦、向日葵、燕麦、芝麻、地瓜、棉花、大豆、落叶松、雪松、马尾松、悬铃木、油松、枫杨、加杨（加拿大杨）、水杉、杜仲、合欢、土荆芥、藜、曼陀罗、胡萝卜、葱、菠菜、莴苣、南瓜、辣椒、黄瓜、月季、梅等 |
| 氟化物 | 唐菖蒲、郁金香、金荞麦、玉米、大蒜、杏、葡萄、芒果、烟草、小苍兰、玉簪、梅、紫荆、雪松、落叶松、欧洲赤松、苔藓等 |
| $O_3$ | 烟草、美洲五针松、光叶榉、女贞、银槭、桦树、皂荚、丁香、菠菜、番茄、萝卜、洋葱、马铃薯、甜瓜、燕麦、葡萄、牡丹、矮牵牛、牵牛花、马唐等 |
| PAN | 早熟禾、矮牵牛、繁缕、菜豆、莴苣、烟草、牵牛花、番茄、芹菜等 |
| 氯气和氯化物 | 芝麻、荞麦、玉米、大麦、向日葵、藜、翠菊、万寿菊、鸡冠花、大白菜、韭菜、葱、冬瓜、萝卜、洋葱、桃树、苹果、枫杨、雪松、复叶槭、落叶松、油松、木棉、假连翘、苜蓿等 |
| $NO_2$ | 悬铃木、向日葵、秋海棠、烟草、小麦、玉米、燕麦、胡萝卜、番茄、马铃薯、洋葱、蚕豆、柑橘、瓜类等 |
| $C_2H_4$ | 芝麻、番茄、香石竹、棉花等 |

注：引自李江平，2001。

利用植物指示大气污染的优点是：①能够综合反映大气污染对生态系统的影响强度。这种影响强度一般是无法用理化方法直接进行测定的。大气受到多种污染物复合污染时，一些污染物之间会发生协同作用，使它们的影响比各自单独的影响强烈；有时则产生拮抗作用，其影响要比各自的影响微弱。这些影响只有通过对生物各种反应进行观察、分析和测定来了解。②能较早地发现大气污染。植物对大气污染的反应比人敏感得多，人在 $SO_2$ 浓度达 $1\times10^{-6}\sim5\times10^{-6}$ 时才能嗅到，接触 $3\times10^{-6}\sim10\times10^{-6}$ 超过 8 小时，才对健康有影响，而一些植物接触 $0.5\times10^{-6}$，在 2～4 小时内就会出现伤害症状。因此利用植物能及时发现污染，尽早防治。③能检测出不同的大气污染物。不同污染物会使植物的叶片出现不同的受害症状。$SO_2$ 污染常使叶片的脉间出现有色的斑点或漂白斑；氟污染常使叶片的顶端和边缘出现伤斑，受害组织与正常组织之间有明显的界限；臭氧引起的典型症状是叶表面近小叶脉处产生点状或块状伤斑，因为栅栏组织对臭氧敏感，所以症状大多出现在上表面；受到过氧乙酰硝酸酯（PAN）急性危害后，大部分双子叶植物在叶片背面出现玻璃状或古铜色伤斑。④能反映一个地区的污染历史。通过对植物进行年轮生长量的分析以及测定积累在植物体内的污染物的数量，能够推测过去的污染状况和污染的历史，对大气质量做出回顾性评价。

此外由于指示植物种类多，取材容易，费用低廉并能美化环境，这种方法可以在一个较大的范围内，长期地观察污染的累积性影响。但由于环境条件的变化和植物本身生长发育的状况都会影响植物对污染的敏感性，因此结果会出现误差，在污染严重时，植物本身还会受害致死，失去继续监测的能力。

## 7.3.2　大气污染指示生物的选择方法

生物长期生活于一定的生态环境中，与环境不断地相互作用和相互影响，从而保持相对稳定的动态平衡。外界出现不良条件时，生物可通过本身的调节作用迅速适应，以求得生存和发展。因此，任何生物对外界的不良条件都有一定的抵抗能力。抗性的对立面为敏感性。指示生物通过对外界刺激的敏感性来反映环境状况，因此在确定生物的选择方法之前，应首先了解生物敏感性的分级标准问题。

**(1) 生物敏感性**

在同样的生态条件下，各种植物对同一污染物的反应是不同的。有些植物对大气污染物的抗性较强，在污染环境中受害较轻；有些植物则十分敏感，在污染浓度不高时就出现受害症状，甚至整个植株死亡。因此，可根据植物对污染物的反应划分为不同的抗性等级。目前对抗性等级常采用三级划分法：抗性强、抗性中等、敏感；也有的采用四级划分法（抗性强、抗性较强、抗性较弱、敏感）和五级划分法（抗性强、抗性较强、抗性中等、抗性较弱、敏感）。三级划分法的优点是简单方便、便于实际应用，中国、美国、日本等多采用此法。

三级划分法的分级标准如下：

① 抗性强：植物在污染较重的环境中能长期生长，或在一个生长季节内经受一两次浓度较高的有害气体的急性危害后仍能恢复生长。叶片基本上能达到经常全绿，或虽出现较重的落叶、落花、芽枯死等现象，但生活能力很强，在较短时间内能再度萌发新芽、新叶，继续生长发育。在人工模拟熏气条件下，植物接触适当剂量（浓度、时间）的有害气体后，叶片不受害或受害较轻。人工熏气必须根据各种有害气体的毒性，选择适当的剂量。如果有害气体浓度过高，任何植物都会受到较重的危害而达不到抗性鉴定的目的。如当大气中臭氧浓度为 0.1mg/L，且延续 2～3 小时，燕麦成熟叶片上的伤斑就会不同程度地分布于全叶，轻者叶片呈红棕、紫红或褐色，严重时扩展到叶背，叶子两面坏死，随后逐渐出现叶卷曲、叶缘和叶尖干枯而脱落。

② 抗性中等：植物在污染较重的环境中能生活一定时间，在一个生长季节内经受一两次浓度较高的有害气体急性危害后出现较重的受害症状，如叶片上伤斑较多，叶形变小并有落叶现象，树冠发育较差，经常发生枯梢。在人工模拟熏气条件下，植物接触适当剂量的有

害气体后，叶片受害中等。

③ 敏感：这类植物不能长时间生活在一定浓度的有害气体污染的环境中。如木本植物常常在栽植 1～2 年内枯萎死亡，幸存者长势衰弱，最多只能维持 2～3 年，叶片变形，伤斑严重。在生长季节内，经受一次浓度较高的有害气体急性危害后，大量落叶、落花、芽枯死，很难恢复生长，植株在短期内枯萎死亡。在人工模拟熏气条件下，植物接触适当剂量的有害气体后，叶片受害严重。

敏感植物一般可以作为指示植物，常见的主要属于苔藓植物、裸子植物和被子植物等几个植物纲。不同植物对污染物的抗性不一样，但有些植物对不同污染物的敏感度往往是一致的，例如，对 $SO_2$ 抗性强的植物通常对氯气、氟化物等的抗性也比较强。另外，也有些植物对不同污染物具有不同的抗性，见表 7-11。

表 7-11　植物对不同污染气体抗性比较

| 植物 | $SO_2$ | HF | $NO_2$ | $O_3$ |
| --- | --- | --- | --- | --- |
| 柑橘 | 强 | 中 | — | — |
| 木槿 | 强 | — | 弱 | — |
| 银桦 | 强 | 中 | — | 弱 |
| 杏 | 中 | 弱 | — | — |
| 葡萄 | 中 | 弱 | — | 弱 |
| 梨 | 弱 | 弱 | — | — |
| 紫花苜蓿 | 弱 | 弱 | — | 弱 |
| 唐菖蒲 | 弱 | 弱 | — | — |

注：引自唐文浩等，2006。

评定各种植物的抗性和划分抗性等级，不能只根据一两项指标，而要综合评定。既要考虑在植物生活过程中，大气污染物对整个植株生长发育的影响，也要考虑污染物使植物地上部分器官尤其是叶器官受害的症状和程度，以及植物吸收和积累污染物的能力。因此，应通过污染现场植物生态调查、污染现场植物栽植试验和人工熏气试验等方法综合评定抗性等级。

**(2) 指示生物选择方法**

指示生物选择方法有现场比较评比法、栽培或饲养比较试验法、人工熏气法和浸蘸法。

① 现场比较评比法：选取排放已知单一污染物的现场，对污染源影响范围内的各类生物进行观察记录。这种方法简单易行，其缺点是受野外条件下各种因子复杂作用的影响，易造成个体间的不一致而影响选择结果。这种方法适用于植物或运动性很小的动物。

② 栽培或饲养比较试验法：将各种预备筛选的生物进行栽培或饲养，然后把这些生物放置在监测区内观察并详细记录其生长发育状况及受害反应，一段时间后，评定各种生物的抗性，选出敏感生物。这种方法适用于动物、植物，可避免现场评比法中因条件差异造成的影响。虽仍有一些干扰因子影响指示生物选取的准确性，但由于环境条件比较一致，对敏感种类的筛选效率比现场评比法高。

③ 人工熏气法：将需要筛选的生物移植或放置在人工控制条件的熏气室内，把所确定的单一或混合气体与空气掺混均匀后通入熏气室内，根据不同要求控制熏气时间，以研究植物对污染物的吸收能力、抗性和敏感性。这种方法对动物、植物均适用。人工熏气试验中需

要考虑和控制的条件是：污染物的浓度和接触时间、接触方式（连续或间歇），植物的种类、年龄、发育时期、生长状态，熏气时的环境条件（光照、温度、湿度、肥水供应、风速和换气次数等），以及熏气前后的生长条件。人工熏气法分为静式熏气、动式熏气和开顶式熏气三种。

静式熏气是用密闭玻璃箱罩住生长在地上或盆栽的植物，并引入一定量的污染气体，箱内空气不更换，所以称为静式熏气。由于不能保持密闭箱内污染物浓度恒定，而且箱内空气湿度会很快达到饱和，影响植物水分代谢和气孔开度，所以静式熏气不符合熏气试验的基本要求。

动式熏气的熏气装置由静式熏气箱发展而成。这种熏气室的室内空气不断流通和更换，气体污染物有控制地加入气流中，从而能保持恒定的污染物浓度和温度、湿度等条件，为室内生长的植物提供了比较接近自然的环境。

开顶式熏气法采用的装置是开顶式熏气室（如图 7-1）。这种装置由风机、过滤器、框架、塑料薄膜和送风管道 5 部分组成。它是一个圆筒形装置，顶部开口，有毒气体和清洁空气从底部进入，然后从顶部排出，气流从下到上单向流动，因此周围空气极少可能从顶部开口进入熏气室。罩体内试验气体的浓度保持相对稳定，其水平分布与垂直分布均较均匀。这种装置比较接近自然界的情况，使室内植物在露天条件下生长。它适用于研究低浓度、长时期污染所引起的慢性伤害。

图 7-1 开顶式熏气室

④ 浸蘸法：人工配制某种化学溶液，浸蘸生物的组织或器官。如浸蘸亚硫酸可产生二氧化硫的效果；浸蘸氢氟酸可产生氟化氢的效果等。试验证明，这种方法所获结果与人工熏气法基本相符，而且具有简便、省时和快速的优点，在没有人工熏气装置时可采用此法。浸蘸法适用于植物，特别是适用于对大量植物的初选。

## 7.3.3 大气污染指示生物的指示方式和指标

污染或其他环境变化对生物的形态、行为、生理、遗传和生态等各个方面都可能产生影响。因此，生物在这些方面的反应均可作为指示或监测环境的指标。指示生物法常用的指示方式和指标主要有以下几个方面。

### (1) 症状指示指标

指示生物的这类指标主要是通过肉眼或其他宏观方式可观察到的形态变化。如大气污染监测中指示植物叶片会出现伤斑，绿色变浅、变黄、枯萎，甚至整株死去等症状，可以通过叶片生长状况反映出大气污染的程度。植物在不同的大气污染物作用下对植物叶片的可见伤害因伤斑的部位、形状、颜色和受害叶龄等特征的不同而相互区别。表 7-12 列举了常见大气污染物对指示植物毒害的症状和机理。

表 7-12　常见大气污染物对指示植物叶片的毒害作用

| 污染物 | 危害机理 | 伤斑部位 | 伤斑形状 | 伤斑颜色 | 受害叶龄和程度 | 受害剂量 /(mL/L) |
|---|---|---|---|---|---|---|
| $SO_2$ | 使海绵细胞和栅栏细胞产生质壁分离，然后收缩或崩溃，叶绿素分解 | 多脉间，少叶缘 | 无规律点、块状，界限分明 | 土黄、红棕色 | 展开的嫩叶＞成熟叶＞老叶和未展开的嫩叶 | 0.05～0.5 |
| 氟化物 | 使叶肉与细胞产生质壁分离 | 多叶间、缘，少脉间 | 带状或环带状 | 棕黄色 | 幼叶＞成熟叶＞老叶 | 0.01 |
| $O_3$ | 破坏栅栏组织细胞壁和表皮细胞 | 多叶面，少数脉间 | 散布细密点状 | 棕、黄褐色 | 成熟叶＞幼叶＞老叶 | 0.02～0.05 |
| PAN | 使叶子收缩，失水，然后充入空气 | 多叶背，少叶尖端 | 玻璃状，坏死带 | 银白、棕、古铜色 | 幼叶尖部和老叶基部易受害 | 0.01～0.05 |
| $NO_x$ | 使细胞破裂 | 脉间 | 不规则伤斑或全叶点斑 | 白、黄褐、棕色 | 嫩叶易受害 | 2～3 |
| 氯气和氯化物 | 破坏叶绿素 | 脉间 | 点块状，界限模糊或过度 | 严重失绿、漂白 | 成熟叶易受害 | 0.46～4.67 |

注：引自李江平，2001。

### (2) 生长势和产量评价指标

生物生长发育状况是各种环境因素作用的综合反映，即使是一些非致死的慢性伤害作用，最终也将导致生物生产量的改变。因此，对于植物而言，各类器官的生长状况观测值都可用作指示指标，如植物的茎、叶、花、果实、种子发芽率、总收获量等。如 $SO_2$ 对黑麦草干物质产量的影响（表 7-13）。果树和乔木等木本植物可采用小枝、茎干生长率、胸径、叶面积、坐果率等作为指示指标；动物的指标也基本相似，如生长比速、个体肥满度等。

表 7-13　$SO_2$ 污染对黑麦草干物质生产的影响

| 处理 | 高肥土壤 | 低肥土壤 |
|---|---|---|
| 黑麦草干重（无 $SO_2$ 的空气）/(mg/株) | 99 | 73 |
| 黑麦草干重（含 $SO_2$ 的空气）/(mg/株) | 72 | 59 |
| 降低比例/% | 27 | 19 |

注：$SO_2$ 浓度为 60～90ng/L。

### (3) 生理生化指标

这类指标已被广泛应用于生物监测中，它比症状指标和生长指标更敏感和迅速，常在生物出现可见症状之前就已有了生理生化方面的明显改变。如大气污染对植物光合作用有明显影响，在尚未发现可见症状的情况下，测量光合作用就能得到植物体短暂的或可逆的变化。植物呼吸作用强度、气孔开度、细胞膜的透性、酶学指标（如硝酸还原酶、核糖核酸酶、过氧化氢酶等）以及某些代谢产物等也都能用作监测指标。但由于酶反应所具有的一些特点，同一种酶对不同污染物往往都能产生反应。所以，多数生化指标只能用来评价环境的污染程度，而无法确定污染物的种类。

## 7.3.4 大气污染现场调查法

现场调查法是在污染区内调查植物生长、发育及数量丰度和分布状况等，初步查清大气污染与植物之间的相互关系。具体方法是：首先，通过调查和试验，确定现场生长的植物对有害气体的抗性等级，将其分为敏感植物、抗性中等植物和抗性较强植物三类。然后，观察植物的受害情况。如果发现敏感植物叶部出现受害症状，表明大气已受到轻度污染；如果抗性中等的植物出现部分受害症状，表明大气已受到中度污染；当抗性较强的植物也出现部分受害症状时，则表明大气已遭受严重污染。最后，根据植物叶片呈现的受害症状和受害面积占比，判断主要污染物和污染程度。

现场调查法主要有植物群落调查法、地衣和苔藓调查法、树木年轮调查法等。植物中污染物含量的测定是利用理化监测方法测定植物吸收积累的污染物量来判断污染情况。

**(1) 植物群落调查法**

植物群落调查法是分析监测区内植物群落中各种植物受害症状和程度以估测该地区大气污染程度的一种监测方法。例如：表 7-14 为排放 $SO_2$ 的化工厂附近植物群落的调查结果。当观测到对 $SO_2$ 抗性强的一些植物，如构树、马齿苋等也受到危害时，表明该厂附近的大气已受到严重污染。

表 7-14 某化工厂 30～50m 范围内植物群落受害情况

| 植物 | 受害情况 |
| --- | --- |
| 悬铃木、加杨 | 80%～100%叶片受害，甚至脱落 |
| 圆柏、丝瓜 | 叶片有明显大块伤斑，部分植株枯死 |
| 向日葵、葱、玉米、菊、牵牛花 | 50%左右叶面积受害，叶片脉间有点、块状伤斑 |
| 月季、蔷薇、枸杞、香椿、乌桕 | 30%左右叶面积受害，叶片脉间有轻度点、块状伤斑 |
| 葡萄、金银花、构树、马齿苋 | 10%左右叶面积受害，叶片脉间有轻度点状斑 |
| 广玉兰、大叶黄杨、蜡梅 | 无明显症状 |

注：引自金岚，2001。

**(2) 地衣和苔藓调查法**

地衣和苔藓是低等植物，分布广泛，但对某些污染物反应敏感。例如，$SO_2$ 的年平均浓度在 0.015～0.105mg/L 范围内就可以使地衣绝迹；浓度达 0.01mg/L 时，大多数苔藓植物便不能生存。在工业城市中，距市中心越近，通常地衣的种类越少；而重污染区内一般仅有少数壳状地衣分布，污染程度减轻，便出现枝状地衣；在轻污染区，叶状地衣数量最多。因此，调查树干上的地衣和苔藓的种类与数量后，可以估计大气污染程度。

对于没有适当的树木或石壁观察地衣和苔藓的地方，可以进行人工栽培并放在苔藓监测器中进行监测。苔藓监测器的组成和测定原理与前面介绍的指示植物监测器相同，只是可以更小型化。

**(3) 树木年轮调查法**

剖析树木的年轮，可以了解所在地区大气污染的历史。在气候正常、未曾遭受污染的年份，可观测到树木的年轮宽；而在大气污染严重或气候条件恶劣的年份，可观测到树木的年轮变窄。还可以用 X 射线法对年轮材质进行测定，判断其污染情况：污染严重的年份木质密度小，正常年份的木质密度大，这是因为它们对 X 射线的吸收程度不同。

## 思 考 题

1.概念解释：生态监测，生物学富集，生态监测指标体系，水污染指示生物，大气污染指示生物。

2.简述生态监测的技术流程和方案。

3.简述生态监测的类型。

4.简述生态监测的特点。

5.简述生态监测的基本要求和理论依据。

6.简述选择生态监测指标的原则。

7.简述如何利用生物群落监测水污染。

8.简述水体污染物毒性的细菌学检验法。

9.简述水生生物毒性试验类型。

10.举例说明遥感技术在水污染监测中的应用。

11.简述大气污染指示生物的选择方法。

# 第 **8** 章 生态影响评价

## 8.1 概述

开发建设项目的生态环境影响评价应遵循建设项目环境影响评价的一般程序，并且是其中的重要组成部分。生态环境影响评价的范围、内容、标准、等级和评价方法等，须根据开发建设活动的影响性质、影响程度和生态环境条件作具体的分析和确定。

生态环境影响评价的基本对象是生态系统，即评价生态系统在外力作用下的动态变化。通过评价，明确开发建设者的环境责任，同时为区域生态环境管理提供科学依据。生态影响评价对于各级地方政府和各个决策部门在推进循环经济发展过程中都是不可缺少的政策性工具，也是促进公众参与循环经济的重要信息来源。

### 8.1.1 基本概念

生态影响评价也称生态环境影响评价。生态环境影响评价是通过许多生物和生态概念的方法，对人类开发建设活动可能导致的生态环境影响进行分析和预测。其目的是确定某一地区的生态负荷及环境容量，为制定环境区域规划及环境法规等提供科学依据，以期获得资源利用率最高、经济效益最好、生态影响最小的良性开发。

**(1) 生态影响**

生态影响（Ecological Impact）是指社会经济活动对生态系统及其生物因子、非生物因子所产生的任何有害的或有益的作用。

生态影响可划分为不利影响和有利影响，直接影响、间接影响和累积影响，可逆影响和不可逆影响。

① 直接生态影响（Direct Ecological Impact）指经济社会活动所导致的不可避免的、与该活动同时同地发生的生态影响。

② 间接生态影响（Indirect Ecological Impact）指经济社会活动及其直接生态影响所诱发的，与该活动不在同一地点或不在同一时间发生的生态影响。

③ 累积生态影响（Cumulative Ecological Impact）指经济社会活动各个组成部分之间或者该活动与其他相关活动（包括过去、现在、未来）之间造成生态影响的相互叠加。

**（2）影响区域划分**

按影响区域生态敏感性可分为：特殊生态敏感区、重要生态敏感区和一般区域。

① 特殊生态敏感区（Special Ecological Sensitive Region）指具有极重要的生态服务功能，生态系统极为脆弱或已有较为严重的生态问题，如遭到占用、损失或破坏后所造成的生态影响后果严重且难以预防、生态功能难以恢复和替代的区域，包括自然保护区、世界文化和自然遗产地等。

② 重要生态敏感区（Important Ecological Sensitive Region）指具有相对重要的生态服务功能或生态系统较为脆弱，如遭到占用、损失或破坏后所造成的生态影响后果较严重，但可以通过一定措施加以预防、恢复和替代的区域，包括风景名胜区，森林公园，地质公园，重要湿地，原始天然林，珍稀濒危野生动植物天然集中分布区，重要水生生物的自然产卵场及索饵场、越冬场和洄游通道，天然渔场，等等。

③ 一般区域（Ordinary Region）指除特殊生态敏感区和重要生态敏感区以外的其他区域。

## 8.1.2 基本原则

开发建设活动对生态环境的影响，无论是项目建设还是区域开发，都具有区域影响性质和影响效应的累积性特点。因此，建设项目的环境影响评价应从区域着眼认识生态环境的特点与规律，从项目着手实行生态环境保护与建设措施。

开发建设项目生态环境影响评价应遵循生态环境影响评价基本原则，并特别强调其针对性原则。由于生态系统强烈的地域性特点，相同的开发建设项目也不会有完全相同的评价报告。因此，建设项目的生态环境影响评价应以实地调查为主，评价结论应符合项目建设地的环境特点，生态环境保护措施应做到因地制宜、因害设防、重点建设、讲求效益。

根据生态环境影响的特点和保护要求，评价中主要遵循如下原则：

① 坚持重点与全面相结合的原则。既要突出评价项目所涉及的重点区域、关键时段和主导生态因子，又要从整体上兼顾评价项目所涉及的生态系统和生态因子在不同时空等级尺度上结构与功能的完整性。

② 坚持预防与恢复相结合的原则。预防优先，恢复补偿为辅。恢复、补偿等措施必须与项目所在地的生态功能区划的要求相适应。

③ 坚持定量与定性相结合的原则。生态影响评价应尽量采用定量方法进行描述和分析，当现有科学方法不能满足定量需要或因其他原因无法实现定量测定时，生态影响评价可通过定性或类比的方法进行描述和分析。

除此以外，还应遵循如下基本原则：

① 以可持续发展为指导思想，从可持续发展要求出发。要注重保护土地资源（尤其是耕地）和水资源，因为水土资源是关系区域可持续生存与发展的关键性资源；要注重研究和保护生态系统对区域的环境功能，尤其应防止因干扰生态系统而带来或加剧区域的自然灾害，确保区域的生态安全。

② 遵循生态环境保护基本原理，科学地认识生态系统，识别敏感保护目标，分析生态影响，寻求符合生态学规律的保护措施，提高生态保护的有效性。对于生态环境保护，首要的是预防干扰和破坏，要贯彻"预防为主""预防第一"的思想，为此，科学的规划和全过程生态管理是十分必要的，然后才是减轻措施、恢复措施、重建措施等。认识生态系统及其环境功能应从区域的角度着眼，评价内容和保护措施应特别关注生物多样性和地域特殊性。

③ 建设项目生态环境影响评价应具有针对性，即针对具体的开发建设项目，反映工程的影响特点，针对具体的生态环境及生态影响，反映生态系统的地域性。针对工程的特点，一是工程分析内容要全面，二是分析其直接影响和间接影响。针对生态特点，一是充分做好环境现场调查，二是要深入地进行生态分析。

④ 贯彻执行环境保护的政策和法规。生态环境影响评价实质上是一个贯彻环保政策和资源环境保护法规的过程，应体现政策的指导性和法规的严肃性。

⑤ 综合考虑环境和社会的协调发展关系。由于生态环境和自然资源与社会经济的关系极其密切，协调生态环境保护与资源利用、社会经济发展的关系既是环评的目的，也是提高环保措施可行性的重要方面。从长远和国家利益出发，生态环境保护与社会经济发展利益是一致的、协调的；但从短期和局部利益来看，二者往往是矛盾的。环评就是通过一系列科学的论证来寻求协调的途径。根据我国生态环境现状和可持续发展要求，所有开发建设活动都应通过补偿措施消除其环境影响，并对改善区域生态环境有所助益。那种每项开发建设活动仅仅做到"可接受的环境影响"的程度，不足以保障区域的可持续发展。

## 8.1.3　评价工作分级

评价等级的划分是为了确定评价工作的深度和广度，体现对开发建设项目的生态环境影响的关切程度和保护生态环境的要求程度。参照世界银行要求，生态环境影响评价可划分为三级：一级为深入全面的调查与评价，生态环境保护要求严格，须进行技术经济分析和编制生态环境保护实施方案或行动计划；二级为一般评价与重点因子评价相结合，生态环境保护要求较严格，须针对重点问题编制生态环境保护计划和进行相应的技术经济分析；三级为重点因子评价或一般性分析，生态环境保护要求一般，须按规定完成绿化指标和其他保护与恢复措施。

### (1) 等级划分

依据影响区域的生态敏感性和评价项目的工程占地（含水域）范围，包括永久占地和临时占地，将生态影响评价工作等级划分为一级、二级和三级，如表 8-1 所示，位于原厂界（或永久用地）范围内的工业类改扩建项目，可做生态影响分析。

表 8-1　生态影响评价工作等级划分表

| 影响区域生态敏感性 | 工程占地（含水域）范围 | | |
| --- | --- | --- | --- |
| | 面积≥20km² 或长度≥100km | 面积 2～20km² 或长度≥50～100km | 面积≤2km² 或长度≤50km |
| 特殊生态敏感区 | 一级 | 一级 | 一级 |
| 重要生态敏感区 | 一级 | 二级 | 三级 |
| 一般区域 | 二级 | 三级 | 三级 |

**（2）划分依据解读**

等级划分的主要依据有三条：一是影响程度，即开发建设项目影响范围的大小，影响强度的强弱，影响持续的时间以及影响是否涉及生态系统的主导因子等；二是受影响生态环境的敏感特性，即是否是脆弱生态系统，要求的保护级别是否特别高，是否特别稀有，等等；三是影响的性质，即影响的可逆性或不可逆性，可恢复或不可恢复，可补偿或不可补偿，短期性或长期性，一过性影响或累积性影响，等等。

① 影响程度的判别。影响程度的判别依据主要是开发建设项目的组成、性质、规模、持续时间、施工作业方式及影响涉及范围等。以同样的影响施加在不同的对象上，结果可能是很不相同的，所以影响程度的判别还包括受影响生态系统的特征，即项目选址区的生态环境状况：生态系统是脆弱的还是稳定的，可恢复能力强还是弱，受影响因子是主要因子还是次要因子，受影响生态环境是否有功能替代的对象，是否影响到要求特别保护的生态系统，等等。

影响程度的判别在大纲编制阶段是宏观的、定性的。影响程度的确定需在预测评价阶段完成。

② 影响性质的判别。生态环境影响的性质是一个不易判别的问题。例如：任何工业建设项目，不论其规模如何小，都会占用土地，将林业、农业用地转换为工业用地，导致原有生态系统的破坏，而且不可能恢复。如果以生态系统结构的可逆与不可逆变化作为判别影响性质的标准，则任何涉及土地利用方式改变和生态系统结构变化的项目都属于不可逆变化性质，包括将草地变为林地或退耕还林还牧的土地，都应看作不可逆变化。这样的判别有悖于一般对生态环境的基本理解。

根据一般对生态环境的理解和人类对生态环境的需求主要基于生态系统环境功能这一点，可以将判别生态环境影响性质建立在生态环境功能变化的基础上。凡生态环境功能可恢复者，其影响性质为可逆性；凡生态环境功能不可恢复者，其影响性质为不可逆性。例如：植树造林工程、荒漠变绿洲工程、水土保持工程、盐碱地改造工程、中低产田改造工程等，或者使生态环境功能提高，或者基本不影响生态环境功能，都应划为可逆变化性质。有些开发建设项目，虽然占用土地和改变部分生态系统的结构，但可以通过项目区的重新绿化或参与区域生态建设工程，使损失的生态环境功能得到补偿，则同样可认为是可逆变化性质的，或者认为是由不可逆变化转化为可逆变化性质。

但是，大多数开发建设项目的生态环境影响性质介于可逆与不可逆之间，或者部分生态环境功能可以恢复，而部分生态环境功能不可恢复。此时，性质判别须作具体分析：一是看影响的环境功能是否是区域的主要功能，凡影响主要功能并导致主要功能不可逆变化者，应按不可逆性对待；二是看是否影响到特别重要或有特殊保护要求的功能，凡造成这类特殊功能改变者，均按不可逆性对待；三是看影响的涉及面，凡是因某种功能影响波及很多其他环境功能，或某种不可逆变化涉及的面积较大、范围较广，也应按不可逆变化性质看待整个过程。总之，判别工程建设的不可逆性应按较高的标准要求。

**（3）评价等级划分示例**

根据评价等级划分原则，凡是造成生态环境不可逆变化或影响程度大的开发建设项目，一般需进行一级生态环境影响评价，表 8-2 所列为生态环境影响一级评价示例。

**表 8-2　生态环境影响一级评价示例**

| 项目 | 影响性质 | 工程规模 | 持续时间 | 影响范围 |
| --- | --- | --- | --- | --- |
| 水坝和水库 | 不可逆 | 大、中 | 长 | 大、中 |
| 灌溉和排水 | 可逆或不可逆 | 大 | 长 | 大 |
| 新土地开发 | 不可逆 | 大、中、小 | 长 | 大、中、小 |
| 矿产开发 | 可逆或不可逆 | 大、中 | 长 | 大、中 |
| 管线和输水 | 可逆或不可逆 | 大、中 | 长 | 大 |
| 公路和铁路 | 不可逆 | 大、中 | 长 | 大 |
| 流域开发 | 可逆或不可逆 | 大、中 | 长 | 大、中 |
| 工厂或工业区 | 不可逆 | 大、中 | 长 | 大、中 |
| 港口和海湾开发 | 不可逆 | 大、中 | 长 | 大 |
| 水（海）产养殖 | 可逆或不可逆 | 大 | 长或短 | 大 |
| 新定居区 | 不可逆 | 大、中 | 长 | 大、中 |
| 旅游区 | 可逆或不可逆 | 大 | 长或短 | 大 |
| 林业工程 | 可逆或不可逆 | 大 | 长 | 大 |
| 农业区域开发 | 可逆或不可逆 | 大 | 长 | 大 |
| 开发区 | 不可逆 | 大、中、小 | 长 | 大、中 |
| 风险性项目 | | 大、中、小 | 长或短 | 大、中、小 |

二级评价的开发建设项目指基本不会造成不可逆性生态环境影响，或者通过人为努力可以使生态环境功能得到恢复或补偿，或者虽有不可逆性生态环境影响，但由于规模小、范围有限，不会对区域生态环境功能有影响者。但如果项目建设区生态环境脆弱，对人为干预特别敏感，或者影响到有特殊保护要求的目标，则应考虑提高评价级别或做详细的专题性评价。表 8-3 所列为生态环境影响二级评价示例。

**表 8-3　一般环境条件下生态环境影响二级评价示例**

| 项目 | 影响性质 | 工程规模 | 持续时间 | 影响范围 |
| --- | --- | --- | --- | --- |
| 水坝和水库 | 不可逆或可逆 | 小 | 长或短 | 小 |
| 灌溉和排水 | 可逆 | 中或小 | 长或短 | 小 |
| 矿产开发 | 可逆或不可逆 | 小 | 长或短 | 小 |
| 管线和输水 | 可逆 | 中或小 | 长或短 | 小 |
| 乡村道路 | 可逆 | 小 | 长或短 | 小 |

续表

| 项目 | 影响性质 | 工程规模 | 持续时间 | 影响范围 |
|---|---|---|---|---|
| 引水或扬水 | 可逆 | 中或小 | 长或短 | 小 |
| 工厂 | 可逆或不可逆 | 小 | 长或短 | 小 |
| 公共设备（医院、学校） | 可逆或不可逆 | 中或小 | 长 | 小 |
| 居民住宅 | 可逆或不可逆 | 小 | 长 | 小 |
| 旅游地 | 可逆 | 中或小 | 长或短 | 小 |
| 水（海）产养殖 | 可逆或不可逆 | 中或小 | 长或短 | 小 |
| 新定居区 | 可逆或不可逆 | 小 | 长 | 小 |
| 林业工程 | 可逆 | 小、中 | 长或短 | 小或中 |
| 农田建设 | 可逆 | 小、中 | 长 | 小或中 |
| 城市建筑 | 可逆或不可逆 | 小、中 | 长 | 小 |
| 工业就地改扩 | 可逆或不可逆 | 小、中、大 | 长或短 | 小 |
| 城市环境综合整治 | 可逆 | 小、中 | 长或短 | 小或中 |

三级评价的开发建设项目是指本身无害于生态环境功能或影响很小的项目，例如：城市建成区内的住房改造、小型技改项目；三产项目；中小型生态建设工程如小流域治理、水土流失治理、治沙、盐碱土地治理；防止生态或自然灾害的工程，如治理泥石流或崩塌的项目、护坡护岸工程、营造防风林带；农村中低产田改造、发展生态农业工程、农民住房建设；等等。这类项目只需登记在册，说明其生态环境现状与问题和工程建设中采取的生态环境保护措施等，或者只对某个专门问题进行深入分析与评价。

## 8.1.4 评价范围

生态环境影响评价的范围包括开发建设全部活动的直接影响的范围和间接影响的所及范围。按照环评工作程序，评价范围可分为生态调查范围、生态分析范围、影响分析与预测范围等。按照受影响因子的性质，有植被、动物、土壤、地表水、地下水等不同因子相应的调查与评价范围。

生态系统结构的整体性、运行特点和生态环境功能都是在较大的时空范围内才能完全和清晰地表现出来，因而生态环境影响评价范围宜大不宜小。生态环境调查范围、生态分析与影响分析范围一般都应大于开发建设活动直接影响所及的范围。生态环境保护措施的实施主要强调其针对性和有效性，实施范围首先考虑直接受影响地区，也可以从区域整体性和有效性出发，在非直接影响地区实施。

一般确定生态环境评价范围的考虑因素包括：

**（1）地表水系特征**

水是生态系统的第一位限制因子，水系特征往往决定着生态系统的基本结构和运行规律。生态评价中一般须明确地表水系源头与归宿，集水区面积及其植被情况，河岸形态与冲淤情况，地表水功能及使用情况，水生生物类型及其生态特点，径流特点及输沙情况，相关水系或水网特点，建设项目与地表水系的关系（如取水、排水）及其影响可及的范围、对象，影响地表水系水量和水质的主要因素，流域内敏感的生态目标（如列为保护对象的鱼类和湿地栖息地等）。评价范围的确定要能够阐明这些基本要求。

### （2）地形地貌特征

在平原或微丘陵地区，生态系统的类似性较高，调查范围可选择在建设项目发生地及其直接影响所及的地域内。在山地丘陵区，可以山体构成的相对独立或封闭的地理单元为评价范围，如某盆地或坪坝内，但沿着河道或沟谷等廊道应适当延伸。如果生物多样性保护为主要环境目标，项目建设可导致某种特别生境毁灭或某种生物种灭绝，调查和评价范围需适当扩大，以明确是否有可替代性生境。在陆海交接区，调查范围应沿岸带延伸至相邻的其他功能区，向海洋的深入范围应包括整个潮间带或深入到岸带生物基本消失的海域，并同样须考虑海流、海峡、岛屿等廊道或阻隔体的影响。

### （3）生态特征

生态特征主要是指受影响生态系统的结构完整性。动物的活动范围对生态调查范围有很大的决定作用，例如：鱼类的繁殖与索饵范围，鸟类的筑巢与取食距离，大型动物的活动半径等，都是生态调查必须覆盖的。特殊生境如湿地、红树林、保护区等，应视为独立的生态系统而进行全面调查。此外，建设项目所在或所影响的生态系统物质流的源与汇，生态环境功能的作用所及范围和污染波及范围亦应列为调查与评价的范围。

### （4）开发建设项目特征

开发建设项目的空间布局主要有点状（如工厂或装置）、线型（如铁路、公路、管线）、斑点式（如矿山）、蛛网形（如水利工程）、面状（如各类开发区）等，其影响范围不同，调查和评价范围亦不同。一般来说，环境影响的调查和评价范围以项目（主体工程和全部辅助、支持工程）发生地和直接影响所及范围为主，但由于生态因子的高度相关性和生态系统的开放性特征，许多开发建设项目的生态环境影响评价范围还须包括间接影响所及的范围。在实际环评工作中，点状布局的项目主要按上述水系、地形地貌、生态特征和工程的规模、能流和物流强度等因素确定调查和评价范围；线型布局的项目根据所涉及生态系统的类型、地理地质、河流水系单元等，采取点线结合、以点为主（车站、桥梁、隧道、重要工业场地与作业点、集中临时生活区等）的规则确定调查和评价范围；斑点状、蛛网状以及面状布局的项目，原则上应做区域调查，采取点、线、面结合的办法确定调查与评价的范围和重点，有的项目须根据生态因子相关性分析的相关程度确定其调查与评价范围，如三峡大坝工程将长江口生态作为调查与评价范围。

## 8.1.5  生态影响判定依据

① 国家、行业和地方已颁布的资源环境保护等相关法规、政策、标准、规划和区划等确定的目标、措施与要求。

② 科学研究判定的生态效应或评价项目实际的生态监测、模拟结果。

③ 评价项目所在地区及相似区域生态背景值或本底值。

④ 已有性质、规模以及区域生态敏感性相似项目的实际生态影响类比。

⑤ 相关领域专家、管理部门及公众的咨询意见。

## 8.2 生态环境现状调查与现状评价

### 8.2.1 生态环境现状调查

生态环境现状调查（生态现状调查）是生态现状评价、影响预测的基础和依据，调查的内容和指标应能反映评价工作范围内的生态背景特征和现存的主要生态问题，在有敏感生态保护目标（包括特殊生态敏感区和重要生态敏感区）或其他特别保护要求对象时，应做专题调查。

生态现状调查应在收集资料基础上开展现场工作，生态现状调查的范围应不小于评价工作的范围。一级评价应给出采样地样方实测、遥感等方法测定的生物量、物种多样性等数据，给出主要生物物种名录、受保护的野生动植物物种等调查资料；二级评价的生物量和物种多样性调查可依据已有资料推断，或实测一定数量的、具有代表性的样方予以验证；三级评价可充分借鉴已有资料进行说明。

生态环境现状调查至少要分为两个阶段进行：影响识别和评价因子筛选前要进行初次的现场踏勘；环境影响评价前要进行详细勘测和调查。

**(1) 调查内容**

① 生态系统调查：包括动植物物种特别是珍稀、濒危物种的种类、数量、分布、生活习性，生长、繁殖和迁移行为的规律；生态系统的类型、特点、结构及环境服务功能；与其他环境因素（地形地貌、水文、气候、土壤、大气、水质）的关系，以及生态限定因素。

② 区域社会经济状况调查：包括人类干扰程度（土地利用现状等），如果评价区存在其他污染型工农业，或具有某些特殊地质化学特征时，还应该调查有关的污染源或化学物质的含量水平。

③ 区域敏感保护目标调查：调查地方性敏感保护目标及环保要求。

④ 区域可持续发展规划：环境规划调查。

⑤ 区域生态环境历史变迁情况：主要生态环境问题及自然灾害等。

**(2) 调查方法**

① 资料收集法：从农林牧渔业资源管理部门、专业研究机构收集生态和资源方面的资料，包括生物物种清单和动物群落，植物区系及土壤类型地图等形式的资料；从地区环保部门和评价区其他工业项目环境影响报告书中收集有关评价区的污染源、生态系统污染水平的调查资料、数据；收集各级政府部门有关自然资源、自然保护区、珍稀和濒危物种保护的规定，环境保护规划及国内国际确认的有特殊意义的栖息地和珍稀、濒危物种等资料，并收集国际有关规定等资料。

② 现场勘察法：生态环境影响评价需要进行评价区现场调查，取得实际的资料和数据。评价区生态资源、生态系统结构的调查可采用现场踏勘考察和网格定位采样分析的传统自然资源调查方法。在评价区已存在污染源的情况下，或对于污染型工业项目评价，需要进行污染调查，根据现有污染源的位置和污染物环境输运规律确定采样布点原则，采集大气、水、

土壤、动植物样品，进行有关污染物的含量分析。采样和分析按标准方法或规范进行，以满足质量保证的要求和便于栖息地、生态系统之间的相互比较，景观资源调查需拍照或录像，取得直观资料。

③ 专家和公众咨询法：专家和公众咨询法是对现场勘察的有益补充。通过咨询有关专家，收集评价工作范围内的公众、社会团体和相关管理部门对项目影响的意见，发现现场踏勘中遗漏的生态问题。专家和公众咨询应与资料收集和现场勘察同步开展。

④ 生态监测法：当资料收集、现场勘察、专家和公众咨询提供的数据无法满足评价的定量需要，或项目可能产生潜在的或长期累积效应时，可考虑选用生态监测法。生态监测应根据监测因子的生态学特点和干扰活动的特点确定监测位置和频次，有代表性地布点。生态监测方法与技术要求必须符合国家现行的有关生态监测规范和监测标准分析方法；对于生态系统生产力的调查，必要时需现场采样、实验室测定。

⑤ 遥感调查法：当涉及区域范围较大或主导生态因子的空间等级尺度较大，通过人力踏勘较为困难或难以完成评价时，可采用遥感调查法，遥感调查过程中必须辅以必要的现场勘察工作。

⑥ 海洋生态调查方法：见 GB/T 12763.9—2007。包括海洋生态要素调查和海洋生态评价。海洋生态要素调查包括海洋生物要素调查（海洋生物群落结构要素调查和海洋生态系统功能要素调查）、海洋环境要素调查（海洋水文要素调查、海洋气象要素调查、海洋光学要素调查、海水化学要素调查、海洋底质要素调查）和人类活动要素调查（海水养殖生产要素调查、海洋捕捞生产要素调查、入海污染要素调查、海上油田生产要素调查、其他人类活动要素调查）；海洋生态评价涉及评价对象（微生物、浮游植物、浮游动物、游泳动物、底栖生物、潮间带生物、污损生物）和评价内容（海洋生物群落结构评价、海洋生态系统功能评价、海洋生态压力评价）。

⑦ 水库渔业资源调查方法：见 SC/T 9429—2019。调查内容包括：鱼类、虾类、蟹类和贝类等有经济利用价值的渔业生物种类组成、数量和生物量分布；渔业生物的群落结构、主要渔业生物种类的体长、体重、年龄、性别、性腺成熟度和食性等生物学特征；主要渔业生物种类的资源量；鱼卵和仔鱼的种类组成和资源量；浮游植物或初级生产力调查。调查方式包括渔获物调查（包括捕捞采样调查和渔获物抽样调查）、声学调查和鱼卵与仔鱼调查等。

## 8.2.2　生态环境现状评价

生态环境现状评价与影响评价的内容根据建设项目的影响和环境特点而有所不同，一般包括对生态系统的生物成分（物种、种群、群落等）和非生物成分（水分、土壤等）的评价，即生态系统因子层次上的状况评价，生态系统整体结构与环境功能的评价，区域生态环境问题以及自然资源的评价等。

### 8.2.2.1　生态环境现状评价一般要求

生态环境现状评价一般需阐明生态系统类型、基本结构和特点，评价区内居优势的生态系统及其环境功能；域内自然资源赋存和优势资源及其利用状况；阐明域内不同生态系统间的相互关系（空间布局、物流）及联通情况，各生态因子间的相互关系（注意食物链关系）；明确区域生态系统主要约束条件（限制生态系统的主要因子）以及所研究的生态系统的特殊性。另外，现状评价还需阐明评价的生态环境目前所受到的主要压力、威胁和存在的主要问题等。

#### 8.2.2.2 生态环境评价方法

生态环境评价方法大致可分为两种类型。一种是作为生态系统质量的评价方法，主要考虑的是生态系统属性的信息，较少考虑其他方面的意义。例如早期的生态系统评价就是着眼于某些野生生物物种或自然区的保护价值，指出某个地区野生动植物的种类、数量、现状，有哪些外界（自然的、人为的）压力，根据这些信息提出保护措施建议。现在关于自然保护区的选址、管理措施的评价也属于这种类型。另一种评价方法是从社会-经济的观点评价生态系统，估计人类社会对自然环境的影响，评价人类社会经济活动所引起的生态系统结构、功能的改变及其改变程度，提出保护生态系统和补救生态系统损失的措施。目的在于保证社会、经济持续发展的同时保护生态系统免受或少受有害影响。两类评价方法的基本原理相同。但由于影响因子和评价目的不同，评价内容和侧重点不同，方法的复杂程度也不尽相同。

目前生态环境评价方法尚处于研究和探索阶段。大部分评价采用定性描述和定量分析相结合的方法进行，而且许多定量方法仍由于不同程度掺入了人为的主观因素而增加了其不确定性。因此，对生态环境影响评价来说，起决定性作用的是对评价的对象（生态系统）有透彻的了解，大量而充实的现场调查和资料收集工作，由表及里、由浅入深的分析工作，以及对问题的全面了解和深入认识。

**(1) 物种评价**

当拟建项目的作业区内存在某些具有独特意义的物种而要确定其保护价值时要进行物种评价。最简单的方法是根据普遍公认的准则，在调查的基础上，列出评价区内应该保护的物种清单，并进行优先保护顺序的排序。

① 确定评价依据或指标：以下几类野生生物一般认为具有较大保护价值：已经知道具有经济价值的物种；对于研究人类和行为学（Ethology）有意义的物种（如人猿）；有助于进化科学研究的物种，如活化石；能给人以某种美的享受的物种；有利于研究种群生态学的物种；已经广泛研究并有文件规定属于保护对象的物种；某些正在把自己从原来的生存范围内向其他类型栖息地延伸、扩展的物种。

② 保护价值评价与优先排序：自然资源保护的决策要求对物种或栖息地的评价即使不能定量化，也要给出一种保护价值的优先排序。以下是按此要求提出的评价方案。

a. Perring 和 Farrell（1971）根据英国自然资源保护委员会（NCC）生物记录中心（BRC）评价野生植物种群的方法，用一个"危险序数"来表达物种的保护价值，计算步骤如下。

（a）对物种的特征确定价值，具体特征见表 8-4。

表 8-4　物种的特征及其价值

| 分值 | 物种在 10 年观察期间的退化率（$a$） | 生物记录中心已知的该物种存在地方数（$b$） | 对物种诱惑力的主观估计（$c$） | 物种"保护指数"（$d$）——该物种所在地占自然区面积的比例/% | 遥远性（$e$）——指人类抵达该物种所在地的难易程度 | 易接近性（$f$）——指人类一旦抵达该物种所在地后，接近该物种的难易程度 |
|---|---|---|---|---|---|---|
| 0 | <33% | >16 个 | 没有诱惑力 | 占自然区域面积的 66% 以上 | 不易抵达 | 不易接近 |
| 1 | 33%~66% | 10~15 个 | 具有中等程度诱惑力 | 占自然区域面积的 33%~66% | 中等程度容易抵达 | 中等程度容易接近 |

| 分值 | 物种在 10 年观察期间的退化率（a） | 生物记录中心已知的该物种存在地方数（b） | 对物种诱惑力的主观估计（c） | 物种"保护指数"（d）——该物种所在地占自然区面积的比例/% | 遥远性（e）——指人类抵达该物种所在地的难易程度 | 易接近性（f）——指人类一旦抵达该物种所在地后，接近该物种的难易程度 |
|---|---|---|---|---|---|---|
| 2 | >66% | 6～9 个 | 具有高度诱惑力 | 占自然区域面积的 33% 以下 | 容易抵达 | 容易接近 |
| 3 | | 3～5 个 | | 占自然区域面积的 33% 以下，而且属于非常危险的地区 | | |
| 4 | | 1～2 个 | | | | |

（b）按下式计算"危险序数"TN：

$$TN = a + b + c + d + e + f$$

所得"危险序数"的最大值是 15，和国际自然与自然资源保护联盟（IUCN）的分类结果相对应：TN＝7～11 时属脆弱类，TN＞12 时属濒危类。

b. Helliwell（1974）根据物种存在的相对频率推定物种的"保护价值"。其优点是比较客观，而且同时考虑了该物种在局部地区和在全国范围的丰度。将各个物种的"保护价值"相加即可产生一个栖息地、一个生态系统或者一个地区的物种保护总价值。该方法缺点是没有考虑物种的环境因素和潜在动态变化。"保护价值"计算步骤如下：

（a）准备评价区植物物种清单。

（b）指定物种的相对频数值 $P$，按对数进位分为 6 级：0＝$n$ 个植物（在评价区内很稀少）；1＝$10n$ 个植物；2＝$100n$ 个植物；3＝$1000n$ 个植物；4＝$10000n$ 个植物；5＝$100000n$ 个植物（普遍存在于评价区内）。

（c）以英国植物区系地图中物种在以 $10km^2$ 网格为单元的不列颠诸岛中出现的频率（%）作为该物种的"国家价值"（NV）。

（d）以物种在评价区（例如取 80 个网格单元）出现的频率（%）作为该物种的"地区价值"（RV）。

（e）根据一个经验表将频率转换为每个物种的国家和地区水平的"稀有价值"NRV 和 RRV（例如 0.1% 给出的稀有价值为 398，1% 为 363，10% 为 150，50% 为 6.8，100% 为 1.0）。

（f）按一个相关式计算"保护价值"，即保护价值＝$P^{0.36}$（RRV＋NRV），式中 0.36 来自：相对价值＝稀有指数×面积百分率。

c. 有些国家试图用货币评价动植物物种或生物群落的价值，如 Helliwell（1973）提出一个给英国野生生物资源指定概念货币价值的例子。估价的依据是物种的丰度、显著性和物质价值等。几种因子的分数相乘，再乘以 10000，给出其"近似价值"。这种方法对于某些情况可能有可取之处，但主观成分不可避免，不如以生态学和生物学原理评价合理。

**（2）群落评价**

群落评价的目的是确定需要特别保护的种群及其生境。一般采用定性描述的方法，对个别珍稀而有经济价值的物种须进行重点评价。

① 群落保护类别评价。对某项工程拟建场址 3km 范围内不同栖息地（水体、废料堆、农田、草原、洼地森林）的主要哺乳动物按照丰度定为以下四类：

A——丰富类，当人们于适当季节来栖息地观察时，每次看到的数量都很多；

C——普遍类，人们于适当季节来访时，几乎每次都可以看到中等数量；

U——非普遍类，偶尔看到；

S——特殊关心类，珍稀的或者可能被管理部门列为濒危类的物种。

对 3km 范围内的哺乳动物、鸟类、两栖类和爬行动物按其处境的危险程度分为如下四类：

E 类——濒灭类，有成为灭绝物种可能的；

T 类——濒危类，物种的种群已经衰退，要求保护以防物种遭受危险；

S 类——特殊类，局限在极不平常的栖息地的物种，要求特殊的管理以维持栖息地的完整和栖息地上的物种；

B 类——由特别法律监督控制和保护的毛皮动物。

为了便于计划者、项目的设计者和管理者理解和应用，特别是为了替代方案的比较选择，环境影响评价中可对栖息地、群落评价采用半定量的优化排序的方法。普遍做法是给各个生态因子打分，并按其在生态系统的结构、功能中的相对重要性确定权重因子，最后计算总分作为评价区生态系统相对价值的判定依据。

② 植物群落环境功能评价。Gehlbach（1975）在研究植物群落保护价值评价方法时，对社会因素中的人为影响因素给予了较大的权重，其步骤如下：

a. 列出群落的物种功能：继承价值、教育功能、物种意义、群落代表性、人类影响，按其相对重要性依次确定权重因子为 1、2、3、4、5，各种功能再按程度依次打分，见表 8-5。

**表 8-5　群落五种功能分级分值**

| 分值 | 继承价值（a） | 教育功能（b） | 物种意义（c） | 群落代表性（d） | 人类影响（e） |
|---|---|---|---|---|---|
| 1 | 晚期枯萎 | 具有 1 种特征 | 边缘种、杂种 | 有两种或两种以上群落类型 | 有影响的可能，但不紧迫 |
| 2 | 鼎盛状态 | 具有 2 种特征 | 珍稀的、残余的或地方特有的物种 | 群落或优势群落类型，对保护系统具有新奇性 | 影响已在计划之中 |
| 3 | | 具有 3 种以上特征 | 濒危物种 | 地方化的、残余的或新奇的群落类型 | 影响已在进行之中，但通过有效管理尚可挽救 |

b. 计算自然区分数，用功能特征权重因子乘以植物群落环境功能分级分值，将各乘积相加得到评价区总分，以所得总分作为保护价值优化排序的依据。

**（3）栖息地（生境）评价**

① 分类法。将评价区各种生境按自然保护区标准分类方法归类，列表表达。例如，英国自然保护委员会将不同栖息地按自然保护价值分为三类。

第一类，野生生物物种的最主要的栖息地：原生林，高山顶，未施用过肥料和除莠剂的永久性牧场与草原，低地湿地，未污染过的河流、湖泊、运河，永久性堤堰，大型沼泽地与泥炭地，海岸栖息地（峭壁、沙丘、盐沼等）。

第二类，对野生生物有中等意义的栖息地：人造阔叶林，新种植的针叶林，高沼地与粗放放养的农业池塘，公路和铁路路边，具有丰富野草植物区系的可耕地，大型森林，成年人造林，小灌木林，交错区人造林，树篱，砾石堆，小沼泽地和小泥炭地，废采石场，管理不当的果园，高尔夫球场。

第三类，对野生生物意义不大的栖息地：没有地面覆盖层的人造针叶林，临时水体，改良牧场，机场，租用公地，园艺作物和商业性果园，城镇无主土地，各种污染水体，临时牧场的可耕地，球场，小菜园，杂草很少的可耕地，工业和城市土地。

② 相对生态评价图法。对研究区进行生态分域，确定各类栖息地的保护价值，评分并分级，将有关信息综合并绘制成相对生态评价图。例如，Tubbs 和 Blackwood（1971）为 Hansphire 郡委会规划部门的土地利用提出如下评价方法：

a. 将研究区分为若干个基本的生态带：生态带 1 为未进行人工播种的植被（含天然林）；生态带 2 为人造林；生态带 3 为农业土地。

b. 按三个概念评价各个生态带的价值。（a）未播种的或半天然栖息地在英国低地的分布有限，承受复垦和开发的压力，故保护价值高；（b）人造林和作为野生生物库的地区，也具有较高价值；（c）农业土地的生态意义大小随农业土地的利用强度以相反趋势变化。

由此，将生态带分别归类如下：

生态带 1 为 I 类或 II 类（最后区别取决于栖息地类型的稀有性和是否存在显著科学意义特征的主观估计）。

生态带 2 为 II 类或 III 类（根据栖息地作为野生生物库的价值的主观估计）。

生态带 3 的相对价值是栖息地多样性的函数。

按特征定义的栖息地有：永久性草地，高、矮树篱，分界用的地埂，路堑和路边斜坡，公园树木，果园（非商业生产），池塘、沟渠、小河和其他水道，小块（$<0.5\text{km}^2$）人工植被（包括林地）。按上述栖息地存在的情况打分：生态带内没有或实际上没有（0 分）；虽有存在但不十分醒目（1 分）；很多（醒目）（2 分）；丰富（3 分）。

生态带价值评价，根据以上特征打分的总和：$>18$ 分为 I 级，15～18 分为 II 级，11～14 分为 III 级，6～10 分为 IV 级，0～5 分为 V 级。

c. 绘图，将生态带分级结果绘制成"相对生态评价图"，给出各生态带的边界和相对生态价值，同时还伴随一个报告用来定义"用于区别各生态带的特征和保护政策价值需要的指征"。此评价方法被应用于英国低地自然资源评价，在用于其他土地评价时要根据当地生态特征修改。

③ 生态价值评价图法。Goldsmith（1975）提出的评价方法，在英国应用较广。根据栖息地面积和稀有性、存在物种数与植被构造等特征进行客观评价，最后结果按网格（$\text{km}^2$）绘出生境的生态价值评价图，步骤如下：

a. 将研究区分为若干个土地系统：系统 1，开放高地（多半是 300m 以上的高沼地）；系统 2，封闭的栽植地（多半是永久性牧场）；系统 3，封闭的平地（多半是谷底可耕地）。

b. 记录以下栖息地在各个土地系统中的分布：可耕或暂作牧场的可耕地；永久性牧场；粗放放牧地；森林（如落叶林和混合林，针叶林，灌木林，果树林，高、矮树篱）；溪流；等等。

c. 对上述栖息地分别确定以下参数：范围（$E$），栖息地以每公顷内面积计，线形栖息地以 $\text{km/km}^2$ 计；稀有性（$R$），$R=（1-$ 在土地系统所占面积份额）$\times100\%$；植物物种丰度（$S$），$20\text{m}\times20\text{m}$ 采样小区中的物种数；动物物种丰度（$V$），鉴于动物物种数和植被分层性相关，故设 $V=$ 植被垂直层次数（草地为 1，发育良好的树木为 4）。

d. 按下式计算每个网格的生态价值指数（IEV）

$$IEV = \sum_{i=1}^{N} (E_i \times R_i \times S_i \times V_i)$$

e. 将 IEV 归一化到 0～20 范围，用归一化值按网格绘图。

④ 扩展的生态价值评价法。Watt 等（1975）对东安歌里亚的 Yare 河谷进行评价，除生态因子外，还综合考虑了社会、经济价值如科研、教育、美学等，评级步骤如下：

a. 按 11 个特征标准给每个栖息地的保护价值打分（表 8-6）。

表 8-6  11 个特征及保护价值分

| 特征标准 | 最大分值 | 特征标准 | 最大分值 |
| --- | --- | --- | --- |
| 存在珍稀物种 | 10 | 脊椎动物质量 | 15 |
| 物种多样性 | 10 | 无脊椎动物质量 | 10 |
| 存在稀有栖息地 | 5 | 研究价值 | 5 |
| 栖息地多样性 | 10 | 教育价值 | 5 |
| 高等植物质量 | 20 | 美学价值 | 5 |
| 低等植物质量 | 5 | 最大总分 | 100 |

b. 计算各个栖息地的保护价值 CV

$$CV = \sum_{i=1}^{N} C_i$$

式中，$C_i$ 为各特征标准分。

c. 根据 CV 值，将栖息地分级：Ⅰ级 65～100，Ⅱ级 55～64，Ⅲ级 45～54，Ⅳ级 35～44，Ⅴ级 25～34，Ⅵ级 0～24。

**（4）生态系统质量评价**

我国学者曹洪法（1995）提出的生态系统质量分析评价系统考虑植被覆盖率、群落退化程度、自我恢复能力、土地适宜性等特征，按 100 分制给各特征赋值。生态系统质量（EQ）按下式计算：

$$EQ = \sum_{i=1}^{N} A_i / N$$

式中　EQ——生态系统质量；

　　$\sum A_i$——第 $i$ 个生态特征的赋值；

　　$N$——参与评价的特征数。

按 EQ 将生态系统分为 5 级：Ⅰ级 70～100，Ⅱ级 50～69，Ⅲ级 30～49，Ⅳ级 10～29，Ⅴ级 0～9。

以上几个半定量评价方法的共同点是按各生态因子的优劣程度分级给分，按其相对重要性确定权重因子，最后以"保护价值"或"生态系统质量"形式给出半定量评价结果。这种方法对开发建设项目替代方案优选或自然资源保护价值判定有简明、直观和易操作的优点。但它们之间侧重的因子不同、精度要求不同和对现场实测数据根据的要求不同，故在评价参数给分和权重确定方面有不同程度的主观倾向性，造成互相之间缺乏"兼容性"，评价结果相互之间亦难以比较。另外，评价参数以生态系统中的生物特征为主，对生态系统中的物理因子考虑较少，对于以破坏自然资源或生物资源为主的项目的环境影响评价或对自然保护区的评价较适宜，而对于引起生态系统物理特征剧烈改变并导致生物特征改变的现代工业建设项目的环境影响评价则需要补充或单独进行物理特征的影响评价。

# 8.3　生态风险评价

区域生态系统作为区域内自然因子、生物因子和社会因子的复合系统，是区域内各种生物有机体的载体，是物质和能量的供应者，也是人类赖以生存和社会发展的基础。保持生态系统健康、维护生态系统良性循环是区域可持续发展的核心。近年来，随着科学技术的进步，在区域经济发展的同时，由于自然、社会以及人为等因素的影响，引发了一系列生态问题。如种群或物种生态环境的破坏、生物多样性的改变、生态系统服务功能的降低等，具体则表现为物种灭绝的速度加快、水污染加剧、土地生产力退化、沙漠侵蚀、全球气候变暖、森林生产力的变化等。因此，生态风险是一个具有普遍性意义的问题。正确及时地对生态系统中存在的风险进行预测、评价和管理，对于维护生态系统功能、减少生态系统损伤以及区域可持续发展都具有重要的现实意义。目前，关于生态风险的评价和预警工作刚刚起步，由于生态风险的复杂性和监测数据的不足，大多数评价只局限在定性或粗略分析的程度上，在不同尺度上的定量研究基本上还处在探讨阶段。

## 8.3.1　生态风险评价研究回顾

### (1) 风险的概念及特点

风险是指一种可能性，主要指不利事件或不希望事件发生的可能性。风险具有预测性质，它不仅对已经发生的事件或结果进行概率分析，而且要预测不利事件可能发生的概率或可能性有多大，以及事件发生后将造成的损害。不利事件发生的可能性称为"风险概率"（$P$）；不利事件发生后造成的损害称为"风险后果"（$D$）。有人曾将风险定义为两者的积，即风险＝风险概率×风险后果。风险有两重性质：既具有发生（或出现）人们所不期望后果的可能性，即危害性，也具有不确定性或不肯定性的特征。

### (2) 生态风险的概念、成因及特点

所谓生态风险是指一个种群、生态系统或整个景观的生态功能受到外界胁迫，从而在目前和将来一个或多个不良的生态影响发生或正在发生的概率及其严重后果（损失）。它可定量表示为 $R=f(P,C)$。其中 $R$ 为风险；$P$ 为不良事件发生的概率；$C$ 为不良事件可能造成的损失，即生态风险。

生态风险的成因包括自然的、社会经济的和人们生产实践的诸多因素。当前，生态风险问题在自然资源综合开发中尤为突出，如自然资源的保护性利用中，资源储量耗损率、资源利用方式与对策、资源价格和投资形式等的确定，都是在信息不完全的基础上进行决策，因而需要进行风险决策分析。不确定性和危害性是生态风险的两个根本属性。

**（3）风险评价**

风险评价是对人类活动或自然灾害不利影响的大小或可能性的评价。一般来说，风险评价是一种系统过程，即估算由于出现一些系统失误或一些类型的危害，在整个失误系统范围内的所有重要的风险因子的后果，这种后果可能导致特定形式的系统反应或系统危害。

随着环境科学发展到一定的阶段，生态风险评价作为其必然产物，为适应环境保护的需要而产生。在环境科学范畴内，风险评价可分为生态风险评价和健康风险评价。近年来，由于人们对生态系统的日益关注，生态风险评价迅速发展，成为环境保护的前沿科学。

**（4）生态风险评价的概念**

生态风险评价（Ecological Risk Assessment，ERA）起源于为保护人类免受化学暴露（Chemical Exposure）的威胁而进行的人类健康评价（Human Healthy Assessment）和污染物对生态系统或其中某些组分产生有害影响的环境健康评价。通过测定半致死剂量来确定有机体对毒物的反应是生态风险评价最初常采用的计量手段。考虑到环境波动和生态环境破碎化对物种灭绝的影响，生态学家将生态风险对物种的可续存性进行评价，环境工作者则将生态风险应用到区域健康评价和工程建设对环境影响的评价。随着风险理论的发展和生态问题日益突出，一些研究者试图利用风险管理的理论和方法对生态系统面临的各种风险进行综合评价。一般地，要综合评价生态系统面临的风险需要大量长期监测的数据，很多工作都基于这一概念进行理论探讨。风险作为一种不确定性的危害，是用事件概率来描述的，能够识别主要风险源及其概率分布就可以对总体风险进行评价。

生态风险评价的主要对象是生态系统或生态系统中不同生态水平的组分。生态风险评价的定义是研究一种或多种胁迫因子形成或可能形成的不利生态效应的可能性的过程［美国环保署（USEPA），1992］。其中，"可能性"指风险描述可以是定性判别或定量概率分析，"不利生态效应"指生态风险评价涉及对生态系统的有价值的结构或功能特征的人为改变（或有危害趋势）。当然，"不利"的定义依赖于环境。"形成或可能形成"是指生态风险评价可以预测未来风险，也可以回顾性地评价已经或正在发生的生态危害。"一种或多种胁迫因子"是指生态风险评价可以追溯单一或多重化学、物理、生物学胁迫因子。胁迫因子是一种可能产生不利效应的化学的、物理的或者生物的作用因子。如果没有暴露，也就没有危险。暴露是指有机体或者生态系统的组成成分（也称为受体）必须与胁迫因子产生联系或共同发生，这样胁迫因子和任意效应之间就有了联系。生态风险评价考察胁迫因子和效应间联系的强度。虽然不能总是去做统计预测，但风险表征确实包括一些效应多大程度会发生或观察到的效应和特殊胁迫因子间关系的表述。生态风险评价确定进入生态系统的污染物的可见或期望效应的性质、数量和变化或持续时间，涉及如下因子：①生态环境丧失；②种群数量减少；③生态系统结构和功能的改变。

**（5）生态风险评价的类型**

生态风险的评价类型多种多样，其技术程序也具有可变性。一般说来，有回顾性生态风险评价、生态系统的风险评价、监视性生态风险评价或生物安全性风险评价。具体说来，回顾性生态风险评价是风险事件发生在过去或正在进行，它的特点是评价毒理学试验数据必须结合污染现场的生物学研究结果，而且现场数据有时对问题的形成和分析会起重要的作用。生态系统的风险评价需要评价在时间和空间上的综合毒性效应，并且往往评价的重点集中在系统的耐性和恢复能力上。监视性生态风险评价是通过对环境关键组分的监视性监测而分析生态质量的趋势。它不仅可以发现风险，而且有助于防范风险。生物安全性风险评价起源于外来生物的风险评价，现在已扩大为对现代生物技术的环境释放进行分门别类的风险评价。

按风险产生的原因，可将生态风险分为三类：生物工程引起的生态风险、生态入侵引起的生态风险、人类活动引起的生态风险。以上生态风险会对环境或人类健康产生影响。

### (6) 生态风险评价的方法

生态风险评价的五种基本的方法：动物毒性法、生态健康法、模拟法、专家判断法和政治过程法或混合法（Lackey，1994）。动物毒性法，它以健康风险评价为基础，目前有许多生态学家已经指出它在风险评价中的有限性以及一系列问题。生态健康方法，一种对有限性做出反应的方法，它依赖于生态健康和与人类健康有关的大范围的类似问题。动物毒性法和生态健康法是目前生态风险评价中占优势的两种方法。模拟法，结合了许多模型，从系统方法到不同的生态指示剂。专家判断法，也未能有明显的方法集，但是用到了许多评价类型。

### (7) 生态风险评价的特点

生态风险的评价需要跨学科的知识与技术，它以计算机、数学模型为工具，综合生态学、生物学、卫生学、毒理学、统计学、水文学、地理学、地质学、气象学、化学、物理学、力学、数学、社会学、经济学等几乎所有自然科学和部分社会科学有关的内容、成果、先进方法的分析研究。生态风险评价的目的是使用有效的毒理学与生态学信息估计有害的生态事件发生的可能性。

生态风险评价除了具有一般意义上的"风险"含义外，还有不确定性、危害性、内在价值性、客观性。其中，不确定性是指生态系统具有哪种风险和造成哪种风险的灾害（即风险源）是不确定的；生态系统关注的事件是灾难性事件。危害性是指这些事件发生后的作用效果对风险承受者（指生态系统及其组分）具有的负面影响。虽然某些事件发生后可能对风险承受者产生有利的影响，但风险评价并不考虑这些正面影响。生态系统中物质的流失或物种的灭绝必然会造成经济损失，但生态系统本身的健康、安全和完整更为重要，这就是生态系统的内在价值性。任何生态系统都不可能是封闭的和静止不变的，它必然会受诸多具有不确定性和危害性因素的影响，也就必然存在风险。生态风险对于生态系统来说是客观存在的，因此生态风险评价具有客观性。

ERA 有几个特点可方便管理者做出有效的环境决策：能提供新的信息；暴露于胁迫因子时作为变化的函数，能表达效应的变化；集中于特殊的管理问题，能很容易地获得决定管理行为是否有效的成功方法；详细地评价了不确定性；被用来比较、排序和优化风险，并能提供成本效益和节省成本分析的数据；考虑了问题形成中的管理目标和对象及科学问题，这帮助证明了结果对风险管理者有用。

在生态风险评价中，要特别注意保护生物多样性和生态完整性。为达到这一目的，需要更加关注所有生态区和生态系统。然而，资源有限时，最多生物多样性的生态系统在保护行动中应有的优先级就会丧失。环境保护部门应该将数据公开，这些数据代表了最复杂的信息，它收集了生物多样性面临的风险，设立了风险管理的优先级。从事保护行动的其他部门和组织（涉及获取土地、生态系统的管理和恢复等）能用这些相同的数据决定他们关注的优先级。在高风险生态系统中，风险管理的第一步是回答与资源的胁迫因子特征、暴露特征和生态效应相关的问题。仔细地选择关键种对回答这些问题是有帮助的。最终，最有成就的风险管理将是描述生物组织几个层次上（从关键种到群落再到生态系统）最紧迫的风险（尤其是生态环境的改变和外来物种的入侵）。

**（8）生态风险评价的用途**

ERA 有三个主要用途：①预测新的条件下化学物质对生态系统的影响。主要应用于化学物排放发生之前，ERA 的结果用于指导、管理和设计化学物的排放。例如，新化学物的生产和销售，或一种新的装卸方法。②评价一种资源以及什么因素可能影响它（或针对保护的努力）。③通过回顾，从现有的活动中对化学物排放的评价，其结果或者确定环境管理程序对化学物的排放控制是有效的，或者确定化学物排放量的变化，排放量可能是增加的，也可能在允许排放量以下。风险评价工作常常由已经发生的事件或灾害引起。

## 8.3.2　生态风险评价的研究现状

目前的生态风险评价大概分为几个模式：美国模式、欧盟模式及其他。美国的生态风险评价在两个不同层面上发展起来。一个是科学研究层面，另一个是与环境管理密切关联的技术应用层面。Suter 和 Battell 等科学家（1992）为生态风险评价的应用提供了全面的理论基础和技术框架。第二个层面是以美国环保署（USEPA）及其所属的有关管理机构和相关实验室进行的生态风险评价技术框架和具体应用实例研究。它于 1998 年正式颁布了《生态风险评价指南》（63FR26845—26924，1998）。当前美国已将生态风险评价的研究重点放在生态系统对环境干扰的敏感性上。

欧盟的生态风险评价科学研究是在新化学品评价的基础上发展起来的。为了避免生态目标受到不可接受的危害，它对工业活动的生态危害评价法律规定了一系列基本数据提交的要求。欧盟国家在应用上集中于以下几个方面：①发展更实用的污染物排放估计方法；②针对评价数据参差不齐的现状，开发专业、简便的数据判断方法；③逐步发展亚急性效应和慢性效应在生态风险评价中的应用，对高残留、高生物有效性的物质予以特别关注。Esa Ranta 等以 Saimaa 湖区域的濒危种群环斑海豹为例进行了生态风险理论技术和实际应用方面的研究，指出水位变化和人类的捕获所造成的幼海豹的死亡数目已远远超过安全限度。

其他国家还处于起步阶段。由于这是一门新技术，又具有实用性，所以还有待在实践中不断创新、完善，建立起既符合国际惯例，又能结合本国实际科学技术水平的生态风险评价模式。在生态风险评价技术上，中科院及省级环保研究机构都能执行有简单危害评价技术的生态风险评价任务，有些地市级单位也能执行此类任务。

## 8.3.3　生态风险评价的研究重点、难点及趋向

目前，生态风险评价研究重点在确定风险评价的受体和端点，以及建立外推技术两个方面。受体的选择依据风险评价的目的而定。Suter 将端点分为评价端点和测定端点，前者为被保护环境的实际价值的表述形式，后者则是观察到的或是测定的对有害物质反应的表述形式。外推技术的研究方面，Barnthouse 等做了较多工作。其主要特点是强调在估计风险的过程中非确定性（Uncertainty）对风险的作用，注重处理非确定性。在生态系统非确定性分析（EUA）研究中，Barnthouse 等利用 Monte Carlo 模拟技术。该技术便于运行，并且能为模型预测提供置信限间距所需信息，特别适用于多重源变量结合的模拟运算。在生态风

险评价研究中，尤其是在处理有非确定性因素的外推过程中，Monte Carlo 模拟可能很有发展前途。

如何确定污染物在生态系统、环境、生态位等不同层次上环境影响的范围、程度以及影响的代偿性、可逆性是生态风险评价的难点。这个问题的解决有赖于现有技术方法之间的有机结合，更依赖于生态学理论的发展和相应的新技术手段的产生。

采取定性分析与定量分析相结合的方法对各种风险源以及风险事件进行分析。要辨识风险源和风险事件，必须建立风险事件数据库。风险源的确定可以采取事件树按照概率编号逐级分解的方法，逐项确定风险源，确定某个系统中存在哪些潜在风险。对于风险事件的概率计算，可以采取专家模糊评判和概率分布计算相结合的方法。采取动态模拟或直接计算的方法，计算风险事件的概率。也可以采用趋势分析法和灰色预测法，对各风险事件进行估测。对有环境要求的地区，还应确定作业对环境的影响，主要包括污染、噪声的控制等。风险评价力求使所有的风险都达到指标要求，以避免事故，从而把生产对人、环境的影响限制在可接受的范围以内。首先，了解所有的风险评价结果；然后，对问题出现的可能性进行分级：不可能、有可能、非常可能。当防范措施无效时，必须采取补救措施。最坏的可能就是潜在的问题都涌现出来，此时，可用 Monte Carlo 模型估计这种极端情况出现的可能性。预计事故处理时间可让安全管理人员明确事故风险的分布和程度。根据 Monte Carlo 模型计算风险的概率分布，以确定在实际条件下出现事故的概率，最后根据事故出现的概率预计事故处理时间。风险评价可使安全管理人员在了解事故风险的基础上进行设计、管理。制定事故风险登记表是安全管理的重要内容，对于重大的工业风险，用正式的风险评价程序来论证风险低于经过合理的努力可达到最低水平（ALAPP）。利用定量风险评价结果分析成本效益来评价相对成本及因风险降低所取得的效益。评价可使人员熟悉在生产系统中可能出现的风险，以提前预防，并制定事故处理方案，对可能出现的问题进行全面了解，有助于管理人员从总体上对过程进行控制。

## 8.3.4　生态风险评价的研究趋势

随着航空遥感、卫星数据和地理信息系统（GIS）等新技术的普遍及应用，人们已经能够更为科学和精确地评价生态风险。生态风险评价研究正朝着多重性和实际应用的方向发展。其未来的发展趋势集中于以下几个方面：

① 现阶段的研究多集中在单一化合物和单一暴露途径的风险问题，今后将更多地考虑作为受体的多种化合物的综合影响。

② 目前的研究多注重如 $LC_{50}$、$LD_{50}$ 等急性效应的极端端点和直接效应，今后会转移到"温和端点"以及间接效应的研究上。

③ 评价终点选择趋向群落和生态系统水平。在生态学上来说，这将更加真实，因为它反映了群落之间相互作用和生物与环境相互作用的复杂性。

④ 生物物种的选择集中于濒危和较敏感的物种。生态系统的过程具有时空、结构多样性的特征，这些特征使得效应计算比一般过程困难得多。

⑤ 用于生态系统风险研究的模型，要求生物效应模型应与迁移、转化模型和暴露模型衔接。另外，必须明确各个模型的使用前提和条件。在发展生态风险的数学模型或统计模型时，模型与建模系统之间缺少相关性会产生误差。提高相关性（机理研究）和增强参数试验

的标准化能降低风险评价的误差。

⑥ 系统的弹性（恢复能力）和耐受性是污染影响评价的合适指标。这些指标是系统破坏和恢复的理想测定，应对污染冲击（负荷）引发的参数振幅进行监测并建立可测定的阈值，以反映系统的压力状况。

⑦ 将已了解的生态系统类型分类，然后对环境效应进行定量。以有代表性的系统简化研究而不降低准确度。污染物的分类可从理化特性出发，包括 QSAR（定量构效关系）结果，然后在此基础上进行生物试验。

⑧ 生态风险评价正在形成一种综合性的技术方法，包括单物种生物检测、模拟生态系统、暴露—效应模型。后者可用于估计污染物的生态效应，从各级实验获得的数据输入模型，逐级校正到生态系统水平，以提高评价的真实性和降低不确定性。

### 8.3.5 目前我国生态风险评价研究中存在的问题

生态风险评价源于风险管理这一环境政策。风险管理产生于 20 世纪 80 年代，它权衡风险级别与减少风险的成本，解决风险级别与一般社会所能接受的风险之间的关系，为风险管理提供科学依据和技术支持的生态风险评价因此得到了应用，并获得了迅速发展。90 年代初，美国科学家 Joshua Lipton 等提出了被普遍接受的 ERA 框架。生态风险评价在欧美环境管理中的地位越来越突出，已经成为发现、解决环境问题的决策基础，并在法律上得到了确认。作为一门年轻的、不断发展的实用技术，生态风险评价在我国还处于起步阶段。我国现行的环境管理体制中对污染物的生态风险控制还没有具体、可操作的规定，生态风险评价在建设项目环境保护管理中的应用也还较少。完整的生态风险评价程序应包括问题确定、暴露表征、效应分析和风险表征。

**(1) 生态风险评价在实例研究中的问题**

目前，我国有关生态风险评价的问题表现在以下几方面：

① 对生态风险的表征不充分。风险表征必须充分定义生态风险，才能支持风险管理以做出决策。风险表征有定性和定量两种方式。定性风险表征是对风险进行定性描述，用"高""中""低"表达，或说明有无不可接受的风险，或说明风险是否可以接受。定量风险表征要给出不利影响的概率，定量方法有商值法、连续法、外推误差法、错误树法、层次分析法和系统不确定法等。在实例中，大多没有进行风险表征，仅进行了评价，而生态风险评价的目的是估计有害生态事件发生的可能性，不是把一些数据结果摆在那里，或只进行简单评述。

② 缺少对不确定性因素的分析。没有进行不确定性分析，从而降低了评价结果的准确性。不确定性分析就是通过明确描述不确定性的数量级和方向，增加分析的可信度，为有效数据收集和更精细方法的应用提供基础。

③ 评价指标考虑不全面。采用的指标没有考虑生物因素，大多只从物理、化学方面讨论其毒性效应缺少生物学效应方面的研究。例如，瑞典 Hakanson 的潜在生态风险指数（RI）被应用于重金属污染的评价中。所采用的评价指标及标准源于国外资料，不一定适合我国的生态环境。这需要有关部门重视生态风险评价，加快其应用，建立各种指标体系，使我国的 ERA 工作规范化。

④ 引据的毒性数据不够充分，缺乏毒理学实验依据。如没有说明鱼类及软体动物毒性数据的实验条件，也没有引用毒性数据。而毒理学研究是生态风险评价的基础，毒性数据是生态风险评价的依据。

**（2）生态风险评价在理论研究中的问题**

① 生态风险评价中模型应用不多。生态风险评价技术是一门综合性的应用技术，它需要采用各种模型，如生物效应模型、迁移转化模型、暴露分析模型等。要综合利用数学、系统学和计算机技术（如模糊数学理论、灰色系统理论和 GIS 技术等）等科学技术，建立群落、生态系统水平上的风险评价预测模型。另外，各种模型要有明确的使用条件。并加以验证。我国的环保科技人员也曾进行了模型的开发及应用，但在 ERA 中缺乏有效的、广泛应用的模型。应用毒性效应模型可为 ERA 提供毒理学数据。

② 对环境污染生物学效应的研究不够全面。近年来，微生态系统研究和多物种实验受到重视。多物种毒性试验是生态风险评价的重要基础，在生态系统水平上研究污染物的联合毒性。研究毒物如何通过食物链在各营养级生物体内富集，为 ERA 提供科学基础。进行模拟生态系统的毒性试验是获得生态终点效应的途径，它介于单物种实验室毒性试验和野外群落毒性试验之间。空间尺度、生物数量、多样性和物理控制是模拟生态系统实验所要解决的问题。

**（3）生态风险评价中风险管理的问题**

① 生态风险评价对风险管理不够重视。1994 年，国家环保总局颁布了《环境影响评价技术导则》，有条件地要求建设项目进行生态影响的描述性评价。1997 年，颁布了《非污染生态影响评价技术导则》，用以评价水利、矿业、农业、林业、牧业、交通运输、旅游等行业项目和海岸带开发对生态环境的影响。在环境保护工作中，还没有从管理上使 ERA 法制化，技术上也不规范，急需从法律、法规和技术程序各方面建立并完善我国的生态风险评价工作。因此，建议环境保护管理部门和研究机构，尽快建立起符合国际惯例、适合我国生态环境的生态风险评价指标体系和技术导则，发挥 ERA 在环境管理中的重要作用。

② 建设项目对风险管理不够重视。对建设项目仅做描述性评价是不够的，对某些可能产生较大生态影响的建设项目需进行生态风险评价，并制定相应的减少风险的管理措施。评价工程项目所带来的生态影响不同于化学品的生态风险评价，它必须利用多种模型才能完成，因此会更复杂。在项目 ERA 中，首先进行预测性生态风险评价，并提出降低风险的管理措施工程结束后再次进行监视性生态风险评价，通过对重要环境因子的监测分析生态质量的趋势，使其结果更准确。

③ 在区域 ERA 中缺少对农业的风险管理研究。我国农业区域景观类型多种多样。而且农业生态环境恶化农作物直接受大气、水和土壤污染的共同影响，进而影响到人体健康。要开展农业生态安全和食物化学问题的研究，区域农业景观生态风险评价更强调区域环境介质中化学污染物特殊浓度的界限和技术标准。

④ 生物安全方面对风险管理重视不够。生物安全 ERA 源于外来生物的风险评价，进而扩展为转基因产品的生态风险评价。它所需要的技术也与其他 ERA 有所不同，如分子生态学、微生物生态学和生态系统学。转基因植物向环境释放后可能带来的生态风险问题已受到人们的重视，国际上已从分子、个体、种群、群落、生态系统水平对其进行了研究，我国还缺乏对其风险研究及管理。转基因植物的风险管理主要涉及两个问题：按已知生物体和插入

的性状，要有相应的安全使用条件；在试验期间和试验后进行有效的监测，在做基础研究及转基因植物的培育过程中，应考虑到防止危险的程序。

**(4) 生态风险评价研究的发展方向**

生态风险评价的目的在于通过对某种危害导致的负效应的科学评价，对生态环境保护和管理做出贡献，对生态系统的保护和发展也有重大意义，并且对促进社会-经济-自然复合生态系统的持续发展有积极的作用。

今后生态分析方法的发展重点将继续强调对非确定性的处理，加强对群落和生态系统水平风险评价预测模型的建立和改进，建立在定量概率论基础上的生态风险分析方法，在区域或景观水平上寻求有限的生态调控方法。

我国应加强 ERA 的基础理论和技术方法的研究及法制管理，尽快建立适合我国生态环境的生态风险评价的标准方法和技术指南。进行生态风险评价实例研究，制定相应的技术规范，开发应用各种模型，完善生态信息系统，对环境优先污染物进行生态风险评价。同时，开展项目生态风险评价，降低建设工程对生态系统的不利影响。从而保护生态环境，实现环境-经济的可持续发展。

## 8.3.6　生态风险评价的研究方法

从生态风险评价的准确程度出发，生态风险评价的研究方法可分为定性和定量两类。①生态风险评价的定性研究，可用具有少量定量信息的效应影响做出评价，为决策过程的调查研究获取多层次的信息资料。通常建立优先权时，无论是筛选过程或是排序过程.均可用定性方法。②定量研究可以分为以下几种。最常用的是商值法（比率法），可确定某一特定的环境污染水平是否有生态学相关性。为了保护某一特殊受体而设立参照浓度指标，然后与估测的环境浓度相比较。超过参照浓度的环境浓度就被认为有潜在有害影响。这种方法费用相对低一些。"模型化的商值法"可以预测风险等级或某一特定污染水平产生某种效应的定量数据。暴露-反应法用于估测某种污染物的暴露浓度产生某种效应的数量。暴露-反应法很适用于估测风险发生的数量，以支持建立某种标准或进行风险管理分析。也有将定性与定量方法相结合形成多目标决策方法如层次分析法（Analytical Hierarchy Process，AHP）。

生态风险评价研究也可由以下两种途径进行：一是"由上而下"，直接评价群落和生态系统的功能与结构变化，局限在于资料比较匮乏。二是"由下而上"，利用实验室获得的低层次效应的研究结果，推测群落和生态效应，困难在于有关模型在理论研究上不足，尤其是外推过程中产生的非确定性处理成为难点。

有人也将生态风险评价研究方法分为以下四种：

**(1) 风险度量方法**

风险即风险概率和风险后果的乘积，为计算风险的大小，需要对风险进行度量。风险度量既可以是定量的或定性的，也可以是半定量或半定性的。进行风险度量时，可能要用到概率分析中的概率分布、期望值、经济损失或危害、风险轮廓图、相对风险。个体寿命风险等于暴露水平和严重性的乘积；种群风险等于个体寿命风险和暴露种群的乘积。生命期望的损失可由个体生命风险和平均存活率之积表示。

风险度量的基本公式：$R = P \times D$。式中，$R$ 为事故的风险；$P$ 为事故发生的概率；

$D$ 为事故可能造成的损失。在有些情况下，事故可能被认为是连续的作用，它的概率和影响都随 $t$ 而变化，则这种风险是一种积分形式，可以表示为：$R = \int P(t)D(t)\mathrm{d}t$。式中，$t$ 为一定类型的事故；$P(t)$ 为事故发生的概率；$D(t)$ 为事故造成的损失。风险是用事故的概率与事故所造成的经济损失数量之间的关系来定义的。为了定量地估计风险的水平，必须要考虑一系列重要的事故原因，并评价在每一事件中发生事故的概率及所造成的人身伤害的后果。根据造成事故的概率和后果来计算每种事件的风险，把各种事件的结果相加，就能得到 17 种事故风险评价与风险管理模式研究的风险水平。英国卫生安全执行局（HSE）公布了风险标准，确定了可以接受的风险范围，即计算出的风险水平都是经过合理努力可达到的最低水平（ALAPP）。只有考虑到一切能降低风险的可行方式后才能达到这一水平。根据英国卫生安全执行局（HSE）的说法，为了达到经过合理的努力可达到的最低（ALAPP）风险水平，为降低风险所付出的成本与降低风险后所得到的效益相比必然是巨大的。HSE 将风险分为：①某些风险之大使它们完全不能被接受。②一般可接受的风险。③被降低到经过合理的努力可达到的最低（ALAPP）水平才能被容忍的风险。对于在"可容忍的"区域内进行的作业，社会则希望能获得这些活动所带来的利益，并使用可实现的最佳科学技术来评价和控制它们所产生风险的性质和水平。所采取的控制措施应能把残余的风险引导到"一般可接受的风险"中去，直到进一步地降低风险已经不现实，或减少风险所得到的效益与所付出的成本很不成比例，以至无法实施为止。只有在这一点上的风险才处于经过合理的努力可达到的最低水平（ALAPP）。

**(2) 模拟技术**

模拟技术包括物理模型模拟和数学模型模拟。后者又分为统计模型和机理模型两类。

① 可用物理模型模拟研究有害物质的环境转归过程、规律以及生态效应。大的物理模型模拟可与数学模拟结合研究复杂输送的过程。另外有"类比研究"，要求已知一些污染源或干扰源所在的现实环境，用作研究类似污染物或有害物质暴露或生态效应的模型。

② 数学模型中的统计模型就是用回归、主成分分析或其他统计技术来总结试验或观测数据，获得规律性的结果，用以研究类似情况或问题的数学模型。统计模型共有三种用途：假设检验、描述、外推。外推法常用于三个方面：根据结构的相似性或分类地位的亲属性，从一种化合物外推到多种化合物或生物；从实验结果外推到野外实际状况；从种群水平等较低层次外推到生态系统的较高层次。其中外推又有范围外推和数据外推两种形式。范围外推是指把模型结果外推到获得模型的数据范围之外，需要假定在模型中和在外推的环境中自变量与因变量之间的关系相同。数据外推是用已有的数据外推那些需要得到但是又无法得到的数据，这种外推需要假设进行外推的系统反应是均匀的。当数据充分时，所知的机理或生态原则有限时，可以进行以不确定性因子或分类学为基础的经验外推。

③ 数学模型中的机理模型是指根据事物运动或变化的内在机理建立起来的数学模型，用于定量研究事件发展和变化的过程、规律和后果。它外推一个系统或过程的特征或概要（Starfield 和 Bleloch，1991），并能结合因果关系进行预测。机理模型能够综合不同时空上的复杂现象、过程及复杂关系，它也可以通过比较容易测量的变量来预测难以或不可能测量的变量。风险评价者使用机理模型将单独的效应数据（死亡、生长、繁殖）应用到关联的种群、群落和生态系统的改变上。机理模型有两种主要类型：单物种种群模型和多物种群落和生态系统模型。风险评价中常用的机理模型有：归趋模型和影响模型。归趋模型模拟有毒物

质在环境中运动和转化。影响模型是模拟干扰或外来胁迫因子对生态系统的影响。

随着模型的进一步发展，人们对部分已应用于实践的模型进行了评价。Bruce（1995）对用来估计暴露于化学污染物的陆生生态学受体的模型进行了总结。

**（3）专家判断方法**

专家判断方法依靠风险评价者的专业技术，专家预测小组和其他的技术进行分析预测的方法，是数据基础不支持经验模型或机理模型缺乏条件下的一种解决方法。专家判断方法很重要，即使是技术最复杂的定量评价中，也少不了专家判断。但是，专家判断有很大的主观因素，目前尚有许多生态问题定义比较模糊，生态学理论也不完整，所以不同专家对同一问题往往会有不同的看法。应该尽可能使用定量方法，只有当定量方法被证明为不可行时，才用专家判断方法。

**（4）空间分析法**

空间分析法是综合生态风险的空间分析研究，利用统计学的方法完成的。该方法是在生态风险系统采样的基础上，计算得出试验半变异函数，然后进行试验半变异函数的拟合，在理论半变异函数拟合中，由于球状模型拟合结果比较理想，因而生态风险空间结构分析主要是基于球状模型求得的计算结果。

## 8.4 生态环境保护措施与替代方案

编制生态环境保护措施是生态环境影响评价工作的"重头戏"，也是环境影响报告书中最精华的部分。编制生态环保措施须满足一些基本要求，并可按照下述的思路和原则进行此项工作。

### 8.4.1 生态环境保护措施的基本要求

**（1）体现法规的严肃性**

《中华人民共和国环境保护法》规定："开发利用自然资源，应当合理开发，保护生物多样性，保障生态安全，依法制定有关生态保护和恢复治理方案并予以实施。"由于环境影响报告书一经生态环境行政主管部门批准就具有了法律效力，对环保措施的编制应持严肃认真的态度，须从负有法律责任的高度对待这项工作。

**（2）要有明确的目的性**

环境影响评价的根本目的是认识环境特点，弄清环境问题，明确环境所受的影响和寻求保护环境的措施与途径。具体地讲，建设项目的环境影响评价要服务于三个目的：一是明确开发建设者的环境责任；二是对建设项目的环保工程设计提出具体要求和提供科学依据；三是为环保行政管理部门实行对项目的环境管理提供科学依据和具有约束力的文件。这些评价目的或功能都集中地反映和体现在环保措施中。

生态环境影响评价的主要目的是维持区域或流域的生态环境功能不因开发建设活动的影

响而削弱，不影响区域或流域的可持续发展对环境和资源的要求，因而生态环境的保护措施也应从流域或区域生态功能的保持来考虑，而不是强调维持开发建设活动发生点的生态环境原貌。这就是说，生态环保的措施可以就地实施，也可以异地施行，以达到保护区域或流域的生态功能为宗旨。

**（3）具有一定超前性**

从保护社会经济的可持续发展及其依赖的自然资源基础出发，生态环境保护措施是一种面向未来的工作。在生态环境与社会经济相互关系分析的基础上，明确区域或流域社会经济可持续发展的生态环境需求，同时也明确了区域或流域内各开发建设者对未来生态环境的改善和建设所应承担的责任。生态环评的措施编制中应体现这种未来的需求，因而编制的措施应具有超前性和先进性。在生态环境状况比较恶劣的地方，开发建设者不仅担负着保护、恢复和补偿因开发活动造成的直接生态功能损失，还应承担区域或流域性改善生态环境的责任。

**（4）科学性与可行性相结合**

生态环境保护措施的科学性是指所提措施应满足生态系统环境功能保护的客观需求；可行性则是指在现有技术和经济水平上可能实施的保护措施和所能达到的保护水平。现实情况是对许多生态规律研究不细，认识不深，科学性一般大打折扣；可行性也受到技术水平和经济能力的限制，更有认识的落后和利益分配造成的障碍，使许多可行措施的实施也变得困难重重。环境影响评价者应加强生态环境的研究，努力提高评价的科学性，使所提措施能经得起时间和实践的考验，并用科学研究的成果去提高人们的认识，克服认识上的障碍，同时寻求省费高效的措施，使所提措施做到科学性和可行性的有机结合，以便于真正落实和实施。

**（5）提高针对性和注重实效**

在复杂的生态系统中，有的因子具有全局性影响，有的因子具有决定性作用。在不同的地理和自然条件下，生态环境的某些问题可能是主要的，某些地方可能是最值得保护的，因此，要使有限的环保经费发挥最大的生态效益，就要使所实施的措施有针对性。生态措施应因地制宜，不同的地区和不同的环保目的应采取不同的保护措施；对自然灾害应因害设防，减少危害；应针对主要保护对象进行重点保护，针对主要生态问题进行重点建设。

## 8.4.2　提出生态环保措施的思路和原则

开发建设项目的生态环境保护措施须从生态环境特点及其保护要求和开发建设工程项目的特点两个方面考虑。

从生态环境的特点及其保护要求考虑，主要采取的保护途径有 4 个方面：保护、恢复、补偿和建设。

**（1）保护**

在开发建设活动前和活动中注意保护生态环境的原质原貌，尽量减少干扰与破坏，即贯彻"预防为主"的思想和政策。有些类型的生态环境一经破坏就不能再恢复，即发生不可逆影响，此时实行预防性保护几乎是唯一的措施。例如：许多被列为特别保护目标者，大都具有此类性质，如海滨的沙滩浴场，一些重要湿地、珊瑚礁、红树林、原始森林、固沙植被、泉源头、地质遗址等。预防性保护是应予优先考虑的生态环保措施。

**（2）恢复**

开发建设活动虽对生态环境造成一定影响，但可通过事后努力而使生态系统的结构或环境功能得到修复。由于在开发建设活动中几乎都占用土地、改变土地使用功能问题，事后也很少能恢复生态系统的结构，因而生态环境的恢复主要是指恢复其生态环境功能。例如：破坏土地的复垦、堆渣场的事后覆盖与绿化、工厂以绿化植被替代原来的农田或草原等，都是最常见的恢复措施。

**（3）补偿**

这是一种重建生态系统以补偿因开发建设活动损失的环境功能的措施。补偿有就地补偿和异地补偿两种形式。就地补偿类似于恢复，但建立的新生态系统与原生态系统没有一致性。异地补偿就是在开发建设项目发生地无法补偿损失的生态环境功能时，在项目发生地之外实施补偿措施，如在区域内或流域内的适宜地点或其他规划的生态建设工程中。补偿中最重要的是植被补偿，因为它是整个生态环境功能所依赖的基础。植被补偿可按照生物质生产等当量的原理确定具体的补偿量。补偿措施的确定应考虑流域或区域生态环境功能保护的要求和优先次序，考虑建设项目对区域生态环境功能的最大依赖和需求。补偿措施体现社会群体平等使用和保护环境的权利，也体现生态环境保护的特殊性要求。

**（4）建设**

在生态环境已经相当恶劣的地区，为保证建设项目的可持续发展和促进区域的可持续发展，开发建设项目不仅应保护、恢复、补偿直接受其影响的生态系统及其环境功能，而且需要采取改善区域生态环境、建设具有更高环境功能的生态系统的措施。例如：沙漠或绿洲边缘的开发建设项目，水土流失或地质灾害严重的山区，受台风影响严重的滨海地带及其他生态环境脆弱带实施的开发建设项目，都需为解决当地最大的生态环境问题而进行有关的生态建设。

从工程建设特点来考虑，主要能采取的保护生态环境的措施是替代方案、生产技术改革、生态保护工程措施和加强管理4个方面。其中，在设计期、项目建设期、生产运营期和工程结束期（死亡期）又都有不同的考虑。

**（1）替代方案**

从保护生态环境出发，开发建设项目的替代方案主要有场址或线路走向的替代、施工方式的替代、工艺技术替代、生态保护措施的替代等。替代方案的确定是一个不断进行科学论证、优化、选择的过程，最终目的是使选择的方案具有环境损失最小、费用最少、生态功能最大的赋性。前述的生态环境保护、恢复、补偿和建设措施，都可以结合建设项目的工程特点有两种或多种替代方案。

**（2）生产技术选择**

采用清洁和高效的生产技术是从工程本身来减少污染和减少生态环境影响或破坏的根本性措施。可持续发展理论认为，数量增长型发展受资源能源有限性的限制是有限度的，只有依靠科技进步的质量型发展才是可持续的。环评中的技术先进性论证，特别要注意对生态资源的使用效率和使用方式的论证。例如：造纸工业不仅仅是造纸废水污染江河湖海导致水生生态系统恶化问题，还有原料采集所造成的生态环境影响问题。

**（3）工程措施**

根据耗散理论，人类进行的开发建设活动不管采用怎样清洁或高效的技术，都不可能完全消除环境污染和生态影响，因而必须发展专门的环保技术和产业来减少这种影响。对生态环境保护而言，工程措施可分为一般工程性措施和生态工程措施两类。前者主要是防治污染和解决污染导致的生态效应问题；后者则是专为防止和解决生态环境问题或进行生态环境建设而采取的措施，包括生物性的和工程性的措施在内。例如：为防止泥石流和滑坡而建造的人工构筑物、为防止地面下沉实行的人工回灌、为防止盐渍化和水涝而采取的排涝工程都是工程性的措施；为防风或保持水土、防止水土流失或沙漠化而植树和造林、种草、退耕还牧、退田还湖等，都属于生物性工程。所有为保护生态环境而实施的工程，都须在综合考虑建设项目的特点、工程的可行性和效益、环境特点与需求等情况的基础上提出，进行必要的科学论证。

**（4）管理措施**

开发建设项目的生态环境管理主要包括建设期和生产运营期两个时段，有时还包括项目死亡期，如矿山闭矿、工厂报废、废物堆场复垦等。管理措施的设计也同样须考虑工程建设的特点和生态环境的特点与保护要求。管理措施的内容包括生态的监测和长期观察，为此需配备必要的设备和专业人才；需认识污染的生态效应和生态环境的动态变化，为此需有必要的研究；需要必要的法规和制度，为此需在环评中提出有关建议；还需要有必要的机构和明确责权。

总之，在编制生态环保措施时，从上述 4 项体现生态环境特点的措施和 4 项体现工程特点的措施出发，可纵横列表得出 16 个措施方向，再考虑工程建设的几个时段（设计期，施工期，营运期，关闭废弃期），措施编制方向可达几十个。从这几十个可能的措施中，经过科学的筛选和技术经济论证，可以得出一组比较适用、可行的生态环境保护措施。

**思考题**

1. 概念解释：生态环境影响评价，直接生态影响，间接生态影响，累积生态影响，特殊生态敏感区，重要生态敏感区。
2. 简述生态影响评价的基本原则。
3. 生态影响评价的划分依据有哪些？
4. 如何确定生态环境评价的范围？
5. 简述生态环境调查的调查内容。
6. 工程建设项目生态环境评价的方法有哪些方面？
7. 水利水电工程生态环境影响评价要点有哪些？
8. 井工开采会造成哪些环境破坏？
9. 露天开采对环境的影响有哪些？
10. 生态风险评价的研究方法有哪些？

# 第 **9** 章　水土环境污染及生态化处理

人们一般常按受影响的环境将污染分为大气污染、水污染和土壤污染等。当前，在我国部分地区的江、河、湖泊中仍存在不同程度的水体污染。此外，工业废水、生活污水和固体废物、农药、化肥、牲畜排泄物、生物残体以及大气沉降物进入土壤并积累到一定程度，会引起土壤质量恶化。水、土环境的污染是生态污染的主要方面，随着环境污染状况的日益严重，生态污染的研究受到广泛的重视，尤其是近二三十年以来，各国科学家调查了鸟、鱼、兽类的大量死亡事件，研究了污染物在食物链中的生物积累、生物浓缩和生物放大，开展了实验室的生态模拟和野外的受控生态系统的试验，探索了污染物在生态系统中的迁移和变化规律。这些工作成果汇集起来，逐渐形成了以研究污染情况下生态系统的效应为中心内容的污染生态学。

## 9.1　环境污染物

环境污染物（Environmental Pollutant）是进入环境后使环境的正常组成和性质发生改变，直接或间接有害于人类与生物的物质，是环境化学研究的对象，主要包括人类生产和生活活动中产生的各种化学物质，也有自然界释放的物质，如火山爆发喷射出的气体、尘埃等。

环境污染物按污染物影响的环境要素可分为大气污染物、水体污染物、土壤污染物等；按污染物的形态，可分为气体污染物、液体污染物和固体污染物；按污染物的性质，可分为化学污染物、物理污染物和生物污染物；按污染物在环境中物理、化学性状的变化，可分为一次污染物（原生污染物）和二次污染物（次生污染物）。

### 9.1.1　化学污染物

主要的化学污染物有：重金属，有机染料，农用化学品，食品中的毒素、添加剂等，医用、日用污染物等。

**(1) 重金属**

在环境污染方面所说的重金属，主要是指对生物有显著毒性和潜在危害的重金属及类金属元素，如汞、镉、铅、铬和砷等。具有一定毒性且在环境中广为分布的锌、铜、钴、镍、锡等金属及其化合物也应包括在内。目前，最令人关注的是汞、铅、砷、镉和铬等五种有毒元素。

重金属是具有潜在威胁和危害的重要污染物。重金属污染的特点是不能或难以被微生物分解。相反，重金属易被生物体吸收并通过食物链累积。因此，生物体可以富集重金属，并且某些重金属还可转化为毒性更强的金属-有机化合物。重金属污染物在环境中的迁移转化过程相当复杂，可能进行的反应主要有溶解和沉淀、氧化与还原、配合与螯合及吸附和解吸等。这些反应往往与水的酸碱性（pH 值）和氧化-还原电位（Eh）等环境条件密切相关。

**(2) 有机污染物**

有机污染物有数万种，其中对生态环境和人类健康影响最大的是有毒有机物和持久性有机物。这类有机物一般难降解，在环境中残留时间长，有蓄积性，能造成生物有机体慢性中毒，有致癌、致畸和致突变等作用。因此，这些有机物在环境中的行为最受人们关注。典型的有机卤代物包括卤代烃、多氯联苯、多氯代二噁英和有机氯农药等。

## 9.1.2　物理污染物

物理污染物主要有：医源电离辐射，如 X、γ 射线等；环境电离辐射，如氡及其子体，建材中的放射性物质；环境中的紫外线；激光与电磁辐射等。

辐射作为环境诱变剂，可诱发畸胎效应，如日本原子弹爆炸后幸存者中孕妇体内胎儿（妊娠 8～15 周）受到照射，可发生严重智力障碍、小头症等。这是由于受精卵至器官形成期对辐射敏感而发生畸形。

辐射诱发癌症包括白血病和实体癌。辐射致癌研究的历史较久，1945 年在日本原子弹爆炸后，对 10 余万幸存者进行终生观察，发现最主要医学后果是癌症发生。

## 9.1.3　生物污染物

生物污染物主要有细菌、病毒等，以病毒为主，这些病毒会诱发肿瘤。现已发现有 150 多种病毒可诱发肿瘤，肿瘤病毒中有 DNA 病毒、RNA 病毒。

肿瘤是环境因素、遗传因素和机能因素相互作用所致的多因素作用、多阶段发病和多基因参与的疾病。其中环境因素占肿瘤病因的 85％以上。

## 9.2　环境污染物在水环境中的迁移和转化

污染物在水环境中的迁移转化指的是污染物在环境中所发生的空间位置的移动及其所引起的富集、分散和消失的过程。

污染物在环境中迁移常伴随着形态的转化。如通过废气、废渣、废液的排放，农药的施用以及汞矿床的扩散等各种途径进入水环境的汞（Hg）会富集于沉积物中。汞元素由于密度大，不易溶于水，在靠近排放处便沉淀下来。二价汞离子在迁移过程中能被底泥和悬浮物中的黏粒所吸附，随同它们逐渐沉淀下来。富集于沉积物中的各种形态的汞又可能转化为二价汞。二价汞离子在微生物的作用下被甲基化，生成甲基汞（$CH_3Hg$）和二甲基汞 $[(CH_3)_2Hg]$。甲基汞溶于水中，可富集在藻类、鱼类和其他水生生物中。二甲基汞则通过挥发作用扩散到大气中。二甲基汞在大气中并不是稳定的，在酸性条件和紫外线作用下将被分解。如果被转化为元素汞，又可能随降雨一起降落到水体中或陆地上，元素汞可以进行全球性的迁移和循环。

污染物在环境中的迁移主要有下述三种方式：

**(1) 机械迁移**

根据机械搬运营力又可分为：①水的机械迁移作用，即污染物在水体中的扩散作用和被水流搬运；②气的机械迁移作用，即污染物在大气中的扩散和被气流搬运；③重力的机械迁移作用。

**(2) 物理-化学迁移**

对无机污染物而言，物理-化学迁移是以简单的离子、络离子或可溶性分子的形式在环境中通过-系列物理化学作用，如溶解-沉淀作用、氧化-还原作用、水解作用、络合和螯合作用、吸附-解吸作用等所实现的迁移。对有机污染物而言，除上述作用外，还有通过化学分解、光化学分解和生物化学分解等作用所实现的迁移。物理-化学迁移又可分为：①水迁移作用，即发生在水体中的物理-化学迁移作用；②气迁移作用，即发生在大气中的物理-化学迁移作用。物理-化学迁移是污染物在环境中迁移的最重要的形式。这种迁移的结果决定了污染物在环境中的存在形式、富集状况和潜在危害程度。

**(3) 生物迁移**

生物迁移是指污染物通过生物体的吸收、代谢、生长、死亡等过程所实现的迁移，是一种非常复杂的迁移形式，与各生物种属的生理、生化和遗传、变异等作用有关。某些生物体对环境污染物有选择性吸取和积累作用，某些生物体对环境污染物有降解能力。生物通过食物链对某些污染物（如重金属和稳定的有毒有机物）的放大积累作用是生物迁移的一种重要表现形式。

污染物在环境中的迁移受到两方面因素的制约：一方面是污染物自身的物理化学性质，另一方面是外界环境的物理化学条件和区域自然地理条件。

## 9.2.1 需氧污染物在水中的迁移转化

需氧污染物主要指生活污水和某些工业废水中所含的碳水化合物、蛋白质、脂肪和木质素等有机化合物，在微生物作用下最终分解为简单的无机物，即二氧化碳和水等。因这些有机物在分解过程中需要消耗大量的氧气，故又被称为需氧污染物。虽然需氧有机污染物没有毒性，但若水中含量过多，势必造成水中溶解氧的减少，从而影响鱼类和其他水生生物的正常活动，需氧有机污染物是水体中普遍存在的污染物之一。

**(1) 需氧有机物的生物降解作用**

需氧有机物一般分为三大类，即碳水化合物、蛋白质和脂肪，其他有机化合物大多为它们的降解产物。上述三大类物质的生物降解作用有其共同特点：首先在细胞体外发生水解，复杂的化合物分解成较简单的化合物，然后再透入细胞内部进一步发生分解。分解产物有两方面的作用，一是被合成为细胞材料；二是变成能量释放，供细菌生长繁殖。

需氧有机污染物的生物降解过程比较复杂，根据各类化合物在有氧或无氧条件下进行反应的共性，可归纳出大致的降解步骤和最终产物。例如碳水化合物生物降解步骤和最终产物为：

碳水化合物是 C、H、O 组成的不含氮的有机物，可分为多糖 $[(C_6H_{10}O_5)_n$，如淀粉]、二糖 $(C_{12}H_{22}O_{11}$，如乳糖)、单糖 $(C_6H_{12}O_6$，如葡萄糖)。在不同酶的参与下，淀粉首先在细胞外水解成为乳糖，然后在细胞内或细胞外再水解成为葡萄糖。葡萄糖经过糖解过程转变为丙酮酸。在有氧条件下，丙酮酸完全氧化为水和二氧化碳。在无氧条件下，丙酮酸不能完全氧化，最终产物是有机酸、醇、酮。对水环境影响较大的就是这部分产物。

脂肪和油类的组成与碳水化合物相同，由 C、H、O 组成。脂肪的生物降解步骤和最终产物比碳水化合物更具多样性。脂肪首先在细胞外水解，生成甘油和相应的脂肪酸。然后上述物质再分别水解成为丙酮酸和乙酸。在有氧条件下，丙酮酸和乙酸完全氧化，生成水和二氧化碳；在无氧条件下，完成发酵过程，生成各种有机酸。

蛋白质的组成与碳水化合物和脂肪、油类不同，除含有 C、H、O 外，还含有 N。蛋白质是由各种氨基酸分子组成的复杂有机物，含有氨基和羧基，并由肽键连接起来。蛋白质的生物降解首先是在水解作用下脱掉氨基和羧基，形成氨基酸。氨基酸进一步分解，脱氨基，生成氨。氨通过硝化作用形成亚硝酸，最后进一步氧化为硝酸。如果在缺氧水体中硝化作用不能进行，就会在反硝化细菌作用下发生反硝化作用。

一般来讲，含氮有机物的降解比不含氮的有机物难，而且降解产物污染性强，同时与不含氮的有机物的降解产物发生作用，从而影响整个降解过程。

**(2) 氮、磷化合物在水体中的转化**

水体中氮、磷营养物质过多是水体发生富营养化的直接原因。因此，研究水体中氮、磷的平衡、分布和循环，生物吸收和沉淀，底质中氮、磷形态，有机物分解和释放等规律，对理解水体的富营养化过程及其防治都有重要意义。

水体富营养化的关键不仅在于水体中营养物的浓度，更重要的是连续不断流入水体中的营养物氮、磷的负荷量。

进入湖泊的氮、磷物质加入生态系统的物质循环，构成水生生物个体和群落，并经由自养生物、异养生物和微生物所组成的营养级依次转化迁移。氮在生态系统中具有气、液、固三相循环，被称为"完全循环"，而磷只存在液、固相形式的循环，被称为"底质循环"。湖泊底质和水体之间处在物质交换过程之中，而且底质中磷的释放是湖泊水体中磷的重要来源之一。不同湖泊底质磷的释放速度差异很大；对同一个湖泊而言，其底质磷的释放速度也随季节的不同而变化。

湖泊底质中磷分为有机态和无机态两大类。无机态中按照与其结合的物质又分为钙磷、铝磷、铁磷和难溶磷四种形态。底质中磷的释放与其形态密切相关。许多学者研究的试验结果表明：底质中向水体释放的磷主要来自铁磷。例如陈静生等（1981）对日本霞浦湖底质的研究表明，在好氧条件下，总磷从 1.14mg/g 降到 0.96mg/g，减少了 0.18mg/g。而在磷的各形态中，铝磷、钙磷几乎没有变化，但铁磷却从 0.30mg/g 降至 0.13mg/g，减少了 0.17mg/g。两者相比，可以明显地看出，总磷减少的数量基本上是铁磷减少的数量。

**(3) 石油在水体中的迁移转化 (吴喻端等，1991)**

石油有"工业的血液"之称。石油中 90% 是各种烃的复杂混合物，它的基本组成元素为碳、氢、硫、氧和氮。大部分石油含 84%～86% 的碳，12%～14% 的氢，1%～3% 的硫、氧和氮。

石油类物质进入水体后发生一系列复杂的迁移转化过程，主要包括扩展、挥发、溶解、乳化、光化学氧化、微生物降解、生物吸收和沉积等。

扩展过程：油在海洋中的扩展形态由其排放途径决定。船舶正常行驶时需要排放废油，这属于流动点源的连续扩展；油从污染源（搁浅、触礁的船或陆地污染源）缓慢流出，这属于点源连续扩展；船舶或贮油容器损坏时，油立刻全部流出来，这属于点源瞬时扩展。扩展过程包括重力惯性扩展、重力黏滞扩展、表面张力扩展和停止扩展四个阶段。重力惯性扩展在 1 小时内就可完成；重力黏滞扩展大约需要 10 小时；表面张力扩展要持续 100 小时。扩展作用与油类的性质有关，同时受到水文和气象等因素的影响。扩展作用的结果，一方面扩大了污染范围，另一方面使油-气、油-水接触面积增大，使更多的油通过挥发、溶解、乳化作用进入大气或水体中，从而加强了油类的降解过程。

挥发过程：挥发的速度取决于石油中各种烃的组分、起始浓度、面积大小和厚度以及气象状况等。挥发模拟试验结果表明：石油中低于 $C_{15}$ 的所有烃类（例如石油醚、汽油、煤油等），在水体表面很快全部挥发掉；$C_{15}\sim C_{25}$ 的烃类（例如柴油、润滑油、凡士林等），在水中挥发较少；大于 $C_{25}$ 的烃类，在水中极少挥发。挥发作用是水体中油类污染物质自然消失的途径之一，它可去除海洋表面约 50% 的烃类。

溶解过程：与挥发过程相似，溶解过程决定于烃类中碳的数目多少。石油在水中的溶解度实验表明，在蒸馏水中的一般规律是：烃类中每增加 2 个碳，溶解度下降至原先的 10%。在海水中也服从此规律，但其溶解度比蒸馏水中低 12%～30%。溶解过程虽然可以减少水体表面的油膜，但却加重了水体的污染。

乳化过程：指油-水通过机械振动（海流、潮汐、风浪等），形成微粒互相分散在对方介质中，共同组成一个相对稳定的分散体系。乳化过程包括水包油和油包水两种乳化作用。顾名思义，水包油乳化是把油膜冲击成很小的涓滴分布在水中，而油包水乳化是含沥青较多的原油将水吸收形成一种褐色的黏滞的半固体物质。乳化过程可以进一步促进生物对油类的降解作用。

光化学氧化过程：主要指石油中的烃类在阳光（特别是紫外线）照射下，迅速发生光化学反应，先离解生成自由基，接着转变为过氧化物，然后再转变为醇等物质。该过程有利于消除油膜，减少海洋水面油污染。

微生物降解过程：与需氧有机物相比，石油的生物降解较困难，但比化学氧化作用快10 倍。微生物降解石油的主要过程有：烷烃的降解，最终产物为二氧化碳和水；烯烃的降解，最终产物为脂肪酸；芳烃的降解，最终产物为琥珀酸或丙酮酸和乙醛；环己烷的降解，最终产物为己二酸。石油物质的降解速度受油的种类、微生物群落、环境条件的控制。同时，水体中的溶解氧含量对其降解也有很大影响。

生物吸收过程：浮游生物和藻类可直接从海水中吸收溶解的石油烃类，而海洋动物则通过吞食、呼吸、饮水等途径将石油颗粒带入体内或直接吸附于体表。生物吸收石油的数量与水中石油的浓度有关，而进入体内各组织的浓度还与脂肪含量密切相关。石油烃在动物体内的停留时间取决于石油烃的性质。

沉积过程：沉积过程包括两个方面。一是石油烃中较轻的组分被挥发、溶解，较重的组分便被进一步氧化成致密颗粒而沉降到水底。二是以分散状态存在于水体中的石油，也可能被无机悬浮物吸附而沉积。这种吸附作用与物质的粒径有关，同时也受盐度和温度的影响，即随盐度增加而增加，随温度升高而降低。沉积过程可以减轻水中的石油污染，沉入水底的油类物质，可能被进一步降解，但也可能在水流和波浪作用下重新悬浮于水面，造成二次污染。

## 9.2.2　重金属在水体中的迁移转化

重金属迁移指重金属在自然环境中空间位置的移动和存在形态的转化，以及由此引起的富集与分散问题。

重金属在水环境中的迁移，按照物质运动的形式，可分为机械迁移、物理化学迁移和生物迁移三种基本类型。

机械迁移是指重金属离子以溶解态或颗粒态的形式被水流机械搬运。迁移过程服从水力学原理。

物理化学迁移是指重金属以简单离子、络离子或可溶性分子形式，在环境中通过一系列物理化学作用（水解、氧化、还原、沉淀、溶解、络合、螯合、吸附作用等）所实现的迁移与转化过程。这是重金属在水环境中的最重要的迁移转化形式。这种迁移转化的结果决定了重金属在水环境中的存在形式、富集状况和潜在生态危害程度。

生物迁移是指重金属通过生物体的新陈代谢、生长、死亡等过程所进行的迁移。这种迁移过程比较复杂，它既是物理化学问题，也服从生物学规律。所有重金属都能通过生物体迁移，并由此使重金属在某些有机体中富集起来，经食物链的放大作用，对人体构成危害。

重金属在水环境中的物理化学迁移包括下述几种作用：

沉淀作用：重金属在水中可经过水解反应生成氢氧化物，也可以同相应的阴离子生成硫化物或碳酸盐。这些化合物的溶度积都很小，容易生成沉淀物。沉淀作用的结果使重金属污染物在水体中的扩散速度和范围受到限制，从水质自净方面看这是有利的，但大量重金属沉积于排污口附近的底泥中，当环境条件发生变化时有可能重新释放出来，成为二次污染源。

吸附作用：天然水体中的悬浮物和底泥中含有丰富的无机胶体和有机胶体。由于胶体有巨大的比表面、表面能和带大量的电荷，因此能够强烈地吸附各种分子和离子。无机胶体主要包括各种黏土矿物和各种水合金属氧化物，其吸附作用主要分为表面吸附、离子交换吸附和专属吸附。有机胶体主要是腐殖质。胶体的吸附作用对重金属离子在水环境中的迁移有重大影响，是使许多重金属从不饱和溶液中转入固相的最主要途径。

络合作用：天然水体中存在许多天然和人工合成的无机与有机配位体，它们能与重金属离子形成稳定度不同的络合物和螯合物。无机配位体主要有 $Cl^-$、$OH^-$、$CO_3^{2-}$、$SO_4^{2-}$、$HCO^{3-}$、$F^-$、$S^{2-}$ 等。有机配位体是腐殖质。腐殖质中能起络合作用的是各种含氧官能团，如—COOH、—OH、—C＝O、—NH$_2$ 等。各种无机、有机配位体与重金属生成的络合物和螯合物可使重金属在水中的溶解度增大，导致沉积物中重金属的重新释放。重金属的次生污染在很大程度上与此有关。

氧化还原作用：氧化还原作用在天然水体中有较重要的地位。氧化还原作用的结果使得重金属在不同条件下的水体中以不同的价态存在，而价态不同，其活性与毒性也不同。

## 9.3　环境污染物在土壤环境中的迁移和转化

### 9.3.1　重金属在土壤-植物体系中的迁移转化

**(1) 植物对土壤中的重金属的富集规律**

从农作物对重金属吸收富集的总趋势来看，土壤中重金属含量越高，农作物体内的重金属含量也越高，土壤中的有效态重金属含量越大，作物籽实中的重金属含量越高。

不同的作物由于生物学特性不同，对重金属的吸收积累有明显的种间差异，一般顺序为：豆类＞小麦＞水稻＞玉米。重金属在农作物体内分布的一般规律为：根＞茎叶＞颖壳＞籽实。

**(2) 重金属在土壤剖面中的迁移转化规律**

进入土壤中的重金属大部分被土壤颗粒所吸附。土壤柱淋溶实验发现淋溶液中的 Hg、Cd、As、Pb，95％以上被土壤吸附。在土壤剖面中，重金属无论是其总量还是存在形态，均表现出明显的垂直分布规律，其中可耕层成为重金属的富集层。

土壤中的重金属有向根际土壤迁移的趋势，且根际土壤中重金属的有效态含量高于土体，主要是由于根际生理活动引起根-土界面微区环境变化所致，可能与植物根系的特性和分泌物有关。

**(3) 土壤对重金属离子的吸附固定原理**

土壤胶体对金属离子的吸附能力与金属离子的性质及胶体的种类有关。同一类型的土壤胶体对阳离子的吸附与阳离子的价态及离子半径有关。阳离子的价态越高，电荷越多，土壤胶体与阳离子之间的静电作用越大，吸附力也越大。具有相同价态的阳离子，离子半径越大，其水合半径相对越小，越易被土壤胶体所吸附。

土壤中各种胶体对重金属的吸附影响极大，以 Cu$^{2+}$ 为例，土壤中各类胶体的吸附顺序为：氧化锰＞有机质＞氧化铁＞伊利石＞蒙脱石＞高岭石。因此，土壤胶体中对吸附贡献大的除有机质外，主要是锰、铁等氧化物。

**(4) 主要重金属在土壤中的累积和迁移转化**

一般来说，进入土壤的重金属主要停留在土壤的上层，然后通过植物根系的吸收并迁移到植物体内，也可以随水流等向土壤下层流动。几种主要重金属在土壤-植物体系中的累积迁移状况如下：

① 镉。镉一般在土壤表层 0～15cm 处累积。在土壤中，镉主要以 $CdCO_3$、$Cd_3(PO_4)_2$ 和 $Cd(OH)_2$ 的形态存在，其中以 $CdCO_3$ 为主，多存在于碱性土壤中。大多数土壤对镉的吸附率在 80%～95% 之间，不同土壤吸附顺序为：腐殖质土壤＞重壤质土壤＞壤质土＞砂质冲积土。因此镉的吸附与土壤中胶体的性质有关。

② 铜。土壤中铜含量在 2～100mg/kg 之间，平均含量为 20mg/kg。污染土壤中的铜主要在表层累积，并沿土壤的纵深垂直分布递减，这是由于进入土壤的铜被表层土壤的黏土矿物吸附，同时，表层土壤的有机质与铜结合形成螯合物，使铜离子不易向下层移动。但在酸性土壤中，由于土壤对铜的吸附减弱，被土壤固定的铜易被解吸出来，因而使铜容易淋溶迁移。铜在植物各部分的累积分布多数是根＞茎、叶＞果实。

③ 铅。土壤中铅主要以 $Pb(OH)_2$、$PbCO_3$ 和 $PbSO_4$ 等固体形式存在，土壤溶液中可溶性铅含量很低，$Pb^{2+}$ 也可以置换黏土矿物上吸附的 $Ca^{2+}$，因此在土壤中很少移动。土壤的 pH 值增加，使铅的可溶性和移动性降低，影响植物对铅的吸收。大气中的铅一部分经雨水淋洗进入土壤，一部分落在叶面上，经张开的气孔进入叶内。因此在公路两旁的植物，铅一般累积在叶和根部，花、果部位较少。苔藓类植物具有从大气中被动吸收累积高浓度铅的能力，现已被确定为铅污染和累积的指示植物。

④ 锌。岩石圈中锌的含量在 10～300mg/kg 之间，平均含量为 50mg/kg。我国土壤的全锌含量在 3～709mg/kg 之间，平均值为 100mg/kg，比世界土壤的平均含锌量高出一倍。土壤中锌含量主要受成土母质的影响。我国土壤中的全锌含量以南方的石灰（岩）土最高，平均在 200mg/kg 以上；其次是华南的砖红壤、褐红壤、红壤和黄壤，东北的棕色针叶林土，平均在 150mg/kg 以上；再次是南方的赤草甸土、水稻土、黄棕壤，东北的暗棕壤、灰色森林土、白浆土、草甸土、黑钙土等，平均在 100mg/kg 左右，东北的风砂土、盐碱土和四川的紫色土及华中丘陵区的红壤等含量最低。

通过各种途径进入土壤中的锌，按其形态可分为有机态锌和无机态锌，其中，无机态锌又包括矿物态、交换态和土壤溶液中的锌，各种形态的锌之间可以相互转化。各种形态的锌在不同土壤中含量有明显差异。对大多数酸性土壤而言，交换态锌含量较高，无定形铁结合态低；中性土壤中紧结有机态锌及无定形铁结合态锌含量较高；石灰性土壤则以碳酸盐结合态、无定形铁结合态及松结有机态含量较高。土壤各种形态锌的含量主要取决于土壤 pH 值及全锌量和土壤中地球化学组分对锌的富集能力。

由于土壤中有效锌大多为胶体吸附而成交换态，溶液中的锌离子数量很少，土壤中锌主要靠扩散作用供应给植物根系。锌主要以二价阳离子（$Zn^{2+}$）被植物吸收，少量的 $Zn(OH)_2$ 形态及与某些有机物螯合态锌也可为植物吸收。植物对锌的吸收量与介质供锌浓度之间呈较好的线性关系。

⑤ 汞。汞在自然界含量很少，岩石圈中汞含量约为 0.1mg/kg。土壤中汞含量为 0.01～0.3mg/kg，平均为 0.03mg/kg。由于土壤的黏土矿物和有机质对汞的强烈吸附作用，汞进入土壤后，95% 以上能被土壤迅速吸附或固定，因此汞容易在表层累积。

植物能直接通过根系吸收汞。在很多情况下，汞化合物在土壤中先转化为金属汞或甲基汞后才被植物吸收。植物吸收和累积汞与汞的形态有关，其顺序是：氧化甲基汞＞氯化乙基汞＞苯基醋酸汞＞氯化汞＞氧化汞＞硫化汞。从这个顺序也可看出，挥发性高、溶解度大的汞化合物容易被植物吸收。汞在植物各部分的分布是根＞茎、叶＞种子。这种趋势是由于汞被植物吸收后，常与根中的蛋白质反应沉积于根上，阻碍了向地上部分的运输。

### 9.3.2 有机污染物在土壤中的迁移转化

**(1) 植物对有机污染物的吸收及代谢**

植物根系只能吸收与它接触的土壤溶液中的溶质和部分借"接触交换"直接吸取土壤固体表面吸附的溶质。Rayn 指出，有机污染物的根部吸收取决于这样的分配平衡：固体土壤颗粒—土壤水—植物根部—蒸腾—液流—植株蒸干。

具有较大 $\lg K_{ow}$（>3）的有机化合物（如 TCDD，PCBs，酞酸酯类，PAHs）容易被土壤或植物根部吸附，不易被植物吸收。

具有中等 $\lg K_{ow}$（0.5~3）的有机化合物（BTEX，卤代烃类，芳香族化合物，许多农药等）容易被植物吸收，并且传输到地上部分。传输速率取决于植株蒸腾速率和分子及其极性大小。

水溶性有机质，$\lg K_{ow}$<0.5，不会充分吸着到根上，而易通过植物膜转移至植物体内。

有机物被植物吸收后，植物可以通过木质化作用在新的组织结构中贮存，或者通过挥发、代谢和矿化作用转化为 $CO_2$ 和 $H_2O$。

外来物质被植物吸收到体内后，通常代谢过程经历三个阶段：转化（Transformation）、结合（Conjugation）和隔离（Compartmentation）。在这些阶段中的参与酶与哺乳动物肝脏的酶具有很多共性，因此植物被称为"绿色肝脏"，它们是一些环境污染物在地球上的汇（Sink）。

在植物体内的解毒过程中，外来物质通过转运作用经过细胞膜到达植物体内，其中细胞色素混合功能氧化酶和谷胱甘肽硫转移酶对外来物质的转化、结合过程起着重要的作用，最后使外来物质形成细胞壁物质或者被隔离开。参与植物代谢外来物质的酶主要有细胞色素 P450、过氧化酶、加氧酶、谷胱甘肽硫转移酶、O-糖苷转移酶等。能够直接降解有机污染物的酶主要有脱卤酶，硝基还原酶，过氧化物酶，漆酶和腈水解酶。

**(2) 农药在土壤中的迁移**

农药是一种泛指的术语，它不仅包括杀虫剂，还包括除草剂、杀菌剂、防治啮齿类动物的药物，以及动植物生长调节剂等，其中主要是除草剂、杀虫剂和杀菌剂。化学农药在土壤中的迁移是指农药挥发到气相的移动以及在土壤溶液中和吸附在土粒上的扩散、迁移，是农药从土壤进入大气、水体和生物体的重要过程，主要方式是通过扩散和质体流动等。在这两个过程中，农药的迁移运动可以蒸气的和非蒸气的形式进行。

① 扩散。扩散是由于热能引起分子的不规则运动而使物质分子发生转移的过程。不规则的分子运动使分子不均匀地分布在系统中，因而引起分子由浓度高的地方向浓度低的地方迁移运动。扩散既能以气态发生，也能以非气态发生。非气态扩散可以发生于溶液中、气-液或气-固界面上。研究均质稳定扩散的 Fick 第一定律和非稳定扩散的 Fick 第二定律，由于以均质系统和扩散系数与物质的浓度无关为前提，所以不能解决土壤这个非均质体系的复杂的扩散问题。

② 质体流动。物质的质体流动是由水或土壤微粒或是两者共同作用所致，如农药既能溶于水中，也能悬浮于水中，或者以气态存在，或者吸附于土壤固体物质上，或存在于土

有机质中，从而能随水和土壤微粒一起发生质体流动。农药在土壤中的质体流动转移最重要的影响因素是农药与土壤之间的吸附。土壤有机质含量增加，农药在土壤中渗透深度减小。另外，增加土壤黏土矿物的含量，也可以减少农药的渗透深度。不同农药在土壤中通过质体流动转移的深度不同。

③ 吸附分配。以非离子型有机农药为例，其迁移运动主要由分配作用决定。主要有以下特点：吸附等温线呈线性、不存在竞争吸附、分配系数（能力）随溶解度变化发生规律性变化、土壤湿度显著影响农药的分配过程。

## 9.4　水土污染的生态化处理

生态化处理是指以复杂的社会-经济-自然复合生态系统为对象，遵循应用生态系统中物种共生、物质再生循环及结构与功能协调等原则，以整体调控为手段，以人与自然的协调关系为基础，以高效和谐为方向，为人类社会及自然环境双受益和资源环境可持续发展设计的具有物质多层分级利用、良性循环的生产工艺体系，以期同步取得生态环境效益、经济效益和社会效益。以下简要介绍污水生态化处理技术（刘娜，马敏杰，2009）。

### 9.4.1　污水土地处理系统

污水土地处理系统是一种污水处理的生态工程技术，其原理是通过农田、林地、苇地等土壤-植物系统的生物、化学、物理等固定与降解作用，对污水中的污染物实现净化并对污水及氮、磷等资源加以利用。根据处理目标、处理对象的不同，将污水土地处理系统分为慢速渗滤（SR）、快速渗滤（RI）、地表漫流（OF）、湿地处理（WL）和地下渗滤（UG）五种主要工艺类型。

土地处理系统造价低，处理效果好，其工程造价及运行费用仅为传统工艺的10%～50%。其中污水湿地生态处理系统又称人工湿地，目前研究最为深入、应用最广泛。通过人工湿地生态工程进行水污染控制不仅可以使污水中的水质得以再生利用，还能使污水中的有机物和 N、P、K 等营养物质得到利用。整个系统呈自然式良性循环，构成了具有自适应、自净化能力的水陆生态系统。该系统管理简单，稳定后几乎不需要人的参与，物耗、能耗低，效率高。生态系统中的植物群体不需要另行施肥与灌溉，还兼有美化环境的功能，这种生态净化方法实现了水环境可持续发展。

以人工湿地处理系统为例，土地生态处理系统对污水的净化机理如下：系统中的填料（介质）具有巨大的比表面积，易形成生物膜，污水流经颗粒表面时，其中的污染物质通过沉淀、过滤、吸附作用被截留。

### 9.4.2　污水生态塘处理系统

生态塘系统是以太阳能为初始能源，通过在塘中种植水生作物，进行水产和水禽养殖，

5.氮、磷化合物在水体中是如何转化的?

6.简要说明石油在水体中的迁移转化过程。

7.重金属在水体中的迁移类型有哪几种? 并分别做简要介绍。

8.重金属在土壤中的迁移转化规律有哪些?

9.说明有机污染物在土壤中是如何迁移转化的。

10.说明污水土地处理系统的原理。

# 第 **10** 章　农林生态工程的理论与实践

## 10.1　农林生态工程的形成与发展

发达国家从 20 世纪 40 年代开始，由于石油及化工工业的快速发展，传统农业迅速实现了现代化，农产品产量得到大幅度的提高，但也给人类带来了负效应：农药、化肥的大量使用，导致资源危机不断出现，环境污染日益严重并危及人类的健康，大量生物物种濒临灭绝，生态系统抗逆功能减弱，从而迫使人们去寻求农业丰产与生态环境良性循环的发展道路。

在资金缺乏、技术落后的国情背景下，发展中国家无力走发达国家的农业发展道路，但为了满足人口对粮食的大量需求，不得不开垦森林来生产粮食或者作牧场。这样做的结果，虽然扩大了耕地面积，增加了粮食生产，但却大量减少了林业用地。而森林资源是生态系统的主体，林业在整个大农业生产中起着改善生态环境（如防风固沙、改良土壤、涵养水源、净化大气等）、促进粮食增产的重要作用。森林的快速和大量减少，必然会导致生态环境的巨大破坏。这种毁"林"为"田"，以牺牲生态环境为代价的发展道路，不但不能解决贫困地区的发展问题，反而走进了"贫困—砍伐森林—环境恶化—再贫穷"的恶性循环。因此，如何做到在不破坏生态环境的前提下，实现农业生产的可持续发展已成为发展中国家面临的重要问题。

农林生态工程，可以避免现代农业以大量的化肥、农药输入和单一的高产作物品种种植为特征带来的诸多生态后果，诸如土地退化和生物多样性锐减、人类的生存环境变得愈加不适宜。因此，构建农林生态系统可以减缓生态危机，协调生态、社会与经济之间的关系，使社会经济和环境纳入良性的发展轨道。

### 10.1.1　我国农林生态经营的发展历程

我国农林生态经营历史悠久，最早可追溯至旧石器时代的中后期（距今 1 万年左右）。原始农业起源于森林，从来就是农林结合的。在农业和林业的发展过程中，我们的祖先运用原始的、朴素的生态学观和生态经济学观，创造出丰富多彩的农林生态经营雏形，对我国乃至整个世界农林生态经营的发展具有十分重要的借鉴意义。我国农林生态经营的发展大致经历了 3 个历史时期，分别为原始农林生态经营萌芽时期、传统农林生态经营形成时期和现代农林生态经营蓬勃发展时期。

**（1）原始农林生态经营萌芽时期**

原始农林生态经营大约发生在旧石器时代中后期，盛行于新石器时代，最典型的特征是刀耕火种，可称为游耕和轮垦方式。刀耕就是用斧砍伐土地上的林木；火种是用火把砍倒的林木烧掉，把种子种在灰烬中。

早期人类仅依靠狩猎野生动物和摘取可食植物果实以获取充足的食物，形成狩猎社会。但这种劳动方式的生产力很低，只能养活少量人口。随着人类的不断进化，获取食物的方式也发生了变革，开始利用自己的劳动来生产粮食，以适应当时的自然和社会经济条件，于是就无意识地出现了原始的农林结合土地利用方式。人类为了寻求土地生产粮食，就必须砍伐森林，以腾出土地生产粮食，于是产生了游耕和轮垦两种农林初步结合的耕作方式。游耕式是指在开垦地上种 1～3 年后另寻土地开垦种粮。由于当时人口稀少，土地资源十分丰富，一旦撂荒通常不再耕作，这就是"游耕"。轮垦方式是指先将森林砍伐、焚烧、清理后，利用自然地力和林木灰烬中的养分，极度粗放地种植粮食，到地力衰退、产量锐减时则休耕。若干年后，待地力和植被自然恢复，又重复烧垦种粮，在时间上林农循环交替。这种刀耕火种、游耕、轮垦方式延续了七八千年之久，直至现在我国西南、华南人少林多的边缘闭塞山区仍存在这种原始的农林生态经营方式。可以认为，原始农林生态经营萌芽阶段是原始农业对森林的依赖，即尚未人工种植林木而开展的农林生态经营。

**（2）传统农林生态经营形成时期**

原始农林生态经营萌芽之后，进入了传统农林生态经营形成时期，大概发生于公元前2000 年前后。人口的增加导致对农产品需求的增加，若继续采用游耕、轮垦制，则需要很多的土地，我们的先人们不得不延长种植作物的年限，缩短土地休耕期，这样导致地力不能充分恢复。在一些人口较密集的地区，出现了森林面积减少、地力衰退和农业产量降低等恶性循环现象，从而促使人们逐渐改变原始耕作方式，开始保护山林，人工植树，并实施农作物和经济林间作。同时，由于奴隶制的发展，刀耕火种逐渐演变为定居耕种。奴隶制崩溃以后，封建社会的土地私有制和自给自足的小农生产方式使以农为主，农、林、牧、副、渔复合的生态经营得到不断充实和发展，进一步丰富了中国传统的农林生态经营实践。

大约在 4000 多年前的夏朝，我国就出现了以家庭为单元的私有制农业，为农林生态系统的产生和发展提供了社会经济条件。那时奴隶主的庭院经营桑、林果和畜牧业。《诗经》中就有"无逾我墙，无折我树桑"之句。王室园圃的池沼中还养有各种鱼类。当时的菜地称"圃"，用篱笆围起来的则称"园"，园内既可种菜，又可栽培果树。

春秋战国时期，种养结合的庭院经营已成为当时一家衣食的主要来源。此时，间种和混作的耕种方式也已出现萌芽。成书于公元前 1 世纪的《氾胜之书》就有瓜、韭、小豆之间的间作套种和桑黍混种的记载："种桑法，……每亩以黍、椹子各三升合种之。黍、桑当俱生，锄之，桑令稀疏调适。黍熟获之。桑生正与黍高平，因以利镰摩地刈之，曝令燥；后有风调，放火烧之，常逆风起火。桑至春生。"桑黍混种，当年可获粮食，同时培育了桑苗，第二年平茬苗苗壮生长，即可采桑叶喂蚕。

东汉以后，我国南方地区人口激增，人们利用濒河滩地、湖泊淤地，逐渐形成了圩田耕作法和桑基鱼塘经营模式。

唐、宋时期，桑粮生态经营已比较普遍。唐朝文学家韩愈在《过南阳》诗中写道："南阳郭门外，桑下麦青青。"北宋梅尧臣的《桑原》诗中写道"原上种良桑，桑下种茂麦。"南宋诗人范成大在《香山》诗中有"落日青山都好在，桑间荞麦满芳洲"。南宋时期陈敷的《农书》对桑苎（麻）间作记述得就更加详尽："若桑圃近家，即可作墙篱，仍更疏植桑，令畦垄差阔，其下遍栽苎。因粪苎，即桑亦获肥益矣，是两得之也。桑根植深，苎根植浅，并不相妨，而利倍差。"

到元代，元司农书《农桑辑要》中对桑树和作物间作，从理论和技术上做了较全面的阐述和总结："桑间可种田禾，与桑有宜与不宜。如种谷，必揭得地脉亢干，至秋桑叶先黄，到明年桑叶涩薄，十减二三，又致天水牛生蠹根吮皮等虫；若种蜀黍，其梢叶与桑等，如此丛杂，桑亦不茂；如种绿豆、黑豆、芝麻、瓜、芋，其桑郁茂，明年叶增二三分；种黍亦可，农家有云：'桑发黍，黍发桑。'此大概也。"

明朝，基塘生态经营的内容已颇为丰富，太湖流域已形成"桑—蚕—羊（猪）—鱼生态经营系统"，使这一地区的资源合理利用达到了新的境界。徐光启《农政全书》就介绍了建羊圈于鱼池岸上，扫基草粪入池，既肥鱼也省饵料和劳力，一举多得地利用畜粪养鱼、渔牧互促的生产技术。

珠江三角洲的基塘系统始于唐朝，到明朝已十分盛行。据明万历《顺德县志》记载："负郭之田为圃，名曰基，以树果木，荔枝最多，茶、桑次之……圃中凿池畜鱼，春则涸之播秧，大者至数十亩。"

清朝时期，农林生态经营更为普遍，不但注意物种组合，经营上也更加精细。《蚕桑辑要》提出："桑未盛时，可兼种蔬菜、棉花诸物，兼种则松，而桑易茂繁，此两利之道也，但不可有碍根条，如种瓜豆，不可使藤上树。"清朝时农林牧渔生态经营的文体结构出现了新格局。光绪年间的《常昭合志稿》介绍了谭晓兄弟巧妙的立体布局："凿其最洼者为池，余则周以高塍，辟而耕之，岁入视平壤三倍。池以百计，皆畜鱼。池之上架以梁，为茭舍，蓄鸡、豕其中，鱼食其粪又易肥。塍之上植梅、桃诸果属。其污泽则种菰、茈、菱、芡。可畦者以艺四时诸蔬，皆以千计。凡鸟、凫、昆虫之属，悉罗取而售之……于是资日益饶。"这种凿池养鱼，池上加厩养禽畜，地面兼搞多种经营，充分利用地面、水面、空间，使物质合理循环，畜粪养鱼、以渔促农、农林牧渔相结合的模式是农林生态经营史上有重要意义的范例和创举。

**（3）现代农林生态经营蓬勃发展时期**

我国真正有组织有规模地开展农林生态经营的实践与研究始于 20 世纪 50 年代，即进入现代农林生态经营蓬勃发展时期。这个时期农林生态经营的主要特点是利用现代技术手段，在生态学、经济学、生态经济学等相关学科理论的指导下，组织农、林、牧、副、渔等综合经营体系，使当地自然资源（气候、土地、水分等）和社会资源（劳动力、技术等）得以最充分的利用，以谋求巨大而持续的生态、经济和社会效益。从 20 世纪 50 年代至今，以防护林为主体的农林生态系统大致经历了以下 3 个发展阶段。

第一阶段为局部试点、重点突破时期，时间为 20 世纪 50 年代初至 50 年代末期。此时期以防风治沙为目的，旨在保障农业生产。由国家统一规划，在我国东北西部、内蒙古东部、河北坝上、豫东、冀西和新疆农垦区等风沙严重地区营造防护林，总长度达 4000km，为我国防护林的蓬勃发展奠定了基础。

20 世纪 50 年代末 60 年代初中国科学院云南植物研究所由热带森林生态系统定位研究转入人工群落研究，为我国热带地区的农林生态经营系统开始了在理论和实践上的有益探索。林胶茶人工群落是多层次多物种人工群落结构中最成功、最有代表性的一种。1981 年林胶茶人工群落研究项目正式列为我国参加联合国教科文组织人与生物圈研究计划，中国科学院云南植物研究所和海南农垦局进一步合作研究，促进了这一模式向广度和深度发展，成为世人瞩目的农林生态系统的成功模式之一。

第二阶段为规模扩大、普及推广时期，时间为 20 世纪 60 年代至 70 年代后期。从 60 年代开始，以改善农田小气候环境、防御自然灾害为目的的防护林工程建设由我国的北部风沙低产区，普及到华北、中原的高产区。进入 70 年代，已逐渐扩大到江南农业水网区。同时，随着农业机械化、水利化的发展，防护林的营造已经纳入了农田基本建设，"山、水、田、林、路"已成为综合治理的内容之一。

20 世纪 60 年代初河南省兰考县采取翻圩压沙、大力发展桐粮间作的办法，改变了农业生产条件，有效地抗御了风沙危害。在兰考经验的推动下，70 年代林粮间作得到了迅速发展。华北平原的许多地方开始大规模种植泡桐，随后林粮间作方式从平原地区向黄土丘陵地区，从北方向南方发展。

第三阶段为体系建设、全面推进时期。改革开放以来，党中央、国务院高度重视林业和生态环境建设，把发展林业生态工程作为一项重大决策来抓，开展了以三北防护林体系工程、长江中上游防护林体系工程、沿海防护林体系工程、农业防护林体系建设工程和太行山绿化工程五大防护林体系为主体的重点生态工程建设。

20 世纪 80 年代至 90 年代是我国农林生态经营蓬勃发展的时期。江苏省里下河地区改变了以往的滩地开发策略，实行水土分治，开沟筑垛，沟养鱼、垛造林，林农间作，林牧结合，形成林农牧渔生态经营的沟垛生态系统，提高了土地和其他自然资源利用率及生物生产力，取得了明显的经济效益。

## 10.1.2　世界农林生态经营的发展历程

### (1) 亚洲

亚洲是农林生态系统的主要发源地之一，1865 年出现的著名的汤雅（Taungya）耕作制度就起源于缅甸，迄今已有 150 余年历史。Taungya 是缅甸语，其原意为山坡农业系统，此系统是将作物与幼龄林木间作。20 世纪 50 年代，马来西亚、泰国和印度尼西亚均引进了Taungya 耕作制度，建立了柚木与稻、烟草的间作系统。目前，在这些国家，柚木与稻子间作的模式比较普遍。

20 世纪 70 年代以来，以农林生态系统为主体的乡村林业，在印度、泰国、缅甸和越南等南亚和东南亚国家发展很快，这些国家在乡村林业发展战略中，鼓励农民实行林农间作和林牧结合等生态经营方式。印度早在 1979 年就成立了农林生态系统研究协调中心，在全国不同农业生态区的 20 个中心开展了农林生态系统的研究。

亚洲农林生态系统的研究，在联合国开发计划署、粮农组织和日本、荷兰等国家的协调和支持下已逐渐形成网络，其中亚太高速网络（Asia Pacific Advanced Network，APAN），参加的国家主要是南亚地区的国家。该计划自 1991 年开始，从 1993 年起，已与联合国开发计划署在亚洲地区开展的"以农民为中心的农业资源管理计划"结合起来。加上多用途树种研究计划、亚洲地区木本能源发展计划、美国对外援助署的林业薪材树研究和发展计划等的相互配合，该计划已使得亚洲农林生态系统的研究与发展工作取得较大进展。

**（2）非洲**

在喀麦隆、中非、刚果、埃塞俄比亚、加蓬、加纳、肯尼亚、马里、尼日利亚、卢旺达、塞内加尔和坦桑尼亚等地均有农林生态系统。在该地区实行的主要类型包括：改进了的移耕轮作系统；庭园式农林生态经营系统；塔翁雅系统；条带式混交系统；田间零星植树；农田防护林系统；林牧系统。

非洲是国际农林研究理事会（ICRAF）开展农林生态系统研究与推广的重点试验区，ICRAF 总部设在肯尼亚，在 Machakos 设有定位试验站，开展多种农林生态系统试验研究，每年还进行农林生态经营技术培训。目前，非洲已有农林生态系统研究网络（SFRENA）、热带非洲农林间作网络（AFNETA））、东部及南部非洲牧草网络（PANESA）等大型国际合作机构。这些网络使农林生态系统从研究到推广形成了一个较为完整的体系。

**（3）欧洲**

欧洲的农林生态系统虽然有较长的历史，但其类型和规模均不及亚洲、非洲等地区。

苏联因风沙和沙尘暴危害严重，于二十世纪三四十年代即开始进行了大规模的防护林建设。1943 年在俄罗斯和乌克兰草原地带开始营造，1948 年苏联政府实施了著名的"斯大林改造大自然计划"：在 1949—1965 年的 15 年间，营造各种防护林达 $570 \times 10^4 hm^2$，营造 8 条总长 5320km 的大型国家防护林带。1954 年后，"斯大林改造大自然计划"由于诸多原因未能达到预期目的，营造防护林工程逐渐中止。1966 年成立国家林业委员会后，又开始营造防护林。到 1982 年为止，苏联防护林总面积已达 $500 \times 10^4 hm^2$，其中农田防护林面积为 $160 \times 10^4 hm^2$；而且研究工作也比较深入，特别在防护林带的空气动力学、水文效应、生物与环境效应等方面进行了较深入的研究。

英国是农林生态系统研究水平较高的国家之一，现有 7 个国家级农林生态系统研究试验站，研究内容包括植物生理、环境影响、社会经济、生产力等。1986 年成立了农林生态经营论坛，并出版刊物 *Agroforestry Forum*，1989 年英国海外发展署组建专家小组讨论对农林生态研究的资助问题。目前英国在农林生态系统模拟模型研究领域居世界前列，许多相关模拟模型（如 PARCH，HYBRID，SCUAF 等）均由英国学者研制开发。

**（4）北美洲**

美国农林生态系统始于防护林的营造，1935—1942 年由联邦政府提出的"大平原各州林业计划"，也称"罗斯福工程"，是美国防护林建设飞跃发展的转折点。该工程纵贯 6 个州，南北长约 1850km，东西宽 160km，整个工程建设范围 $1851.5 \times 10^4 hm^2$，遵从因地制宜、因害设防的原则，大力发展防护林带。1934—1942 年 8 年共植树 2.17 亿株，营造林带总长度为 28962km，保护 30233 个农场。

美国农林生态系统的主要类型为农田防护林、农舍防护林、牧场防护林和野生动物防护林。据华盛顿州进行的一项调查，94％的农场主知道农林生态工程，57％的农场主实际上从事着农林生态系统实践。近年来农林生态系统的研究发展很快，在水肥动态、生物生产力、生物多样性、土地资源优化设计、经济风险和社会持续发展等方面均具有较好的研究基础。一些大学，如佛罗里达大学、密苏里大学、康奈尔大学等均开设农林生态系统课程。

从 1989 年开始，美国每两年举办一次农林生态系统研讨会。1994 年还成功地举办了题为 "Agroforestry and Land Use Change"（农林复合经营和土地利用变化）的研讨会，并先后于 1993 年、1995 年成立了温带农林生态系统联合会、国家农林生态系统研究中心。以上成果对美国乃至世界农林生态系统水平的提高起了很大的促进作用。

北美将农林生态经营分为 6 个大区：①美国东南部及中南部以饲草、林牧系统为主，其中松-牛模式最为普遍；②中部和中西部有以核桃树为主要经营对象的林粮和林草间作；③东北部主要以林木果品为人和动物提供补充食物，并在树下经营一年生作物；④西南部农林生态经营不发达，因需要灌溉，只能种植灌木和抗旱树种；⑤西北部有传统的农林生态经营系统，主要在生产力低的土地上采取林牧结合方式以优化生产，并以硬杂木为主要树种；⑥加拿大区气候恶劣，农作物与硬杂木树种间作有一定收益，泥炭土上的柳树林可为牲畜提供饲料并可用于造纸。

**(5) 大洋洲**

在大洋洲，澳大利亚和新西兰的畜牧业比较发达，这两个国家的农林生态系统的建设实践和研究比较深入。目前，澳大利亚农林生态系统的主要研究内容涉及林牧生态经营模拟模型、农林生态系统生物生产力、林木产品的潜在经济价值等。

新西兰自 20 世纪 60 年代开始对牧场防护林模式、林下放牧模式和草场栽植模式等典型林牧生态系统的效益进行系统的观测和研究。

## 10.2　农业生态工程

农业生态工程是有效地运用生态系统中各生物种充分利用空间和资源的 "生物群落共生原理"、系统内多种组分相互协调和促进的功能原理以及地球化学循环的规律，实现物质和能量多层次多途径利用与转化的原则，从而设计与建设合理利用自然资源，保持生态系统多样性、稳定性和高效、高生产力功能的农业生态经济系统所涉及的工程理论、工程技术及工程管理。

实现农业生态系统综合化的农业生态工程，就是应用生态系统的原理和系统科学的方法，人工模拟本地区的顶极生态系统，选择多种在生态上和经济上都有优势的生物，采用一整套生态农艺流程，按食物链关系和其他生态关系将这些物种的栽培、饲养和养殖组成一条条生产线，并将这些生产线在时间上和空间上多层次地配置到农业生态系统中去，使之既生产多种生物产品，又生产多种能源产品，获得持续最大（或最优）的生产力和生态经济效益。

### 10.2.1 生态工程与农业生态工程

生态工程在20世纪60年代全球生态危机激化和人们寻求解决对策的宏观背景下应运而生。在欧美发达国家和地区，生态危机主要表现为由高度工业化、城市化及强烈集约型的农业经营造成的环境污染和破坏日趋严重。为此，许多环境保护科技工作者、决策者和实施者不懈努力地探索治理与保护环境的各种途径及方法，试图达到污染物零排放。然而实践表明，常规的环境工程途径和方法虽在局部环境治理与保护方面已有一些成效，但受人力、财力、物力所限而难以全面地实现零排放目标。此外，常规方法与途径治理污染常需化石燃料或电能为生产供应所需的能源，往往又增加另一类污染。为此，自60年代起国外一些科技工作者试图运用某些生态工程原理与生态系统功能达到治理、保护生态环境和持续发展的目的，从而产生了一门新兴的多学科渗透的学科——生态工程。

在近40年的发展中，经过D. Ulhmann、Graedel、W. J. Mitsch和马世骏、颜京松、张壬午、王如松等国内外许多科学家的研究，生态工程的概念、研究对象、原理、方法得以确定，在理论和实践上逐步完善和成熟。系统论、控制论和生态学、应用生态学为生态工程提供了基本的概念和原理，生态工程被认为是生态学的分支和工程学的新领域。美国的Mitsch及丹麦的Jorgensen等（W. J. Mitsch, S. F. Jorgensen, 1989）将生态工程定义为"为了人类社会及其自然环境两者利益而对人类社会及其自然环境进行的设计"，"提供了保护自然环境，同时又解决难以处理的环境污染问题的途径"。之后又修改为"为了人类社会及其自然环境的利益，而对人类社会及其自然环境加以综合的且能持续的生态系统的设计"。其研究内容包括开发、设计、建立和维持新的生态系统，用于诸如污水处理、地面矿渣及废弃物的回收、海岸带保护等。西方国家的生态工程理论除基于生态学原理外，还吸收、综合了物理学、化学和数学，特别是系统科学、控制论、信息论和自组织论等自然基础学科的成就。早在1979年，我国学者马世骏先生就将生态工程定义为"生态工程是应用生态系统中物种共生与物质循环再生原理、结构与功能协调原则，结合系统最优化方法设计的分层多级利用物质的生产工艺系统。生态工程的目标就是在促进自然界良性循环的前提下，充分发挥物质的生产潜力，防止环境污染，达到经济效益与生态效益同步发展。既可以是纵向的层次结构，也可以发展为几个纵向工程链索横向联系而成的网状工程系统"。

由于生态工程可使其区域内经济发展处在优良的生态环境基础上，已成为实现可持续发展的重要工程技术措施。我国的国情决定了我国与西方生态工程产生和发展的侧重点不同。西方国家的生态工程首先是治理与保护生态环境，实现清洁生产，而我国的生态工程则首先在农业的可持续发展领域兴起，并形成了具有特色的生态工程分支——农业生态工程。多年来，我国传统农业已积累了丰富的精湛技术和成功的经验，特别是轮作、套种、间作制度，因地制宜，合理搭配种群，农渔、农畜、桑渔、林牧等综合生产与经营，有机肥还田，物质多层分级利用，地力再生循环维持等，这些都符合生态学原理，且很多至今仍被广泛应用，在与现代农业科技结合的过程中，保证了我国以仅占世界耕地7％的土地供养占全球22％的人口，并长期维持地力不衰。这些成功的传统农业精华本身就是中国现代生态工程发展的重要基础。

1987年马世骏又进一步阐述农业生态工程定义为：将生态工程原理应用于农业建设，即形成农业生态工程，也就是实现农业生态化的生态农业。可以认为，农业生态工程就是有效地运用生态系统中各生物种充分利用空间和资源的生物群落共生原理、多种成分相互协调和促进的功能原理，以及物质和能量多层次多途径利用和转化的原理，从而建立能合理利用自然资源、保持生态稳定和持续高效功能的农业生态系统。在此基础上进一步指出"农业生态工程是以社会、经济、生态三效益为指标，应用生态系统的整体协调、循环再生原理，结合系统工程方法设计的综合农业生产体系，在性质上属于社会-经济-自然复合生态系统的一个类型"。

20 世纪 80 年代初，"生态农业"作为新农业发展模式开始在我国提出并进行了广泛的实践。截至 2014 年底，各种生态农业试点已超过 2000 多个，且规模从村、乡向县域发展，特别是 1994 年 12 月农业部、国家计委、国家科委、财政部、水利部和国家环境保护局等七部委局组织全国 50 个生态农业试点县建设，涉及面积 12.3 万平方千米，占全国总土地面积的 1.28%，试点县占全国总县数的 2.11%，试点县乡村人口 2392 万人，耕地 327.33 万公顷。建设试点前（以 1992 年统计为准）农业总产值 267 亿元，粮食总产量 1630 万吨。根据多年来的生态农业建设实践可以总结出：我国生态农业强调对农业生态系统的合理投入和高产投比；在重视农田生态系统建设、实现稳产高产的同时，拓宽到全部土地资源的开发与建设；在整体规划与设计的基础上，针对当地的生态环境障碍因子，合理开发自然资源，满足经济发展的需要。已实施的较成功的农业生态工程有农林牧复合系统生态工程、种养加系列产品开发生态工程、水体立体养殖生态工程、农业多种群立体种植及综合节水农业生态工程、污水处理与农田利用复合生态工程、保护地蔬菜及养殖与能源综合建设生态工程、污染区土壤处理系统生态工程、农业废弃物资源化再生循环利用生态工程、以水面及湿地资源开发为主的种养结合的基塘系统生态工程、大中型畜牧场粪便处理能源环境综合建设生态工程及水土流失区小流域治理与开发生态工程等。主要依据当地资源的潜力与优势，以资源永续利用为前提进行的农业生态工程模式分为：空间资源利用型、生物共生互补型、边际效应利用型及物质循环多链型。实践表明，具有中国特色的生态农业建设是我国农业可持续发展的有效途径，所实施的农业生态工程，其侧重点一方面重视生态环境的保护和自然资源的永续利用，另一方面还重视产品的产量和质量，并要求与农民脱贫致富目标相一致，达到发展经济、适宜社会需求与保护生态环境并重。这与美国的 W. J. Mitsch 和我国著名生态学家马世骏先生所提出的生态工程定义相一致。因此，1989 年马世骏先生即明确指出"'生态农业'一词系农业生态工程的简称"。

总之，我国的农业生态工程是在探索农业可持续发展的进程中，广大农民与科技人员汲取传统农业精华，引进国内外先进科学技术，不断探索与实践，逐渐形成的新学科领域。

## 10.2.2　农业生态工程的基本原理

农业生态工程技术的基本原理概括起来就是"整体、协调、再生、循环"，其实现途径是依据当地自然、经济和社会状况，实现各种生态技术的优化组合。综合而言，主要有以下三方面的理论基础。

**(1) 结构原理**

① 系统组成原理。农业生态经济系统的结构由结构元、结构链和结构网组成。结构元是构成系统的基本结构单元，是完成系统功能的基本成分。不同结构元通过一定方式连接成

结构链，包括生产链、加工链、消费链、资源利用链、污染治理链和管理链等类型。结构链中包含的组分不同，组分之间的耦合关系不同，实现的功能也就不一样。结构网是多条结构链通过一定耦合方式形成的网络关系，包括资源环境网、生产网、市场网、设施网、信息网等。

② 结构多样性原理

a.结构元多样性：包括决策过程的多样性、资金多样性、资源多样性等。农业生产过程中产生的各种废弃物是一种特殊形态的资源，具有巨大的开发潜力。

b.结构链网多样性：系统内各种结构元、结构链的不同搭配方式及其相互关系（耦合关系）组成的多样性，包括时间、空间、营养和产业上的多样性。

c.耦合关系多样性：时间关系是各组分在时间搭配上的差异，由特定地区的季节特征所决定；空间关系分为水平关系和垂直关系，水平关系是不同优势组分在水平方向上的交错布局，垂直关系是不同优势组分在立体空间的交错布局；营养关系如同自然生态系统的食物链营养结构，反映不同生物对营养物质需求的差异；产业关系是人类在产业经营中模仿自然而形成的不同产业间资源加工利用的关系，是产业间相互利用物质能量的一种形式。

③ 结构主导性原理。一种或一种以上的成分影响、带动或制约着整个系统的发展变化。可分为主导元（起决定作用的资源环境因子或社会经济组分，如主导性资源）、主导链（同主导元耦合形成的结构链，如龙头产业）、主导网（同主导链耦合形成的结构网，包括物质代谢、信息反馈、资金周转等功能）。

④ 结构开放性原理。系统的开放性是系统在物质、能量、资金、信息和人才等方面同外部环境进行交流的能力，是系统接受外部环境投入和向外输出产品或废弃物的能力，包括开放的资源与市场、开放的结构组成、开放的物质能量流通渠道、开放的人才与信息交流渠道、开放的政策等方面。

⑤ 结构自主度原理。自主度是系统依赖自身反馈机制形成有序结构的能力，包括两层含义：一是系统的自我发展能力和资源的循环利用能力；二是系统对外界环境影响的缓冲能力（适应能力、自我恢复能力）。

**(2) 功能原理**

① 能流物复原理。生态系统中能量在不断地流动（单向流失），物质在不停地循环（循环不灭），其中分解者在物质循环和能量流动中起着不可替代的作用。为了充分利用物质和能量，必须设计出生态转化效率较高的系统，特别是要对系统运转过程中产生的废弃物资源加以充分利用。

农业生态经济系统的自然物质和经济物质是可以相互转化的：生态系统物质循环的生物产品可作为经济系统加工、流通和消费的源泉；经济系统通过向生态系统投入经济物质（如化肥、农药），使其变为生态系统物质循环的自然物质；经济系统产生的废弃物，最终以各种形式返还生态系统。

生态经济系统的自然能流和经济能流也是可以相互转化的：生态系统的各种流动和贮存的自然能量可以被人类转化为经济能流而利用，如沼气能的开发等；经济系统中的各种经济能量也越来越多地转化为生态系统的自然能量，为生态系统创造生物生长的良好环境条件，如大型鸡场的灯光照明、大型越冬温室的锅炉供气等。

② 价增信递原理。价值增殖和信息传递是自然生态系统与人工生态系统的最大区别。

农业生态经济系统的价值增殖包括两个方面：一是价值的投入过程，即投入一定资金购买设备、物资等；二是价值的产出过程，即生态系统得到的价值投入转化成各种产品，直接作为商品出售或者经过加工增值后出售。

农业生态经济系统的信息流除包括生态系统的自然信息流（如生物之间存在的物理、化学和行为信息）外，还存在大量的人类在农业管理过程中所形成的经济信息，如资源信息、市场信息、决策信息、污染治理信息等。人类控制农业生态经济系统，需要通过获得信息流来调控、管理物质流、能量流和价值流。

③ 整体效应原理。农业生态经济系统是一个复杂的网络系统，通过能量流、物质流、信息流和价值流进行着转运、连接、交换与补偿活动，彼此间存在反馈与负反馈作用。人们的决策目标和调控方向要求能流转化效率高、物流循环规模大、信息流传递通畅、价值流增值显著，即整个系统的总体生产力高、稳定性强，进入良性循环轨道。系统整体效应的增强需要建立完整的生态位和各种合理的反馈机制，靠生态经济系统结构的优化来实现。

④ 相生相克原理。生态系统中的每个物种都占据特定的生态位，彼此之间相互依赖、相互制约、相生相克、协同进化，使整个生态系统成为协调的整体。在农业生态系统中，通过人工诱导，使不同种群间发生共生互利或相互制约的关系，可以强化物质循环，降低生产成本，防治环境污染，既提高生态效益，又提高经济效益。如稻田养鱼、赤眼蜂治虫等。

⑤ 自适应性原理。任何一个生态系统都有自适应能力与自组织能力，即当遇到外界干扰后在一定范围内能逐渐自我恢复。农业生产应该强化其本身的生物学过程，依靠自身的恢复力，不宜过分依赖外界的辅助能量投入，不宜将农业搞成过于偏离自然状态的"温室农业"。

⑥ 循环经济原理。包括以下内容：a. 减量化——输入端控制：在农业生产全过程中，使用较少的原料和能源投入，尤其控制使用有害于环境的资源，从源头上节约资源，减少废物排放和污染物产生。b. 再使用——消费过程控制：尽可能多次、多种形式地使用产品，延长其服务时间，而不是用过一次就废弃，防止其过早成为垃圾。c. 再循环——输出端控制：生产中产生的废弃物达到无害化、资源化、生态化循环利用，产品在完成使用功能后能重新变成可以利用的资源，而不是无用的垃圾。

⑦ 效益协调原理。农业生态经济系统具有多种功能与效益，它们是相互联系、互为因果的。良好的生态效益是产生较高经济效益的基础，能为经济再生产的运转提供较好的资源条件、环境条件，将农业灾害风险降到最低；经济效益不断增强，可以为生态系统的进一步完善提供投资，促使生态效益进一步提高。农业生态工程建设不可只顾某一种功能或某一方面的效益，而要追求生态与经济效益相互协调，达到共同的最佳点，实现整体综合效益的最大化。

**（3）生态重建原理**

任何生态系统对外来干扰都有一定的忍耐极限，当外来干扰超过此极限时，生态系统就会被损伤、破坏以致瓦解，即所谓的负载定额（E. P. Odum，1983）。生态破坏有自然因素引起的，但人为生态破坏特别是不合理的开发建设活动是造成生态破坏的主要原因。我国农业生态破坏的主要问题有：一是对土地实行掠夺式经营，只用不养或重用轻养，耕作粗放，造成水土流失、土地荒漠化、盐渍化加剧，土地退化严重；二是非农占地有增无减，耕地总量大幅下降；三是农药、化肥、农膜、农用化学物质的不合理使用，造成农业面源污染严重，威胁农业环境安全和食品安全；四是畜禽养殖污染带来新的环境污染问题。

另外，区域性的农业开发、土地集约化程度的提高、森林面积的减少以及栽培物种单一、生态系统简化，会造成农业生态系统抗逆性减小、稳定性变差、生产力下降，产生不良的生态后果。

生态重建是指修复由于人类活动而遭损害的生态系统的多样性和动态功能。恢复或重建过程是破坏过程的逆向演替。这一逆向演替可能是沿着被破坏时的轨迹复归，也可能是沿着一种新路径去恢复；可能是自然地进行，也可能必须借助人工支持和诱导。生态重建一般包括生物系统的恢复和非生物系统的恢复两部分。生态恢复可以采取不同的模式：封隔恢复、低人工干预恢复、适度人工干预恢复、高度人工干预恢复。高度人工干预恢复是依据人类的自身发展需要，强烈干预和控制群落演替，创建新的生态系统，并加以开发利用。生态重建的技术和措施包括生物措施、工程措施、耕作措施、管理措施等。

### 10.2.3　农业生态工程设计的基本原则

**(1) 建设高效复合生态系统原则**

农业生态系统是半人工生态系统。该系统中经济系统起主导作用。农业生产直接与自然进行交换，其主要生产对象首先是可再生的自然资源，因此，生态系统作用是基础。人们为了自身发展，通过社会系统组织经济系统的运动，影响、强化生态系统的运行，经过反馈，最终保证了社会经济系统自身的发展，满足人类不同利益阶层的要求。这一特点要求在设计和组织与环境保护相协调的农业生产时，要经济规律和自然规律作用并重，而单纯依赖各种单项自然科学技术则难以实现农业可持续发展，只有制定正确的决策并与社会科学交叉组合才有可能实现。农业生态工程既重视自然科学技术的研究与应用，也重视社会科学对复合生态系统的宏观调控作用。

**(2) 充分合理利用自然资源与结构合理性原则**

与工业生产相区别，农业生产首先通过动物、植物和微生物等生命体与周围环境（光、热、水、土等）进行物质及能量交换，依靠其自身生长和发育功能来完成。因此，农业生产首先是一个生态过程，即生物生命活动与外界环境之间的物质、能量变换过程，也即开发自然资源的过程。提高农业生态经济系统功能，促进农业持续发展，要针对资源特点选择模型，要不断调整、优化系统的结构，以提高其效率（功能），使资源转化出更多、更好的产品。恢复与实现农业生产的生态合理性，才能建设好最佳生态经济系统，经济系统是高度开放的，生态系统是高度闭合的，只有通过物质循环及能量多级利用，提高投入产出效率，才能实现资源永续利用。

**(3) 整体协调再生循环原则**

整体协调再生循环反映了系统生态学的方法论、认识论、技术体系和动力学机制。只有从整体上把握系统动态，才能实现系统的合理调控；协调的实质是综合，是协调生物与环境或个体与整体之间的关系；再生是实现系统内的自组织、自调节，只有这样才有可能实现农业生态系统的自净，无废弃物产生，以实现可持续发展；循环是该原理的核心，体现了大自然得以生生不息、延续不止的生态动力学机理，体现了物质的循环、再生和信息的反馈、耦合。实践证明，只有通过人工调控与组装手段，实现系统内良性循环，才能使农业生态系统中各子系统、各组分构成协调再生的整体，通过改善生产环境与生态环境，获得高效与清洁生产的功能。

**（4）人工合理调控与技术集成原则**

农业生态系统是多种成分相互联系、相互制约、互为因果而综合形成的一个统一有机整体，每种成分的表现、行为、功能及其大小均或多或少受其他成分的影响，一种成分往往是多种成分的合力，是其他成分与该成分的因果效应，而并非是各组分行为、功能的简单加和或机械集合。人工合理调控的目的是使各组分间结构协调、比例合适，整体功能将大于各组分行为、功能的简单加和。农业生态系统各组分的"套接"是实现良性循环与协调发展的关键，只有在定量化的基础上才能实现。总之，生态系统内部结构和功能是系统变化的依据，物质、能量输入与输出等是系统变化的条件，这一切都需要人工合理调控，通过采用适当的技术，调整生态系统内部结构并改善其功能，才能使系统发生人们期望的变化。

农业生态工程是在一个区域范围内，以第一性生产为主要内容的工程设计，其目的是在优化大系统的基础上，建立生态与经济良性循环的生态经济系统，形成环状结构，通过农业生态系统内部结构的进一步完善和有效调控来实现，其中包括：耕作方式与种植制度的调控，选择相应的育种技术及其他生物技术，以适应自然环境的变化趋势；利用生态位共享原理，设计高效可行的间作、套种、混播，多层种植、立体养殖生物群落；利用共生相克的生物补偿原理，调整益害生物种群结构及比例，发展生物防治技术，减轻环境污染；利用物质与能量在农业系统中的多层次转化、多途径利用，重建优化的食物链网。在技术集成中特别要注意汲取我国传统农业技术精华，并通过与现代农业技术有机结合，实现资源可持续利用的高效生产；依靠现代农业技术及系统工程方法，因地制宜地引进并优化组装。当前在注重先进性的同时，更要重视适用性、技术间的协调性和总效果（即经济、生态、社会效益）的协同性；开发资源再生、高效利用及无（少）废弃物产生的接口技术，用以促进农业生态经济系统的良性循环，这是当前农业生态工程研究的重点。通过这些接口技术，将系统内各组分衔接成良性循环的整体，加快系统内物质循环流动和能量多级传递，在提高生态系统的自我调节与自组织能力的同时，形成一个高产投比的开放经济系统。因此，农业生态工程具有"软""硬"技术结合，系统性、效益综合性与工程性的特征，在理论上和技术上的深入研究与实践应用，将对我国面向 21 世纪可持续发展战略的实施与推进起到极为重要的作用。

## 10.2.4 农业生态工程的主要技术类型

农业生态工程的实质是利用农业生物有机体，在人工辅助能和外来物质的参与下，运用生物共生、能量多级传递和物质循环再生的生态学原理，结合系统工程方法及现代技术手段建立起来的农业资源高效、综合利用的生产方式，是实现农业可持续发展的技术体系。农业生态工程的建立特别强调因地制宜。这是因为，农业和其他国民经济部门相比，最大的差异就是农业是自然再生产过程和经济再生产过程相互交错的范畴，而不同地区、地带都具有不同的自然环境和社会经济条件，因此决定了输入到农业生产系统中的光、热、水、气、营养物质等能量与物质各不相同，向农业提供的劳动力、补充能量和科学技术都不尽相同。这就是农业生态工程建设必须因地制宜的根本理论依据。

综上，农业生态工程的设计与建立不可能存在一个普适的模式，特别是我国地域辽阔，各区域自然条件与社会经济条件差异很大，农业生态工程建设也有着不同规模的多种类型，总结起来，当前我国农业生态工程主要有以下几种技术类型。

**(1) 农林立体结构生态系统型**

该类型是利用自然生态系统中各生物种的特点，通过合理组合，建立各种形式的立体结构，以达到充分利用空间、提高生态系统光能利用率和土地生产力、增加物质生产的目的。所以该类型是空间上多层次和时间上多序列的产业结构。按照生态经济学原理使林木、农作物（粮、棉、油）、绿肥、鱼、药（材）、（食用）菌等处于不同的生态位，各得其所、相得益彰，既充分利用太阳辐射能和土地资源，又为农作物提供一个良好的生态环境。这种生态农业类型在我国普遍存在，应用较广。大致有以下几种形式：

① 农作物的轮作、间作与套种。农作物的轮作、间作与套种在我国已有悠久的历史，并已成为我国传统农业的精华之一，是我国传统农业得以持续发展的重要保证。由于各地的自然条件不同，农作物种类多种多样，行之有效的轮作、间作与套种的形式繁多，常见的有以下几种类型：豆、稻轮作；棉、麦、绿肥间套作；棉花、油菜间作；甜叶菊、麦、绿肥间套作。

② 林粮间作。林粮间作形成了合理结构，能实现对光、热、水等能量和物质的充分利用和再分配。

我国采用较多的是华北平原地区的桐粮间作，即泡桐与农作物间作。常见的间作模式有：泡桐-小麦＋棉花（玉米）、泡桐-小麦＋大豆（花生）、泡桐-小麦＋蔬菜、泡桐-小麦＋大蒜、泡桐-瓜类＋大蒜、泡桐-薄荷、泡桐-蔬菜等。枣粮间作是我国中原传统的一种林粮间作形式，目前华北和西北地区普遍存在。常见的模式有：枣-小麦＋玉米；枣-小麦＋花生（大豆）、枣-棉花、枣-玉米（高粱）、枣-谷子等；条粮间作指白蜡、紫穗槐、杞柳、怪柳、桑等矮林作业与农作物间作，经营目的是生产树条和粮食，故俗称"条粮间作"。条粮间作主要分布在黄泛区的沙区，间作农作物主要是小麦、花生、大豆等。桑粮间作指桑树与农作物间作。间作农作物主要为小麦、豆类、红薯等。

杨粮间作即杨树与农作物间作。河南淮河流域、黄河流域及山西、山东、河北等省份的部分地区均有栽培。据河南淮滨县调查，杨粮间作分以林为主型、林农并重型和以农为主型等。杉粮间作是指杉木与农作物间作，杉木为我国特有用材树种，材质优良，生长迅速，产量高，是亚热带地区的主要造林树种。其栽培历史有一千年以上，分布范围广。杉木幼苗期主要间作的农作物有油桐、山苍子、玉米、谷子、花生、大豆等。

③ 果粮间作。山东半岛和辽东半岛历史上就是苹果的主产区，华北平原和黄土高原也大量种植苹果。华北区果树资源丰富，除苹果外还有桃、梨、山楂、杏等。果树栽培一般投入都较大，且生产周期长，始果期一般都要3～5年。在果园实行果粮间作，以耕代抚，培肥地力，同时获得经济效益。华北平原果园间种的作物多为小麦、玉米、豆类，黄土高原的作物有黄豆、豌豆、胡麻、蔬菜、药材。

④ 林药间作。林药间作不仅能大大提高经济效益，而且可以塑造山青林茂、整体功能较高的人工林系统，有效改善生态环境，有力地促进经济、社会和生态环境向良性循环发展。此种间作如东北地区的林药间作。林药混交常用的有两种方式：第一种是在天然林或次生林中进行疏伐，在林冠下种植多种药用和经济植物；第二种方式是在采伐迹地或植被被清除后的土地上，以混交的方式培育木本植物和药用植物。木本植物中通常采用的有红松、紫

椴、糠椴、水曲柳、胡桃楸、榆、桦等。药用植物中有人参、刺五加、五味子、细辛、延胡索、小檗、西洋参、平贝母、党参、天麻等。江苏省的林药间作在林下栽种黄连、白术、绞股蓝、芍药等。

⑤ 林茶间作。华中是我国著名的产茶区，林茶间作是茶树的生态要求，因茶树是耐阴性树种，光照过强会引起茶树代谢机能减缓，出现光休眠，降低光合速率、影响茶叶品质。泡桐-茶间作、油桐-茶间作、乌桕-茶间作、湿地松-茶间作、茶园间种葡萄都取得了较好的效果。

海南、雷州半岛、滇南、桂南和闽南的胶-茶间作最为著名。胶茶人工群落是在科学指导下在较短的时间里发展起来的一种天然森林群落的人工模拟。物种组成为桉树、巴西橡胶、八角及云南大叶茶。在林茶系统里，上层经济林木为茶树创造良好的小气候，如阻挡强烈的直射阳光、调节气温、提高空气相对湿度等；对下层茶树的管理，如松土、施肥等，又有利于上层经济树种的生长，因此提高了生态效益。由于有茶叶和经济树种的收入，因而胶-茶间作有较高的经济效益。

除了以上各种间作方式以外，还有种植业与食用菌栽培相结合的各种间作，如农田种菇、蔗田种菇、果园种菇等等。

**（2）物质能量多层分级利用系统型**

模拟不同种类生物群落的共生功能，包含分级利用和各取所需的生物结构，此类系统可进行多种类型和多种途径的模拟，并可在短期内取得显著的经济效益。例如利用秸秆生产食用菌和蚯蚓等的生产设计。秸秆还田是保持土壤有机质的有效措施。但秸秆若不经处理直接还田，则需很长时间的发酵分解方能发挥肥效。在一定条件下，利用糖化过程先把秸秆变成饲料，而后将牲畜的排泄物及秸秆残渣用来培养食用菌，生产食用菌的残余料又用于繁殖蚯蚓，最后才把剩下的残余物返回农田，肥效就会提高很多，而且增加了生产沼气、食用菌、蚯蚓等的直接经济效益。

**（3）水陆交换的湿地农林复合系统型**

我国湿地面积较大，在亚热带和温带的湿地总面积为 $5 \times 10^5 km^2$，约占世界湿地总面积的 6%、我国国土总面积的 5%。我国湿地主要位于长江三角洲、长江中下游几大湖区、珠江三角洲、三江平原及沿海滩涂等地。多数湿地已被开发利用，主要为稻田，现为粮食、经济作物、鱼类产品及蚕桑的重要产区。

桑基鱼塘是比较典型的水陆交换生产系统，是我国广东省、江苏省农业生产中多年行之有效的多目标生产体系，目前已成为较普遍的生态农业类型。桑基鱼塘以结构完整、部门协调、生物与环境相适应、经济效益和生态效益高而出名。该系统以桑为基础，桑叶养蚕，蚕沙、蚕蛹喂鱼，塘泥肥基，形成良性的循环。

江苏里下河地区的沟-垛生态系统集中分布于扬州地区的高邮、兴化和宝应三地。土地总面积为 $11665 km^2$，约占整个江淮平原的 77%。滩地面积约 $15 \times 10^4 hm^2$。该地区位于北亚热带北缘，气候温暖湿润，年平均气温 14～15℃，年降雨量 1000mm 左右，无霜期 205～215 天。地下水位高，雨季常有涝害发生。土壤为腐殖质沼泽土，pH 为 6.0～7.4，有机质含量 3%～10%。该地区湖荡众多，沟渠纵横，素有"水乡泽国"之称，是苏北重要的商品粮、商品鱼基地。其农林复合的较高级形式为林农牧渔复合型，这种类型的垛面和垛沟宽度都较大，沟面宽度、深度均达到精养鱼池标准。林下间作各类农作物，以小麦、大麦、油菜、黄豆为主。沟边种植黑麦草、黄花苜蓿等鱼饲草，间作物及副产品如麦麸、豆饼、菜子饼等制成混合饵料养鱼，大麦用于喂猪，猪粪下塘肥水，增加水体中浮游生物量，不断提供饵料。猪舍筑于垛面，猪粪亦可生产沼气，作燃料或居民照明能源。沼气和柴油掺混后可发电供照明，亦可作为鱼塘增氧机动力来源。塘泥每年清挖一次直接施于垛田，提高土壤肥力。

### （4）相互促进的生物物种共生生态系统型

该模式是按生态经济学原理把两种或者三种相互促进的物种组合在一个系统内，达到共同增产、改善生态环境、实现良性循环的目的。这种生物物种共生模式在我国主要有稻田养鱼、稻田养蟹、鱼蚌共生、禽-鱼-蚌共生、稻-鱼-萍共生、苇-鱼-禽共生、稻鸭共生等多种类型。其中稻田养鱼在我国南方、北方都已得到较普遍的推广。在养鱼的稻田中，水稻为鱼提供遮阴、适宜水温和充足饵料，而鱼为稻田除草、灭虫、充氧和施肥，使稻田的大量杂草、浮游生物和光合细菌转化为鱼产品，稻、鱼共生互利，相互促进，形成良好的共生生态系统。这不但促进了养鱼业的发展，也提高了水稻产量，减少了化肥、农药、除草剂的施用量，提高了土壤肥力。

### （5）农-渔-禽水生生态系统型

该生态系统是充分利用水资源优势，根据鱼类等各种水生生物的生活规律和食性以及在水体中所处的生态位，按照生态学的食物链原理进行组合，以水体立体养殖为主体结构，以充分利用农业废弃物和加工副产品为目的，实现农-渔-禽的综合经营的农业生态系统类型。这种系统有利于充分利用水资源优势，把农业废弃物和农副产品加工的废弃物转变成鱼产品，变废为宝，减少了环境污染，净化了水体。

黑龙江省宝清县兴国村稻-苇-鱼-貉生物循环系统获得了较为成功的经验。在此系统内，于建鱼塘时堆起的堤埂上种植落叶松或杨树的稀林带，除提供木材外，可固堤及遮阴（鹅栖息地），林下植牧草，落叶增加腐殖质。鹅为植食性，不吃鱼苗，耐粗食，疫病少，最宜林区养殖，鹅粪喂鱼，内脏喂貉，鹅蛋、肉、肝、绒毛出售；雉鸡适宜林区生长，供野味餐厅及狩猎场用，鸡粪喂鱼；商品鱼出售，杂鱼喂貉，鱼粪肥塘，塘泥育林，塘水灌稻田；貉皮出售，貉粪喂鱼；稻米出售，稻糠喂鹅、鸡、鱼，稻草培育木耳。依靠塘水灌溉稻田可省去大部分化肥，而且又因水温提高而延长 1～2 周生长期，有利于水稻生产力的提高。该系统符合适应性原则，多样化，有较高的正边缘效应，提高了生产力；连接了几个食物链，部分实现系统自给，减少了能量、物质的投入；产品种类增多，可活跃山区经济；提高景观多样性，有明显的经济效益。

### （6）山区综合开发的复合生态系统型

这是一种以开发低山丘陵地区，充分利用山地资源为特征的复合生态农业类型，通常的结构模式为：林-果-茶-草-牧-渔-沼气。该模式以畜牧业为主体结构。一般先从植树造林、绿化荒山、保持水土、涵养水源等入手，着力改变山区生态环境，然后发展畜牧业和养殖业。根据山区自然条件、自然资源和物种生长特性，在高坡处栽种果树、茶树；在缓平岗坡地引种优良牧草，大力发展畜牧业，饲养奶牛、山羊、兔、禽等草食性畜禽，其粪便养鱼；在山谷低洼处开挖精养鱼塘，实行立体养殖，塘泥作农作物和牧草的肥料。这种以畜牧业为主的生态良性循环模式无三废排放，既充分利用了山地自然资源优势，获得较好的经济效益，又保护了自然生态环境，达到经济、生态和社会效益的同步发展，为丘陵山区综合开发探索出一条新路。

### （7）以庭院经济为主的生态系统型

这是我国最近迅速发展起来的一种农业生态工程技术类型，这种模式的特点是以庭院经济为主，把居住环境和生产环境有机地结合起来，以充分利用土地资源和太阳辐射能，并利用现代化的技术手段经营管理生产，以获得经济效益、生态环境效益和社会效益协调统一。这对充分利用土地资源和农村闲散劳动力、保护农村生态环境具有十分重要的意义。庭院经济模式具有灵活性、经济性、高效性、系统性的优点。

例如贵州省瓮安县的一处农村的庭院生态系统。庭院总面积为 $470m^2$。$168m^2$ 进行立体栽培和养殖。立体栽培共 4 层：地下种天麻，地表栽植竹荪等食用菌，空中架箱养蚯蚓，顶上搭架种葡萄和瓜，为下面的动植物遮阴。$25m^2$ 的食物链室的上方养 100 只母鸡。地上养 5 头猪，下方建造近 $10m^3$ 的沼气池，室旁再建 $10m^2$ 的蚯蚓池，养 50 万条蚯蚓。鸡粪喂猪，猪粪用于生产沼气，沼渣养蚯蚓，蚯蚓又用来喂鸡。循环利用，实现无废弃物产生，净化环境。余下的 $260m^2$ 进行作物轮作和套种。魔芋种入深约 17cm 的地里，地表再种上油菜，油菜落花时再套种玉米，收油菜和玉米后收魔芋。庭院周围种毛竹和桂花、芍药、牡丹等林木和药用植物，并把玉米秸秆和玉米芯、稻草、谷壳、油菜秆、菜籽壳等粉碎，通过发酵、糖化、碱化等处理后变成饲料用来喂猪。实践证明，在一家一户的生产单元中，建立这样的小型循环系统不仅是可行的，而且是十分有利的，可以在不增加农户很大负担的基础上，产生较为明显的经济、生态和社会效益。根据实践经验，院落生态系统不仅可以极大地增加农民收入，同时对于改善农村庭院的环境卫生也具有十分重要的意义。

### （8）多功能的农副工联合生态系统型

生态系统通过完整的代谢过程——同化和异化，使物质在系统内循环不息，这不仅保持了生物的再生不已，而且通过一定的生物群落与无机环境的结构调节，使得各种成分相互协调，达到良性循环的稳定状态。这种结构与功能统一的原理应用于农村工农业生产布局，即形成了多功能的农副工联合生态系统，亦称城乡复合生态系统。这样的系统往往由 4 个子系统组成，即农业生产子系统、加工工业子系统、居民生活区子系统和植物群落调节子系统。它的最大特点是将种植业、养殖业和加工业有机地结合起来，组成一个多功能的整体。

多功能农副工联合生态系统是当前我国农业生态工程建设中最重要也是最多的一种技术类型，并已涌现出很多典型示范如北京市大兴区留民营村、房山区窦店村、江苏省吴江区桃源乡。

## 10.2.5　农业生态工程的应用技术

### （1）"四位一体"的应用模式

四位一体包括沼气池、猪禽舍、厕所及日光温室四部分（见图 10-1），是庭院经济与生态农业相结合的一种生产模式，它以土地资源为基础，以太阳能为动力，以沼气为纽带，种植、养殖相结合，通过生物能转化技术，在全封闭状态下，将四个组成部分连在一起，组成综合利用体系，成为发展高产、优质、高效农业的一个模式。通过应用，该模式成为了农村经济、菜篮子工程、家庭收入的重要组成部分，并充分显示了自身的特点和优点。

首先它多业结合，集约经营，把农、牧、微生物结合起来，加强了物质的循环利用，做到了高度利用有限土地、劳动力、时间、饲料、资金，实现了集约化经营、多级利用和资源

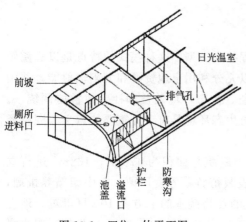

图 10-1　四位一体平面图

（图中标注：日光温室、排气孔、前坡、厕所、进料口、池盖、溢流口、护栏、防寒沟）

的增值。其次保护和改善自然环境与卫生条件，它把人、畜、作物连接起来，进行第二步处理，通过沼气发酵，消灭了病菌、病原物，达到了无害化处理，从而净化了环境，减少了疾病，改善了农户的卫生面貌。最后，充分利用空间，地上地下立体生产，充分提高了土地的利用率，同时充分利用时间，不受季节、气候的限制，发展种植业与养殖业，提高了综合效益。另外各组成因素间相互协调，在种植业中作物生长发育为养殖畜禽提供 $O_2$，而养殖业的发展又为作物光合作用提供了 $CO_2$，人及畜禽的粪便经沼气池发酵产生的沼气为人的生活提供了能源，沼气残液为种植业提供了优质的有机肥料，从而达到了良性循环，并增强了农民的科技意识和技术水平，提高了农民素质，生态效益、社会效益、经济效益显著。

总之，四位一体模式把生物与植物、种植业与养殖业有机地结合起来，充分利用了光能与生物能，提高了农业综合效益，促进了蔬菜的生产，对农民增收、农村经济持续稳定发展具有重要意义。

**（2）控制面源污染的农业生态工程技术**

该种农业生态工程是通过生态学原理，同时应用系统工程方法，将生态工程建设与治污工程并举，从根本上减少化肥、农药的投入，降低能源、水资源的消耗，从而减少污染物的排放，达到治理与控制面源污染的目的。卞有生（2001）通过对湖泊面源污染的深入分析，认为在湖区及上游水源区开展农业生态工程建设，必将显著地改善地区的农业生产状况，极大地减少生产过程中资源的消耗，特别是减少化肥、农药的使用，有效地控制和减少面源污染。开展生态农业建设，也可极大程度地降低农业水体的污染。如我国江西省和四川省最近逐渐完善的"种植-养猪-沼气"生态模式，以种植业带动养猪业，以养猪业带动沼气工程，又以沼气工程促进种植和养猪业的发展，最终猪多肥（有机沼肥）多，肥多粮多，粮多钱多，如此往复循环，使生物能得到多层次的重复利用，从而显著降低了化肥的使用量，提高了养分的利用效率，达到综合治理水体污染的目的。同时，将膜控制释放技术用于农业，开发膜控制释放化肥、膜控制释放农药技术，也是控制农业面源污染的一条重要途径，能明显地提高化肥和农药的利用率，减少农用化学物质对水体的污染。

## 10.3　林业生态工程

### 10.3.1　林业生态工程概述

林业生态工程是根据生态学、林学及生态控制论原理，设计、建造与调控以木本植物为主体的人工复合生态系统的工程技术，其目的在于保护、改善与持续利用自然资源与环境。按建设目的的不同，林业生态工程分为以下几类：山丘区林业生态工程，平原区林业生态工程，风沙区林业生态工程，沿海林业生态工程，城市林业生态工程，复合农林业生态工程，自然保护林业生态工程，水源区林业生态工程，防治山地灾害林业生态工程。

林业生态工程作为生态工程的一个分支，是随着生态工程的发展而逐渐兴起的。国外大型林业生态工程的实践则始于 1934 年的美国"罗斯福工程"。19 世纪后期，不少国家由于过度放牧和开垦等原因，经常风沙弥漫，各种自然灾害频繁发生。20 世纪以来，很多国家都开始关注生态建设，先后实施了一批规模和投入巨大的林业生态工程，其中影响较大的有美国的"罗斯福工程"，苏联的"斯大林改造大自然计划"，加拿大的"绿色计划"，日本的"治山计划"，北非五国的"绿色坝工程"，法国的"林业生态工程"，菲律宾的"全国植树造林计划"，印度的"社会林业计划"，韩国的"治山绿化计划"，尼泊尔的"喜马拉雅山南麓高原生态恢复工程"，等等。这些大型工程都对各国的生态环境建设起到了至关重要的作用。

我国已有数千年生态工程实际应用的历史，"垄稻沟鱼""桑基鱼塘"等就是相当成熟的生态工程模式。然而，新中国成立后，特别是改革开放以来，我国林业生态工程才进入真正的发展阶段，相继启动了"三北"防护林、长江中上游防护林、沿海防护林、平原绿化、太行山绿化、防沙治沙、淮河太湖防护林、珠江防护林、辽河防护林、黄河中游防护林体系建设工程等十大林业生态工程，以及速生丰产林基地、京津周围绿化、野生动植物保护工程。20 世纪 90 年代中后期，我国又针对生态建设中出现的突出问题，实施了天然林保护、退耕还林、环北京地区防沙治沙、绿色通道建设等林业生态工程。世纪之交，全国林业生态工程达到 16 个。由于这些工程是在不同历史条件下，针对不同问题，根据不同需要，按照不同审批程序启动的，缺乏全面的考虑和布局，在具体实施中也暴露出不少问题。

21 世纪之初，我国从国民经济和社会发展对林业的客观需求出发，围绕新时期林业建设的总目标，对以往实施的林业重点工程进行了系统整合，相继实施了天然林保护工程、退耕还林工程、三北和长江中下游地区等防护林体系建设工程、京津风沙源治理工程、野生动植物保护和自然保护区建设工程、重点地区速生丰产用材林基地建设工程等六大林业重点工程。这是对我国林业生产力布局进行的一次重大战略性调整，已被列入国家"十五"计划纲要。六大工程覆盖了我国的主要水土流失区、风沙侵蚀区和台风盐碱危害区等生态环境最为脆弱的地区，构成了我国林业生态建设的基本框架。六大工程无论是从工程范围、建设规模，还是从投入资金上，都堪称世界级的大工程，其实施对我国生态建设起到了巨大的推动作用，带动了我国林业跨越式发展。

## 10.3.2　林业生态工程的理论基础

### (1) 生态经济学原理

生态经济学包括部门生态经济学、理论生态经济学、专业生态经济学、地域生态经济学。生态经济学是研究生态系统与经济系统的复合系统——生态经济系统的矛盾运动发展规律及其应用的经济学分支。

流域（或区域）生态经济系统是由流域生态系统和流域经济系统相互交织而成的复合系统。它具有独立的特征和结构，有其自身运动的规律性，与系统外部存在千丝万缕的联系，是一个能够经过调控，优化利用流域（或区域）内各种资源，形成生态经济合力，产生生态经济功能和效益的开放系统。

在生态系统和经济系统中，包含着人口、环境、资源、物资、资金、科技等基本要素，各要素在空间和时间上，以社会需求为动力，以投入产出链为渠道，运用科学技术手段有机组合在一起，构成了生态经济系统。

**（2）生态学原理**

林业生态工程是生态环境建设的主体，生态学原理中，与林业生态工程关系密切的有以下几方面内容。

① 生态环境脆弱带原理。生态环境脆弱带是指在生态系统中，处于两种或两种以上的物质体系、能量体系、结构体系、功能体系之间所形成的界面，以及围绕该界面向外延伸的空间过渡带。其主要特点是：a. 这里是多种要素之间的转换区，各要素相互作用强烈，常是非线性现象显示区、突变的产生区、生物多样性的出现区。b. 抗干扰能力弱。这里对改变界面状态的外力只有相对较低的抵抗能力。界面一旦遭到破坏，恢复原状的可能性很小。c. 变化速度快，空间迁移能力强。生态环境脆弱带的类型是很多的，主要有以下几种类型：城乡交接带、干湿交替带、农牧交错带、水陆交接带、森林边缘带、沙漠边缘带、梯度联结带、板块接触带。

② 恢复生态学原理。恢复生态学是研究生态系统退化的原因、退化生态系统恢复与重建的技术与方法、生态学过程与机理的科学。恢复生态学包括基础理论和应用技术两大研究领域。基础理论研究包括：a. 生态系统结构（包括生物空间组成结构、不同地理单元与要素的空间组成结构及营养结构等）、功能（包括生物功能，地理单元与要素的组成结构对生态系统的影响与作用，能流、物流与信息流的循环过程与平衡机制等）以及生态系统内在的生态学过程与相互作用机制；b. 生态系统的稳定性、多样性、抗逆性、生产力、恢复力与可持续性研究；c. 先锋与顶极生态系统发生、发展机理与演替规律研究；d. 不同干扰条件下生态系统的受损过程及其响应机制研究；e. 生态系统退化的景观诊断及其评价指标体系研究；f. 生态系统退化过程的动态监测、模拟、预警及预测研究；g. 生态系统健康研究。应用技术研究包括：a. 退化生态系统的恢复与重建的关键技术体系研究；b. 生态系统结构与功能的优化配置与重构及其调控技术研究；c. 物种与生物多样性的恢复与维持技术；d. 生态工程设计与实施技术；e. 环境规划与景观生态规划技术；f. 典型退化生态系统恢复的优化模式试验示范与推广研究。

③ 景观生态学理论。景观生态学是研究一个相当大的区域内，由许多不同生态系统所组成的整体（即景观）的空间结构、相互作用、协调功能及动态变化的一个生态学分支。景观生态学的理论与方法与传统生态学有着本质的区别，它注重人类活动对景观格局与过程的影响。退化和破坏了的生态系统和景观的保护与重建也是景观生态学的研究重点之一。

景观生态学理论可以指导退化生态系统恢复实践，如：为重建所要恢复的各种要素，使其具有合适的空间构型，从而达到退化生态系统恢复的目的；通过景观空间格局配置构型来指导退化生态系统恢复，使恢复工作获得成功。

**（3）系统科学原理**

① 系统论。系统论是 20 世纪 30 年代奥地利学者 L. V. 贝塔朗菲在研究理论生物学时首先提出来的。几十年来，系统论无论在理论上还是实践上都取得了巨大成就。系统论是以系

统及其机理为研究对象，研究系统的类型、一般性质和运动规律的科学。系统论为人们提供了认识现实世界中各类系统（包括生态系统、生态经济系统）的性质和特点的理论依据，以便按照人们的目的和需求在改造、创建各种系统的过程中进行科学的设计、管理、预报和决策。

② 系统工程方法。系统工程学是系统科学的应用科学，是系统科学的方法论、运筹学以及信息技术、计算技术，特别是电子计算机相结合的产物，其目的在于研究和建立最优化系统。

1969 年美国学者 A. D. 霍尔（A. D. Hall）提出了系统工程的三维结构，概括了系统工程的步骤、阶段及涉及的知识范围，成为各种具体的系统工程方法的基础。

### （4）防护林学理论

以防护为主要目的的森林称为防护林。它是指为了利用森林的防风固沙、保持水土、涵养水源、保护农田、改造自然、维护生态平衡等各种有益性能而栽培的人工林。根据防护对象的不同，又可分为水土保持林、水源涵养林、农田防护林、防风固沙林、护路护岸林等。

防护林体系指在一个自然地理单元（或一个行政单元）或一个流域、水系、山脉范围内，结合当地地形条件，土地利用情况和山、水、田、林、路、渠以及牧场等基本建设固定设施，根据影响当地生产生活条件的主要灾害特点所规划营造的以防护林为主体的，与其他林种相结合的总体。目前我国防护林体系主要包括三北防护林体系、长江中上游防护林体系、沿海防护林体系、黄河中游防护林体系、淮河和太湖流域防护林体系、辽河防护林体系等。

### （5）生态工程学理论

生态工程学的核心原理包括整体性原理、协调与平衡原理、自生原理和循环再生原理。

① 整体性原理。生态工程主要是按生态系统内部相关性和外部相关性来研究作为一个有机整体的生态系统或社会-经济-自然复合生态系统的区域环境。

生态工程研究与处理的对象是作为有机整体的社会-经济-自然复合生态系统。在研究、设计及建立一个生态工程的过程中，必须在整体观指导下统筹兼顾。一个生态系统或社会-经济-自然复合生态系统，在自然和经济发展中往往有多种功能，但其中各种功能的主次和大小常因地、因时而异。

② 协调与平衡原理

a. 协调原理。由于生态系统长期演化与发展的结果，在自然界中任一稳态（Homeostasis）的生态系统，在一定时期内均具有相对稳定而协调的内部结构和功能。比如草型湖泊向藻型湖泊的变迁。

b. 平衡原理。生态系统在一定时期内，各组分通过相生相克、转化、补偿、反馈等相互作用，结构与功能达到协调而处于相对稳定态。此稳定态是一种生态平衡。如湖泊水生态结构平衡。在平衡的生态系统中，生物与生物之间、生物与环境之间、环境各组分之间保持相对稳定的合理结构及彼此间的协调比例关系，维护与保障物质的正常循环畅通。如健康的草型湖泊。

功能平衡：由植物、动物、微生物等所组成的生产—分解—转化的代谢过程和生态系统与外部环境、生物圈之间物质交换及循环关系保持正常运行。

收支平衡：生态系统是一个开放系统，它不断地与外部环境进行物质和能量的交换，并有趋向输入与输出平衡的趋势，如收支失衡就将引起该生态系统中资源萧条和生态衰竭或生态停滞，如过度放牧、过度捕捞等。

③ 自生原理。自生原理包括自我组织、自我优化、自我调节、自我再生、自我繁殖和自我设计等一系列机制。自生作用是以生物为主要和最活跃组成成分的生态系统与机械系统的主要区别之一。生态系统的自生作用能维护系统相对稳定的结构和功能、动态、稳态及可持续发展。

④ 循环再生原理

a.物质循环和再生原理。人类能以有限的空间和资源持续地长久维持众多生命的生存、繁衍与发展，其奥妙就在于物质在各类生态系统中、生态系统间的小循环和在生物圈中的生物地球化学大循环。在物质循环中，每一个环节是给予者，也是受纳者，循环是周而复始，无底也无源的。因此，物质在循环中似乎是取之不尽、用之不竭的。如光合作用和营养循环。

b.多层次分级利用原理。多层次分级利用是自然生态系统中各个成分长期的协同进化与互利共生的结果，也是自然生态系统自我维持与持续发展的方式。在生态工程中应当遵循、模拟和应用这一原理和模式，兼顾生态环境、经济及社会效益。

### 10.3.3　林业生态工程的特征

① 林业生态工程是以林木为主体，通过多层次、多组分的优化组合，把不同高度、不同生长型、不同生活型的植物与草食性动物、微生物（如食用菌）与光、温度、水、气、养分等环境因子高度协调，使系统中各生物组分都占有各自的生长空间（即生态位），使生态位尽可能饱和，从而构成完整的生态系统。

② 林业生态工程能大大提高光能利用率和生物量商品率。现今，森林生态系统的平均光能利用率为 $0.5\%\sim1.5\%$（占总辐射能比例），一般认为理论上光能利用率最大可达到 $10\%$。所以，森林生态系统具有较大的生产潜力，在目前的技术经济条件下，要达到 $3\%\sim4\%$ 是可能的。人工森林生态系统具有复杂的食物链（网），能充分利用多层次输入的能量，并能较快地完成能流、物流与价值流，而且能通过人为调控使能量集中在对人类最有用的部分，从而提高生物量商品率。

③ 通过林业生态工程建设的人工森林生态系统具有较高的稳定性与自我修补能力，减少了人为干预与化学污染。

④ 林业生态工程使森林生态系统的生态效益、经济效益、社会效益同步发展。目前，我国大面积的速生丰产用材林多为同龄纯林，从造林到收获需要较长时间，在培育过程中虽能发挥一定的生态效益，却没有或少有经济效益；在采伐利用时，虽然能获得经济效益，但其生态效益终止，需要较长时间才能恢复（如及时更新的话）或难以恢复，即生态、经济效益难以同步。而通过林业生态工程建立的生产工艺体系不仅能不断地提供具有不同生长周期的产品，还能提供各种服务，使生态效益与经济效益同步发展。

### 10.3.4　林业生态工程的技术体系

#### (1) 防护林体系合理布局及规划技术

我国地域辽阔，自然及社会条件复杂多样，各类型区防护林体系所肩负的主要任务也不尽相同，需要因地制宜、因害设防、合理布局、科学规划。目前我国林业生态工程建设需根据国民经济的发展及国土安全的需求，根据农业发展新阶段对现代保护性林业发展的需求，研究调整防护林体系建设工程的总体布局，研究开发在"3S"技术支持下的防护林体系高效可持续发展的合理布局及其规划技术，以及林业生态工程中防护林、用材林、经济林、薪炭林等类型优化配置、合理布局及其规划技术。

**（2）以立地类型划分与适地适树为基础的防护林造林技术**

此类技术主要包括根据不同林业生态工程建设区气候、土壤、地貌类型、植被等自然特点的立地条件类型划分技术；造林树种选择、树种引进驯化、树种改良等以树适地技术；整地改土等为主的改善造林地生态环境条件的以地适树技术；合理造林密度控制技术；混交林营建及造林的典型设计等技术。

**（3）水土保持林体系高效空间配置及稳定林分结构设计与调控技术**

此类技术基于我国林业生态工程建设区不同类型小流域中地形地貌、土壤、地质、降水等自然条件和社会经济条件下的产流产沙规律和水沙运行规律，旨在提高水土保持林体系的生态防护功能，合理利用自然资源。

**（4）高效水源保护林体系空间配置及稳定林分结构设计与调控技术**

此类技术基于不同类型区流域暴雨洪峰流量变化、常流量变化、地下水量变化、水质与水环境状况和水源保护林体系的森林水文规律，以高效调水、节水、净水为主要目标，构建可持续经营水源保护林体系。

**（5）复合农林业高效可持续经营技术**

可持续经营技术包括以下几个方面：

① 高效复合农林业可持续经营技术，如以集流时空调水、适度胁迫节水补灌、提高水土资源利用率为中心的稳定生物种群结构设计与调控技术；

② 农林业更新改造技术，如低产、低质、低效复合农林业改造技术，农田防护林更新改造技术；

③ 复合农林业产业化集约经营技术，如对黄土高原高效的可持续发展和农牧交错带高效可持续经营以及长江中上游山丘区高效可持续发展等方面；

④ 高效复合农林业可持续经营时空配置技术，如在农牧交错带地区以防风固沙为中心的农田、草牧场等方面和不同类型带、片、网结构的农林复合、林牧复合、农林牧复合等方面，根据土层不规则、灵活多样的经济沟生态系统高效配置方面，多功能高效农林复合系统配置模式方面，以抗风浪潮、耐盐碱、耐瘠薄为中心并具有旅游景观特征的海岸带高效集约经营和时空配置方面；

⑤ 草牧场复合林牧系统、复合农林牧系统营建技术；

⑥ 生物种群选择及结构配置技术，如对生物学、生态学、林学稳定的生物种群等选择及结构配置方面。

**（6）困难立地特殊造林与植被恢复技术**

我国各工程区都有一些特殊困难立地类型，如干瘠阳坡、碳酸钙（料姜石）地类、干瘠山地、石质劣地、盐碱地、退化草牧场、干热河谷、干旱河谷、岩溶山地、水湿地、海岸风口和工矿管线路等废弃土地，这是林业生态工程建设中的一个"硬骨头"，该技术包括各种不同类型困难立地的各种特殊造林绿化与植被恢复技术。

### (7) 抗逆性工程建设植物材料选育及良种繁育技术

该技术旨在选育出满足工程建设需要的各种抗逆性强的植物材料，植物材料主要包括：适于北方干旱、半干旱地区的耐干旱植物材料选育；耐盐碱工程建设植物材料选育；具有耐干热、耐干旱、耐水湿、抗风害等不同抗性的工程建设植物材料选育；等等。技术内容包括：确定主栽树种的抗旱、抗盐碱种源和优良的供种群体；各种高抗逆性良种特点和相应的有性或无性繁殖丰产技术；规模化、工程化扩繁技术；建设现代化苗木生产基地，促进组织培养、容器育苗、常规育苗等工厂化、产业化、规模化育种壮苗培育技术及苗木培育，提供林业生态工程建设要求的良种壮苗。

### (8) 低效能防护林改造复壮技术

此类技术主要包括低效防护林类型划分、成因与判定指标；低效防护林改造复壮技术，如对林分的密度与结构进行合理调整以及树种更替、不同配置方式、抚育间伐（包括补植、施肥、林地土壤改良、病虫害防治及其他先进技术措施等）等现代化综合配套科学技术；人工封育、人工促进天然更新；定向植被复壮水土保持效益提高技术；低效防护林更新改造配套技术，如树种选择及其合理搭配、林分合理配置、密度控制及优化等技术。

### (9) 森林病虫鼠害及火灾有效控制技术

此类技术主要包括以"3S"技术为基础的森林灾害预警技术，重大森林病虫鼠害可持续控制技术以及森林火灾有效控制技术等。

### (10) 林业生态工程效益评价与信息管理技术

此类技术包括林业生态工程效益评价指标体系、监测网络和林业生态工程信息管理与智能化调控技术，监测方法、数据格式、数据采集和处理、资源共享方式等技术；工程区效益监测与评价网络及空间数据库建设技术；林业生态工程信息管理系统及其建设技术；林业生态工程分析决策支持系统建设技术；林业生态工程建设效益监测与评价的尺度转换理论和技术；人工智能及"3S"等高新技术的运用；林业生态工程效益评价技术；等等。

1. 生态工程、农业生态工程和林业生态工程的概念。
2. 试说明农业生态工程和林业生态工程的基本原理。
3. 农业生态工程的主要技术类型有哪些？
4. 试说明林业生态工程的技术体系。

# 第 **11** 章　工程建设环境问题的治理与恢复

## 11.1　工程建设对环境的影响

经过环境状况调查后，在环境影响预测和评价之前，应确定工程建设对环境影响的范围；根据工程的功能、特性，结合工程影响地区的环境特点，选择进行评价的环境组成和环境因子，确定环境组成和环境因子在总体中的相对重要程度（权重）。这是环境影响识别的主要任务。

### 11.1.1　环境组成和环境因子

环境影响识别的主要任务之一是从各个环境影响因子中，通过对影响性质和影响程度的识别，筛选出主要环境因子及其组成的各个主要环境问题。

选择环境因子时应尽可能精练，但要能反映主要的影响方面，尽量选取能充分代表环境质量的综合因子，环境因子应容易检测和度量。

根据工程的功能、特性，结合工程影响地区的环境特点，可以从下列环境因子中初选部分因子，进行环境影响识别。

**（1）自然环境**

①局部地区气候：气温、降水、蒸发、温度、风、雾等；②水文：水位、水深、流量、流速等；③泥沙：淤积、冲刷等；④水温：水温结构、下泄水温等；⑤水质：有机质、有毒有害物质、营养物质等；⑥环境地质：诱发地震、库岸稳定、水库渗漏等；⑦土壤环境：土壤肥力、土壤侵蚀、土壤演化等；⑧陆生植物：森林、经济林、草场、珍稀植物等；⑨陆生

动物：野生动物、珍稀动物等；⑩水生生物：鱼类、珍稀水生生物等。

**（2）社会环境**

①人群健康：自然疫源性疾病，虫媒传染病，地方性疾病等；②景观与文物：风景名胜，文物古迹，自然保护区，疗养区，旅游区等；③重要设施：政治、经济、交通、军事设施等；④移民：人口状况，土地及水域利用，生产条件，生活水平等；⑤工程施工：大气、水质、噪声、弃渣及景观、工区卫生等；⑥其他。

上述所列的各种环境因子是根据国内外工程环境影响评价实践得出的。对于某一具体工程建设产生的环境影响和相应受影响的环境因子，以上因子可能只是其中一部分或大部分，也可能遗漏了个别特殊的环境因子。因此，在应用时要作具体的分析。

## 11.1.2 环境影响识别方法与分类

根据我国多年来环境评价工作的实践，对于环境因子的选择识别一般按两步进行。

第一步：根据类似工程环境评价经验进行初选；

第二步：对初选的环境因子进行影响性质和重要程度的识别，要特别注意那些带有不利的、直接的、长期的、累积性的、潜在的、不可逆性质的因子，并应将这些因子列为主要的环境因子。

环境影响按影响性质分为：

① 有利影响和不利影响：工程建设过程中和建成后往往同时产生有利影响和不利影响，在识别时两者都不能忽视。

② 可逆影响和不可逆影响：可逆影响是指那些经人为处理后可以逆转或消失的影响，不可逆影响则相反。

③ 短期影响和长期影响：有些影响是短期性的，经过一段时间可以消失。例如施工阶段的噪声影响，施工结束后即自行停止。工程建设造成的长期影响，若不采取相应的改善措施，就不可能自行消失。

④ 直接影响和间接影响：直接由工程建设造成的环境影响为直接影响，大量的环境影响属于此类。间接影响是通过另一个媒介而造成的影响。例如通过农作物减产影响经济收入；通过食物链的生物富集作用，转而影响人体健康。对于这些间接影响也不能忽视。

## 11.1.3 环境因子权重的分析与确定

如前所述，工程对环境的影响性质是多方面的，有有利影响也有不利影响，有可逆影响也有不可逆影响，有短期影响和长期影响以及直接影响和间接影响等。根据环境因子的影响性质判别其重要程度，是环境影响评价的一个基本依据。环境因子的重要程度用环境因子权重来表示，指的是其在环境总体中的相对重要性。但是，环境因子的重要程度不等于该环境因子在工程前后变化的程度，两者有一定的联系，但具有不同的概念。

确定环境因子权重的方法有专家评估法、层次分析法和灰色统计法。

## 11.2 水利水电工程对环境的影响

水利水电工程施工的特点是规模大、工期长、强度大、机械化程度高。施工工地会毁坏农田、植被，干扰甚至破坏野生动植物生境；工程施工废水和生活污水直接排放会污染施工区附近的河流湖泊；施工过程中产生的粉尘、机械设备和运输车辆产生的废气会污染大气，施工噪声对人体和野生动物造成危害。施工环境影响评价就是在弄清楚施工环境影响的大小、种类的前提下，提出一定的对策措施控制环境影响的程度，以减轻工程施工对环境的影响和对生态的破坏，为工程环境管理和环境监理提供科学依据。

本节主要介绍水利水电工程施工对水环境、大气环境、声环境和地质环境的影响。

### 11.2.1 水利水电工程施工对水环境的影响

水利水电工程施工期对水源的污染源主要来自生产废水和生活污水。生产废水主要来源于砂石骨料冲洗废水，基坑排水，混凝土拌和系统冲洗废水和施工机械、车辆维修系统含油废水；生活污水主要来源于工程管理人员和施工人员的生活排水。

**(1) 废水排放污染水源**

① 砂石骨料冲洗废水。根据施工组织设计及施工布置，确定砂石料加工系统、供水系统、生产规模、生产用水、回用及循环等。推算废水排放量及排放强度。通常生产 1t 骨料需用水 2.7t，砂石料泥沙含量一般在 2.26%～13.6%之间，根据水质模型计算结果，可分析砂石料加工系统废水对排放水体的水质影响程度和范围。

② 基坑排水。基坑排水包括短期汛末清基废水和经常性基坑排水。经常性基坑排水来源于降水、渗水和施工用水，由于基坑开挖和混凝土浇筑养护，基坑水的悬浮物浓度和 pH 值较高。可根据其他工程实地监测结果进行类比，确定经常性基坑排水排污量、排放时间，分析对下游河段水质产生的影响。

③ 混凝土拌和系统冲洗废水。确定主体工程混凝土工程总量，混凝土拌和系统布置、占地面积，地形地势以及废水的排污去向。混凝土拌和系统冲洗废水具有水量较小、悬浮物浓度高、间歇集中排放的特点。根据类比工程实测资料推算混凝土拌和系统废水污染物浓度和 pH 值，预测和分析施工冲洗废水对附近水域的影响性质、范围和程度。

④ 含油废水。工程施工机械和车辆维修、冲洗的含油废水排放会污染农田和河流水质。根据施工布置设计确定机械和车辆维修保养场地，统计工程施工机械和车辆种类、数量、燃油动力等基本情况，推算含油废水排放量。

⑤ 生活污水。根据施工总体布置、施工生活区布置、施工占地和施工人数等基本资料，结合当地用水和施工人员工作、生活特点，推算施工人员生活用水标准，一般为 0.10～0.15$m^3$/(d·人)。按污水排放系统系数 0.7～0.8，小时变化系数 2.0～2.5，推算高峰期最大小时排放量。考虑生活污水污染物种类和排放水域水质污染状况，确定预测指标，对河流水质影响的预测一般选取 $BOD_5$、COD 和氨氮等指标，用水质模型进行预测计算。

**（2）护岸工程对水生生态环境的影响**

护岸工程产生的弃土、岸系疏浚物对水生生物有直接影响，包括对水生生物卵、苗及幼体的危害。岸系爆破产生的强烈的冲击波对水生生物有直接致命作用，影响程度取决于炸药量，一般影响范围在 $300\sim500m$。工程中造成的底质上浮还会引起水体浊度变化，直接或间接影响水生植物的光合作用，使水体溶解氧量有一定的下降。不过该效应一般发生在小范围水体中，加之水生生物本身的适应能力较强，对河流水生生物的数量、质量及功能的影响属暂时性、可逆性，因此对整个水体影响不大。

护岸工程只考虑了河道的护岸功能，而没有考虑河流及河岸是鱼类、两栖类、昆虫、鸟类等与人类生存息息相关的动物栖息、繁衍、避难的场所，同时也是各种水生植物生长的地方。这些水生植物不仅能美化环境，有利于鱼类、昆虫等的生长；还与水中细菌、真菌、浮游动物、鱼类等一起发挥着增强水体自净能力的作用，同时还有利于空气净化。

此外，垂直的浆砌条石护岸在影响水生动物、水生植物等多种生物生长的同时，还限制了人们"近水、入水、利用水面"等亲水活动，河流景观也附上人为烙印，丧失了自然色彩。

## 11.2.2　水利水电工程施工对大气环境的影响

水利水电工程施工期对环境空气的影响主要来源于机械燃油、施工土石方开挖、爆破、混凝土拌和、筛分及车辆运输等施工活动。施工期大气污染物主要有粉尘和扬尘，尾气污染成分主要有二氧化硫（$SO_2$）、一氧化碳（$CO$）、二氧化氮（$NO_2$）和烃类等。

**（1）机械燃油污染物**

施工机械燃油废气具有流动和分散排放的特点。可以根据类比工程实测数据或查阅相关机械尾气污染物排放手册，确定施工机械燃油废气种类及排放量。

机械燃油污染物排放具有流动、分散、总排放量不大的特点。施工场地开阔，污染物扩散能力强，加之水利水电工程施工工地人口密度较小，一般不会对环境空气质量和功能造成明显的影响。

**（2）施工粉尘**

施工粉尘主要来自工程土石方开挖爆破、砂石料开采和破碎、混凝土搅拌以及车辆运输等。

水利水电工程施工土石方开挖量一般较大，短期内产尘量较大，局部区域空气含尘量大，对现场施工人员身心健康将产生影响。

施工爆破一般是间歇性排放污染物，对环境空气造成的污染有限。

砂石料加工和混凝土拌和过程中产生的粉尘，可以根据类比工程现场实测数据，推算粉尘排放浓度和总量。

根据施工区地形、地貌、空气污染物扩散条件、环境空气达标情况，预测施工期空气污染物扩散方式及影响范围。

施工运输车辆卸载砂石土料产生的粉尘、施工开挖和填筑产生的土尘是施工区域及附近地区环境空气质量的主要影响源。可以根据类比工程实测数据分析，推算土方开挖与填筑施工现场空气中粉尘浓度及影响范围。

交通运输产生的粉尘主要来自两个方面：一是汽车行驶产生的扬尘；二是装载水泥、粉煤灰等在行进中因防护不当导致物料失落和飘散，对公路两侧的环境空气造成污染。

### 11.2.3　水利水电工程施工对声环境的影响

水利水电工程施工产生的噪声主要包括以下类型：固定、连续式的钻孔和施工机械设备产生的噪声；定时爆破产生的噪声；车辆运输产生的流动噪声。

根据施工组织设计，按最不利情况考虑，选取施工噪声声源强、持续时间长的多个主要施工机械噪声源为多点混合声源，同时运行，待声能叠加后，得出在无任何自然声障的不利情况下，每个施工区域施工机械声能叠加值，分别预测施工噪声对声环境敏感点的影响程度和范围。

### 11.2.4　水利水电工程施工对地质环境的影响

水利水电工程尤其是大型水利水电工程，在施工过程中，因大坝、电厂、引水隧道、道路、料场、弃渣场等在内的工程系统的修建，会使地表的地形地貌发生巨大改变。对山体的大规模开挖往往使山坡的自然休止角发生改变，山坡前缘出现高陡临空面，造成边坡失稳。另外，大坝的构筑以及大量弃渣的堆放，也会因人工加载引起地基变形。这些都极易诱发崩塌、滑坡、泥石流等灾害。

对工程施工区，应提出景观恢复和绿化措施。施工开挖的土石方，除用于工程填筑外，所余弃渣的堆放必须要有详细的规划，不得对景观、江河行洪、水库淤积及坝下游水位抬升等造成不良影响。对土石方开挖坡面，应视地质、土壤条件，决定采取工程及生物保护措施，防止边坡滑坍和水土流失，并促使景观恢复或改善。

## 11.3　采矿工程对环境的影响

我国地域辽阔，环境特点差异较大，矿山环境问题也各不相同。东部为冲积平原矿区，地形平坦，土地肥沃，人口密集，地下潜水位高，突出的环境问题是塌陷区土地积水、农作物减产和绝产、村庄搬迁、人口迁移等，给农业生态和社会经济带来较大的影响。西部为山区丘陵矿区，地形复杂，地广人稀，土地贫瘠，突出的环境问题是开采引起的山体滑坡、水土流失和井泉干枯等。南方矿区气候温和湿润，雨量充沛，突出的环境问题是酸雨、开采引起的山体滑坡、泥石流等。北方矿区气候干燥，降雨量少，水资源贫乏，水土流失和风沙危害严重，突出的环境问题是水土流失和土地荒漠化加剧，地下水位下降造成植被干枯和水资源枯竭、粉尘污染等，使原本极其脆弱的生态环境遭到进一步破坏。矿山环境问题是多种因素综合作用的结果，总体上分为自然因素和人为因素。下面根据吴国昌和甄习春等（2007）对河南省矿山环境问题的研究，分析采矿工程对环境的影响。

## 11.3.1 地面沉陷的影响因素

### 11.3.1.1 自然因素

**(1) 矿产埋藏条件**

① 矿产埋深愈大（即开采深度愈大），变形扩展到地表所需的时间愈长，地表变形值愈小，变形比较平缓均匀，但地表移动盆地的范围加大，如永煤集团、郑煤集团和平煤集团矿区。

② 矿层厚度愈大，开采空间愈大，会使地表变形值增大，如鹤煤集团四矿、九矿，栾川红庄金矿，三道庄钼矿区。

③ 矿层倾角大时，使水平移动值增大，地表出现地裂缝的可能性增大，盆地和采空区的位置更不对应。

④ 松散覆盖层的厚度及性质。松散覆盖层越厚，地表变形值越小，但地表移动盆地范围加大。如永煤集团矿区。松散覆盖层主要为黏性土时，则地表出现地裂缝的可能性增大。若松散覆盖层主要为粉土，则出现中小型地面沉陷陷坑的可能性增大。

**(2) 地质构造因素**

① 矿层产状。矿层倾角平缓时，盆地位于采空区正上方，形状基本上对称于采空区；矿层倾角较大时，盆地在沿矿层走向方向仍对称于采空区，而沿倾角方向，随着倾角的增大，盆地中心愈向倾斜的方向偏移。

② 岩层节理裂隙发育，会促使变形加快，增大变形范围，扩大地表裂缝区，如栾川红庄金矿区，鹤煤四矿区、九矿区等。

③ 断层会破坏地表移动的正常规律，改变移动盆地的大小位置，断层带上的地表变形更加剧烈。

**(3) 岩性因素**

① 上覆岩层均为坚硬、中硬、软弱岩石层或其互层时，开采后容易冒落，顶板随采随冒，不形成悬顶，能被冒落岩块支撑，并继续发生弯曲下沉与变形而直达地表，地表产生非连续变形。河南省大多数煤矿区都有此现象，尤以郑煤集团、平煤集团、鹤煤集团和义煤集团矿区为突出。其他如南召、禹州等地的铝矾土矿也很普遍。

② 如覆岩中大部分为极坚硬岩石，顶板大面积暴露，矿柱支撑强度不够时，当采空区达到一定面积之后，其上方的厚层状坚硬覆岩发生直达地表的一次性突然冒落（即切冒形变形），地表则产生突然塌陷的非连续变形。如栾川南泥湖钼矿区和三道僮钼矿区，其上覆岩层极坚硬，采后顶板长期缓慢下沉，甚至不移动，当采空区面积越采越大时，便发生大面积突发性冒落，从而引发塌陷地震。

③ 如覆岩中均为极软弱岩层或第四纪土层，顶板即使是小面积暴露，也会在局部地方沿直线向上发生冒落，并可直达地表，这时地表出现漏斗型塌陷坑。

④ 如覆岩中仅在一定位置上存在厚层状极坚硬岩层，顶板局部或大面积暴露后发生冒落，但冒落发展到该极坚硬岩层时便形成悬顶，不再发展到地表，这时地表产生缓慢的连续

型变形，特别是在太原组下部煤层开采时，由于坚硬砂岩或石灰岩层形成悬顶，较小采空区地表变化不明显。

⑤ 如覆岩中均为厚层状极坚硬岩层，顶板局部或大面积暴露发生冒落后发生弯曲变形，地表只发生缓慢的连续型变形。

⑥ 厚的、塑性大的软弱岩层覆盖于硬岩层上时，后者产生破坏，会被前者缓冲或掩盖，软岩层像缓冲垫一样，使地表变形平缓，如永煤集团矿区。反之，上覆软弱层较薄，则地表变形会加快，并出现裂缝，如鹤煤集团九矿、四矿等岩层软硬相间，且倾角较大时，在接触处常出现离层现象。地表第四纪堆积物愈厚，则地表变形愈大，但变形平缓均匀。

### 11.3.1.2 人为因素

**（1）采矿方法和顶板管理方法**

采矿方法和顶板管理方法是影响围岩应力变化、岩层移动、覆岩破坏的主要因素。目前在煤矿应用较为普遍的方法有长壁垮落法、长壁充填法和煤柱支撑法等。其他矿种如金矿、铝矾土矿也大都采用此方法。

① 垮落法是目前采用的最普遍、使覆岩破坏最严重的一种顶板管理方法。采用垮落法管理顶板进行长壁工作面开采时，顶板岩层一般都会发生冒落和开裂性破坏，并在岩层内部形成"三带"。当深厚比较大时，能促使上覆岩层迅速而平稳地移动，地表下沉量达到最大，因而下沉系数也较大。

② 用充填法采煤对覆岩的破坏较小，一般只引起开裂性破坏而无冒落性破坏，能够减小地表移动量，并使地表移动和变形更为均匀。

③ 煤柱支撑法管理顶板，一般在顶底板岩层较坚硬的情况下采用。从影响覆岩的破坏情况来看，煤柱支撑法管理顶板有两种情况：一种是保留的煤柱面积较大，煤柱能够支撑住覆岩的全部重量，使其不发生破坏，如条带法、房柱法等；另一种是保留的煤柱面积较小，煤柱支撑不住顶板，如刀柱法等，当采空区扩大到一定范围后，刀柱被压垮，覆岩发生冒落和开裂性破坏。在煤柱未能支撑住顶板的情况下，覆岩破坏情况和最大高度几乎与垮落法管理顶板的效果一样，地表下沉量明显增加。

**（2）采空宽度的影响**

地表变形的范围与宽度有密切的关系。在煤层埋深不变的情况下，开采宽度越大，形成的地表影响越大（见图 11-1）。

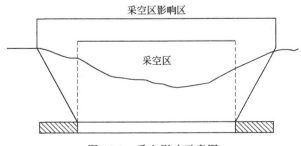

图 11-1　采空影响示意图

### 11.3.2 地裂缝的影响因素

河南省矿山地质环境问题中地裂缝有两种类型：一类是地下采空区地面塌陷引起的，出现在地面变形（地表移动）的整个过程中，直到塌陷区稳定后才逐渐消失；另一类是露天矿开采引起的，露天开采塑造了边坡。上露岩体出现大量卸荷裂缝，继续发展则演变为崩塌、滑坡。如义煤集团北露天矿、安阳李珍铁矿、信阳上天梯非金属矿等。

地裂缝的形态特征是气象、水文、地质构造、采矿条件、开采规模、上露岩土层的组合关系、岩石的物理学性质、岩土力学性质等多种因素综合作用的结果。地表裂缝的分布和矿产分布密切相关，空间分布受采空区的范围和方向控制，因此地裂缝的影响因素与地面塌陷的影响因素息息相关。

### 11.3.3 矿坑突水的影响因素

矿坑突水多发生在煤矿区，其突水条件一般有充水水源、充水通道和充水程度。这三个条件既取决于矿井所处的自然地理、地质和水文地质特征，也取决于矿井建设和生产过程中采矿活动对天然水文、地质条件的改变，即受一系列自然因素和人为因素错综复杂的影响。

#### 11.3.3.1 自然因素

**（1）大气降水**

各煤田在开采过程中涌水量随季节变化明显，雨季大，旱季小，且有一定的滞后性。鹤壁八矿枯水期排水量为 $400 \sim 470 m^3/h$，丰水期排水量增大到 $475 \sim 580 m^3/h$；同时降水量呈现多年周期性变化。如焦作矿区连续干旱年，矿井地下水由原来的 85m 持续下降到 36m，恢复正常水位后又回升到 85m。

**（2）地形**

地形直接影响矿井水的汇集和排泄，是控制矿井涌水量大小和防治工作难易程度的主要因素之一。位于当地侵蚀基准面以上的矿井一般不会发生突水事故，如义煤集团矿区。位于当地侵蚀基准面以下的矿井则易于发生突水事故，河南省内许多矿区大都如此。

**（3）地表水**

地表水能否涌入矿井及其渗入量的大小，主要取决于下述因素：

① 井巷与地表水体间的岩石渗透性。若地表水体与井巷之间为强透水岩层，即使距离甚远，地表水也可能导致矿井充水。如鹤壁矿区，淇河、洹河河床奥陶系灰岩裸露，溶蚀裂隙发育，与地下水水力关系密切，鹤壁九矿突水引起小南湾泉群消失，河流流量减少。

② 地表水体与井巷的相对位置。只有当井巷高程低于地表水时，地表水才能成为矿井充水水源。井巷高程低于地表水体，在其他条件相同时，距离愈小，影响愈大，反之则影响减小。

③ 地表水体的性质和规模。当地表水是矿井突水水源时，若为常年性水体，则水体为定水头补给边界，矿井涌水量通常大而稳定，淹井后不易恢复；若为季节性水体，只能定期

间断补给，矿井涌水量随季节变化。因此，当矿区存在地表水体时，首先应查明水体与井巷的相对位置；其次需要勘察水体与井巷之间的岩层透水性，判断地表水有无渗入矿井的通道和性质；最后在判明地表水确系矿井水充水水源时，根据地表水体的性质和规模大小、动态特征，结合通道的性质确定地表水对矿井充水的影响程度。

河南省对矿井充水有明显影响的地表水有：济源矿区的蟒沁河、宜洛矿区的洛河支流李沟河、临汝矿区的蒋公河、平顶山矿区的湛河、韩梁矿区的沙河支流石龙河等。据济源矿区排水资料证明，凡在引沁济蟒渠引水灌溉期间，矿井排水量就增大。另外，在韩梁矿区的石龙河与临汝矿区的蒋公河干旱季节，河水流至石炭系突然消失，河水大量注入地下，补给灰岩含水层，使河床常年呈干枯状态，只有雨季才有水流。据实测河水流量，每年通过矿区石龙河有 164 万吨水注入石炭系中，蒋公河每年有 290 万吨水注入临汝矿区石炭系含水层中。平顶山矿区被 40m 左右的第四系黏土层所隔，河流对其影响较小。

**（4）井巷围岩的性质**

当井巷围岩为含水层时，储存于其中的地下水就会成为矿井充水的水源。当井巷围岩为隔水层时，如果厚度大而稳定，且具有足够的强度，则可起到阻止周围的水向矿井充水的作用；反之，隔水层厚度小而不稳定，且强度较低，或存在各种天然或人为通道时，即使含水层距井口较远，仍能对矿井充水。因此，井巷围岩对矿井充水起重要作用。

① 充水岩层对矿井充水的影响。根据充水岩层的含水空间特征，可分为孔隙充水岩层、裂隙充水岩层和岩溶充水岩层。特别是岩溶充水岩层，由于其含水空间分布极不均一，致使岩溶水具有宏观上的统一水力联系、局部水力联系不好、水量分布极不均匀的特点。因此，岩溶水岩层对矿井充水的影响具有两个鲜明特点：一是位于岩溶发育强径流带上的矿井易发生突水，突水频率高，矿井涌水量大，如焦作韩王矿、演马矿位于九里山断层强径流带上，为该矿区突水最频繁、水量最大的矿井；二是矿井充水以突水为主，个别突水点的水量常远远超过矿井正常涌水量，极易发生淹井事故。

充水岩层的厚度和分布面积愈大，地下水储量愈丰富，对矿井充水影响愈大，反之则愈小。同时充水岩层的出露和补给条件对矿井充水亦有很大影响。

② 隔水岩层对矿井充水的影响。一般认为，松散层中的黏土，坚硬岩石中含泥质较高的柔性岩石，胶结很好且裂隙、岩溶不发育的岩层，以及经过后期胶结的断层破碎带都可以起到较好的阻水作用。特别需要指出的是：地质剖面中的砂质黏土、黏质砂土、粉砂岩或一些裂隙不发育的坚硬岩层等，其透水性介于含水层和隔水层之间，当其垂向渗透系数较大时，含水层与含水层之间或者充水岩层与井巷之间仍可能通过其产生越流补给，向矿井充水，特别是在上下含水层水头差很大或水压较高时。同时，隔水层的隔水性质不是一成不变的，黏土或隔水断层在水压作用或长期渗透影响以及矿压等人为因素影响下，可由阻水变为导水。

隔水层的厚度愈大，愈能在各种情况下有效地阻止水进入矿井；厚度不大的隔水层或经受不住水压的作用，或在开采活动等人工作用下遭受破坏而降低甚至完全失去阻水能力而导致矿井充水。此外，由于地质作用的复杂多变性，隔水层既可能因变薄、尖灭而形成"天窗"，也可能因断层、陷落柱等破坏形成导水通道从而使矿井充水。

隔水层由不同的岩性岩层组成。例如焦作矿区二叠系大煤和太原组八灰岩之间的隔水层即由砂岩、薄层灰岩、泥岩、砂质泥岩及页岩组成的互层。据研究，刚性较强的岩层如灰岩、砂岩具有较高的强度，对抵抗矿压的破坏起较大的作用；而柔性岩石如泥岩、页岩等，其强度较低，抵抗矿压破坏的能力差，但其隔水阻水能力较强。由刚柔性相间的岩层组成的隔水岩层则更有利于抵抗矿压与水压的综合作用，在厚度相同的条件下更有利于抑制底板突水。

### （5）地质构造

地质构造是影响矿井充水的重要因素，河南省内70%的矿井充水与地质构造有关。具体影响表现为：

① 褶曲构造。褶曲的类型决定地下水的储存条件和贮存量大小，向斜构造与单斜、背斜相比，易于汇集和储存地下水，常形成蓄水构造或自流盆地。同属向斜构造，其规模愈大，含水层的分布范围愈广，地下水的储存量愈丰富，对矿井充水影响愈大。

褶曲形成过程中，常产生一系列具有导水作用的伴生裂隙：a.平行主应力的横张裂隙导水性强；b.向斜轴部的纵张裂隙常常是底板突水的通道；c.层间裂隙有利于灰岩中岩溶的发育、地下水的汇集与运移。

② 断裂构造。断层是矿井充水的重要通道，地下水、地表水甚至大气降水都可能沿导水断层渗入或涌入矿井，具体表现为：a.断层的导水和储水作用。b.断层缩短了煤层与对盘含水层的距离，当采掘工作揭露或接近断层时突水，如焦作冯营矿1301工作面位于断层的上盘，原推测断层倾角为70°，留设37m的断层防水煤柱，煤柱端点距下盘二灰含水层（$L_2$）46m，实际上断层面倾角在深部变缓，只有55°～50°，从而使煤柱宽度减为19m，煤柱端点至下盘$L_2$的距离减至36m，因煤柱抗水压能力变弱而使二灰水沿煤柱突出（图11-2）。

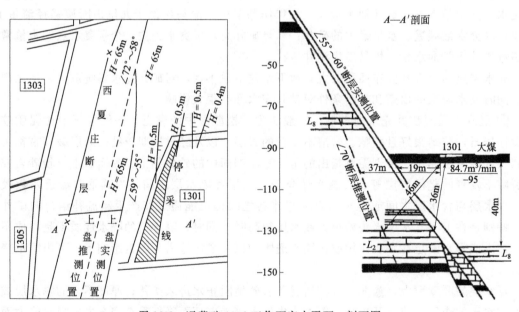

图11-2 冯营矿1301工作面突水平面、剖面图

③ 断层降低岩层的强度。断裂构造的存在除破坏岩层的完整性外，还显著降低断层附近岩层的强度。由于断层破碎带地段隔水层的强度比正常地段低，断层破碎带及其近旁常常是整个隔水层最薄弱的地段，因此断裂构造及其近旁是矿井突水最多的部位。如焦作矿区，

与断裂构造有关的突水常发生在两条主干断裂的复合部位及其锐角一侧、主干断裂旁侧的"人"字型小构造、断裂密集带、断层尖灭端、断层交叉点等部位。尽管断裂构造是影响矿坑充水的主要因素，但并非所有的断层都导水，有的还起着良好的隔水阻水作用，构成矿井或充水岩层的天然隔水边界。断裂是否导水，主要取决于：a.断裂面的力学性质，一般张裂性断裂导水性最好，压性断裂最差，扭性断裂介于两者之间。b.断裂两盘的岩性，相同力学性质的断裂，两盘均为刚性岩层时导水性好，为柔性岩层时导水性差。如果一盘为柔性岩层，另一盘为刚性岩层，断裂可能在天然情况下隔水，开采后逐渐变为导水。c.断裂的规模，在其他条件相同时，断层的走向愈大，断裂带宽度愈宽，导水条件愈好。

**(6) 岩溶陷落柱**

岩溶陷落柱是由于煤系地层下伏的奥陶系灰岩顶部岩溶发育，常形成巨大的溶洞，使上覆地层失去支撑，从而在重力的作用下不断向下垮落而成。由于它不同程度地贯穿了奥陶系灰岩以上的地层，当贯穿煤系地层时，陷落柱就可能成为奥陶系灰岩水进入矿井的通道。如安阳、鹤壁、焦作、新密矿区都出现过此现象。

## 11.3.3.2 人为因素

人为因素对矿井充水的影响既包括产生新的充水水源和通道，也包括改变水文地质条件、影响矿井的充水程度等。

**(1) 老采空区积水**

矿井采掘工程一旦揭露或接近老空积水区，老空积水便成为新的充水水源，轻则增大矿井涌水量，重则淹没巷道、工作面或采区，甚至冲毁巷道，造成人员伤亡。河南省内许多煤矿开采历史悠久，有的长达数百年，老空积水大多分布于矿井浅部，位置居高临下，且位置不清，水体几何形状极不规则，空间分布极不规律，对积水区位置难以分析判断和准确掌握，因此矿井充水常具有突发性。

**(2) 导水钻孔**

所有钻孔终孔后都应按封孔设计要求和钻探规程的规定进行封孔。未进行封孔或虽封孔但质量不合要求的钻孔便成为沟通煤层上部或下部含水层的导水钻孔。当采掘工程揭露或接近时，会酿成突水事故。

**(3) 采掘破坏对矿井充水的影响**

煤层在天然状态下与周围岩层相接触，并保持其应力平衡状态。当煤层采出后，采空区周围的岩层失去支撑而向采空区内逐渐移动、弯曲，造成破坏，原始应力状态亦随着发生变化。随着采矿工作面的不断推进，围岩的移动、变形和破坏不断由采场向外、向上和向下扩展，导致顶板、底板和煤壁的破坏，在采场周围形成破坏带或人工充水通道。当波及充水水源时，就会发生顶板突水、底板突水或断层突水。

**(4) 矿井长期排水引起充水条件变化**

矿井长期排水会使矿井水文地质条件发生很大变化，甚至根本性的变化。长期排水既可以引起某些导致矿井充水的含水层疏干，使矿井涌水量减少，也可以引起地下水分水岭位置和补排关系的变化，使矿井涌水量增加，在隐伏岩溶矿区还可能产生岩溶塌陷，形成新的人工充水通道，使矿井充水条件更加复杂。如鹤壁九矿、洛阳龙门煤矿。

### 11.3.4 滑坡、崩塌、泥石流的影响因素

**(1) 山脚开挖引起的滑坡**

开挖山脚揭露了坡体软弱层面,使前缘临空,导致斜坡失稳,如舞钢市八台铁矿铁古坑采场,西坡由于人工开挖山体,上覆第四系在雨季经常发生沿基岩层面滑坡现象,直接威胁采场作业。

**(2) 不合理开采引起的崩塌、滑坡**

剥采比不按露天开采设计的台阶式开采的要求,采面过陡,或掏挖矿体,后缘产生卸荷张裂缝,在爆破和车辆的震动下易诱发山体崩滑。特别在石灰岩开采区最为典型,如焦作九里山、息县蒲公山、禹州市无梁镇灰岩采区,没有一处是台阶式开采,有些位于下部层位的矿体还存在掏采现象,上部岩体下滑,崩塌隐患严重。

**(3) 矿山布局不合理,加工点与开采区上下重叠**

如安阳李珍铁矿区武祖洞采场,边坡陡直,山下掏挖矿体,上崖顶布置浅井,剥离废土顺坡堆积,极易发生滑坡崩塌。采矿加工点布局过于密集,剥离废土石等松散物质就地顺坡堆积,遇震动或雨水激发诱发滑坡。

**(4) 排土场、渣堆滑坡**

剥离土石、地下开采掘进废石,矿渣顺坡堆积,且堆积高度在 20m 以上,坡角大于 30°,雨季极易诱发滑坡。如义马北露天矿内排土场。

**(5) 矿业秩序混乱**

省内部分矿区,采矿点多,规模小,管理不善,乱挖现象比较普遍,既破坏了矿产资源,又易引发崩塌、滑坡。特别是铁矿、铝土矿、金矿、灰岩矿、建筑饰料露天开采比较突出。如栾川红庄金矿、桐柏破山银矿、巩义涉村铝土矿。

**(6) 尾矿坝溃决**

金属矿山多处于山区,绝大多数尾矿库依沟谷地形筑坝而建,或沿沟谷河道边砌坝而成。部分尾矿库超期服役,库高远远超出设计库容,坝体承受巨大的压力,加之不能及时复垦,在暴雨季节如若溃坝,将造成巨大的泥石流灾害。

**(7) 泥石流**

① 矿产开采过程和选冶过程中产生的大量固体废物、尾矿长期堆积于沟谷中,为泥石流的形成提供了丰富的物源。

② 尾矿库建设选址不合理,超期服役,坝体失稳,是形成泥石流的巨大隐患。

③ 汛期暴雨和洪水激发。一般重大的崩塌、滑坡、泥石流事故多发生在 7~8 月份暴雨季节。充沛的雨水为崩塌、滑坡、泥石流提供了水动力条件。

### 11.3.5 矿区地下水水位下降的影响因素

**(1) 对区域条件认识不足**

对区域水文地质条件认识不足而导致过量开采,尤其是对地下水资源的形成条件认识不

全面，容易引起所计算的允许开采量偏大，使开采量长期大于补给量，势必造成地表、地下水疏干，从而造成地下水位的持续下降。

**（2）不合理开采**

不合理开采指矿区开采地段开采层位过于集中及开采管理的无序状态，虽然整个含水层的补给量与开采量基本平衡，但在局部地段由于开采井集中或开采强度过大，将产生局部地段或某些含水层水位的大幅度持续下降。

人为或自然因素变化导致地下水补给量减少也是水位下降的原因之一。

## 11.3.6　矿区水体污染的影响因素

水体污染的原因归结起来主要是污染源、污染途径的存在及水动力、水化学条件的改变。

**（1）污染源**

采矿引起的污染往往是地下水污染的主要原因。采矿活动有大量的矿井水外排，其中大多数未经处理而排放，含有大量悬浮物、有机物，有的矿区矿井水为腐蚀性很强的酸性水，排出地表后污染土壤或地表水，危害更大；另外煤矿区采矿排出大量矸石，其成分经淋滤作用渗入地下也造成地下水的污染。金矿、钼矿区选矿产生的废水危害更大。矿区疏干排水、包气带加厚、降水对疏干带的淋滤加剧了地下水的污染。

另外，工农业生产及城镇生活引起的污染，都在不同程度上造成矿区水体污染。

**（2）污染途径**

水体污染途径是复杂多样的，分类方法有多种，按力学特点分为：间歇入渗型、连续入渗型、越流型、径流型。

① 间歇入渗型。间歇入渗型的特点是污染物通过大气降水或灌溉水的淋滤，使固体废物、表层土壤或地层中的有毒或有害物质周期性（灌溉旱田、降雨时）从污染源通过包气带土层渗入含水层（图11-3）。这种渗入一般是呈非饱水状态的淋雨状渗流形式，或者呈短时间的饱水状态连续渗流形式。此种途径引起的地下水污染，其污染物是呈固体形式赋存于固体废物或土壤中的。该类型也包括用污水灌溉大田作物，其污染物则是来自城市污水。这种类型的污染对象主要是潜水。

间歇入渗型具有以下特点：a. 有毒或有害物质周期性渗入含水层；b. 受污染的对象主要是浅层地下水；c. 常与大气降雨或灌溉相对应；d. 污染源一般呈固态，如淋滤固体废物堆引起的污染。

② 连续入渗型。连续入渗型的特点是污染物随各种液体废物不断经包气带渗入含水层，这种情况下或者包气带完全饱水，呈连续入渗的形式，或者是包气带上部的表水层完全饱水，呈连续渗流形式，而其下部（下包气带）呈非饱水的淋雨状的渗流形式渗入含水层（图11-4）。这种

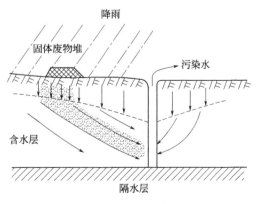

图 11-3　间歇入渗型

类型的污染物一般是液态的。最常见的是污水蓄积地段（污水池、污水渗坑、污水快速渗滤场、污水管道等）的渗漏，以及被污染的地表水体和污水渠的渗漏，污水灌溉的水田（水稻等）更会造成大面积的连续入渗。这种类型的污染对象亦主要是潜水。

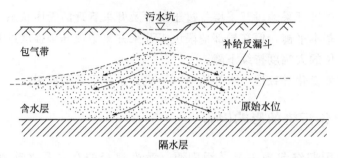

图 11-4　连续入渗型

连续入渗型具有以下特点：a.污染方式由上而下；b.污染物经过包气带连续渗入；c.污染源一般呈液态，如废水渠、废水池和受污染的地表水体连续渗漏造成地下水污染。

③ 越流型。越流型的特点是污染物通过层间越流的形式转入其他含水层。这种转移或者通过天然途径（水文地质天窗），或者通过人为途径（结构不合理的井管、破损的老井管等），或者因为人为开采引起的地下水动力条件的变化而改变了越流方向，使污染物通过大面积的弱隔水层越流转移到其他含水层。其污染来源可能是地下水环境本身的，也可能是外来的，它可能污染承压水或潜水。见图 11-5。

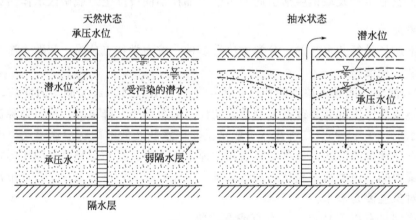

图 11-5　越流型

越流型具有以下特点：a.污染物通过越流形式污染地下水；b.人类活动引发越流方向改变；c.难以查清越流具体地点及地层部位。

④ 径流型。径流型的特点是污染物以地下水径流的形式进入含水层，即或者通过废水处理井，或者通过岩溶发育的巨大岩溶通道，或者通过废液地下储存层的隔离层的破裂进入其他含水层（图 11-6）。海水入侵是海岸地区地下淡水超量开采而造成海水向陆地流动的地下径流。此种形式的污染，其污染物可能是人为来源也可能是天然来源，可能污染潜水或承压水。

径流型具有以下特点：a.污染物通过径流形式污染地下水；b.污染范围往往不大；c.污染程度往往由于缺乏自然净化作用而显得十分严重。

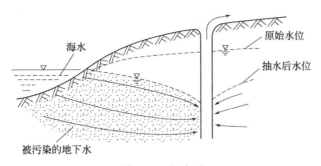

海水

原始水位

抽水后水位

被污染的地下水

图 11-6　径流型

**(3) 水动力和水化学条件的改变**

污染源和污染通道的存在是地下水水质可能恶化的必备条件，水动力条件的改变和水化学作用的产生常常是水体污染的直接原因。

① 开采含水层和污染水体之间必须有某种直接或间接的水力联系（补、排关系）。

② 由于开采抽水（或污水灌注），在开采含水层（或地段）中形成相对于污染水体的负压区，导致污水直接或间接地流入并污染开采含水层。

③ 新的水化学作用改变水质。许多水体矿化度、硬度、铁锰离子含量增高及 pH 值降低等往往是含水层疏干、氧化作用加强所致。例如煤矿区广泛分布的黄铁矿（$FeS_2$）在还原条件下很稳定，几乎不溶于水，但在氧化条件下易于溶解，即：

$$2FeS_2 + 7O_2 + 2H_2O =\!=\!= 2FeSO_4 + 2H_2SO_4$$

这一反应可造成强酸性环境，使岩层中原先不易溶解的化合物变为较易溶解，从而使水中铁、锰、钙、镁、硫酸根离子含量大大增加，地下水矿化度、硬度随之增高。

## 11.3.7　井田热害的影响因素

影响井田热害的因素既是多方面的，又是复杂的，主要包括岩石的导热性、构造运动、岩浆活动、地下水循环以及其他人为因素。

**(1) 岩石的导热性**

地球内部的热源是通过岩石向外传导的，不同的岩石具有不同的热传导能力。一般而言，致密坚硬岩石的导热性强，传热快，增温率小；松散土石导热性差，传热慢，增温率大。

**(2) 构造运动**

构造运动的影响表现在以下几个方面：基底起伏状况、褶曲影响、断裂影响等。基底隆起带较基底拗陷带的地温和增温率要高些，这是由于结晶基底的岩石导热率比沉积盖层岩石导热率大。在同一水平背斜部位的地温及增温率要高于同一水平向斜部位。如平顶山矿山，在沉积盖层内部，顺层面方向导热率高，垂直层面方向导热率低。这样就造成了热量向着基底隆起部位和背斜轴部集中。另外，由于岩浆或变质岩构造的结晶基底，其放射性物质含量往往高于沉积盖层，因此，在同一水平，基底抬高处就有可能提供更多的附加热源。

断裂构造特别是张性和张扭性断裂是地下水和地下热水运移的良好通道，而压性或压扭性断裂都阻止地下水或地下热水渗透，由此必将造成局部水的富集，迫使其循着相对开启部分或派生的张性羽状断裂向上运移。因此，在断层带，尤其是较大的断层带附近，常产生低温或高温的异常现象。

### （3）岩浆活动

侵入到地壳中的岩浆岩体，尤其是中生代、新生代的岩浆侵入体的冷却余热对地温增高也有一定的影响。所有岩石都含有一定量的放射性元素，其中，能产生大量热能的有铀、钍、钾及其生成物。

### （4）地下水循环

在深部赋存的地下水，沿着断裂和裂隙通道，带走了从深部垂直向上传递热量的一部分，促使地温和增温率降低，改变了原始地温状况。地下水径流越强，带走的热量越多。在补给区起着冷却降温的作用，在径流区则起着增温作用。

### （5）其他人为因素

矿区的通风、排水以及机械运转生热，钻探过程中泥浆循环，钻头摩擦生热等，对地温和测温数据将产生一定的影响。其中，尤以通风和排水影响比较明显。

## 11.4  工程建设环境保护措施、对策和建议

### 11.4.1  水利水电工程环境保护措施

由国家能源局发布的《水电工程环境影响评价规范》（NB/T 10347—2019）中第8.1.3条规定："水电工程环境保护措施方案应系统规划、分项拟定。系统规划应根据区域生态系统各环境要素影响之间的相关性以及各项环境保护措施之间的协同性，按照生态优先的原则以及避让、减缓、补偿和修复的思路，综合拟定环境保护措施体系与总体布局。分项保护方案应在措施体系总体布局的基础上，结合环境保护目标要求，进行多方案比选，提出推荐方案并分项计算工程量。"本小节将简要介绍有关水利水电工程环境保护措施的设计。

由于各环境因子的特性及其所造成的影响不尽相同，环境保护措施的技术要求也不相同。按照水利水电工程对环境影响的特点，可以分为自然环境、社会环境和工程施工区环境的保护措施。

#### 11.4.1.1  自然环境保护措施

##### （1）陆生植物保护

水库对陆生植物的影响主要是水库淹没和移民以及施工活动等引起的。库区陆生植物保护的目的是服务于工程地区的生态环境建设和社会经济发展，保护生物物种多样性。保护的重点是库区的地带性植被，原生于库区并被列为国家重点保护对象的珍稀濒危物种，库区特有物种及名木古树。

选用的措施主要包括以下几方面。

① 对重要陆生植物物种原产地、地带性植被和珍稀特有植物规划建立自然保护区和保护点。其选择原则为：

a. 典型性——在具有代表性的植被类型中，重点保护原生地带性植物的地区；

b. 多样性——利用工程所在地区不同的小气候、地形、坡向、坡位、母岩、土壤等组合类型，建立类型多样的自然保护区；

c. 稀有性——以稀有种、地方特有种、特有群落、独特生境，特别是植物避难所作为重点保护对象；

d. 自然性——选择植被或土地条件受人为干扰尽可能少的区域；

e. 脆弱性——脆弱的生态系统具有很高的保护价值，而与脆弱生境相联系的生物物种保护比较困难，要求特殊的保护管理；

f. 科研或经济价值——保护对象要有一定的科学研究价值或有特殊的经济价值。

② 为保护库区名木古树及所在地的自然生境，可以在一定范围内用特殊的标物围起来，使其处于良好的生长环境中。有些名木古树可以采用离体保存的方法，即选择适当的名木古树，优先选择可能受淹的名木古树，贮藏其种子、根、茎、花粉、组织等在种子库或基因库内，用于长期保存，适应植物保护发展的需要。

③ 运用多种宣传方式，加强对保护名木古树的教育工作，培养库区人民热爱自然保护的风尚，加强执法，使名木古树资源处于法律保护范围之内。

**（2）陆生动物保护**

水库的建设对陆生动物的直接影响主要是淹没其栖息地，引起动物资源的变化，即随着水面的扩大，导致某些不易迁徙的种类个体减少和与水有关的种群数量增加；间接影响主要来自移民搬迁，对土地的垦殖增加，导致动物栖息环境的破坏。库区对陆生动物群落的不利影响主要是对低海拔的草灌农田生境中的群落；对于水域生境群落的影响是有利的，其群落组成种类和个体数量均将增加。为了加强陆生动物的保护，可以采取以下措施：

① 保护现有自然植被。加强植树造林，提高森林覆盖率，制止库区陆生脊椎动物群落从森林群落向草灌、农田群落的逆向演替，使其维持森林群落发展。

② 宣传贯彻国家《森林保护法》和《野生动物保护条例》。一般地区执行部分禁猎；在安置区附近，通往植被较好的野生动物迁移路线，实行强制禁猎。禁止收购国家保护的野生动物毛皮。

③ 建立自然保护区，结合地形、地貌、植被及水源条件，开辟人工放养场地，使某些珍稀动物得到保护发展。

**（3）鱼类保护**

水库蓄水后，库区水流流速明显减小，大量泥沙沉积，鱼类的饵料生物组成发生较大变化，适应静水、缓流水生活的鱼类将成为水库内的优势种类。原来栖息于该江段的一部分喜急流水的鱼类因不能适应这种环境变化而逐渐在水库内减少以致消失，其余迁移到库尾以上江段或支流中生活。

为减轻水利水电工程对鱼类的不利影响，可以采取的措施有：

① 工程在规划阶段需在库尾上游合适的江段建设珍稀特有鱼类保护区，以保护受影响的上游特有鱼类。

② 在坝段建筑过鱼工程，如鱼梯、鱼闸、升鱼机等。

③ 在坝下江段规划保护区，主要保护珍稀鱼类的产卵场，同时拟开展"水库调度对鱼类繁殖条件保障"的研究。

④ 适当调整水库调度方案，以保障鱼类产卵条件。

⑤ 兴建水利水电工程影响洄游性鱼类通道时，应根据生物资源特点、生物学特性及具体水环境条件，选择合适的过鱼设施或其他补救措施。

⑥ 对于在工程影响河段中不能依靠自然繁殖保持种群数量的鱼类或其他水生生物，可以建立增殖基地和养护场，实行人工放流措施。

⑦ 兴建工程改变河流水文条件而影响鱼类产卵孵化繁殖时，可以采取工程运行控制措施。如：在四大家鱼繁殖季节进行水库优化调度，使坝下江段产生显著涨水过程，刺激产卵；但在繁殖盛产期，应避免水位变幅过大、过频，以保证鱼类正常孵化；当工程泄放低温水影响鱼类产卵和育肥时，在保证满足工程主要开发目标的前提下，应提出改善泄水水温的优化调度方案和设置分层取水装置。

⑧ 因泄水使坝下水中气体过饱和，严重影响鱼苗和幼鱼生存时，应提出改变泄流方式或必要的消能形式等措施。

⑨ 对受工程影响的珍稀水生动物，应选定有较大群体的栖息水域，划定保护栖息地或自然保护区，实行重点保护。

**（4）地质环境保护**

对于兴建水库工程可能诱发较强地震的地区，应加强对断裂带和地震的动态监测，提出测点布置方案；适当控制人类活动，不得设置重要的建筑和旅游设施。因兴建水利水电工程而可能产生大型崩塌、影响滑坡体的稳定性时，应进行变形观测和涌浪计算，制定居民和重要设施迁移方案，以及库岸的防护工程措施。

**（5）土壤环境保护**

因兴建水利水电工程引起地表水和地下水资源发生较大改变，可能导致土壤次生潜育化、沼泽化、土壤侵蚀、污染等不利影响。在土壤浸没区可以依水位变化种植不同作物，也可以采取截水、排水措施改善土壤状况。为防止岸边土壤的沼泽化、潜育化，应对岸边地势低平地区修建截渗、排水等工程，还可以采取改变耕作制度的措施。官厅水库采取上述方法治理了几千亩沼泽化土地。土壤盐渍化的治理则采取水利和农业土壤改良措施，包括洗碱排水系统、合理耕作、间套轮作、施有机肥料和石膏、合理灌溉、选种耐盐作物、种植绿肥等。

为了保护工程影响地区的土壤资源和土壤生产力，必须采取环境保护措施。根据受影响地区的影响性质和程度，提出相应的防治标准和保护措施方案，包括合理利用土地资源方案，水土保持规划以及工程措施、生物措施、耕作措施等综合性防治措施。

**（6）下游河段调节措施**

水库上游蓄水运用后，在某些时间和季节里，下游河道用水得不到满足。进行补偿性放水，是针对受大坝影响的下游河道的调节措施，也是各相关部门的普遍要求。即使小的补偿水流也可能使常驻鱼类存活和生长下去。下游水用户也可以通过非常及时的放水补偿来得到满足。预测补偿放水对水流产生的水力和水文特性，从而提供鱼类偏爱或符合特定要求的速度、深度、底层状况等是一件困难的事情。这种预测要求进行彻底的环境调查，并进行相关的水力学和水文学研究。

**（7）改善水库泥沙淤积的措施**

在多泥沙河流上修建水库会给上、下游带来复杂的生态影响，可以采取以下改善措施：

① 加强流域中、上游的水土保持工作，从根本上控制水土流失。

② 采取引洪淤灌、打坝淤地等工程措施，在拦截入库泥沙的同时，起到肥田的效果。

③ 掌握水库及河道的冲淤规律，合理调度水库，既调水又调沙，发挥综合利用效益。例如可以调整入库泥沙和排沙的时间比例，在汛期挟沙力增强时适当降低库水位向下游排沙，以致入海，还可以防止清水冲刷下游河道引起河床剧烈变化。但要注意低水位运行时，粗沙淤积至坝前将会影响引水和发电等。

**（8）改善水库水质的措施**

库区蓄水会因为流速减缓和水体交换滞后，降低河流水质自净能力。改善水库水质的措施有：

① 加强水源保护，防止水体污染。对流域内污染源应进行清查并分批治理，严重者令其停产、搬迁。还应加强库区管理，禁止向库内排污、倾倒垃圾和在水中清洗车辆、船舶等。

② 对成层型水库应合理调度，改善水库水质。除利用深孔泄洪加速水循环、提高底层水温外，每年应有一定时间使水库水位降到最低，让库底处于氧化环境，加速沉积物氧化、分解。

③ 向水库深层增氧，改善水质。用空压机向深层水体输送空气（氧气），破坏分层水温、改善缺氧状态，加速沉积物的氧化和分解，改善水质，以促进鱼类繁殖。

④ 加强水库水质的预测、预报工作，为改善水质提供科学依据。

## 11.4.1.2　社会环境保护措施

**（1）保护人群健康**

因水利水电工程导致生物性和非生物性病媒的分布、密度变化，影响人群健康时，应采取必要的环境保护措施：

① 工程影响地区人群健康及疫情的抽检、库底卫生清理、疫源地治理及病媒防治；

② 对于介、水传染病防治，应采取水源管理保护措施；

③ 对于虫媒传染病防治，应通过灭蚊、防蚊等措施，切断传播途径；

④ 对于地方病防治，应加强实时监控，控制发病率；

⑤ 对于自然疫源性疾病防治，应通过控制病原体、媒介和宿主，避免人体感染；

⑥ 对影响地区的疫源，如厕所、粪坑、畜粪、垃圾堆、坟墓等，应进行卫生清理。

**（2）文物古迹的保护**

凡处于水利水电工程建设影响范围内的风景名胜及文物古迹，应区别情况进行保护。在工程施工前，需拨出专门经费，加强文物古迹调查、考古勘探，进行古文化遗址的发掘工作。

① 对位于水库周围及工程建筑物附近的风景名胜，应配合相关管理部门做好风景名胜的规划，使工程建设与之相协调；

② 对位于水库淹没及工程占地范围内的风景名胜及有保存价值的文物古迹，应视其与

工程运行水位的关系，分别采取异地仿建、工程防护或录像留存等措施；

③ 对位于水库淹没及工程占地范围内的文物古迹，经过调查鉴定，有保存价值的，采取报迁、发掘、防护或复制等措施。

**(3) 移民安置**

库区移民安置是一门具有自然科学和社会科学双重属性的边缘学科，移民安置涉及面广、问题复杂，是一项难度较大、政策性很强的系统工程。库区移民安置得好坏，不仅关系到库区移民的切身利益，关系到该地区的经济恢复与重建、社会发展与安定，也关系到库区未来的生态环境重建和恢复，还直接关系到水库能否如期蓄水、发挥效益等问题。

移民安置不是简单意义上的搬家安置，而是要考虑到移民搬迁、安置所牵涉的各个方面，不仅要妥善安置好移民的生活住房，而且要解决好移民的生产出路，还要考虑移民生存的合适生活环境、生活设施、生产条件等。做好移民安置工作，必须先制定科学的规划，而科学规划的制定和实施又必须以一定的政策法规作为保证。唯有如此，库区移民才能按规划有序地进行搬迁，移民的生产、生活水平才会逐步提高，库区的经济才能日臻繁荣，环境质量才能显著改善。

一个完善合适的移民安置规划不仅包括制定征用土地和支付赔偿的法律程序，而且包括落实移民安置的相关政策，相关政策包括的内容有：

① 制定一个政策框架，在受影响群体离开他们的土地而重新安置时，对他们的权利和条件进行定义；

② 进行适当的社会调查，其中包括风险分析和完善的从搬迁到重建的跟踪；

③ 进行经济和财务分析，为工程规划者提供及时的信息，帮助他们使安置问题内部化，并且以此为焦点，对工程进行优化；

④ 在地方一级拥有人民群众参与的强有力的组织机构；

⑤ 社会监督要贯穿工程实施的全过程，并深入到运行阶段。

相关经验表明，必须使这些基本政策问题得到重视并纳入移民安置规划中，否则，迁移也许意味着贫穷。贫穷的原因可能是失去土地、无家可归、健康状况差、食物不安全、失去取得公共财产的途径、社会干扰等。根据相关社会指标，在目前情况下，对水利水电工程的这些移民政策进行深入的经济分析，妥善解决移民安置问题，从长远来看具有良好的社会效益。

### 11.4.1.3 工程施工区环境保护措施

**(1) 水环境污染防治**

水利水电工程施工期间，无论是施工废水，还是施工营地的生活污水，都是暂时性的，随着工程的建设，其污染源也将消失。通常施工期的污水对水环境不会有大的影响，可以采用简单的、经济的处理方法。如施工营地的生活污水采用化粪池处理，施工生产的废水设小型蒸发池收集，施工结束后将这些污水池清理掩埋。

**(2) 空气污染防治**

空气污染来源于工程施工开挖产生的粉尘与扬尘，水泥、粉煤灰运输途中的泄漏，生产混凝土时产生的扬尘，制砂产生的粉尘，燃煤烟尘，各种燃油机械设备在运行过程中产生的污染物。

空气污染的防治措施有：

① 增加烟囱高度，调整生产区与生活区之间的卫生防护距离，在拌和楼里生产混凝土并安装防尘设备；

② 干法制砂，采用新的汽车能源，采用新燃料或对现有燃料改进；

③ 在发动机外安装废气净化装置；控制油料蒸发排放；

④ 加强施工作业船舶、车辆的清洗、维修和保养；

⑤ 在运输多尘物料时，应对物料适当加湿或用帆布覆盖，运送散装水泥的储罐车辆应保持良好的密封状态，运送袋装水泥必须覆盖封闭；

⑥ 在施工场地临时道路行驶的车辆应减速；

⑦ 在车流量大，靠近生活区、办公区的临时道路应进行洒水；

⑧ 坝基开挖、导流洞施工采用湿式除尘法；

⑨ 在较密集区域的施工场地，无雨天时应采取人工洒水降尘等措施。

**（3）噪声污染防治**

水利水电工程施工区主要噪声源有：以砂石料系统和混凝土拌和系统为主的固定、连续式噪声源，以大吨位汽车运输系统为主的移动、间断式噪声源，挖掘机、推土机、装载机以及大量的钻孔、振捣、焊接、爆破作业等噪声源。

噪声污染的防治措施有：

① 详尽调查隧道周围的工程地质构造，研究选择适当的爆破方法，实行全程跟踪量测，实现爆破信息化施工；

② 采用噪声低、振动小的施工方法及机械；

③ 采用声学控制措施，例如对声源采用消声、隔振和减振措施，在传播途径上增设吸声、消声等措施；

④ 限制冲击式作业，缩短振动时间；

⑤ 对各种车辆和机械进行强制性的定期保养维护，以减少因机械故障产生的附加噪声与振动；

⑥ 通过动力机械设计降低汽车及机械设备的动力噪声；

⑦ 通过改善轮胎的样式降低轮胎与路面的接触噪声；

⑧ 禁鸣喇叭等。

**（4）地貌保护措施**

水利水电工程施工对地貌环境影响较大的有施工迹地和弃渣场两处。对工程施工的迹地，应提出景观恢复和绿化措施。施工开挖的土石方，除用于工程填筑外，所余弃渣的堆放必须要有详细的规划，不得对景观、江河行洪、水库淤积及坝下游水位抬升等造成不良影响。对土石方开挖坡面，应视地质、土壤条件，决定采取工程及生物保护措施，防止边坡沿坍塌和水土流失，并促使景观恢复或改善。关于这部分内容将在 11.4.1.4 中详细介绍。

## 11.4.1.4　水土流失预防

水土流失预防是指通过法律、行政和经济手段管理、防止和减少水土流失的措施。水土流失预防是水土保持工作的重要组成部分，水土流失预防与水土流失治理构成了水土保持工作的两大方面。根据《中华人民共和国水土保持法》（以下简称《水土保持法》），"预防为主"是中国水土保持工作的基本方针。

水土流失预防在水土保持工作中具有十分重要的地位和作用。20 世纪 90 年代末全国水土流失总面积为 365 万平方千米，而从 1949 年至 20 世纪 90 年代累计治理接近 81 万平方千米，约为水土流失面积的 1/4。某些省（自治区）新增的水土流失面积甚至高于同期的水土保持面积。对这些区域的水土流失进行预防，其任务远远大于治理，收到的成效也会大于治理的投入。随着中国经济建设和各项生产活动的快速发展，新的人为水土流失地区不断产生。据相关调查，20 世纪 90 年代以来，全国每年因人为活动造成的水土流失面积达 1 万多平方千米，边治理边破坏的现象较为普遍，严重制约着中国水土流失防治的进程和成效。

水土流失预防的主要内容包括：

① 思想落实：必须把水土流失预防列为水土保持工作的首位。各级政府和人民都应树立预防为先的指导思想，采取有力措施把人为活动可能引发的水土流失控制到最小限度。全社会、全体人民应增强水土保持意识，自觉保护水土资源，预防因个人行为造成新的水土流失。

② 法制落实：从国家到地方都要建立和完善水土保持的法律、法规，依法加强水土流失预防工作，依法对造成水土流失的案件进行查处。

③ 组织落实：各级水行政主管部门要设立专门机构，建立一支素质高、业务精的执法队伍。

④ 措施落实：建立和完善水土流失预防监督和监测体系，从源头开始控制人为造成的水土流失。严格执行水土保持方案报批制度，对各类开发建设项目实施监督、检查和管理。

### 11.4.1.5 水土流失治理

水利水电工程建设中的水土保持主要是在工程措施和植物措施两方面把水土保持和工程建设充分考虑进来，处理好局部治理和全局治理、单项治理措施和综合治理措施的关系，使其相互协调，将工程施工及运行过程中造成的水土流失控制到最低限度，既保证短期内减少流域土壤侵蚀和入库泥沙量，又从根本上改善流域水文环境，实现水库流域生态系统可持续发展。

工程建设中的水土流失主要来自护岸工程施工、清基、削坡产生的弃土、弃渣，以及施工场地平整、施工道路修建及施工临时占地等。同时，工程扰动或破坏原地貌会新增水土流失，主要是护岸工程区、施工附企业及管理区、施工道路、弃土弃渣场和占地拆迁安置区等区域。

**(1) 水利水电工程施工区水土流失形成的原因**

① 地表形态发生变化，原地形、地貌由于开挖、扰动等形成新的形态，使水土流失的影响因子——坡度、坡长变化极大，许多边坡处于不稳定状态，加剧了水土流失。

② 地表组成物质发生变化，经过扰动的原地表土壤变成了由土壤、岩石等组成的松散堆积物，抗侵蚀能力下降，适宜种植的水土保持林、草品种已发生改变。

③ 地表植被受到破坏，工区原有的水土保持功能降低。

④ 降雨、径流过程发生变化，洪水过程往往陡涨陡落，水土流失程度加剧。一些项目对地下水也造成较大影响，使地下水水位下降。表层土壤干燥，地表植被退化，水土流失加重。

**（2）工区水土保持**

按照《开发建设项目水土保持方案技术规范》（SL 204—98）的规定，工程建设水土流失防治责任范围包括项目建设区和直接影响区。项目建设区包括护岸工程区（包括护坡工程区和护脚工程区）、施工附企业及管理区、施工道路、弃渣场等，直接影响区包括临时码头施工、道路影响区及其他影响区。

工区水土流失防治涉及工区建设的整体布局、生产工艺、建设和施工方式。其恢复治理又涉及地质、土壤、环境保护、生态、土地复垦、土地整治等领域。防治措施主要有护坡工程、拦渣工程、土地整治工程、绿化工程等。

水土保持需遵照《水土保持法》及相关法律、法规的要求，贯彻"预防为主、防治并重、因需制宜、因害设防、水土保持与生产建设安全相结合"的原则。

① 在工程建设和施工中尽量减少对植被的破坏，如建设项目的征地、取土、采石、弃渣等应尽可能少占地，减小对原有植被的影响。

② 剥离的表土，废弃的砂、石、土等必须堆放在规定的专门存放地，并采取拦挡措施。不得向江河、湖泊、水库和专门存放地以外的沟渠倾倒。

③ 建设场地的边坡必须修建护坡或其他防护工程，如公路的高、陡边坡的防护等。

④ 开挖面、剥离面必须采取措施恢复表土层和植被，防止水土流失，尽快恢复土地的使用价值，恢复或改善生态环境。这类项目在开工建设前应制定水土保持方案，经相关水行政主管部门批准后实施，以有效控制和治理工区的水土流失。

**（3）弃渣场水土保持**

弃渣水土流失主要发生在坡面上，经常发生的水土流失形式有沟蚀、滑坡和坍塌。影响弃渣流失的因素较多，主要与弃渣堆放的地理位置、地形条件、汇流区径流的动力条件、弃渣的粒径组成等物理特征以及防治措施状况等因素有关。弃渣场水土流失防治措施主要有：

① 堆渣及护坡措施。弃渣堆放采取"边拦边弃""回填压实"的方式，弃渣场堆渣坡面坡比控制在1：1.5以内，坡脚采取干砌石固脚，坡面采取干砌石护坡（护坡厚度为0.2m）。在地形坡度较大的弃渣场，应修筑拦渣坝，以防止弃渣场底部水土流失。弃渣堆放至设计地面高程后，堆渣面结合堤防防浪林建设，采用乔、草相结合的方式进行迹地恢复。植被恢复选择乡土树种。

② 排水措施。为防止顶雨直接冲刷弃渣坡面，坡面设坡度向下坡导流。为汇集山涧水，弃渣场设置排水沟、急流槽及消力池，将流水引入坡底排水沟中。弃渣场横坡上设梯形边沟，将山坡水截入沟中。急流槽砌筑在弃渣场坡面上，按原阶梯状用浆砌片石砌筑槽底部，并利用其阶梯状坡面消能。消力池部分接天然沟，池底坡度按实际情况设计。

③ 弃渣场改造。在弃渣堆放至设计地面高程后，为充分利用土地资源，恢复和改善土地生产力，应对其进行整治利用。整治后的土地可以通过种植树木或播草籽改良土壤，复垦后可以作为农业用地、林业用地和牧业用地。根据水土保持土地整治措施要求，农业用地一般覆土 80～100cm，林业用地覆土 50～80cm，牧业用地覆土 30～50cm。

**（4）道路水土保持**

水利水电工程涉及的道路建设水土流失主要发生在施工建设过程中，如果不采取措施加以控制，水土流失往往非常严重，甚至引发滑坡、泥石流，造成灾难性后果。

① 道路建设产生水土流失的原因

a.开挖和堆弃废弃物占压和破坏林草植被，使地表失去原有保护，并形成很多松散的裸露地面，在降水、大风等作用下极易产生水土流失；

b.道路建设穿山过岭，破坏了原始的地形、地貌，形成许多不稳定、易产生水土流失的地段和边坡；

c.在道路建设周边地区，如道路排水区、施工临时占地区等，因建设活动加重水土流失。

针对工程项目区可能发生的水力侵蚀、风力侵蚀、重力侵蚀等危害，采取不同的预防措施，特别是在高山峻岭和风沙地区修建道路时，更应充分注意水土保持工作。

② 道路水土保持的措施

a.路基、路面排水。路基应设置完善的排水设施，以排除路基、路面范围内的地表水和地下水，保证路基和路面的稳定，防止路面积水影响行车安全。路基地表排水可采用边沟、截水沟、排水沟、跌水及急梳槽、拦水带、蒸发池等设施。

挖方路段及高度小于边沟深度的填方路段应设置边沟。边沟横断面一般采用梯形，梯形边沟内侧边坡为1：1.0～1：1.5，外侧边坡坡度与挖方边坡坡度相同。为汇集并排除路基挖方边坡上侧的地表径流，应设置截水沟。挖方路基的截水沟应设置在坡顶5m以外。

填方路基上侧的截水沟距填方坡脚的距离不应小于2m。截水沟横断面采用梯形，边坡视土质而定，一般采用1：1.0～1：1.5，深度及底宽不宜小于0.5m，沟底纵坡不应小于0.5%。

将边沟、截水沟、边坡和路基附近积水引排至桥涵和路基以外时，应采用排水沟。排水沟横断面一般为梯形，边坡可以采用1：1.0～1：1.5，横断面尺寸根据设计流量确定，深度和底宽不宜小0.5m。沟底纵坡宜大于0.5%，在特殊情况下可以采用0.3%。水流通过陡坡地段时可以设置跌水和急流槽。跌水和急流槽应采用浆砌片石或水泥混凝土预制块砌筑，各部位尺寸应根据水文、地形、地质及当地气候条件确定。

当路基范围内露出地下水或地下水位较高，影响路基、路面强度或边坡稳定时，应设置暗沟（管）、渗沟、检查井等地下排水设施。高速公路或一级公路应设置路面排水设施。路面排水设施由路肩和中央分隔带排水设施组成。

b.路基防护。路基防护工程是保证路基稳定、防止水土流失、改善环境景观和保护生态平衡的重要设施。边坡防护工程应在稳定的边坡上设置，在适宜植物生长的土质边坡上，应优先采用种草、铺草皮、植树等植物防护措施；岩体风化严重、节理发育、软质岩石等的挖方边坡以及受水流侵蚀、植物不易生长的填方边坡可以采用护面墙、砌石（混凝土块）等工程防护措施；沿河路基，在受水淹和冲刷的路段，可以采用挡土墙、砌石护坡、石笼、抛石等直接防护措施；对高速公路、一级公路的路基边坡，应根据不同地质情况及边坡高度，分别采取植物、框格、护坡等防护措施；对石质挖方边坡可以采用护坡、护面墙及锚喷混凝土等防护形式。各种防护措施可以配合使用，并注意相互衔接。

c.道路绿化工程。道路绿化工程主要是指道路防护林。道路防护林通过庞大的根系网络固持土壤，防止路基由于雨水的冲刷而被破坏，或因湿软而塌陷下沉；同时还可以防止路旁的边坡崩塌、落石、泻溜等破坏路面，影响交通；林带的茂密树冠可以为路面遮阴，避免温度的急剧变化，从而保护沥青路面，延长沥青路面的使用时间；林带的防风作用可以减少路面的积沙、积雪对交通的阻碍，维持交通畅通，减少护路费用，提升行车安全；道路防护林对道路及周围环境具有调节作用，可以防止烈日暴晒和寒风侵袭，提升人们旅行的舒适度；道路防护林又是一项重要的林产品资源，可以获得木材、薪柴、饲料、肥料等。

水利水电工程道路防护林包含水利水电工程建设所涉及的公路防护林和乡村道路防护林。

在公路、乡村道路等道路两侧营造人工林带，其目的是防止道路及周围的水土流失，防风固沙，巩固路基，保护路面，维护交通环境，延长道路使用期限，美化道路景色，减少司机驾驶疲劳，提升行车安全。道路防护林由一行到多行树木组成，配置形式多样，结构各异。

公路防护林配置的最简单形式是在道路两侧各栽植一行至两行乔木或灌木，较复杂的配置是乔灌混交、针阔混交的多行树木组成的林带。在重要的大型公路、高速公路两侧，一般都设置有较宽的绿化带，与路边的防护林带一起形成道路防护林。在分上、下行车道的公路上，在分车带一般用灌木、攀缘植物或草皮进行绿化；在小型公路上，一般只设置单行防护林带；在填方的路基坡面上，一般栽植较密集的灌木或草皮进行护坡；在交叉路口、急弯处不宜栽植高大乔木，可以用花草、低矮灌木代替。

在乡镇道路和乡间道路上，由于路面比较窄，一般将树木栽植在路肩下的沟（堑）坡上或沟外侧的地埂上，一般栽植一行至两行树木。

施工完毕后进行平场、植被恢复，即对废弃的临时道路采取清理场地、平整土地、植被恢复措施；对加固拟保留的原土堤道路，施工结束后布置行道树进行植被恢复。

**（5）施工附企业及管理区水土保持**

施工附企业及管理区由于施工人员活动频繁、机械进出较多，基本丧失耕作性能。因此根据全面防护的要求，在施工前，应将原有的地表有肥力土壤推至一旁堆放，待施工完毕后，再将这些熟土推至施工区和施工生活区以便恢复原有表层，以利于今后耕作，并同时结合堤防防浪林建设进行植被恢复。

**（6）直接影响区水土保持**

直接影响区主要是指局部工程影响段，包括施工临时道路两侧一定范围及施工区周围影响区域。其中施工临时道路两侧主要考虑施工运输过程中弃渣的撒落，在弃渣场外围未征用的范围内运输过程中也难免有撒落现象发生，对这些重点影响地段要做好施工期间的环境保护和水土保持管理，做到文明施工。

**（7）库区滑坡防治**

① 库区滑坡分类

在库区流域开展的水土流失预防和治理，其目的是保证水库设计寿命，防止水库泥沙淤积，改善和调节水库来水的季节动态和入库水质，提高水库电站的水能利用效率。库区水土保持应根据水库的利用功能，开展有针对性的水土流失综合治理。在饮用水源水库库区进行的水土保持，要十分注意水质的保护，对以灌溉和防洪为主要功能的水库以及以防洪与发电为主要功能的水库，防止水库泥沙淤积是水土流失治理的主要目标。库岸周边水土流失的治理是库区水土保持的重要项目。库岸周边由于受到水库水位变化的影响，有可能导致库岸土体失稳、坍塌、土石体堆积在库区。

滑坡广义上指斜坡上的部分岩（土）体脱离母体，以各种方式顺坡向下运动的现象；狭义上指斜坡上的部分岩（土）体在重力作用下，沿一定的软弱面（带）产生剪切破坏，整体向下滑移的现象。运动的岩（土）体被称为变位体或滑移体，未移动的下伏岩（土）体被称为滑床。

a. 库区滑坡形成因素

使斜坡上岩（土）体顺坡向下运动的促滑力是岩（土）体自身平行于滑动面的切向分力；使岩（土）体保持在斜坡上而不至于下滑的阻滑力是摩擦力和凝聚力，阻滑力等于岩（土）体自身重力垂直于滑动面的法向分力和摩擦系数之积与滑动面上的凝聚力的和。促滑力若大于阻滑力即产生滑坡。组成斜坡的岩（土）体若属易为水软化的黏性土或软岩，或者岩体中的层理、片理、节理裂隙、断层面等不连续面为软弱结构面，且产状有利于转化为破坏面（滑动面）时，则易产生滑坡。某些自然或人为作用使斜坡变陡，则加大促滑力而减少阻滑力，流水、冰川侵蚀坡脚，海、湖、水库波浪淘蚀坡脚，人工开挖坡脚以及自然和人工坡顶堆载，常导致滑坡发生。风化作用，水对黏性土、黄土、软岩的浸润软化作用和岩（土）体中的孔隙水压力效应可以显著降低岩（土）体的摩擦阻力，导致滑坡发生。人工爆破、降雨、融雪、水库充水和水位消落等常是诱发滑坡的重要因素。

b. 库区滑坡分类

国际上有关滑坡的分类方法有多种，分别从滑坡的物质组成、运动方式、活动时期、规模大小等方面进行分类。国际工程地质协会滑坡委员会建议采用瓦勒斯（D. Varnes，1978）的分类为标准分类，这一分类综合考虑了斜坡的物质组成和运动方式。

按物质组成分为岩质、土质、碎块石质斜坡。

按运动方式分为5种：

（a）崩塌——以张性破坏为主，是陡坡上部分岩（土）体沿着一个基本无剪切位移的面脱离而向下坠落；

（b）倾倒——岩（土）体围绕其重心下的某一点或轴发生向斜坡外的转动；

（c）滑动——以剪切破坏为主，岩（土）体沿剪切破坏面或强烈剪切应变带发生向坡下的运动，又细分为平面滑动和在曲面上的转动滑动；

（d）扩离——刚性相对较大的上覆岩（土）体破裂为块体并陷入下伏软弱岩（土）体而产生的侧向扩展（漂移）；

（e）流动——由下伏软弱岩（土）体液化或塑性流动（挤出）所引起。

另外一种常用的分类由苏联 A. Ⅱ. 巴甫洛夫提出，按滑动方式分为推落式和牵引式。前者是上部岩（土）体首先滑动从而推动下部滑动；后者是下部岩（土）体首先滑动引起上部相继滑动。国际工程地质协会将这两种滑动方式定义为破坏面的延展方式，并提出用前伸式和后延式来取代上述术语。

中国的工程地质工作者根据自身的实践，从简单、明确、实用的角度出发，提出了许多滑坡分类方法。在水利水电工程勘察工作中，最常见的分类如表11-1所示。

表 11-1　常用滑坡分类表

| 分类因素 | 类型 |
| --- | --- |
| 组成物质 | 基岩滑坡 |
| | 堆积层滑坡 |
| | 混合型滑坡 |

续表

| 分类因素 | 类型 |
|---|---|
| 规模 | 小型滑坡 |
| | 中型滑坡 |
| | 大型滑坡 |
| | 特大型滑坡 |
| 滑移速度 | 高速滑坡 |
| | 中速滑坡 |
| | 慢速滑坡 |
| 形成时代 | 新滑坡 |
| | 老滑坡 |
| | 古滑坡 |
| 破坏方式 | 牵引式 |
| | 推移式 |
| 稳定性 | 稳定 |
| | 基本稳定 |
| | 稳定性较差 |

c. 库区滑坡的危害

滑坡是最常见的地质灾害之一，常常给人类的生命和财产造成重大损失。对于水利水电工程建设，滑坡的危害也很大。意大利瓦依昂滑坡不仅使水库毁于一旦，而且由滑坡激起的涌浪翻过坝顶使下游约 2000 人丧生。我国龙羊峡水库近坝地段也有大型滑坡，多年来依靠采取限制水库蓄水位的措施加以防范，并进行系统研究和监测；漫湾、铜街子等大坝坝肩滑坡都曾投入巨大工程量予以治理。

② 库区滑坡治理措施

a. 排水工程

排水工程可以减轻地表水和地下水对坡体稳定性的不利影响，排水工程包括地表水排水工程和地下水排水工程。

（a）地表水排水工程。地表水排水工程既可以拦截病害斜坡以外的地表水，又可以防止病害斜坡内的地表水大量渗入，将其尽快排走。地表水排水工程分为防渗工程和水沟工程两种。防渗工程包括夯平夯实和铺盖阻水，可以防止雨水、泉水和池水的渗透。水沟工程包括截水沟和排水沟。截水沟布置在病害斜坡范围外，拦截、旁引地表径流，防止地表水向病害斜坡汇集；排水沟布置在病害斜坡上，一般呈树枝状，充分利用自然沟谷。在斜坡的湿地和泉水出露处，可以设置明沟或渗沟等引水工程将水排走。水沟工程可以采用砌石、沥青铺面、半圆形钢筋混凝土槽、半圆形波纹管等形式。

（b）地下水排水工程。地下水是产生滑坡的主要原因之一，地下水位与滑坡的移动量之间具有高度的相关性，该特性也在许多实践中被证实。

地下水排水工程可以排除和截断渗透水，包括暗渠工程、凿孔排水工程、隧洞排水工程、集水井工程、地下水截断工程（渗沟、明沟、暗沟、排水孔、排水洞、截水墙等）。

b. 打桩工程

防止滑坡工程之一的打桩工程就是将桩柱穿过滑坡体将其固定在滑床上的工程。因其涉及的土方量小，又省工省料，施工方便，所以应用十分广泛。根据滑坡体厚度、推力大小以及防水要求和施工条件等，选用木桩、钢桩、混凝土桩或钢筋混凝土桩等。桩的材料、规格、布置必须满足抗剪断、抗弯、抗倾斜、阻止土体从桩间或桩顶滑出的要求。

c. 防沙坝工程

在溪岸、山脚与山腹发生的滑坡，在滑坡地的临近下游筑坝阻滑，也就是依坝的上游堆沙，使其发挥推动堆土的效果，抑制在滑坡末端部分的崩溃或流动，防沙坝工程是有效的工程方法之一。但坝的位置，原则上应能设在不受滑坡影响的稳定场所，不得不建筑在滑坡地内时，有必要采用框坝或钢制自由框等。

根据坝的平面形状，防沙坝工程有直线坝、拱坝、混合坝之分。按建筑材料划分有混凝土坝、卵石混凝土坝、堆石坝、混凝土框坝、钢坝、水坝、石笼坝等。

d. 挡土墙工程

挡土墙工程可以用来防止崩塌、小规模滑坡及大规模滑坡前缘的再次滑动，挡土墙的构造有重力式、半重力式、倒 T 形或 L 形、扶壁式、支垛式、棚架扶壁式和框架式等。对于坡脚较坚固、允许承载力较大的滑坡与崩塌体，采用重力式挡土墙效果较好，这类挡土墙又分为片石垛、浆砌石挡墙、混凝土挡墙和空心挡墙等。当滑动面出露在斜坡上较高位置，坡脚基底较坚固时，一般采用空心挡墙（明洞）。当滑坡体较薄且具有多个滑动面时，则可采用分级支挡的办法。其他几种类型的挡土墙一般采用钢筋混凝土修筑。

在滑坡地区，地盘的变动巨大，并且涌水也多，所以一般使用即使稍有变形也保持良好的排水性能的框架工程。框架工程是使用木材、混凝土、角材等制作框架，在其中装入粗石建成的。

按照《建筑边坡工程技术规范》（GB 50330—2013）的规定：一般对岩质边坡和挖方形成的土质边坡宜采用仰斜式挡土墙，高度较大的土质边坡也宜采用仰斜式挡土墙。

e. 滑动带加固工程

采用机械的或物理化学的方法，提高滑动带强度，防止软弱夹层进一步恶化，其中包括普通灌浆法、化学灌浆法、石灰加固法和焙烧法等。

（a）普通灌浆法采用水泥、黏土等普通材料制成的浆液，用机械法灌浆。

（b）化学灌浆法较为省工，采用由各种高分子化学材料配制成的浆液，借助一定的压力把浆液灌入钻孔中。浆液充分裂隙后不仅可以增加滑动带强度，还可以防渗阻水。我国常采用的化学灌浆材料有水玻璃、铬木素、丙凝、氰凝、脲醛树脂等。

（c）石灰加固法是根据阳离子的扩散效应，由溶液中的阳离子交换出土体中的阴离子而使土体稳固。

（d）焙烧法是利用导洞焙烧滑坡体前部滑动带的砂黏土，使之形成地下挡土墙来防止滑坡。

**（8）库区水土保持的主要措施**

① 库区水土保持的主要措施

a. 库区流域水土保持林草措施主要是营建水源保护林体系。在对水源保护区生态经济分区、水源保护林分类和水源保护林环境容量进行分析的基础上，根据流域地质、地貌、土壤、气候条件配置高效稳定的水源保护林体系，充分发挥森林植被的水文调节、侵蚀控制和水质改善功能。

b. 库区水土保持农业技术措施包括等高耕作、免耕法、间作套种等，辅以合理施肥和采用生物农药等管理措施，减少养分流失及有机农药污染，保护水质。此外，建立植物过滤带来吸收、净化地表径流中的氮、磷及有机农药污染，可以起到良好的水质净化作用。植物过滤带带宽一般为 8～15m，植物种类随不同地理气候区和当地条件而异。

c. 库区流域水土保持工程措施包括坡面治理工程、沟道治理工程以及库岸防护工程等。坡面治理工程通过改造坡耕地、改变小地形的方法防止坡地水土流失，使降雨或融雪径流就地入渗，同时将未能拦截的径流引入小型蓄水贮水工程。在易发生重力侵蚀的坡面上，修筑排水工程或支撑建筑物，防止滑坡、崩塌等灾害。沟道治理工程（例如沟头防护工程、拦沙坝、谷坊、淤地坝以及沟道护岸工程等）可以防止沟头前进、沟床下切、沟岸扩张，减缓沟床纵坡，调节洪峰流量，并将山洪或泥石流的固体物质分段沉降，避免进入水库。库岸防护工程包括护岸与护基（或护脚）两种。

② 植被措施

库区库岸防护林由靠近水边的防浪林、在防浪林上侧的防风林和在最外侧的防蚀林三部分组成。

a. 库区库岸防护林的作用

库区库岸防护林对于固持库岸，防止库岸崩塌，减少水库库岸周围进入水库的泥沙，美化水库库区环境，特别是降低干旱地区水库的蒸发均有重要的作用。在库岸周围种植茂密的灌木，使波浪通过树干、树叶间隙时受到阻力和摩擦，具有显著降低浪高与风浪冲击力的效果。据湖北省天门市的观测资料，凡是有防浪林的地方，发生 5～6 级风时，风浪通不过防浪林；发生 7 级风时，库面的风浪虽然通过防浪林，但是能量不足以造成破坏作用。防风林通过降低风速，可以减少干旱地区水库的蒸发量，起到节约水资源的效果。据湖北长江修防局的相关研究，防风林带可以使每公顷水面每年减少蒸发损失水量 2600m$^3$。

b. 库区库岸防护林的营造技术

防浪林是配置在靠水边一侧以防止风浪冲淘岸基为目的的灌木林带，一般沿林带的起点栽植几行到几十行灌木，在迎风面要加大宽度，选择耐水湿、根系发达、枝条柔软、枝叶茂密的树种，尽量加大栽植密度，使坡面得到充分的覆盖。同时在防浪林以下种植一些水生植物，以抵抗水位下降时波涛对库岸的冲击。防风林是配置在库岸以降低库面风速为主要目的的林带，一般沿库岸配置乔、灌相结合的防风林带，林带以稀疏结构为宜，由 10～20 行树组成。要选择耐水湿、枝叶发达的树种。防蚀林是指配置在库岸周围阻止泥沙直接进入水库的防护林带，林带的宽度一般在 20m 以上，以耐旱灌木为主，紧密型结构，在当地允许的条件下尽量加大密度，以得到有效的固体径流过滤效果。

库岸防护林的配置起点取决于防洪高水位、正常蓄水位、最低水位等不同设计水位出现的频率和持续的时间。当防洪高水位出现的频率比较小，持续时间短，不至于影响到耐水湿乔木的生长时，可以以正常蓄水位的壅水位作为防护林配置的起点。如果气候干旱、水位经常维持在正常蓄水位以下，可以将正常蓄水位以下作为防护林的配置起点。

在配置库岸防护林时要注意库岸的地质类型、土壤性质及相关的气象、水文资料，选择与当地相适应的树种，确定适宜的宽度和林分结构。当库岸的坡度比较缓，侵蚀不太强烈时，林带宽度为 30～40m 即可；当坡度较陡，水土流失严重时，林带宽度应在 50～60m 以上；而在平原水库，林带宽度应为 20~25m，或更小一些。

③ 护岸工程措施

护岸工程采取修建基脚、枯水平台、埋设倒滤沟、浆砌石排水沟、浆砌石截流沟、砌石（混凝土预制块）护坡等措施。

护坡工程主要是对不稳定斜坡、岩体、土体所采取的防护性工程措施。主要包括挡土墙、砌石、抛石、喷浆、格状框条、混凝土及锚固等多种护坡形式。

在实际工程中，一般采用综合护坡工程，以期达到最佳效果。护坡工程在满足防护要求的前提下，也要尽量满足植被恢复和重建的条件，以达到工程护坡与植被护坡的有效结合。

### 11.4.1.6 环境保护实施的保证措施

为保证环境保护措施顺利实施、项目区及周边生态环境良性发展，项目业主单位应在组织领导、技术力量、资金来源和监理等方面制定切实可行的方案，实施保证措施。

**(1) 组织领导与管理措施**

① 为了保证工程的环境保护防治措施得到充分的贯彻落实，要求工程项目业主与施工单位按照环境保护相关法律、法规的要求，使环保措施与主体工程"同时设计、同时施工、同时投产使用"。建立环境保护措施实施领导管理机构，负责各项目区环境保护管理工作，工作内容包括实施环境保护措施所需资金的筹措、使用和管理，并与当地环境保护部门密切配合，接受环境保护行政部门的监督和指导，保证环境保护措施高标准、高质量、高效率地按进度计划进行。

② 水行政主管部门要对环境保护的实施加强领导，协助建设单位进行监督管理，贯彻"预防为主，防治并重"的方针，对主体工程以外、竣工后的环境保护设施加强管理、维修，严格监督执法，并积极向当地群众宣传《中华人民共和国环境保护法》，激发群众的热情，使群众能够积极参与环境保护建设，保证环境保护措施实施的质量。

**(2) 技术保证措施**

① 在工程施工阶段，编制工程环境保护方案及各项目措施设计报告，为实施工程环境保护方案提供可操作性依据。

② 在项目招标文件中，应有控制环境破坏及后果处理的条款。

③ 选择施工经验丰富、技术力量强的投标施工单位，建设中尽量采用先进的施工手段和合理的施工工序，减少和避免环境破坏。

④ 加强管理机构人员有关环境保护法律、法规和技术的培训，增强职工的责任心，提高职工的技术水平。

⑤ 加强技术监督，对环境保护措施要经常定点、定时进行长期监测，分析环境保护措施的防治效果，对需要补充的环境保护措施制定相应的治理方案。

**(3) 资金保证措施**

依据"谁开发谁维护，谁造成环境破坏谁负责治理"的原则，由项目业主负责筹集资金并专款专用，充分保证资金需求，并按照环境保护措施实施进度规划，逐年逐项落实，确保各项环境保护措施保质保量按时完成。

**(4) 实施环境保护措施监理**

为了加强和有效落实拟采取的各项环境保护措施，在项目建设中应实行环境监理制。监理工程师要根据合同和相关规范标准的规定，对工程环境保护的进度、质量和投资进行控制，对环境保护措施实施进行全过程监督管理。

环境监理的职责和任务包括：

① 监督工程承包商按要求完成工程招、投标文件中规定的属于承包商应承担的环境保护工作；

② 定期向建设单位提交环境保护工作执行情况的报告；

③ 根据相关法律、法规及施工承包合同，协助相关部门处理相关工程污染事故、生态破坏及各种纠纷和投诉。

## 11.4.2　矿山问题的治理对策和建议

矿业开发在我国国民经济和社会发展中发挥了重要作用。但由于科学技术、经济条件等因素的影响，矿产资源开发利用过去走的是一条以浪费资源和牺牲环境为代价的粗放式的发展路子。矿山尾矿、煤矸石、废水、废石和废气的大量排放，崩塌、滑坡、泥石流、地面沉陷、矿坑充水等地质灾害的加剧，恶化了地质环境，已成为制约经济和社会可持续发展的重要因素。矿山地质灾害造成的巨大损失，使各级政府、矿山企业认识到保护资源、科学合理开发利用以及制定并落实地质灾害防范制度的重要性，并投入大量资金进行地质灾害防治，降低灾害损失，治理恢复地质环境。随着时代的发展，保护环境成为人类共识，国家相继出台了一系列法律、法规对矿山开发环境保护进行规范。

为了更好地开展矿山环境预防、保护和治理工作，提出如下矿山环境预防、保护和治理对策。

① 将矿山环境保护贯穿于矿产资源开发全过程，必须坚持"事前预防，事中治理，事后恢复"的原则，按照科学的矿山环境管理系统的要求，做好矿山环境保护与治理工作。矿产资源开发应选取有利于矿山环境保护的工程、区域和方式，把开发活动对环境的影响和破坏降低到最低限度。新建矿山必须符合生态环境准入条件。在矿山地质勘探阶段应查明矿区环境的地质条件，做出现状评价，预测开发过程中和开发后可能产生的环境问题，提出防治对策建议，为矿山环境影响评价、矿山地质灾害评估、编制建设项目可行性研究报告和设计提供基础性资料和科学依据。

② 在新建（改、扩建）矿山阶段，坚持矿产资源开发利用与矿山环境保护并重的原则，实行环境一票否决制。应当严格执行矿山环境影响评价制度，新建矿山应向主管部门提交有资质的单位所编制的开采矿产资源环境影响评价报告、矿山环境保护与治理的方案及闭坑环境治理效果图。经审查认为采矿活动对环境影响和破坏较大的或遭破坏后难以治理的，一律不予批准。新建（改、扩建）矿山必须满足和达到批准的矿山设计或国土资源管理部门提出的开采回采率、选矿回收率、共伴生资源综合利用率、废弃物回收利用的要求，满足规定的矿山最小开采规模要求，具有相应的安全设施，安全设施和矿山环境防治工程必须与采矿主体工程做到"三同时"。矿山环境保护与治理方案，其主要内容要有固废堆场或尾矿库建设方案、资源综合利用方案、矿山废水排放处理和循环利用措施，粉尘防治、"三废"处理措施和达标排放方案、水土保持方案、土地复垦方案，地质灾害防治方案。露采矿山应采用安全的斜坡式、水平台阶式或凹陷式开采方式，限制并逐步淘汰落后的、浪费甚至破坏资源的开采方法，坚决取缔无安全保障的开采方式。

③ 不得在自然保护区、重要风景区、地质遗迹保护区、历史文物和名胜古迹保护区、大型水利工程设施所圈定的范围等禁采区内新建（改、扩建）矿山；禁止在交通干道两侧的可视范围内露天采矿；完善矿山环境保护与治理制度，逐步建立起相应的考核制度。矿业权人在领取采矿许可证时，必须与国土资源管理部门签订矿山环境保护治理责任书，并按规定足额缴纳矿山环境保护与恢复治理保证金。对于不提交矿山环境影响评价报告和矿山环境保护治理方案或者审查未获得批准的，采矿权登记管理机关不予核发、换发采矿许可证。

④ 在矿山生产阶段，要完善环境保护与治理管理制度，建立相应的考核制度，遵守和履行矿山环境保护治理责任书面承诺和保证金制度。矿山尚未进行环境影响评价和矿山地质灾害评估的，应依照相关规定要求进行评价、评估工作。采矿权人必须严格按照批准的开采设计方案、矿山环境保护治理方案、地质灾害防治方案的要求从事采掘活动和环境保护与恢复治理。采矿权人应当按照"边开采、边治理"的原则，严格规范矿业活动。矿山开采造成环境问题或者引发地质灾害的，采矿权人应当立即采取必要的补救措施，并及时向当地国土资源和环境保护部门报告。加强矿山企业年检制度，对矿山环境保护治理和土地复垦任务提出具体要求，确定分期治理目标，并定期进行检查。出台相关矿山环境治理优惠政策措施，引导矿山企业增加对矿山环境保护治理工作的投入，改善矿山环境恢复治理状况。

⑤ 在矿山闭坑阶段应建立闭坑矿山的矿山环境审查制度，明确矿山闭坑的环境达标技术要求。采矿权人应向矿山所在地的国土资源管理部门提交矿山闭坑环境恢复治理计划，按规定报请审查批准。采矿权人应当在规定时间内完成矿山环境恢复治理工作，并经国土资源部门会同有关部门对恢复治理情况进行审查验收，达到验收标准的方可闭坑停办。

⑥ 对于矿山地质灾害的防治应严格执行"安全第一，预防为主"的方针，贯彻执行矿山安全条例、矿山安全规程等国家及相关部委颁发的法律、法规等有关规定。矿山企业应严格贯彻执行安全设施"三同时"原则，接受主管部门的审查、指导和监督。建立健全矿山环境监测体系和矿山地质灾害防治预警信息系统。矿山企业应设专职人员对采矿场、固废堆场等进行监测，并制定相应的预警、应急预案，防止灾害事故的发生。

⑦ 露天矿山应制定科学合理的开采方案，严格按照设计的剥采比、边坡角进行台阶式开采，限制采面、坡面高度。对露天采场危险地段采取坡面喷浆处理、修建防水面、削方减载、减少振动、坡脚堆载、抗滑桩支护措施等，防止发生崩塌、滑坡灾害和水土流失。在露天矿山周围建立加工和冶炼厂，应严格执行国家环保要求，防止矿区空气污染和水土污染。对于目前已经造成污染的矿区，应积极采取措施恢复治理，改善矿区生态环境。

⑧ 新建固废堆场必须由具相应资质的专业单位按照国家相关规范进行选址、评估、勘察、设计、施工及监理；正在使用的固废堆场必须按照设计使用要求建设运营；达到设计使用年限或设计库容的固废堆场，应立即停用，启动闭库程序，严禁超设计能力使用，对有安全隐患的尾矿库，应进行加固处理。废石废渣集中有序堆放，及时覆土绿化；固废堆场必须建设正规的拦渣坝，坡面筑浆砌石护坡或进行其他固化措施，防止发生滑塌、泥石流等地质灾害。对于一些无法进行有效治理的不稳定滑坡体、不稳定边坡处，采取避让措施，并设置隔离带和警示牌等。对占用主要行洪通道如河谷、沟谷的废渣进行清理或修建行洪渠或管道，保证洪水的顺利通过，截断泥石流形成的物源条件。对各矿区内乱采滥挖、随意弃置固废物对矿山环境造成破坏的矿点进行整顿、清理或关闭。

⑨ 限制开采砖瓦黏土，防止耕地破坏。对丘陵地区的砖瓦黏土矿应科学规划，合理开采砖瓦黏土资源，平整岗地沟谷，恢复为可耕地或建筑用地。在平原地区，禁止占用耕地开

采砖瓦黏土，防止土地资源的破坏。大力发展新型墙体材料；各市、县不得新建、扩建黏土实心砖生产线；现有砖厂必须进行技术改造，转产空心砖、工业废渣砖或其他产品。推行"年度许可证制度"，对不按计划取土和复垦，除经济处罚外，严重者取消其取土资格。通过各种政策措施，抑制并最终取缔实心黏土砖瓦厂。

⑩ 各级政府和矿山企业要重视矿山环境恢复治理工作，加大矿山环境治理资金的投入力度。国土资源部门要加强矿山环境监督管理，定期对本行政区域内采矿权人对矿山环境治理的情况进行依法监督检查，与有关部门密切协作，共同搞好矿山环境治理工作，改善矿区的生态环境。

⑪ 对采矿造成的地面塌陷、地裂缝等土地破坏情况进行定量分析和评估，为科学、合理地选择复垦方法、方案及耕地损失补偿等提供决策依据；土地复垦与生态重建要按照"宜平则平，宜深则挖，宜充则填"的原则，因地制宜部署塌陷地区土地复垦工程。推广采煤新技术，合理开发矿产资源，保护耕地和地表建（构）筑物；结合实际，以耕地、林地、建设用地为主，确定科学合理的复垦土地用途和比例；科学规划，动态复垦，采矿与复垦相结合，使土地复垦工作逐步走向良性循环。重视矿区生态环境的系统性、适宜性、创新性和动态性建设；土地复垦技术方法要因地制宜，以土地平整和充填复垦法为主，疏干法、挖深垫法为辅，土地恢复与农业结构调整相结合；村庄搬迁与中心村（小城镇）规模重建相结合。

⑫ 加强土地复垦制度、理论方法和技术创新。逐步建立和健全科学合理、切实可行的矿业用地制度；强化政府职能，建立健全有关政策与法规体系，采取强有力的监管措施，对土地复垦进行组织、管理与协调。清晰、明确责任、权利及义务，采取有效的激励机制，以宏观调控与市场化的运作方式，加大矿区土地复垦整治投资力度，增大投资比例，对复垦整治工作进行规范化管理；土地复垦及经营产业化和市场化相结合，提高投资效果。

⑬ 矿山植被恢复是开展生态建设的一项重要内容。制定具体的规章制度，对矿山破坏植被的行为进行监管，督促矿山企业加大植被恢复治理的力度。矿山植被恢复的基本原则是适宜性、综合性和优化性；特别是治理废弃矿山、闭坑矿山时，要因地制宜，因矿施制。矿山植被恢复应与土地复垦、水土流失治理、物种多样化和发展生态农业有机结合。对重要矿山植被恢复规划进行专题研究，应包括矿山林带的配置、树种选择、布局、优化等问题，提高矿山植被恢复效果。对自然保护区、风景名胜区、地质公园、文物古迹旅游点、重要交通干道两侧的采矿区逐步关停采场，应科学规划，进行台阶式平整覆土和种草植树造林，依据景观恢复要求开展绿化工作。

⑭ 废弃物堆放场的治理，以资源化二次开发利用为重点，固化和绿化为辅。要坚持"因地制宜，积极利用"的指导思想，实行"谁排放、谁治理，谁利用、谁受益"的原则。尾矿、煤矸石等固体废物可用作建材原料、水泥配料以及发电、制砖等。利用煤矸石回填塌陷地和修建路基，促进煤矸石的再生资源化，减少矸石山堆放量，对残余矸石山进行覆土绿化，减少矸石对环境的影响和破坏。加强煤矸石资源化利用的评价工作，对煤矸石的分布、积存量、矸石类型、特性等进行系统分析和研究，科学确定其综合利用途径，逐步建立煤矸石数据库，为合理有效利用煤矸石提供详实可靠的基础资料。其他固体废物可用于铺垫公路路基、建筑工程填方、充填沟谷；部分岩性较好、含土质少的废石可加工为建筑石料和建筑用砂等。

⑮ 矿井水与废污水利用以煤矿排水为重点，加强矿井水的净化处理，使之符合不同的用水标准，以实现矿井排水资源化。矿井水经过沉淀、净化处理后作为井下洒水、消防、除

尘、锅炉、浴室用水等，减少外排量，实现水的多次循环利用。在矿井水外排河流、沟渠两侧，采用根系发达且耐盐碱土的乔、灌、草，呈带状复式种植立体化护岸绿化林。重视矿山区供水网络建设，矿井水净化处理后可作为矿山、周边村庄的生产和生活用水，解决水资源枯竭和水环境破坏问题，提高矿井水资源化利用水平。

⑯ 露采矿山主要进行景观生态治理，以景观恢复和土地资源开发为主。城市发展区周边，结合城市发展，通过对废弃矿山的工程整治，改变成可供利用的土地资源；自然保护区、风景名胜区、地质公园和文物古迹保护区内，通过山景、水景、人文景观的再造和遗迹资源的保护，挖掘或创建新的旅游资源，建立休闲度假胜地或环境生态园区；交通干线两侧覆土绿化，恢复或重建生态景观。

⑰ 应选取矿山环境治理的典范工程和形象工程，总结经验，广泛宣传，吸纳社会资金介入，使之成为推进矿山环境治理市场化的切入点和突破口。继续部署矿山环境治理示范工程，形成不同类型的矿山环境治理示范模式和概念性规划方案，"宜农造田、宜渔开塘、宜林植树、宜工建厂"，为矿山环境治理的市场运作和规范管理提供技术平台。

⑱ 矿山环境治理技术要求高，涉及面广，专业性强，涉及地质、土地规划、环境保护、园林设计、动植物和艺术等多个领域，矿山环境治理模式多样化。生态保护模式侧重于植物多样性保护，以形成稳定丰富的绿地植物生态群落为目的；景观再造和应景改造模式，因地制宜将治理工程融入城市规划和景观建设之中；资源二次开发模式是在资源开发的同时，做好生态环境保护，适当营造人文景观；循环经济模式要从实际情况出发，建立不同条件的矿业循环经济。应根据实际情况寻求矿山环境治理的最优化模式。如利用金属矿废弃物的采、选、冶设施，历史时期的采矿遗址和砖瓦黏土矿的烟囱建成观光旅游、科普教育基地或矿山公园；利用矿房式开采遗留的矿房，建成集旅游、休闲、疗养为一体的娱乐中心；利用废弃矿山建设生态墓地，既可治理废弃矿山，恢复自然景观，又可推进殡葬改革。

 **思考题**

1. 简述环境影响因子。
2. 简述水利水电工程施工对水环境的影响。
3. 简述水利水电工程施工对大气环境的影响。
4. 简述采矿工程中地面沉陷的影响因素。
5. 简述生态环境调查的调查内容。
6. 简述采矿工程中滑坡、崩塌、泥石流的影响因素。
7. 简述水利水电工程环境保护措施。
8. 简述矿山环境预防、保护和治理对策。

# 第 **12** 章　"3S" 技术及其在生态学中的应用

## 12.1　"3S" 技术概述

### 12.1.1　"3S" 技术的概念及发展历程

本书所讲 "3S" 技术是指以遥感（Remote Sensing，简称 RS）、地理信息系统（Geographic Information System，简称 GIS）和北斗卫星导航系统（Beidou Navigation Satellite System，BDS）为主的，与地理空间信息有关的科学技术领域的总称，是目前对地观测系统中空间信息获取、存储、管理、更新、分析和应用的技术支撑。"3S" 技术是现代空间信息科学发展的核心与主要技术，因它们的英文简称中最后一个字母均为 "S"，故人们习惯将这三种技术合称为 "3S" 技术。在国际上，与此对应的英文为 Geomatics。因此，可以认为 "3S" 就是我国的 "Geomatics"。

对于 "Geomatics" 而言，法国大地测量和摄影学家 Bernart Dubuisson 于 1975 年将该词的法文 "Geomatique" 正式用于科学文献。1990 年 P. Gagnon 对 "Geomatics" 进行了定义，紧接着加拿大、澳大利亚、英国、荷兰等国家和地区的一些高等学校的测量工程系、政府机构、杂志等纷纷采用 "Geomatics" 更名。如加拿大拉瓦尔大学等将测量工程系改名为 "Geomatics" 系；加拿大学者 Groot 到荷兰特文特大学（ITC）任教，将测量学、摄影测量学、遥感图像处理、地图制图、土地信息系统以及计算机科学几个教研室合起来成立了 "GeoInformation" 系。

可见 "Geomatics" 体现了现代测绘科学、遥感和地理信息科学与现代计算机科学和信息科学相结合的多学科集成以满足空间信息处理要求的趋势。1996 年 ISO 将 "Geomatics"

定义为：地理信息学是指测量、分析、管理和显示空间数据的综合方法的现代科学术语。

综上所述，"3S"技术的集成主要包括先进的计算机技术、遥感和卫星技术，三者相互依存，共同发展，构成一体化的技术体系，广泛地应用于地学、资源开发利用、环境治理评估、测绘勘探等多个领域，被称为 21 世纪地球信息科学技术的基础，是构成数字化地球的核心技术体系。

### 12.1.2 "3S"技术的集合

在"3S"技术体系中，RS 具有快速、实时、动态获取空间信息的功能，为 GIS 提供及时、准确、综合和大范围的遥感数据，并可根据需要及时更新 GIS 的空间数据库；GIS 对地理数据进行采集、管理、查询、计算、分析和管理，可为遥感信息的提取和分析应用提供重要的技术手段和辅助数据资料，从而大大提高遥感数据的自动解译精度；BDS 具有实时、连续、准确地确定地面任意点的地理坐标以及物体和现象运动的三维速度和精确时间的能力，可为 RS 和 GIS 提供准确的空间定位数据，从而建立遥感图像上的地物点与实际地面点的一一对应关系，可为遥感图像的像元样本选择、图像几何校正和空间数据的坐标投影变换提供服务和帮助。

综上，"3S"技术的综合应用取长补短，是一个自然的发展趋势，三者之间的相互作用形成了"一个大脑，两只眼睛"的框架，即 RS 和 BDS 向 GIS 提供或更新区域信息以及空间定位，GIS 进行相应的空间分析，并从 RS 和 BDS 提供的浩如烟海的数据中提取有用信息、进行综合集成，使之成为决策的科学依据。

## 12.2 北斗卫星导航系统

### 12.2.1 BDS 概述

BDS 是中国着眼于国家安全和经济社会发展需要，自主建设运行的全球卫星导航系统，是为全球用户提供全天候、全天时、高精度的定位、导航和授时服务的国家重要时空基础设施。

BDS 提供服务以来，已在交通运输、农林渔业、水文监测、气象测报、通信授时、电力调度、救灾减灾、公共安全等领域得到广泛应用，服务于国家重要基础设施，产生了显著的经济效益和社会效益。基于 BDS 的导航服务已被电子商务、移动智能终端制造、位置服务等厂商采用，广泛进入中国大众消费、共享经济和民生领域，应用的新模式、新业态、新经济不断涌现，深刻改变着人们的生产生活方式。中国将持续推进北斗应用与产业化发展，服务国家现代化建设和百姓日常生活，为全球科技、经济和社会发展做出贡献。

20 世纪后期，中国开始探索适合国情的卫星导航系统发展道路，逐步形成了三步走发展战略：2000 年年底，建成北斗一号系统，向中国提供服务；2012 年年底，建成北斗二号系统，向亚太地区提供服务；2020 年，建成北斗三号系统，向全球提供服务。

北斗一号系统于 1994 年启动建设。2000 年，发射 2 颗地球静止轨道卫星，建成系统并投入使用，采用有源定位体制，为中国用户提供定位、授时、广域差分和短报文通信服务。2003 年，发射第 3 颗地球静止轨道卫星，进一步增强系统性能。

北斗二号系统于 2004 年启动建设。2012 年，完成 14 颗卫星（5 颗地球静止轨道卫星、5 颗倾斜地球同步轨道卫星和 4 颗中圆地球轨道卫星）发射组网。北斗二号系统在兼容北斗一号系统技术体制基础上，增加无源定位体制，为亚太地区用户提供定位、测速、授时和短报文通信服务。

北斗三号系统于 2009 年启动建设。2020 年 6 月 23 日 9 时 43 分，我国在西昌卫星发射中心用长征三号乙运载火箭，成功发射北斗系统第五十五颗导航卫星，暨北斗三号最后一颗全球组网卫星，至此北斗三号全球卫星导航系统星座部署比原计划提前半年全面完成。北斗三号系统继承有源服务和无源服务两种技术体制，为全球用户提供定位、导航、授时、全球短报文通信和国际搜救服务，同时可为中国及周边地区用户提供星基增强、地基增强、精密单点定位和区域短报文通信等服务。

## 12.2.2 BDS 的组成

BDS 定位系统主要由三部分组成，即空间段、地面段和用户段。

空间段由若干颗地球静止轨道卫星、倾斜地球同步轨道卫星和中圆地球轨道卫星等组成。

地面段包括主控站、时间同步/注入站和监测站等若干地面站，以及星间链路运行管理设施。

用户段包括北斗及兼容其他卫星导航系统的芯片、模块、天线等基础产品，以及终端设备、应用系统与应用服务等。

## 12.2.3 BDS 坐标系统

BDS 采用北斗坐标系（BDCS）。北斗坐标系的定义符合国际地球自转服务（IERS）规范，与 2000 国家大地坐标系（CGCS2000）定义一致（具有完全相同的参考椭球参数），具体定义如下：①原点、轴向及尺度定义原点位于地球质心；$Z$ 轴指向 IERS 定义的参考极（IRP）方向；$X$ 轴为 IERS 定义的参考子午面（IRM）与通过原点且同 $Z$ 轴正交的赤道面的交线；$Y$ 轴与 $Z$、$X$ 轴构成右手直角坐标系；长度单位是国际单位制（SI）米。②参考椭球定义。BDCS 参考椭球的几何中心与地球质心重合，参考椭球的旋转轴与 $Z$ 轴重合。BDCS 参考椭球定义的基本常数见表 12-1。

表 12-1 BDCS 参考椭球的基本常数

| 序号 | 参数 | 定义 |
|---|---|---|
| 1 | 长半轴 | $a = 6378137.0\,\text{m}$ |
| 2 | 地心引力常数（包含大气层） | $\mu = 3.986004418 \times 10^{14}\,\text{m}^3/\text{s}^2$ |
| 3 | 扁率 | $f = 1/298.257222101$ |
| 4 | 地球自转角速度 | $\Omega_e = 7.2921150 \times 10^{-5}\,\text{rad/s}$ |

### 12. 2. 4  BDS 的特点

与美国 GPS、俄罗斯 GLONASS、欧盟 GALILEO 相比，BDS 具有以下特点：

① 空间段采用 3 种轨道卫星组成的混合星座，与其他卫星导航系统相比高轨卫星更多，抗遮挡能力强，尤其低纬度地区性能特点更为明显；

② 提供多个频点的导航信号，能够通过多频信号组合使用等方式提高服务精度；

③ 融合了导航与通信能力，具有实时导航、快速定位、精确授时、位置报告和短报文通信服务五大功能。

## 12. 3  地理信息系统

### 12. 3. 1  GIS 概述

GIS 是 20 世纪 60 年代中期开始形成并逐步发展起来的一门新技术。20 世纪 50 年代，计算机科学的兴起及其在航空摄影测量与地图制图学中的应用，使人们开始利用计算机收集、存储和处理各种与空间分布有关的图形和属性数据，并希望通过计算机对数据进行分析来直接为管理和决策服务。因此，便产生了地理信息系统（GIS）。

地理信息系统（Geographic Information System 或 GEO-Information System，GIS）有时又称为"地学信息系统"或者"资源与环境信息系统"，它是一种特定的十分重要的空间信息系统，是在计算机软件和硬件的支持下，运用系统工程和信息科学的理论，科学管理和综合分析空间内涵的地理信息，以提供规划、管理、决策和研究所需的信息的技术系统。可见，GIS 是研究与地理分布有关空间的信息系统。

GIS 是多学科交叉的产物，具有以下特点：

① GIS 的物理外壳是计算机化的技术系统，它由若干个相互关联的子系统构成，如数据采集子系统、数据管理子系统、数据处理和分析子系统、图像处理子系统和数据产品输出子系统等。这些子系统的好坏直接影响着 GIS 的硬件平台、功能、效率、数据处理方式及输出类型。

② GIS 具有采集、管理、分析和输出多种空间信息的能力，其操作的对象是空间数据。但空间数据的最根本特点是每一个数据都按照统一的地理坐标进行编码，从而实现对其定位、定性和定量的描述，这是 GIS 区别于其他类型信息系统的一个根本标志。

③ GIS 的技术优势在于它的数据综合、模拟和分析能力，系统以空间分析模型驱动，借助于强大的空间综合分析和动态预测能力，得到常规方法或普通信息系统难以得到的重要信息，实现地理空间过程演化的模拟和预测。

④ GIS 与测绘学和地理学有密切的关系。大地测量、工程测量、地籍测量、航空摄影测量和遥感技术为 GIS 中的空间实体提供各种不同比例尺和精度的定位数据；GPS 定位技术和遥感数字图像处理系统等现代测绘技术可直接快速和自动获取空间目标的数字信息，及时对 GIS 进行数据更新。

⑤ GIS 按照研究的范围大小可分为全球性地理信息系统、区域性地理信息系统和局部性地理信息系统；按照研究的内容可分为专题地理信息系统、区域地理信息系统和地理信息系统工具。此外，GIS 还可以按照系统功能、数据结构、用户类型和数据容量进行分类。

## 12.3.2　GIS 的组成

完整的地理信息系统主要由四个部分组成，即计算机硬件系统、计算机软件系统、空间数据库和应用人员（用户）。GIS 的组成如图 12-1 所示。

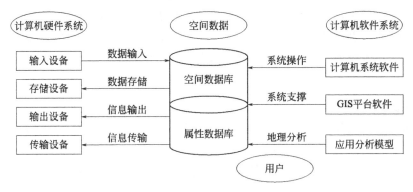

图 12-1　GIS 的组成

**(1) 计算机硬件系统**

计算机是计算机系统中物理装置的总称，可以是电子的、电的、机械的、光的元件或装置，是 GIS 的物理外壳，系统的规模、精度、速度、功能、形式、使用方法甚至软件都与其有极大的关系，可见，GIS 受系统的支持或制约。由于 GIS 目标任务的复杂性和特殊性，必须有计算机及其设备的支持。GIS 硬件配置一般包括四个部分：

① 计算机主机：含显示器、键盘和鼠标等；

② 数据输入设备：数字化仪、图像扫描仪、手写笔和通信端口等；

③ 数据存储设备：光盘刻录机、磁带机、光盘塔、移动硬盘和磁盘阵列；

④ 输出设备：笔式绘图仪、喷墨绘图仪（打印机）、激光打印机和其他端口。

**(2) 计算机软件系统**

计算机软件系统是 GIS 运行所必需的各种程序，是 GIS 的灵魂，一般由计算机软件系统、GIS 软件平台和应用分析软件组成（图 12-2）。

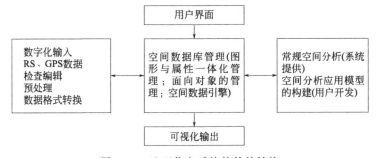

图 12-2　地理信息系统软件的结构

① 计算机系统软件。由计算机厂家为方便用户使用和开发计算机资源而提供的程序系统，通常包括操作系统、汇编系统、编译系统、服务程序和各种维护使用手册、程序说明等，是 GIS 日常工作所必需的。

② GIS 平台软件。GIS 平台软件是通用的 GIS 基础平台，也可以是专门开发的 GIS 软件包。GIS 平台软件一般应包括数据输入和校验、数据存储和管理、空间查询和分析、数据显示和数据输出及用户接口等五个基本模块。

③ 应用分析软件。应用分析软件是系统开发人员或用户根据地理专题或区域分析模型编制的用于某种特定应用任务的软件，是软件功能的扩充与延伸。用户进行软件开发的大部分工作是开发应用程序，而应用程序的水平在很大程度上决定软件的实用性、优劣和成败。

GIS 软件配置应注意以下问题：①能最大限度地满足本系统的需要，便于使用和开发；②软件公司技术实力较强，软件维护、更新和升级有保障；③有较强的力量支持；④性能稳定可靠，且价格相对合理。

**(3) 空间数据库**

空间数据是指以地球表面空间位置为参考，描述自然、社会经济要素和人文景观的数据，可以是图形、图像、文字、表格和数字等。空间数据是用户通过各种输入设备或系统通信设备输入 GIS 的，是系统程序作用的对象，是 GIS 所表达的现实世界经过模型抽象的实质性内容。

不同用途的 GIS，其地理空间数据的种类、精度都是不同的，但基本上包括相互联系的三个方面。

① 几何数据。几何数据是描述地理实体本身位置和形状大小等的度量信息，其表达手段是坐标串，能够标示地理实体在某个已知坐标系（如大地坐标系、直角坐标系或自定义坐标系）中的空间位置，可以是经纬度、平面直角坐标、极坐标，也可以是矩阵的行、列数。

② 空间关系。空间关系是指地理实体之间相互作用的关系，即拓扑关系，标示点、线、面实体之间的空间联系，如网络结点与网格线之间的枢纽关系、边界线与面实体的构成关系、面实体与岛或内部点的包含关系等。空间拓扑关系对于地理空间数据的编码、录入、格式转换、存储管理、查询检索和模型分析都有重要意义，是地理信息系统的特色之一。

③ 属性数据。属性数据即非空间数据，是各个地理单元中的自然、社会、经济等专题数据，表示地理实体相联系的地理变量或地理意义，其表达手段是字符串或统计观测数值串。属性数据分为定量和定性两种，前者包括数量和等级，后者包括名称、种类和特性等。属性数据是 GIS 的主要处理对象，是对地理实体专题内容更广泛、更深刻的描述，是对空间数据强有力的补充。

GIS 特殊的空间数据模型决定了 GIS 独有的空间数据结构和数据编码方式，也决定了 GIS 独具的空间数据管理方法和系统空间数据分析功能，这些优势使其成为管理资源与环境及地学研究的重要工具。

**(4) 应用人员**

GIS 应用人员包括系统开发人员和 GIS 产品的最终用户。人是 GIS 最重要的构成元素，人的业务素质和专业知识是 GIS 工程开发及其应用成败的关键。

用户是 GIS 中重要的构成因素，仅有系统软件、硬件和数据还不能构成完整的地理信息系统，需要用户进行系统组织、管理、维护、数据更新和应用程序开发，并采用地理分析模型提取多种信息，为地理研究和空间决策服务。

通常 GIS 的工作人员可以分为以下几类：

① 初级技术人员——不必知道 GIS 如何工作，任务是数据的输入、结果的输出等。

② 业务操作人员——应熟练掌握 GIS 的操作，维护 GIS 的日常运行，完成应用任务。

③ 软件技术人员——必须精通 GIS，负责系统的维护、系统的开发和教学模型的建立等。

④ 科研人员——利用 GIS 进行科研工作，并能提出新的应用项目和新的要求及功能。

⑤ 管理人员——包括决策、公关等人员，应懂得 GIS 技术、能介绍 GIS 的功能、会寻找用户等。

## 12.3.3　GIS 的基本功能

GIS 将现实世界从自然环境转移到计算机环境，其作用不仅仅是真实环境的再现，更主要的是 GIS 能为各种分析提供决策支持。GIS 实现了对空间数据的采集、编辑、存储、管理、分析和表达等加工处理，其目的是从中获取更有用的空间信息和知识。可见，GIS 利用空间分析工具，通过对有地理分布特征的对象进行研究处理，实现其功能，其功能一般包括以下方面：

**（1）数据的采集、输入和检验**

数据采集和输入，是将系统外部的数据传输到系统内部，并将这些数据外部格式转换为系统便于处理的内部格式，为了保证地理信息系统数据库中的数据在内容与空间上的完整性、数及逻辑一致性，通过编辑的手段保证数据的无错。地理信息系统空间数据库的建设占整个系统建设投资的 70％ 以上，因此，信息共享和自动化数据输入成为地理信息系统研究的重要内容，随之出现了一些专门用于自动化数据输入的地理信息系统的支持软件。

随着数据源种类逐渐增加，输入设备和输入方法也在不断发展。目前，用于地理信息系统数据采集的方法和技术很多，主要有图形数据输入、栅格数据输入、测量数据输入和属性数据输入。目前，数据输入一般采用矢量结构输入，因为栅格结构输入工作量太大（早期地理信息系统可用栅格结构输入），需要时将矢量数据转换为栅格数据，栅格数据特别适合于构建地图分析模型。数据输入主要包括数字化、规范化和数据编码三个方面的内容。

① 数字化是根据不同信息类型，经过跟踪数字化或扫描数字化进行坐标变换等，形成各种数据格式，存入数据库；

② 规范化是指对不同比例尺、不同投影坐标系统和不同精度的外来数据，用统一的坐标和记录方式，便于以后进一步工作；

③ 数据编码是指根据一定的数据结构和目标属性特征，将数据转换为计算机可以识别和管理的代码或编码字符。

数据的输入方式和设备有密切关系，常用的三种形式为手扶跟踪数字化、扫描数字化和键盘输入。

**（2）数据编辑与更新**

数据编辑主要包括图形编辑和属性编辑。图形编辑主要包括图形修改、增加、删除、图形整饰、图形变换、图幅拼接、投影变换、坐标变换、误差校正和建立拓扑关系等。投影变换和坐标变换在建立地理信息系统空间数据库中非常重要，只有在同一地图投影和同一坐标系下，各种空间数据才能绝对配准。属性编辑通常与数据库管理在一起完成，主要包括属性数据的修改、删除和插入等操作。

数据更新是以新的数据项或记录来代替数据文件或数据库中相应的数据项或记录，是通过修改、删除和插入等一系列操作来完成的。数据更新是 GIS 建立空间数据的时间序列、满足动态分析的前提，是对自然现象的发生和发展做出科学合理的预测预报的基础。

**（3）空间数据库管理**

空间数据管理是 GIS 数据管理的核心，是有效组织地理信息系统项目的基础，涉及空间数据（图形图像数据）和属性数据。栅格模型、矢量模型或栅格/矢量混合模型是常用的空间数据组织方法。这些图形数据和图像数据都要以严格的逻辑结构存放到空间数据库中，属性数据管理一般直接利用商用关系数据库软件，如 FoxPro、Access、Oracle、SQL Serve 等进行管理。

由于地理信息系统空间数据库数据量大，涉及的内容多，这就要求它既要遵循常用的关系型数据库管理系统来管理数据，又要采用一些特殊的技术和方法来解决常规数据库无法管理空间数据的问题。地理信息系统的数据库管理已经从图形数据和属性数据通过唯一标识码的公共项一体化连接发展到面向目标的数据库模型，再到多用户的空间数据库引擎。GIS 数据库管理技术的改进，有助于提高大数据量的信息检索、查询和共享的效率。

**（4）空间查询与分析**

空间分析和查询是地理信息系统的核心功能，是 GIS 区别于其他信息系统的本质特征，主要包括数据操作运算、数据查询检索和数据综合分析。数据查询检索是从数据文件、数据库中查找和选取所需要的数据，为了满足各种可能的查询条件而进行的系统内部的数据操作。基本的空间分析包括以下几个方面：空间查询、空间量测、空间变换、缓冲区分析、叠加分析、网络分析、空间统计分析、空间插值、数字高程模型等。

① 空间查询

a.基于空间关系查询。空间实体间存在着多种空间关系，包括拓扑、顺序、距离、方位等关系。通过空间关系查询和定位空间实体是地理信息系统不同于一般数据库系统的功能之一。

整个查询计算涉及了空间顺序方位关系、空间距离关系、空间拓扑关系，甚至还有属性信息查询。

简单的面、线、点相互关系的查询包括：

（a）面面查询，如与某个多边形相邻的多边形有哪些。

（b）面线查询，如某个多边形的边界有哪些线。

（c）面点查询，如某个多边形内有哪些点状地物。

（d）线面查询，如某条线经过（穿过）的多边形有哪些，某条链的左、右多边形是哪些。

（e）线线查询，如与某条河流相连的支流有哪些，某条道路跨过哪些河流。

（f）线点查询，如某条道路上有哪些桥梁，某条输电线上有哪些变电站。

（g）点面查询，如某个点落在哪个多边形内。

（h）点线查询，如某个结点由哪些线相交而成。

b. 基于空间关系和属性特征查询。将空间关系和属性特征结合起来查询，并将最后结果以图形和属性两种方式显示出来。图形和属性互查是 GIS 中最常用的空间查询方法。

c. 地址匹配查询。根据一个地理名称定位相关实体并获得其属性信息，其基础是地理编码。这种查询利用地理编码，输入街道的门牌号码就可知道大致的位置和所在的街区。它对空间分布的社会、经济调查和统计很有帮助，只要在调查表中添加了地址，地理信息系统就可以自动地从空间位置的角度统计分析各种经济社会调查资料。

② 空间量测

矢量数据的量算主要是关于几何形态量算，对于点、线、面、体 4 类实体而言，其含义是不同的。点状对象的量算主要指对其位置信息的量算，例如坐标；线状对象的量算包括其长度、方向、曲率、中点等方面的内容；面状对象的量算包括其面积、周长、重心等；体状对象的量算包括表面积、体积的量算等。

③ 空间变换

为了满足特定空间分析的需要，需对原始图层及其属性进行一系列的逻辑或代数运算，以产生新的具有特殊意义的地理图层及其属性，这个过程称为空间变换。

地理信息系统中空间数据可分为矢量和栅格两种数据结构。由于矢量结构中包含了大量的拓扑信息，数据组织复杂，使得空间变换十分烦琐。而栅格结构简单、规则，空间变换比较容易。

基于栅格结构的空间变换可分为三种方式：单点变换；邻域变换；区域变换。

基于矢量结构的空间变换主要包括：包含分析；多边形叠置分析；缓冲区分析。

④ 叠加分析

叠加分析是地理信息系统最常用的提取空间隐含信息的手段之一，是把同一地区的两幅或两幅以上的图层重叠在一起进行图形运算和属性运算（关系运算），产生新的空间图形和属性的过程。地理信息系统叠加分析可以分为以下几类：视觉信息叠加、点与多边形叠加、线与多边形叠加、多边形叠加、栅格图层叠加。

⑤ 网络分析

在 GIS 中，网络分析是指根据网络拓扑关系（结点与弧段拓扑、弧段的连通性），通过考察网络元素的空间及属性数据，以数学理论模型为基础，对网络的性能特征进行多方面的分析计算，是运筹学模型中的一个基本模型，其根本目的是研究、筹划一项网络工程如何安排，并使其运行效果最好，其基本思想则在于人类活动总是趋于按一定目标选择达到最佳效果的空间位置。

⑥ 空间插值

空间插值常用于将离散点的测量数据转换为连续的数据曲面，以便与其他空间现象的分布模式进行比较，包括空间内插和外推两种算法。空间内插算法是一种通过已知点的数据推求同一区域其他未知点数据的计算方法；空间外推算法则是通过已知区域的数据，推求其他区域数据的方法。空间插值方法可以分为整体插值和局部插值方法两类。整体插值方法用研究区所有采样点的数据进行全区特征拟合；局部插值方法则仅仅用邻近的数据点来估计未知点的值。

⑦ 空间统计分析

多变量统计分析主要用于数据分类和综合评价。数据分类方法是地理信息系统重要的组成部分。在大多数情况下，首先是将大量未经分类的数据输入信息系统数据库，然后要求用户建立具体的分类算法，以获得所需要的信息。

**（5）应用模型的构建方法**

由于地理信息系统应用范围越来越广，不同的学科、专业都有各自的分析模型，一个地理信息系统软件不可能涵盖所有与地学相关学科的分析模型，这是共性与个性的问题。因此，地理信息系统除了应该提供上述基本空间分析功能外，还应提供构建专业模型的手段，这可能包括提供系统的宏语言、二次开发工具、相关控件或数据库接口等。

**（6）结果显示与输出**

数据显示是指中间处理过程和最终结果的屏幕显示，通常用人机对话方式选择显示对象和形式，对于图形数据可根据要素的信息量和密集度选择放大或缩小显示。

数据输出是 GIS 的产品通过输出设备（包括显示器、绘图机和打印机等）输出数据。GIS 不仅可以输出全要素地图，还可以根据用户需要，分层输出各种专题地图、各类统计图、图表、数据和报告，为了突出效果，有时需要三维虚拟显示。一个好的地理信息系统应能提供一种良好的、交互式的制图环境，以供地理信息系统的使用者设计和制作出高品质的地图。

## 12.3.4　GIS 发展前景

纵观地理信息系统的发展，从最早的基本框架到成为一个独立发展的新领域，经历了几十个年头。目前它明显地体现出多学科交叉的特征，包括地理学、地图学、计算机科学、摄影测量学、遥感技术、全球定位系统、数学和统计科学，以及其他与处理和分析空间数据有关的学科。因此 GIS 既是综合性的技术方法，其本身又是研究实体和应用工具，其发展的主要趋势为：网络地理信息系统（Web GIS）、组件式地理信息系统（Component GIS）和三维地理信息系统（3D GIS）。

## 12.4　遥感技术

## 12.4.1　RS 概述

遥感技术是 20 世纪 60 年代兴起并迅速发展起来的一门综合性探测技术。它是在航空摄影测量的基础上，随着空间技术、电子计算机技术等当代科技的迅速发展，以及地学、生物学等学科发展的需要，发展形成的一门新兴技术学科。从以飞机为主要运载工具的航空遥感，发展到以人造地球卫星、宇宙飞船和航天飞机为运载工具的航天遥感，遥感技术大大地扩展了人们的观察视野及观测领域，形成了对地球资源和环境进行探测和监测的立体观测体系。

遥感已成为地球系统科学、资源科学、环境科学、城市科学和生态学等学科研究的基本支撑技术，并逐渐融入现代信息技术的主流，成为信息科学的主要组成部分。近年来，随着对遥感基础理论研究的重视，遥感技术正在逐渐发展成为一门综合性的新兴交叉学科——遥感科学与技术。

**（1）遥感的概念**

遥感（Remote Sensing），字面意思是遥远的感知。从广义上说是泛指从远处探测、感知物体或事物的技术，即不直接接触物体本身，从远处通过仪器（传感器）探测和接收来自目标物体的信息（如电场、磁场、电磁波、地震波等信息），经过信息的传输、加工处理及分析解译，识别物体和现象的属性及其空间分布等特征与变化规律，进而实现对地球资源与环境的综合性的探测和监测的理论和技术。

当前遥感形成了一个从地面到空中乃至空间，从信息数据收集、处理到判读分析和应用，对全球进行探测和监测的多层次、多视角、多领域的观测体系，成为获取地球资源与环境信息的重要手段。

**（2）遥感的主要特点**

① 宏观观测，大范围获取数据资料。采用航空或航天遥感平台获取的航空像片或卫星影像比在地面上获取的观测视域范围大得多。

例如，航空像片可提供不同比例尺的地面连续景观像片，并可提供相对应的立体观测。图像清晰逼真，信息丰富。一张比例尺 1：35000 的 23cm×23cm 的航空像片，可展示出地面 60 余平方千米范围的地面景观实况。并且可将连续的像片镶嵌成更大区域的像片图，以便总观全区进行分析和研究。卫星图像的感测范围更大，一幅陆地卫星 TM 图像可反映出 34225 平方千米（即 185km×l85km）的景观实况。我国全境仅需 500 余张这种图像，就可拼接成全国卫星影像图。可见遥感技术可以实现大范围对地宏观监测，为地球资源与环境研究提供重要的数据源。

② 技术手段多且先进，可获取海量数据。遥感是现代科技的产物，它不仅能获得地物可见光波段的信息，而且可以获得紫外、红外、微波等波段的信息；不但能用摄影方式获得信息，而且还可以用扫描方式获得信息。遥感所获得的信息量远远超过了用常规传统方法所获得的信息量。这无疑扩大了人们的观测范围和感知领域，加深了对事物和现象的认识。例如，微波具有穿透云层、冰层和植被的能力；红外线则能探测地表温度的变化等。因此遥感使人们对地球的监测和对地物的观测能实现多方位和全天候。

此外，遥感技术获取的数据量非常庞大，如一景包括 7 个波段的 Landsat TM 影像数据量达到 270MB，覆盖全国范围的 TM 数据量将达到 135GB 的海量数据，远远超过了用传统方法获得的信息量。

③ 获取信息快，更新周期短，具有动态监测特点。遥感通常为瞬时成像，可获得同一瞬间大面积区域的景观状况，现实性好；可通过对不同时相取得的资料及像片进行对比、分析，研究地物动态变化的情况，为环境监测以及研究分析地物发展演化规律提供基础。

例如，Landsat 4-5 TM 每 16 天即可对全球陆地表面成像一遍，NOAA 气象卫星甚至可每天收到两次覆盖地球的图像。因此，遥感技术可及时地发现病虫害、洪水、污染、火山和地震等自然灾害发生的前兆，为灾情的预报和抗灾救灾工作提供可靠的科学依据和资料。

④ 应用领域广泛，经济效益高。遥感已广泛应用于农业、林业、地质矿产、水文、气象、地理、测绘、海洋研究、军事侦察及环境监测等领域，随着遥感图像的空间、时间和光谱分辨率的提高，以及与 GIS 和 GPS 的结合，遥感技术将深入到很多学科中，应用领域将

更广泛，对地观测技术也会随之进入一个更高的发展阶段。同传统方法相比，遥感已经显示出成果获取的快捷性以及很高的效益。

### 12.4.2 RS 的分类

由于分类标志的不同，遥感的分类有多种。

**(1) 按照遥感平台的分类**

遥感技术根据所使用的平台不同，可分为三种：

① 地面遥感：平台与地面接触，对地面、地下或水下所进行的遥感和测试，常用的平台为汽车、船舰、三脚架和塔等，地面遥感是遥感的基础。

② 航空遥感：平台为飞机或气球，是从空中对地面目标的遥感，其特点为灵活性大、图像清晰、分辨率高等。航空遥感历史悠久，形成了较完整的理论和应用体系，还可以进行各种遥感试验和校正工作。

③ 航天遥感：以卫星、火箭和航天飞机为平台，从外层空间对地球目标所进行的遥感。其特点是高空对地观测，系统收集地表及其周围环境的各种信息，形成影像，便于宏观地观测研究各种自然现象和规律；能对同一地区周期性地重复成像，发现和掌握自然界的动态变化和运动规律；能够迅速地获取所覆盖地区的各种自然现象的最新资料。

**(2) 根据电磁波波谱的分类**

① 可见光遥感：只收集和记录目标物反射的可见光辐射能量，所用传感器有摄影机、扫描仪和摄像仪等。

② 红外遥感：收集和记录目标物发射或反射的红外辐射能量，所用传感器有摄影机和扫描仪等。

③ 微波遥感：收集和记录目标发射或反射的微波能量，所用传感器有扫描仪、微波辐射计、雷达等。

④ 多光谱遥感：把目标物辐射来的电磁波辐射分割成若干个狭窄的光谱带，然后同步观测，同时得到一个目标物的不同波段的多幅图像，常用的传感器为多光谱摄影机和多光谱扫描仪等。

⑤ 紫外遥感：收集和记录目标物的紫外辐射能量，目前还在探索阶段。

**(3) 根据电磁波辐射能源的分类**

① 被动遥感：利用传感器直接接收来自地物反射自然辐射源（如太阳）的电磁辐射或自身发出的电磁辐射而进行的探测。光学摄影亦指通常的摄影，即将探测接收到的地物电磁波依据深浅不同的色调直接记录在感光材料上。扫描方式是将所探测的视场（或地物）划分为面积相等、顺序排列的像元，传感器则按顺序以每个像元为探测单元记录其电磁辐射强度，并经转换、传输、处理，或转换成图像显示在屏幕上。

② 主动遥感：传感器带有能发射信号（电磁波）的辐射源，工作时向目标物发射电磁波，同时接收目标物反射或散射回来的电磁波，以此所进行的探测。如雷达等。

**(4) 根据应用目的的分类**

根据用户的具体应用情况，将遥感分为地质遥感、农业遥感、林业遥感、水利遥感、环境遥感和军事遥感等。

**（5）根据遥感资料的成像方式**

① 成像方式（或称图像方式）：将所探测到的强弱不同的地物电磁辐射（反射或发射），转换成深浅不同的（黑白）色调，构成直观图像的遥感资料形式，如航空像片、卫星图像等。

② 非成像方式（或非图像方式）：将探测到的电磁辐射（反射或发射），转换成相应的模拟信号（如电压或电流信号）或数字化输出，或记录在磁带上而构成非成像方式的遥感资料，如陆地卫星、CCT 数字磁带等。

## 12.4.3　RS 过程及其技术系统

**（1）遥感过程**

遥感过程包括遥感信息源的物理性质、分布及其运动状态，环境背景以及电磁波光谱特性，大气的干扰和大气窗口，传感器的分辨能力、性能和信噪比，图像处理及识别，以及人们视觉生理和心理及其专业素质等等。遥感过程主要通过地物波谱测试与研究、数理统计分析、模式识别、模拟试验方法以及地学分析等方法来完成。通常由五部分组成，即被测地物的信息源、信息的获取、信息的传输与记录、信息处理和信息的应用。因此，遥感是一个接收、传送、处理和分析遥感信息，并最后识别目标的复杂技术过程，遥感技术系统主要包括以下四个部分（图 12-3）：

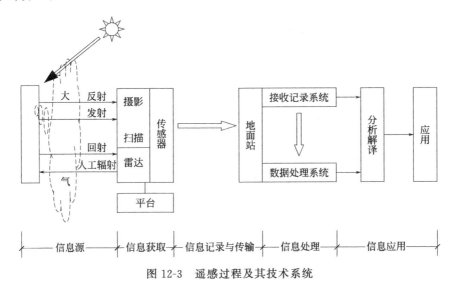

图 12-3　遥感过程及其技术系统

① 遥感试验。其主要工作是对地物电磁辐射特性（光谱特性）以及信息的获取、传输及其处理分析等技术手段的试验研究。

遥感试验是整个遥感技术系统的基础：遥感探测前需要遥感试验提供地物的光谱特性，以便选择传感器的类型和工作波段；遥感探测中以及处理时，又需要遥感试验提供各种校正所需的有关信息和数据；遥感试验也可为判读应用提供基础。因此，遥感试验在整个遥感过程中起着承上启下的重要作用。

② 遥感信息获取。遥感信息获取是遥感技术系统的中心工作。遥感工作平台以及传感器是确保遥感信息获取的物质保证。

③ 遥感信息处理。遥感信息处理是指通过各种技术手段对遥感探测所获得的信息进行的各种处理。例如，为了消除探测中各种干扰和影响，使信息更准确可靠而进行的各种校正（辐射校正、几何校正等）处理，其目的是使所获遥感图像更清晰，以便于识别和判读；为提取信息而进行的各种增强处理等是为了确保遥感信息应用时的质量和精度，便于充分发挥遥感信息的应用潜力。

④ 遥感信息应用。遥感信息应用是遥感的最终目的。应根据专业目标的需要，选择适宜的遥感信息及工作方法进行，以取得较好的社会效益和经济效益。

**(2) 遥感技术系统**

遥感技术系统是一个从地面到空中直至空间，从信息收集、存储、传输处理到分析判读、应用的完整技术体系，由遥感平台、传感器、数据接收与处理系统、遥感资料分析与解译系统。其中遥感平台、传感器和数据接收与处理系统是决定遥感技术应用成败的三个主要技术因素，而平台和遥感器代表着遥感技术的水平，并且遥感过程实施的技术保证依赖于遥感技术系统，所以遥感分析应用工作者必须对它们有所了解和掌握。

① 遥感平台。是在遥感中搭载遥感仪器的工具或载体，是遥感仪器赖以工作的场所，平台的运行特征及姿态稳定状况直接影响到遥感仪器的性能和遥感资料的质量，目前主要遥感平台有飞机、卫星和火箭等。

② 传感器。是收集、记录和传递遥感信息的装置，目前应用的传感器主要有摄影机、摄像仪、扫描仪、雷达等。

③ 数据接收与处理系统。地面接收站由地面数据接收和记录系统及图像数据处理系统两部分组成。接收和记录系统的任务是接收、处理、存档和分发各类遥感卫星数据，并进行卫星接收方式、数据处理方法及相关技术的研究，其生产运行系统主要包括接收站、数据处理中心和光学处理中心。遥感图像数据处理系统主要的任务是对数据接收和记录系统记录在磁带上的视频图像信息和数据进行加工处理和存储，最后根据用户的要求，制成一定规格的图像胶片和数据产品，作为商品提供给用户。

④ 遥感资料分析与解译系统。用户得到的遥感资料是经过预处理的图像胶片或数据，然后根据各自的应用目的，对这些资料进行分析、研究、判读与解译，从中提取有用信息，并将其转化。

## 12.4.4  RS处理技术

在遥感图像处理与分析中，预处理是最初的基本影像操作。图像校正是从具有畸变的图像中消除畸变的处理过程，其中，消除几何畸变的称为几何校正，消除辐射量失真的称为辐射校正。另外，为更好地分析和使用遥感数字图像，还需要对遥感图像进行图像增强、过滤、变换和特征提取等处理，从而能够准确地提取和获取所需要的信息。

**(1) 遥感图像几何校正**

遥感图像在获取过程中，因传感器、遥感平台以及地球本身等方面的原因导致原始图像上各地物的几何位置、形状、尺寸和方位等特征与参照系统中的表达不一致，就产生了几何变形，这种变化称为几何畸变。

图像的几何校正（Geometric Correction）是指从具有几何畸变的图像中消除畸变的过程。也可以说是定量地确定图像的像元坐标（图像坐标）与目标物的地理坐标（地图坐标等）的对应关系（坐标变换式）。图像的几何校正步骤大致如下：

① 确定校正方法：根据图像中所含的几何畸变的性质及可应用于校正的数据确定校正的方法。

② 确定校正式：确定校正式（图像坐标和地图坐标的变换式等）的结构，根据控制点（参照补充说明）数据等求出校正式的参数。

③ 验证校正方法、校正式的有效性：检查几何畸变能否充分得到校正，探讨校正式的有效性。当判断为无效时，则对新的校正式（校正方法）进行探讨，或对校正中所用的数据进行修改。

④ 重采样、内插：为了使校正后的输出图像的配置与输入图像相对应，利用几何校正公式，对输入图像的图像数据重新排列。在重采样中，通过对周围的像元值进行内插求出新的像元值。

**(2) 遥感图像辐射校正**

由于传感器相应特性和大气吸收、反射以及其他随机因素影响，导致图像模糊失真，造成图像的分辨率和对比度下降。为了正确评价目标物的反射特性及辐射特性，为遥感图像的识别、分类和解译等后续工作打下基础，必须消除这些辐射失真。消除遥感图像总依附在辐射亮度中的各种失真的过程称为辐射校正。辐射校正主要包括传感器的灵敏度特性引起的畸变、由太阳高度角引起的畸变和大气校正。

① 系统辐射校正。由传感器本身引起的误差，会导致图像接收的不均匀，会产生条纹和噪声，一般而言，这些误差在数据生产过程中，由生产单位根据传感器参数进行校正，不需要用户进行校正。

② 太阳辐射引起的畸变校正。太阳高度角引起的畸变校正是将太阳光线斜照时获取的图像校正为太阳光线垂直照射时获取的图像，太阳高度角可根据成像时间、季节和地理位置来确定。

③ 大气校正。太阳光在到达地表的目标物之前会由于大气中物质的吸收、散射而衰减。同样，来自目标物的反射、辐射光在到达遥感器前也会被吸收、散射。地表除受到直接来自太阳的光线（直达光）照射外，也受到大气引起的散射光的照射。同样，入射到遥感器上的除来自目标物的反射、散射光以外，还有大气的散射光。消除这些由大气引起的影响的处理过程叫大气校正。大气校正方法大致可分为利用辐射传递方程式的方法，利用地面实况数据的方法，以及其他方法。

**(3) 遥感图像增强与变换**

图像增强与变换的目标是突出相关的专题信息，提高图像的视觉效果，使分析者更容易识别图像的内容，从图像中提取更有用的定量化的信息。图像增强与变换通常都在图像校正和重建后进行，特别是必须消除原始图像中的各种噪声。

图像增强的主要目的是改变图像的灰度等级，提高图像对比度；消除边缘和噪声，平滑图像；突出边缘或线状地物，锐化图像；合成彩色图像；压缩图像数据量，突出主要信息等。图像增强与变换的主要方法有空间域增强、频率域增强、彩色增强、多图像代数运算和多光谱图像变换等。

**（4）遥感图像分类**

遥感图像是通过亮度值的高低差异（反映地物的光谱信息）以及空间变化（反映地物的空间信息）来表达不同的地物。遥感图像分类就是利用计算机对遥感图像中的各类地物的光谱信息和空间信息进行分析，选择作为分类判别的特征，用一定的手段将特征空间分为互不重叠的子空间，然后将图像中的各个像元规划到子空间中去。

遥感图像分类是将图像的所有像元按照其性质分为若干个类别的技术过程，传统的图像分类有两种方式：监督分类和非监督分类。

① 监督分类。监督分类是一种有先验类别标准的分类方法。首先要从欲分类的图像区域中选定一些训练样区，在这些训练样区中地物的类别是已知的，通过学习来建立标准，然后计算机将按照同样的标准对整个图像进行识别和分类。这种方法是一种由已知样本外推到未知区域类别的方法，需要事先知道图像中包含哪几类地物类别。

常用监督分类方法有最小距离分类、平行多面体分类和最大似然分类等。

② 非监督分类。非监督分类是一种无先验类别标准的分类方法。对于研究区域的对象而言，没有已知的类型或训练样本为标准，而是利用图像数据本身能在特征测量空间中聚集成群的特点，先形成各个数据集，然后再核对这些数据集所代表的地物类别。当图像中包含的目标不明确或没有先验确定的目标时，则需要先将像元进行聚类，用聚类方法将遥感数据分割成比较均匀的数据群，把它们作为分类类别，在此类别的基础上确定其特征量，继而进行类别总体特征的测量。非监督分类不需要对研究区域的地物事先有所了解，根据地物的光谱统计特性进行分类即可。

常用非监督分类方法有聚类分析技术、$K$-均值聚类法和 ISODATA 分类法等。

遥感图像分类新方法有决策树法、模糊聚类法和神经网络法等。

# 12.5 "3S" 技术在生态学中的应用

随着 "3S" 技术的不断发展，以 RS、GIS、BDS 为基础，将 RS、GIS、BDS 三种独立技术中的有关部分有机集成起来，构成一个强大的集成技术体系 3S（RS、GIS 和 BDS），可实现对各种空间信息和环境信息的快速、机动、准确、可靠的收集、处理与更新，而且能够智能式地分析和运用数据，对任何地点的生态环境进行监测和评价，为环境调查、生态评价、环境监测、环境预测分析等提供了一套操作性强、可推广的技术流程和方法，并为各种应用提供科学决策咨询，其在生态学中的应用如下。

## 12.5.1 植物生态学

① 植被类型、分类、制图、结构和分布格局分析。由于植被特征受地形、气候的影响很大，而 "3S" 技术不受时空和地域的影响，可以根据用户不同的需要，快速、精确地满足多种专题图制作的要求，取代传统的手工绘图，因此遥感和 GIS 结合的植被分类已日渐

受到重视。

Sader 等利用四种不同分类方法对缅因州的森林湿地进行分类，并对分类精度进行了显著性检验。Hoffer 使用航空照片、MSS、TM 和雷达信息源分析植被结构和分布的方法，包括植被的波谱特征、航片的解译、计算机辅助分析技术等。Catt 等分析了澳大利亚干旱区草地植物群落与 MSS 光谱特征的相关关系。20 世纪 80 年代以来，我国对 "3S" 技术在植被图制作方面进行了广泛的研究和应用试验。以植被为依据，通过分析其光谱特征，及时、准确、快速地获取植被编码图像，利用计算机分类完成区域植被制图，编制时间大大缩短，并且达到很高的精度，为植被区域分析和动态监测奠定了坚实基础，促进了植被制图的发展。

② 植被监测和管理。遥感和 GIS 可以对作物长势进行动态监测，其主要的应用如下：对小麦、草地的动态监测；对森林覆盖变化的监测，如 Ardo 等利用 Landsat MSS（1972—1989）和数字高程数据，实现了对德国和捷克边境地区针叶林 18 年间的森林覆盖变化、森林砍伐与高程及坡度的关系、森林退化与 $SO_2$ 和 $NO_x$ 等点污染源的距离及方向的关系的分析；对植被指数的监测，Malo 和 Nicholson 将 NOAA、NDVI 应用于非洲撒哈拉的降水和植被的动态监测中，其研究结果表明年降水在 $150\sim1000mm$ 之间时，NDVI 和降水具有显著的线性相关关系，Catt 等介绍了使用几种绿度指数监测植被变化和植物生长状况的研究。

## 12.5.2 森林生态学

利用 "3S" 技术能够建立森林资源档案，方便对其进行管理；监测森林资源的动态变化，进行灾情预报，选择最佳补救方式；可以设计营林规划，利用 "3S" 技术提供森林立地类型图表、宜林地数据、适生优生树种和林种资料等。参照营林规划进行造林可以提高功效，很多研究结果表明，GIS 在解决退化生态系统恢复和其他环境问题等方面具有很广泛的应用领域。其中包括快速更新和检查已经存在的地理信息数据库，快速整合不同数据层的数据（某区域的土壤、植被和水文数据）。此外，借助其复杂的空间分析，能够管理和分析退化生态系统恢复过程中的空间数据，实现潜在恢复区域中的关键点的解释和恢复结果展示。"3S" 技术在森林病虫害监控和防治等方面也已经取得了显著的效果，利用传感器的可见光波段和热红外波段可对森林火灾进行监控，确定林火的位置、火势发展，并为各种林火扑救措施的实施提供重要的信息。

## 12.5.3 景观生态学

① 研究景观生态系统的功能和动态：由于地理信息系统中贮存着大量专题数据和丰富的程序、模型和方法，利于对计算机、遥感等现代技术手段的支持，因而能采用多层次、多因子的区域综合系统分析，即可以从时间与空间、质量与数量、内部与外部、静态与动态、自然与人为等角度综合认识景观的结构和功能，从而进行景观功能模拟和动态预测。

② 进行景观生态设计和景观生态规划：在综合、系统地对景观结构、功能和动态进行研究之后，依靠地理信息系统中的专题研究模型，加上专家系统，首先对景观生态特征进行评价，然后根据具体的目的要求，产生其设计和规划模型。

③ 研究全球性问题：遥感为在区域和全球尺度上研究生态系统的能量流动提供了一个

可靠的信息源，利用 GIS 对不同空间分布数据进行叠加，可分析不同数据层之间的相互关系及空间格局随时间的变化。在景观生态学研究中，遥感、地理信息系统和全球定位系统相结合，可实现景观数据的自动采集、分析、存储与输出一体化的全数字化作业，从而实现景观的最优化设计和管理。

### 12.5.4　群落生态学

近 20 年来，随着数学手段的发展和计算机科学技术的渗透，特别是"3S"技术的广泛应用，群落生态学进入严格定量与多元化分析的新阶段。目前国外已广泛应用于植被类型调查、生产力评估、植被监测、野生珍稀动植物的调查研究及生物多样性分析与评价等方面。特别是对于群落生态学中的植被而言，利用 GIS 可以实时、快速、准确地提供植被的空间位置，结合少量的实地调查，通过对遥感影像的处理，增加必要的地理信息，基于"3S"技术的综合分析，实现对区域的植被类型、植物季相节律、植被演化等进行监测、分析，了解植被演化的动态；可在短时间内掌握群落植被类型、植被结构、环境特征、区系组成及其演变规律和空间分布等方面的信息，弥补了传统研究手段的不足。

### 12.5.5　动物生态学

① 动物栖息地的评估。首先利用 GIS 把影响动物分布的每个生态因子作为一个图层来表现，然后对各个生态因子进行综合，通过叠加后找到动物生存各因子的适合水平，将生物因素、非生物因素以及人为的影响结合起来进行分析，找出各因子对动物生境的影响和综合作用，最终实现对动物栖息地的整体评价。欧阳志云等运用地理信息系统研究了卧龙自然保护区内大熊猫的分布和生境的关系并对生境进行了评价。

② 研究动物空间分布格局及其动态变化。通过 GIS 自动绘制动物的分布图和确定物种的丰富度，在分析和确定物种的适宜生境的基础上，预测出物种的分布图，准确地预测动物的空间分布格局，无疑为那些难以进行实地调查的地区提供了解决的途径。Smith 等在马达加斯加西部狐猴区系调查的基础上用 GIS 获得物种的分布图，并通过叠加得到狐猴的物种丰富度。Miller 等利用 GIS 技术建立了坦桑尼亚的珍稀鸟类的分布模式。这种在宏观尺度上研究动物多样性的空间格局的手段在动物生态学上具有十分重要的意义。Koelen 等将 GIS 与种群动态模拟模型结合，获得了保护、增加或改变生境引起的美国北达科他州绿头鸭种群的动态变化。

③ 动物多样性保护对策。物种灭绝是一个严峻的问题，迫切需要采取有效的保护措施。GIS 在制定动物多样性的保护对策方面发挥了重要的作用。通过 GIS 技术组织生物多样性的空间数据，将生物多样性的指示物（如脊椎动物和蝶类等）的分布图与植被及土地利用状况图进行叠加，筛选出保护区，利用空间模型以及 GAP 分析，最终利用决策支持系统实现动物多样性保护。

### 12.5.6　水域生态学

利用遥感手段对水域生态进行监测与研究，主要是利用水体中的物质，特别是能进行光合作用的漂浮有机物质（如浮游植物）、无机颗粒物与入射光相互作用而产生水色变化的原理进行工作。1997 年 9 月，美国国家航空航天局（NASA）发射升空了 SeaStar 卫星，该卫星携带了 SeaWiFS 遥感器，根据 SeaWiFS 的设计特征，结合遥感信息模型，可进行近海海域水体中叶绿素的浓度分布、有色可溶性有机物 CDOM（Colored Dissolved Organic Matters）和海水表层温度 SST（Sea Surface Temperature）分布的估算。此外，还可进行赤潮预警、赤潮分布与变化、石油污染等方面的监测工作。我国利用 TM 数据对太湖进行了叶绿素分布监测研究，结果表明，实测结果与影像解析结果能很好地吻合。同时，结合污染指标，还进行了太湖富营养化机理的探究。

### 12.5.7　城市生态学

城市是人类活动最集中的场所，随着城市化的发展，城市扩张所带来的环境污染、热岛效应等一系列生态环境问题日益严重，制约着城市的发展。将"3S"技术应用于城市生态环境中，能实现对城市环境的动态综合监测，研究城市人类活动与环境的相互作用机理、动态监测理论与技术，以实施有效的城市环境保护和管理措施。

① 大气污染。城市大气污染的遥感监测主要是通过遥感手段调查污染源的分布、污染源周围的扩散条件、污染物的扩散影响范围等，其研究通常利用植物对大气环境的指示作用来对城市大气环境质量进行判别。

② 水污染监测。遥感监测视野开阔，容易获得水体分布、泥沙有机质等状况和水深、水温等要素的信息。通过全方位的遥感监测污染水体扩散过程，可观察出污染物的排放源、扩散方向、影响范围及与清洁水混合稀释的特点，查明污染物的来龙去脉，从而对一个地区的水资源和水环境等做出科学评价。

③ 地面污染监测。应用遥感技术不但能够圈定地面污染的分布范围，而且能够对地面污染进行规划性的预防。此外，地下水的污染也会引起地面植被的变化，有与正常生长区的作物不同的光谱表现，通过利用多光谱成像仪能监测植被光谱的变化；对污水排放造成的地面污染，可通过遥感技术拍摄的照片清楚地圈定出污染分布范围，从而对地面污染做出预防性规划。

④ 热污染监测。由于城市化和工业化的迅猛发展，大气中的二氧化碳急剧增多，致使全球气候普遍变暖，产生温室效应。城市气温高于外围郊区的现象，称"热岛效应"。城市热岛是一种热污染现象，利用热红外遥感进行城市热污染调查，通过影像判读分析调查，可以查明城市热源、热场的位置和范围，并利用空间分析技术，对热岛的时空分布、热岛强度和地表温度分布等进行动态监测，综合分析城市热力分布特征和变化规律。

### 12.5.8　农业生态学

近年来，"3S"技术发展迅速，广泛地应用于农业生态学的多个领域。主要用于农情监测、自然灾害的动态监测与分析以及农业生产现状的动态监测分析，为有关部门提供及时的可视化、图像化的农业情况。此外，利用"3S"技术可以监测农作物长势及病虫害的发生；测定叶绿素的含量，分析叶绿素密度与干物质积累的关系；利用红外波段遥感图像，监测土壤水分含量的时空变化，为定时、定点灌溉提供依据。

思 考 题

1. BDS 由哪几部分组成?
2. 简述地理信息系统的主要组成部分。
3. 简述 GIS 的基本功能。
4. 简述遥感分类。
5. 简述"3S"技术在植物生态学中的应用。
6. 简述"3S"技术在动物生态学中的应用。
7. 简述"3S"技术在水域生态学中的应用。
8. 简述"3S"技术在城市生态学中的应用。

# 参考文献

［1］ 李博.生态学 ［M］.北京：高等教育出版社，2000.

［2］ 夏金法.防疫圣典：人类与生物疫病 ［M］.昆明：云南科技出版社，2009.

［3］ 沈银柱，黄占景.进化生物学 ［M］.北京：高等教育出版社，2013.

［4］ 贝根，汤森，哈珀.生态学——从个体到生态系统 ［M］.李博，张大勇，王德华，译.4版.北京：高等教育出版社，2016.

［5］ 卢升高.环境生态学 ［M］.杭州：浙江大学出版社，2010.

［6］ 刘建斌.植物生态学基础 ［M］.北京：气象出版社，2009.

［7］ 陈鹏，赵小鲁.生物与地理环境 ［M］.北京：中国青年出版社，1985.

［8］ 李维炯.生态学基础 ［M］.北京：北京邮电大学出版社，2006.

［9］ 米都斯.增长的极限——罗马俱乐部关于人类困境的报告 ［M］.李宝恒，译.长春：吉林人民出版社，1997.

［10］ 李元.环境生态学导论 ［M］.北京：科学出版社，2018.

［11］ 金岚.环境生态学 ［M］.北京：高等教育出版社，2001.

［12］ 尚玉昌.普通生态学 ［M］.3版.北京：北京大学出版社，2016.

［13］ 孙儒泳.基础生态学 ［M］.北京：高等教育出版社，2002.

［14］ 盛连喜.环境生态学导论 ［M］.北京：高等教育出版社，2020.

［15］ 孙振钧，王冲.基础生态学 ［M］.北京：化学工业出版社，2007.

［16］ 李振基，陈小麟，郑海雷.生态学 ［M］.4版.北京：科学出版社，2014.

［17］ Trivedi P R，Raj G. Environmental Biology ［M］. New Delhi：Akashdeep Publishing House，1992.

［18］ Etherington J R. Environment and Plant Ecology ［M］. 2nd ed. New York：John Wiley & Sons，1982.

［19］ 江海声，刘振河，袁喜才，等.海南岛南湾猕猴种群结构研究 ［J］.兽类学报，1989，9（4）：254-261.

［20］ 桓曼曼.生态系统服务功能及其价值综述 ［J］.生态经济，2001（12）：41-43.

［21］ 欧阳志云，郑华，高吉喜，等.区域生态环境质量评价与生态功能区划 ［M］.北京：中国环境科学出版社，2009.

［22］ 蔡晓明.生态系统生态学 ［M］.北京：科学出版社，2010.

［23］ Daily G C，Matson P A. Ecosystem ervices：From theory to implementation ［J］. PNAS，2008，105：9455-9456.

［24］ Millennium Ecosystems Assessment. Ecosystems and Human Well-Being Synthesis ［M］. Washington D C：Is land Press，2005.

［25］ Wallace K J. Classification of ecosystem services：Problemsand solutions ［J］. Biological Conservation，2007，139：235-246.

［26］ Wallace K. Ecosystem services：Multiple classifications or confusion ［J］. Biological Conservation，2008，141：353-354.

［27］ Costanza R. Ecosystem services：Multiple classification systems are needed ［J］. Biological Conservation，2008，141：350-352.

［28］ Fisher B，Turner R K. Ecosystem services：Classification for valuation ［J］. Biological Conservation，2008，141：1167-1169.

［29］ Fisher B，Turner R K，Morling P. Defining and classifying ecosystem services for decision making ［J］. Ecological Economics，2009，68：643-653.

［30］ Daily G C. Nature's Service：Societal Dependence on Natural Ecosystems ［M］. Washington DC：Island Press，1997.

［31］ 赵景柱，肖寒，吴刚.生态系统服务的物质量与价值量评价方法的比较分析 ［J］.应用生态学报，2000，11：290-292.

［32］ 徐中民，张志强，程国栋，等.额济纳旗生态系统恢复的总经济价值评估 ［J］.地理学报，2002，57：107-116.

［33］ 欧阳志云，王如松.生态系统服务功能、生态价值与可持续发展 ［J］.世界科技研究与发展，2000，22（5）：45-50.

［34］谢高地，鲁春霞，成升魁.全球生态系统服务价值评估研究进展［J］.资源科学，2001，23（6）：5-9.

［35］肖玉，谢高地，安凯.湖流域生态系统服务功能经济价值变化研究［J］.应用生态学报，2003，14：676-680.

［36］白晓飞.荒漠化地区土地利用的生态服务价值估算——以内蒙古伊金霍洛旗为例［D］.北京：中国农业大学，2003.

［37］Pimentel D W，Wilson C，McCullum C，et al. Economic and environmental benefits of biodiversity ［J］. BioScience，1997，47：747-757.

［38］谢高地，鲁春霞，冷允法，等.青藏高原生态资产的价值评估［J］.自然资源学报，2003，18：189-196.

［39］辛琨，肖笃宁.生态系统服务功能研究简述［J］.中国人口·资源与环境，2000，10（3）：20-22.

［40］张志强，徐中民，程国栋.条件价值评估法的发展与应用［J］.地球科学进展，2003，18：454-463.

［41］李双成，郑度，杨勤业.环境与生态系统资本价值评估的若干问题［J］.环境科学，2001，2（6）：103-107.

［42］李双成，郑度，张镱锂.环境与生态系统资本价值评估的区域范式［J］.地理科学，2002，22：270-275.

［43］张新时.草地的生态经济功能及其范式［J］.科技导报，2000（8）：3-7.

［44］陈仲新，张新时.中国生态系统效益的价值［J］.科学通报，2000，45（1）：17-22.

［45］赵景柱，徐亚骏，肖寒，等.基于可持续发展综合国力的生态系统服务评价研究——13个国家生态系统服务价值的测算［J］.系统工程理论与实践，2003，23（1）：121-127.

［46］肖玉，谢高地，鲁春霞，等.稻田生态系统气体调节功能及其价值［J］.自然资源学报，2004，19（5）：617-623.

［47］肖玉，谢高地，鲁春霞，等.施肥对稻田生态系统气体调节功能及其价值的影响［J］.植物生态学报，2005（4）：577-583.

［48］肖玉，谢高地，鲁春霞.稻田生态系统氮素吸收功能及其经济价值［J］.生态学杂志，2005（9）：1068-1073.

［49］King R T. Wildlife and man ［J］. NY Conservationist，1966，20：8-11.

［50］Helliwell D R. Valuation of wildlife resources ［J］. Regional Studies，1969，3：41-49.

［51］Holdren J P，Ehrlich P R. Human population and the global environment ［J］. American Scientist，1974，62：282-292.

［52］Ehrlich P R，Ehrlich A H，Holdren J P. Ecoscience：Population，Resources，Environment ［M］. San Francisco：Freeman and Co，1977.

［53］Farber S C，Costanza R，Wilson M A. Economic and ecological concepts for valuing ecosystem services ［J］. Ecological Economics，2002，41：375-392.

［54］Westman W E. How much are nature's service worth ［J］. Science，1977，197：960-964.

［55］Ehrlich P R，Ehrlich A H. Extinction：The Causes and Consequences of the Disappearance of Species ［M］. New-York：Random House，1981.

［56］Daily G C. Developing a scientific basis for managing earth's life support systems ［J］. Ecology and Society，2001，3（2）：45-49.

［57］De Groot R S，Wilson M A，Boumans R M J. A typology for the classification，description and valuation of ecosystem functions，goods and services ［J］. Ecological Economics，2002，41：393-408.

［58］Norberg J. Linking nature's services to ecosystems：some general ecological concepts ［J］. Ecological Economics，1999，29：183-202.

［59］Moberg F，Folke C. Ecological goods and services of coral reef ecosystems ［J］. Ecological Economics，1999，29：215-233.

［60］Costanza R，d'Arge R，de Groot R，et al. The value of the world's ecosystem services and nature ［J］. Nature，1997，387：253-260.

［61］WGMEA（Working Group of the Millennium Ecosystem Assessment）. Ecosystems and Human Well-Being：A Framework for Assessment. ［M］，Washington DC：Island Press，2003.

［62］Tilman D，Knops J，Wedin D，et al. The influence of functional diversity and composition on ecosystem processes ［J］. Science，1997，277：1300-1302.

［63］李奇，朱建华，肖文发.生物多样性与生态系统服务——关系、权衡与管理［J］.生态学报，2019，39（8）：2655-2666.

［64］Jones C G，Lawton J H，Shachak M. Organisms as ecosystem engineers ［J］. Oikos，1994，69：373-386.

［65］Loreau M，Naeem S，Inchausti P，et al. Biodiversity and ecosystem functioning：Current knowledge and future challenges [J]. Science, 2001, 294: 804-808.

[66] Luck G W, Daily G C, Ehrlich P R. Population diversity and ecosystem services [J]. Trends in Ecology and Evolution, 2003, 18: 331-336.

[67] Barbier E B. Valuing the environment as input: Review of application to mangrove-fishery linkages [J]. Ecological Economics, 2000, 35: 47-61.

[68] 李文华. 生态系统服务功能价值评估的理论、方法与应用 [M]. 北京: 中国人民大学出版社, 2008.

[69] 欧阳志云, 王效科, 苗鸿. 中国陆地生态系统服务功能及其生态经济价值的初步研究 [J]. 生态学报, 1999, 19 (5): 7.

[70] Fiedler A K, Landis D A, Wratten S D. Maximizing ecosystem services from conservation biological control: The role of habitat management [J]. Biological Control, 2008, 45: 254-271.

[71] Goldman R L, Thompson B H, Daily G C. Institutional incentives for managing the landscape: Inducing cooperation for the production of ecosystem services [J]. Ecological Economics, 2007, 64: 333-343.

[72] 陈灵芝, 陈伟烈. 中国退化生态系统研究 [M]. 北京: 中国科技出版社, 1995.

[73] 刘良梧, 龚子同. 全球土壤退化评价 [J]. 自然资源, 1994 (1): 10-15.

[74] 马世骏. 现代生态学透视 [M]. 北京: 科学出版社, 1990.

[75] 彭少麟. 恢复生态学与热带雨林的恢复 [J]. 世界科技研究与发展, 1997, 19 (3): 58-61.

[76] 黄孝锋. 长江口中华绒螯蟹仔蟹对关键环境因子需求及其人工替代栖息地构建 [D]. 南京: 南京农业大学, 2016.

[77] 钦佩, 安树青, 颜京松. 生态工程学 [M]. 南京: 南京大学出版社, 1998.

[78] 任海, 彭少麟. 中国南亚热带退化生态系统植被恢复及可持续发展 [C] //材料科学与工程技术论文集. 北京: 中国科学技术出版社, 1998: 176-179.

[79] 陈竺. 世纪之交的生命科学与中国生命科学界 [C] //中国科学技术协会. 中国科协第三届青年学术年会论文集: 生命科学与生物技术. 北京: 中国科学技术出版社, 1998: 21-23.

[80] 任海, 彭少麟, 陆宏芳. 退化生态系统的恢复与恢复生态学 [J]. 生态学报, 2004, 24 (8): 1760-1768.

[81] 任海, 彭少麟. 恢复生态学导论 [M]. 北京: 科学出版社, 2001.

[82] 章家恩, 徐琪. 恢复生态学研究的一些基本问题探讨 [J]. 应用生态学报, 1999, 10 (2): 109-113.

[83] 张凯. 生态环境监察导论 [M]. 北京: 中国环境科学出版社, 2003.

[84] 罗泽娇, 程胜高. 我国生态监测的研究进展 [J]. 环境保护, 2003 (3): 56-58.

[85] 乌云娜, 王晓光. 环境生态学 [M]. 北京: 科学出版社, 2020.

[86] 陈涛, 杨武年. "3S" 技术在生态环境动态监测中的应用研究 [J]. 中国环境监测, 2003 (3): 19-22.

[87] 南浩林, 景宏伟, 丁宁, 等. 生态监测及其在我国的应用 [J]. 林业调查规划, 2006, 31 (4): 35-39.

[88] 李江平, 李雯. 指示生物及其在环境保护中的应用 [J]. 云南环境科学, 2001, 20 (1): 51-54.

[89] 毛文永. 生态环境影响评价概论 [M]. 北京: 中国环境科学出版社, 1998.

[90] 国家环境保护总局监督管理司. 中国环境影响评价培训教材 [M]. 化学工业出版社, 2000.

[91] 唐代剑, 文军. 旅游开发地生态风险评价与对策研究 [M]. 杭州: 浙江大学出版社, 2004.

[92] 唐文浩, 唐树梅. 环境生态学 [M]. 北京: 中国林业出版社, 2006.

[93] 小泉清明. 环境和指示生物 (水域分册) [M]. 卢全章, 译. 北京: 中国环境科学出版社, 1987.

[94] 戴梦贤, 吉光荣. 淡水原生动物与水体污染之关系 [J]. 四川师范学院学报, 1989, 10 (2): 123-128.

[95] Fausch K D, Lyons J, Karr J R, et al. Fish communities as indicators of environmental degradation [C] //Biological Indicator of Stress in Fish. Bethesda: American Fisheries Society Symposium, 1990: 123-144.

[96] 赵怡冰, 许武德, 郭宇欣. 生物的指示作用与水环境 [J]. 水资源保护, 2002 (2): 11-13, 16.

[97] 金相灿. 中国湖泊环境 [M]. 北京: 海洋出版社, 1995.

[98] 武红敢, 罗鹏, 杨云凤, 等. 森林环境下的北斗卫星导航系统性能分析 [J]. 测绘科学, 2021, 46 (5): 1-7.

[99] 佘先明. 基于北斗导航系统的生态环境监测应用研究——以云南省桃花源旅游景区为例 [J]. 南方论坛, 2021, 52 (11), 31-32.

[100] 王云鹏, 闵育顺, 傅家谟, 等. 水体污染的遥感方法及在珠江广州河段水污染监测中的应用 [J]. 遥感学报, 2001, 5 (6): 460-465.

[101] 姚俊, 曾祥福, 益建芳. 遥感技术在上海苏州河水污染监测中的应用 [J]. 影像技术, 2003 (2): 3-7.

[102] 陈静生，陈昌笃，周振慧.环境污染与保护简明原理 [M].北京：商务印书馆，1981.

[103] 吴喻端，王隆发，蔡阿根，等.海洋污染和海洋生物资源 [M].北京：海洋出版社，1991.

[104] 刘娜，马敏杰.污水生态工程处理技术概述 [J].中国新技术新产品，2009 (10)：42.

[105] 钦佩，安树青，颜京松.生态工程学 [M].南京：南京大学出版社，2002.

[106] 孙铁珩，周启星，张凯松.污水生态处理技术体系及应用 [J].水资源保护，2002 (3)：6-9.

[107] 林育真.生态学 [M].北京：科学出版社，2004.

[108] 尚于昌.普通生态学 [M].北京：北京大学出版社，2002.

[109] Krebs C J.生态学 [M].5版.影印版.北京：科学出版社，2003.

[110] 孙铁珩，周启星，李培军.污染生态学 [M].北京：科学出版社，2001.

[111] 戴树桂.环境化学 [M].2版.北京：高等教育出版社，2006.

[112] Spiro T G，Stigliani W M.环境化学 (Chemistry of the Environment) [M].2版影印本.北京：清华大学出版社，2003.

[113] 中国大百科全书编辑部.中国大百科全书-环境科学 [M].北京：中国大百科全书出版社，1983.

[114] 张壬午，计文瑛，韩玉珍.论农业生态工程 [J].生态农业研究.1998，6 (1)：14-19.

[115] Mitsch W J，Jorgensen S E.Ecological engineering：An introduction to ecotechnology [M].New York：John Wiley，1989.

[116] 马世骏.生态工程——生态系统原理的应用 [J].北京农业科学，1984 (4)：1-2.

[117] 颜京松，Mitsch W J.中国与西方国家的生态工程比较 [J].农村生态环境，1994，10 (1)：45-52.

[118] 马世骏，李松华.中国的农业生态工程 [M].北京：科学出版社，1987.

[119] 马世骏.高技术新技术农业应用研究 [M].北京：中国科学技术出版社，1991.

[120] 孙鸿良.生态农业的理论与应用 [M].济南：山东科学技术出版社，1993.

[121] 马世骏，王如松.社会-经济-自然复合生态系统 [J].生态学报，1984，4 (1)：1-9.

[122] Scott D B，Susan M B，James L F.Design principles for ecological engineering [J].Ecological Engineering，2001，18 (2)：201-210.

[123] 奥德姆 H T.系统生态学 [M].北京：科学出版社，1993.

[124] Iglesias R R.The method of response function in ecology [J].Ecological Engineering，2002，19 (2)：175-176.

[125] 卞有生.农业生态工程中的价值流分析 [J].环境科学，1999，20 (4)：104-107.

[126] 云正明.食物链"加环"是提高农业生态系统和经济效益的有效途径 [J].生态学杂志，1984，3 (2)：48-49.

[127] 沈汉庭.鱼藕共生生态工程增益减耗效果研究 [J].农村生态环境，2001，17 (3)：17-20.

[128] 诸大建.从可持续发展到循环型经济 [J].世界环境，2000 (3)：6-10.

[129] 谢海云，孙力军，张文彬.可持续发展战略与循环经济 [J].昆明理工大学学报，2000，25 (2)：5-9.

[130] 齐鑫山，周光裕.论生态农业综合评价指标体系建立 [J].宁波大学学报，1992，5 (2)：12.

[131] Odum E P.Basic ecology [M].Philadelphia：Saunders Publishing Company，1983.

[132] 任海，彭少麟.恢复生态学导论 [M].北京：科学出版社，2002.

[133] 沈亨理，康晓光，张伟东.中国农业现代化与发展阶段的生态经济分析 [J].生态农业研究，1993，1 (2)：15-26.

[134] 李文华，赖世登.中国农林复合经营 [M].北京：科学出版社，1994.

[135] 骆世明.农业生态学逐年研究领域与研究方法综述 [J].生态农业研究，1999，7 (1)：19.

[136] 赵裕民.农业生态工程四位一体的应用 [J].青海农林科技，2000 (2)：50-51.

[137] 卞有生.建设农业生态工程治理与控制湖泊面源污染 [J].中国工程科学，2001，3 (5)：17-21.

[138] 薛茂贵，方芳，望志方.MCR技术在农业面源污染防治中的应用 [J].环境科学与技术，2001 (S1)：4-5.

[139] 王礼先，王斌瑞，朱金兆，等.林业生态工程学 [M].北京：中国林业出版社，2000.

[140] 李世东.世界生态工程建设综述 [J].世界环境，1993 (4)：31-35.

[141] 李世东.中国林业生态工程建设的世纪回顾与展望 [J].世界环境，1999 (4)：40-43.

[142] 张志强，徐中民，程国栋.生态系统服务与自然资本价值评估 [J].生态学报，2001，21 (11)：1918-1926.

[143] 朱金兆.林业生态工程技术体系 [J].中国农业科技导报.2000，2 (1)：27-31.

[144] 范庆莲，陈丽华，王礼先.塔里木河流域林业生态工程建设规划 [J].水土保持研究，2002，9 (4)：15-17.

[145] 刘建军.水利水电工程环境保护设计 [M].武汉：武汉大学出版社，2008.

［146］吴国昌，甄习春.河南省矿山环境问题研究［M］.北京：中国大地出版社，2007.

［147］范文义，李明泽，毛学刚，等."3S"理论与技术［M］.哈尔滨：东北林业大学出版社，2016.

［148］张勤，李家权.GPS测量原理及应用［M］.北京：科学出版社，2017.

［149］吴学伟，伊晓东.GPS定位技术及应用［M］.北京：科学出版社，2017.

［150］杜培育.遥感原理与应用［M］.北京：中国矿业大学出版社，2006.

［151］常庆瑞，蒋平安，周勇.遥感技术导论［M］.北京：科学出版社，2004.

［152］彭望禄.遥感概论［M］.北京：高等教育出版社，2002.

［153］朱爱民，郭宗河.土木工程测量［M］.北京：机械工业出版社，2005.

［154］张俊海，宋仁杰，傅学庆，等.地理信息系统原理与实践［M］.北京：科学出版社，2009.

［155］符忠帅.3S测量技术在水利工程测量中的研究应用［J］.中国新技术新产品，2008，8：55.

［156］施坤景.3S技术与水利建设［J］.科技咨询，2007，35：4.

［157］鞠尊洲.3S技术在水利工程测量中的应用［J］.科技信息（学术研究），2008（14）：239-240.

［158］丁晓莉，卢玉东.GIS在水利水电工程建设中的应用与展望［J］.建筑设计，2005，34（3）：130-131.

［159］丁运成.GIS在水利水电工程建设及管理中的应用探析［J］.沿海企业与科技，2009，11：158-160.

［160］孙春玲.GIS及其在水利工程及管理中的应用［J］.黑龙江水专学报，2004，31（2）：106-107.

［161］丁永升.浅析GPS在水利工程测量中的应用特点［J］.甘肃水利水电技术，2010，46（8）：41-42.

［162］努尔.全球定位系统（GPS）技术在水利工程中的应用［J］.水利技术监督，2011，19（2）：30-31.

［163］汤洁，卡建民，李昭阳，等.3S技术在环境科学中的应用［M］.北京：高等教育出版社，2009.

［164］任原，杨晓晶.遥感技术在现代环境监测与环境保护中的应用［J］.环境保护科学，2007，33（3）：81-84.

［165］林志贵，徐立中.信息融合在水环境监测中的应用［J］.水利水文自动化，2003（2）：1-7.

［166］徐华山，任玉芬.GIS在环境科学中的应用［J］.干旱环境监测，2007，21（1）：42-46.

［167］刘海燕.GIS在景观生态学研究中的应用［J］.地理学报，1995，50（S1）：105-110.

［168］马荣华，黄杏元，蒲英霞.数字地球时代"3S"集成的发展［J］.地理科学进展，2001，21（1）：89-96.

［169］牛建明，呼和，吕桂芬.遥感和地理住处系统在植被生态学中的应用研究动态［J］.内蒙古大学学报（自然科学版），1998，29（4）：569-573.

［170］彭少麟，郭志华，王伯荪.RS和GIS在植被生态学中的应用及其前景［J］.生态学杂志，1999，18（5）：52-64.

［171］刘惠明，尹爱国，苏志尧.3S技术及其在生态学研究中的应用［J］.生态科学，2002，21（1）：82-85.

［172］聂呈荣，李明辉，崔志新，等.3S技术及其在生态学上的应用［J］.佛山科学技术学院学报（自然科学版），2003，21（1）：70-74.